Flutter内核源码剖析

赵裕◎著

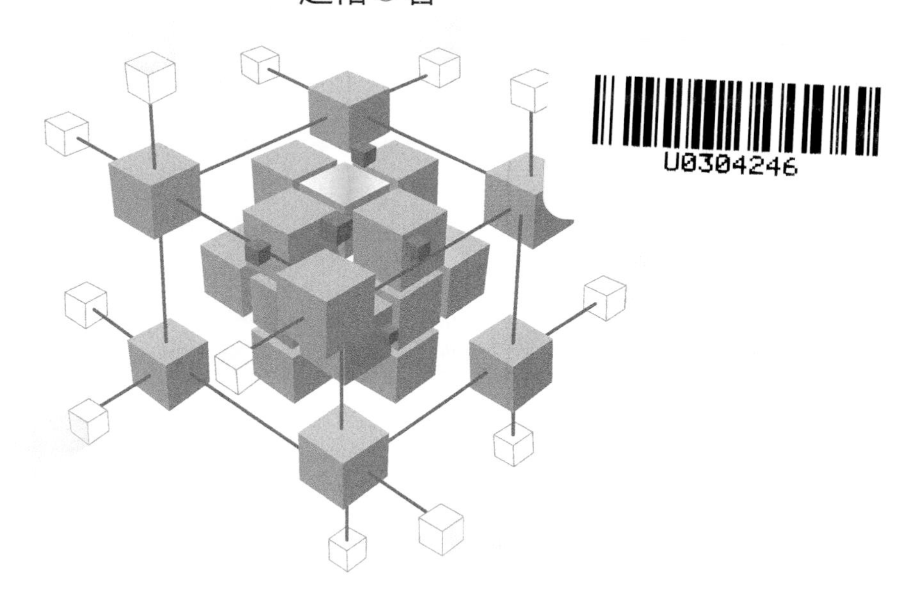

人民邮电出版社
北京

图书在版编目（CIP）数据

Flutter内核源码剖析 / 赵裕著. -- 北京 : 人民邮电出版社, 2022.1(2022.8重印)
ISBN 978-7-115-57546-3

Ⅰ. ①F… Ⅱ. ①赵… Ⅲ. ①移动终端－应用程序－程序设计 Ⅳ. ①TN929.53

中国版本图书馆CIP数据核字(2021)第243569号

内容提要

本书系统介绍 Flutter 跨平台技术的底层原理，横跨 Java、C++、Dart 3 种编程语言，可以帮助程序员学习前沿的跨平台技术，编写高质量的代码，深刻理解 Flutter 的内部运行机制。

本书共 11 章。第 1 章～第 3 章讲解阅读 Flutter 内核源码的前置知识，如何获取和构建源码，以及 Dart 的高级特性等。第 4 章～第 7 章讲解 Flutter 内核源码的核心内容，涉及 Embedder 层、Engine 层、Framework 层等。第 8 章～第 11 章基于对 Flutter 内核源码的分析，探讨如何编写高性能的业务代码，定位代码中的性能瓶颈，使用 DevTool 等工具的高阶特性，以及底层原理等高级主题。

本书适合对跨平台技术感兴趣的开发人员、前端开发人员、Android/iOS 开发人员，希望深入了解 Flutter 或有性能调优需求的开发人员，对移动端渲染框架感兴趣的开发人员，以及渴望深入了解 Flutter 底层实现的开发人员阅读。

◆ 著　　　赵　裕
责任编辑　秦　健
责任印制　王　郁　焦志炜

◆ 人民邮电出版社出版发行　　北京市丰台区成寿寺路 11 号
邮编　100164　　电子邮件　315@ptpress.com.cn
网址　https://www.ptpress.com.cn
固安县铭成印刷有限公司印刷

◆ 开本：800×1000　1/16
印张：21.75　　　　2022 年 1 月第 1 版
字数：491 千字　　　2022 年 8 月河北第 2 次印刷

定价：89.90 元

读者服务热线：(010)81055410　印装质量热线：(010)81055316

反盗版热线：(010)81055315

广告经营许可证：京东市监广登字 20170147 号

前　言

为什么要写这本书

我因为工作调动才开始全面接触 Flutter。在最初的几个月里，我便被 Flutter 新颖的思路和优良的设计所吸引。但是，作为一个面世才几年且处于快速发展中的框架，对 Flutter 源码进行剖析的资料实在是稀少而零散。因此，我便萌生了系统研究 Flutter 源码并以此为内容编写本书的想法。

编写本书一方面是为了在工作上更加得心应手。《庄子・养生主》中讲了一个庖丁解牛的故事，庖丁因为了解了牛的全貌，才能够“恢恢乎其于游刃必有余地矣”。日常开发也是如此。如果对于一门技术的了解下达源码底层、上通设计架构，那么便不会再有解不了的 Bug、做不出的需求。如此，可得工作的“养生”之道。

编写本书另一方面也是为了实现自己作为一名技术人员的价值追求。在大学期间，我读过一本书——《早晨从中午开始》，这本书中的一段话一直激励着我不要安于现状，在此分享给每一个有机缘看到本书的人：“是的，只要不丧失远大的使命感，或者说还保持着较为清醒的头脑，就决然不能把人生之船长期停泊在某个温暖的港湾，应该重新扬起风帆，驶向生活的惊涛骇浪中，以领略其间的无限风光。人，不仅要战胜失败，而且还要超越胜利。”

本书特色

本书采用图解、文字、代码三者结合的方式，全景式地展现了 Flutter 的底层细节，既可以帮助技术人员系统地掌握 Flutter 的原理，又可以助力日常开发，帮助开发者写出高质量的代码。

读者对象

本书并不是一本 Flutter 的入门书籍，适用的读者人群如下。

- 有一定 Flutter 开发经验的技术人员。
- 对于移动端渲染框架感兴趣的开发人员。
- 渴望深入了解 Flutter 底层实现的开发人员。

如何阅读本书

本书共 11 章，虽然每章之间不存在绝对的依赖关系，但仍建议读者按照顺序阅读。每章核心内容及难度如下。

第 1 章介绍了跨平台发展的历史，属于概念类知识，篇幅不多，难度不大。

第 2 章介绍了 Flutter 源码的获取、结构、构建与调试，强烈建议读者动手实践，以获得更深刻的认知。

第 3 章介绍 flutter tool 的几个常用命令，虽然和其他章节没有联系，但是日常开发中需要经常涉及这几个命令，建议读者掌握。

第 4 章介绍了 Flutter 应用启动的完整流程。第 5 章介绍了 Flutter 界面渲染的关键步骤。这两章篇幅较大、难度较大，是本书的核心内容，建议反复阅读以加深理解。

第 6 章和第 7 章分别介绍了 Flutter 中的 Box 布局和 Sliver 布局，这部分内容是对第 5 章的重要补充，也是日常开发中最常接触的部分。这两章仅选取了最具代表性的 Widget 进行分析，建议读者在此基础上扩展分析自己感兴趣的组件。

第 8 章介绍了 Framework 中的其他关键内容，例如动画、手势、路由等，这些都是日常开发中频繁接触的内容，虽然颇有难度，但对于普通开发者至关重要，建议仔细研读掌握。

第 9 章介绍了调用平台原生能力的底层原理，如果开发者需要频繁接触 Add to APP 的场景，建议重点掌握该章。

第 10 章介绍了 Engine 的两个核心机制，理解它们对于日常开发没有直接的收益，但对于理解前面诸多章节的逻辑大有裨益，建议读者认真阅读掌握。

第 11 章介绍了两个实践案例，难度不大，但从不同的角度能得到不同的启示，建议读者自行思考解决方案并对比本书给出的解决方案。

阅读本书的建议

本书比较适合有一定 Flutter 开发基础的读者，不适合作为 Flutter 入门书籍。此外，本书章节前后引用颇多，涉及的领域也较多，建议读者先按照顺序阅读。

代码印刷出来后可读性会降低，建议读者按照第 2 章的流程，下载源码，在 IDE（Integrated Development Environment，集成开发环境）中阅读源码，在缩进和高亮等功能的帮助下，以获得更好的阅读体验。此外，为了节省篇幅，书中删除了大量的非核心代码（比如日志），因此，读者请自行下载源码，将其作为阅读本书的辅助工具。

需要注意的是，本书的类图、时序图并没有严格遵循统一建模语言（Unified Modeling Language，UML）的规范，而是以表明问题的核心和本质作为第一要义，做了适当精简。

进一步学习建议

当阅读完本书后，相信读者已经掌握了 Flutter 世界本质、基础的知识。接下来要做的事情就是在实践中锻炼自己、检验知识，并输出自己的心得。

勘误和支持

由于作者的水平有限，编写时间仓促，书中难免会出现一些疏漏之处，恳请读者批评指正。如果你有更多的宝贵意见，欢迎发送邮件至邮箱 vimerzhao@gmail.com，期待能够得到你们的真挚反馈。

致谢

感谢我大一期间的辅导员冷闯和时任大连理工大学教务处处长的张维平老师，是他们认真负责的工作态度，帮助我解决了转专业过程中遇到的困难，我因此可以在自己感兴趣的领域充实地度过大学时光。

感谢 IP 和甘爷，是他们在校园招聘中发掘并录用了我，让我有机会从大连来到深圳，并在腾讯这样一家优秀的公司实习。

感谢 lorry 老师和加淼老师，是他们在我实习期间给予了充分的帮助，我因此得以成功转正。

感谢 lorry 老师、jim 老师和光子老师，是他们积极招募并给予我充分的发挥空间，我因此可以在这半年内全身心地投入与 Flutter 相关的工作中。

感谢过去两年半在应用宝移动平台、移商团队、微视前端技术中心共事的领导和同事，他们是我在技术上的良师益友，对我的成长进步给予了很多帮助。

感谢人民邮电出版社的编辑秦健老师，他在我过去半年的写作中给予了专业的指导和建议。

赵裕
2021 年 9 月

资源与支持

本书由异步社区出品，社区（https://www.epubit.com/）为您提供相关资源和后续服务。

提交勘误

作者和编辑尽最大努力来确保书中内容的准确性，但难免会存在疏漏。欢迎您将发现的问题反馈给我们，帮助我们提升图书的质量。

当您发现错误时，请登录异步社区，按书名搜索，进入本书页面，单击“提交勘误”，输入勘误信息，单击“提交”按钮即可，如右图所示。本书的作者和编辑会对您提交的勘误进行审核，确认并接受后，您将获赠异步社区的100积分。积分可用于在异步社区兑换优惠券、样书或奖品。

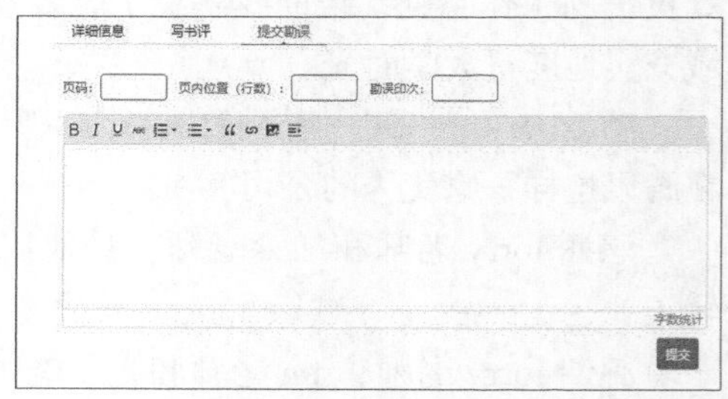

与我们联系

我们的联系邮箱是contact@epubit.com.cn。

如果您对本书有任何疑问或建议，请您发邮件给我们，并请在邮件标题中注明本书书名，以便我们更高效地做出反馈。

如果您有兴趣出版图书、录制教学视频，或者参与图书翻译、技术审校等工作，可以发邮件给我们；有意出版图书的作者也可以到异步社区投稿（直接访问www.epubit.com/contribute即可）。

如果您所在的学校、培训机构或企业想批量购买本书或异步社区出版的其他图书，也可以发邮件给我们。

如果您在网上发现有针对异步社区出品图书的各种形式的盗版行为，包括对图书全部或部分内容的非授权传播，请您将怀疑有侵权行为的链接通过邮件发送给我们。您的这一举动是对作者权益的保护，也是我们持续为您提供有价值的内容的动力之源。

关于异步社区和异步图书

“**异步社区**”是人民邮电出版社旗下 IT 专业图书社区，致力于出版精品 IT 图书和相关学习产品，为作译者提供优质出版服务。异步社区创办于 2015 年 8 月，提供大量精品 IT 图书和电子书，以及高品质技术文章和视频课程。更多详情请访问异步社区官网 https://www.epubit.com。

“**异步图书**”是由异步社区编辑团队策划出版的精品 IT 专业图书的品牌，依托于人民邮电出版社几十年的计算机图书出版积累和专业编辑团队，相关图书在封面上印有异步图书的 LOGO。异步图书的出版领域包括软件开发、大数据、人工智能、测试、前端、网络技术等。

异步社区

微信服务号

目　录

第 1 章　准备工作

本章首先回顾移动端跨平台技术的发展史，其次介绍 Flutter 的前世今生，最后分析 Flutter 的运行原理。虽然本书的主要内容是剖析 Flutter 的源码，但了解这些背景知识，有助于我们对 Flutter 的底层设计有一个更深刻的认识。

1.1　移动端跨平台简史

1.1.1　跨平台的起源

2007 年，苹果公司推出了 iPhone 第一代，其搭载的 iPhone OS 1.0 即 iOS 系统的前身。2008 年，谷歌公司也推出了其酝酿已久的智能手机操作系统 Android 1.0。也就是在这一年的 8 月，PhoneGap 诞生了。经过几年的发展，塞班逐渐退出了历史的舞台，iOS 和 Android 瓜分了移动端的市场份额。至于跨平台技术的历史，则要从和 iOS、Android 一起诞生的 PhoneGap 说起。

PhoneGap 诞生的原因是一名程序员认为 Objective-C 的语法过于生硬晦涩，而 Web 技术已经在 PC 端取得巨大成功，JavaScript 也拥有更多的开发者和社区资源，PhoneGap 就这样诞生了。虽然 PhoneGap 的初衷只是“为跨越 Web 技术和 iPhone 之间的鸿沟牵线搭桥”，但是，正如 Web 浏览器实现了 PC 端的跨平台一样，可以说 PhoneGap 为日后的跨平台技术开了先河。

1.1.2　跨平台的价值

从 2010 年至今，智能手机替代 PC 成为主要的互联网服务提供平台，移动端跨平台技术的价值也日渐凸显。在传统的开发模式中，一个产品需求的上线需要 Android 和 iOS 双端都进行人力投入，但是开发的却是同样的功能。而且即使是同样的功能，也存在着以下问题。

- Android 和 iOS 在技术栈上存在客观差异，导致代码实现上不一致。
- 开发人员水平参差不齐，导致交付的代码在质量上良莠不齐。
- 多轮迭代之后，双端的代码差异会被放大，形成蝴蝶效应，导致后续的维护更加乏力。

由此可见，Android 和 iOS 的共同存在让技术团队需要双倍甚至更高的投入，才能覆盖到所有用户。但是平台多样化是市场自由竞争的结果，也是开发人员无法改变而只能主动适应的局面。跨平台技术正是适应这一局面的理想切入点。从技术上来说，跨平台技术在理想状态下可以一次开发、多端运行，有助于产品需求的快速上线，降低了开发人员的人力投入和后续维护成本。从用户体验上来说，跨平台技术可以保证用户在任一平台都获得一致的视觉和交互体验，降低了迁移的成本。从商业价值上来说，跨平台技术就是构筑在操作系统上的二级生态，例如 Java 借助 JVM（Java Virtual Machine，Java 虚拟机）的跨平台能力，建立了庞大的技术生态，而微信小程序则借助 WebView 的跨平台能力，建立了自己的产品生态。

某种意义上，跨平台有着超越其自身技术价值的更大价值：创建生态、引领趋势。因此，脸书公司和谷歌公司先后发力，试图占领这块高地。

1.1.3 跨平台的演进

移动端是互联网最重要的服务入口，而跨平台技术无论是从提高开发效率还是扩展商业版图上来说，都蕴含着无限的机会，因此也成为科技巨头的必争之地。本节将按照时间顺序，梳理跨平台技术发展的 3 个阶段。从技术上来说，跨平台技术要解决的问题有两个。

- 如何通过一份与平台无关的代码，在不同操作系统上渲染出预期的 UI。
- 如何通过一份与平台无关的代码，在不同操作系统调用预期的底层能力（如相机、蓝牙、传感器等）。

下面将按照时间顺序回顾跨平台演进的 3 个阶段，以及每个阶段对于以上两个问题的解决方式。

1. Hybrid 阶段

在移动端跨平台技术中，Hybrid 指的是同时使用 Web 和 Native（Native 指代 Android 或者 iOS 平台）技术栈进行混合开发的模式。在 Hybrid 阶段，比较有代表性的方案是 Cordova，PhoneGap 由于其商业产品的属性，无法直接为开源社区所用，Cordova 可以认为是 PhoneGap 的开源版本。

下面具体分析 Cordova 的核心原理。Android 和 iOS 中都搭载有浏览器内核，Cordova 以 Web 技术为基础，实现了与平台无关的 UI 渲染。而对于 Native 能力的调用，Android 和 iOS 都会提供 JS Bridge 接口，因此可以调用原生的各种能力。具体运行原理如图 1-1 所示。

这个方案的实现成本并不大，但是 Web 的渲染性能较 Native 差，而且移动端设备的计算能力比起 PC 端更是捉襟见肘，因此 Hybrid 方案在用户体验上大打折扣。相较于 PC 设备 CPU 算力充足、网络环境稳定的情况，移动端设备（尤其是早期）往往存在算力有限、网络波动较大等客观情况，而用户体验和商业回报是直接挂钩的。试想一下，如果一个页面从进入到渲染完成需要 1s 会有多少用户退出？需要 3s 又会有多少用户退出？当然，Web 之所以放弃了一部分性能，也是有原因的：一是为了能动态提供服务；二是为了提供更有表现力的 UI（得益于 CSS 的出现）。在 PC 端算力充足、网络稳定的前提下，这种设计是利大于弊的，但是在移动端则不然。此外，Web 容器还有一个致命问题。PC 端的屏幕一般比较大，可以容纳足够的信息，而移动端屏幕大小有限，因而对列表的滑动响应速度和渲染效率要求高，Native 的 UI 框架一般会有针对性的优化，比如 Android 的 RecyclerView，而 Web 在设计之初就没有考虑这种问题。

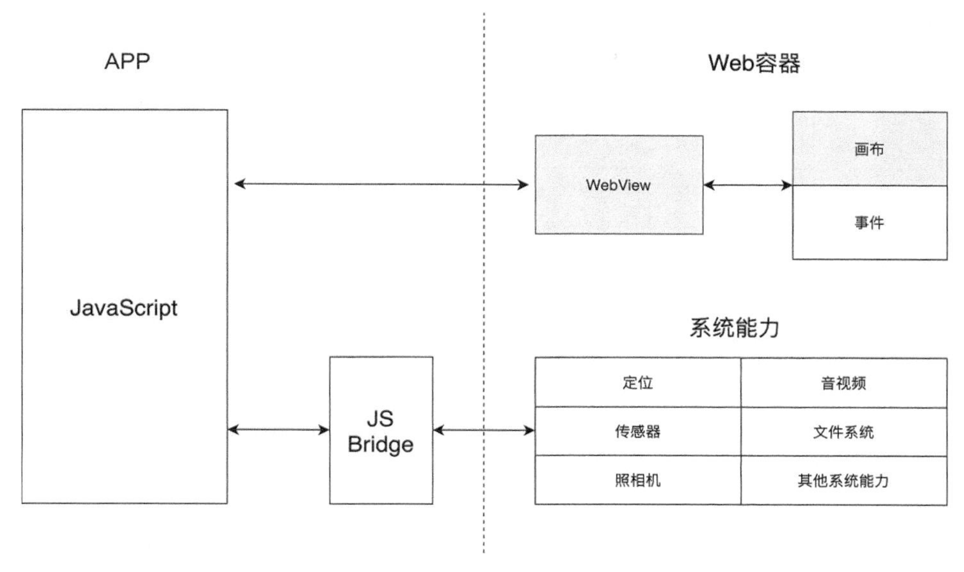

图 1-1　Hybrid 方案运行原理

为什么 Web 的渲染性能较 Native 差？作者认为原因主要有两点：一是 Web 需要动态解析并执行 JavaScript（下称 JS）脚本（不考虑网络下载时间），而 Native 的代码往往是已经编译优化过的字节码，甚至是 AOT 处理过的机器码，因而执行效率更高；二是 Web 的布局更加复杂，导致渲染一帧需要多次遍历 UI 组件树，而 Native 的布局模型有所约束（如 Android 的 LinearLayout 只支持线性布局），效率更高。

2. OEM 阶段

在 Hybrid 阶段，除了 Cordova 外，还有 Xamarin、Ionic 等框架，可谓百家争鸣。但是，由于 Web 容器在渲染性能上的固有缺陷，这些方案并没有在用户量巨大的商业 APP 中广泛应用，因为它们对性能有着更极致的追求。也就是在这种大背景下，脸书公司的 React Native 于 2015 年横空出世，当各种 Hybrid 方案缓过神来时，才发现对面已经站着一个光芒四射的巨人。React Native 如其名字所昭示的，有两大特点：一是在框架层面支持前端领域非常流行的 React 模式；二是放弃低效的 Web 容器渲染，将上层的 UI 组件树最终转换为 Native 平台的原生组件进行渲染。

这个方案看起来十分诱人，对于开发者，React Native 保留了完整的前端开发体验；对于用户，React Native 通过转换为原生组件保证了 Native 一致的渲染效率。与这种方案思想类似的也有不少，但知名度和开发者生态均相距甚远，作者将这些方案统一命名为 OEM（Original Equipment Manufacturer）方案，因为它们都是在 Native 的原生组件基础上做了一层包装，进而对开发者屏蔽了平台细节，其核心原理如图 1-2 所示。

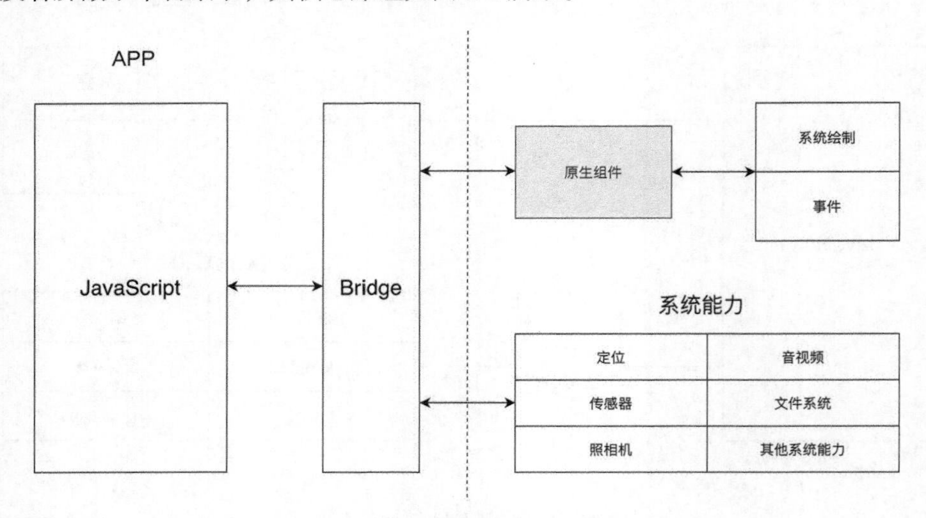

图 1-2　OEM 方案的核心原理

然而，在 2018 年 6 月，爱彼迎公司宣布放弃 React Native，主要原因是虽然 React Native 描绘的跨平台愿景很美好，但是对于很多场景，仍然需要开发者自己去处理平台差异带来的底层细节，如果一个组件 React Native 没有实现，那么开发者需要自行封装。

显然 React Native 没有做到彻底的跨平台。

3. 自渲染阶段

也许是历史的巧合，在 2015 年 React Native 以革命者的姿态出现在开源社区时，一位名叫 Eric Seidel 的谷歌公司的工程师在同年的 Dart 开发者峰会（Dart Developer Summit）上演示了一个基于代号为 Sky 的框架开发的 APP，这在当时并未引起多少人的注意。不知是历史的巧合还是有意而为之，在 3 年后，曾经意气风发的 React Native 被爱彼迎公司宣布弃用时，曾经的 Sky 项目早已改头换面，并在 2018 年年底发布了 1.0 的稳定版本，名为 Flutter。Flutter 和之前所有跨平台技术的不同之处在于自己借助 Skia 渲染引擎，实现了一套与平台无关的渲染系统，从根本上解决了平台差异导致的一系列问题。自此，跨平台技术进入了第 3 个阶段——自渲染阶段。而这一次，执牛耳者从脸书公司变成谷歌公司。Flutter 的核心之处在于完全接管了 UI 组件从使用到渲染的全流程，以此根除平台的差异。而对于原生能力的调用，Flutter 提供的 Platform Channel 和 JS Bridge 并没有本质区别。自渲染方案的核心原理如图 1-3 所示。

从某种意义上来说，Flutter 其实还是基于 Hybrid 的思想，只是它的渲染框架更适合移动端，而 Flutter 的核心开发者 Eric Seidel 在一次采访中也表示，Flutter 的灵感来源于一次对浏览器内核精简后的性能测试结果。

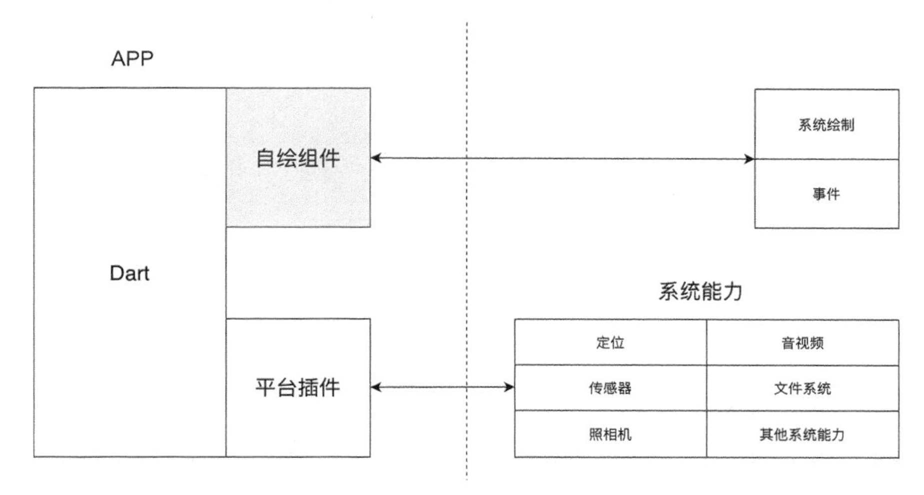

图 1-3 自渲染方案的核心原理

注意

其实早在 Flutter 之前，Qt 就已经开始了在移动端通过自渲染方式开发跨平台的 APP 的探索，但最后并没有像在 PC 端那样获得成功，作者认为主要有以下原因。

- Qt 对移动端开发的支持不足。相比 Flutter 有专门的团队投入，Qt 的使用主要靠少部分极客的摸索，缺乏健康的社区环境。
- 缺乏移动端的针对性优化。比如引入 Qt 之后的安装包大小、平台相关能力的调用支持等。
- 缺乏完整的配套设施。无论是 C++ 还是 QML，都不是移动端开发者能接受的技术栈，因而无法吸引和壮大开发者团体。
- 没有官方的背书。无论是 React Native 还是 Flutter，都出自大厂之手，小至社区文档资源，大至人心所向，Qt 均没有优势。

1.1.4 跨平台的未来

从 2018 年到 2021 年，Flutter 的社区蓬勃发展、生态日益完善，虽然 Flutter 不一定是跨平台技术的最终答案，但是其已经是跨平台发展道路上的一个重要里程碑。图 1-4 展示了跨平台技术发展的 3 个阶段中最具代表性的框架在 GitHub 上的 Star（标星）数目对比，可以看出新一代的方案总是能完成对上一代的反超，而当前 Flutter 已经是大势所趋，本书后面将抽丝剥茧，与读者共飨跨平台技术的最新成果。

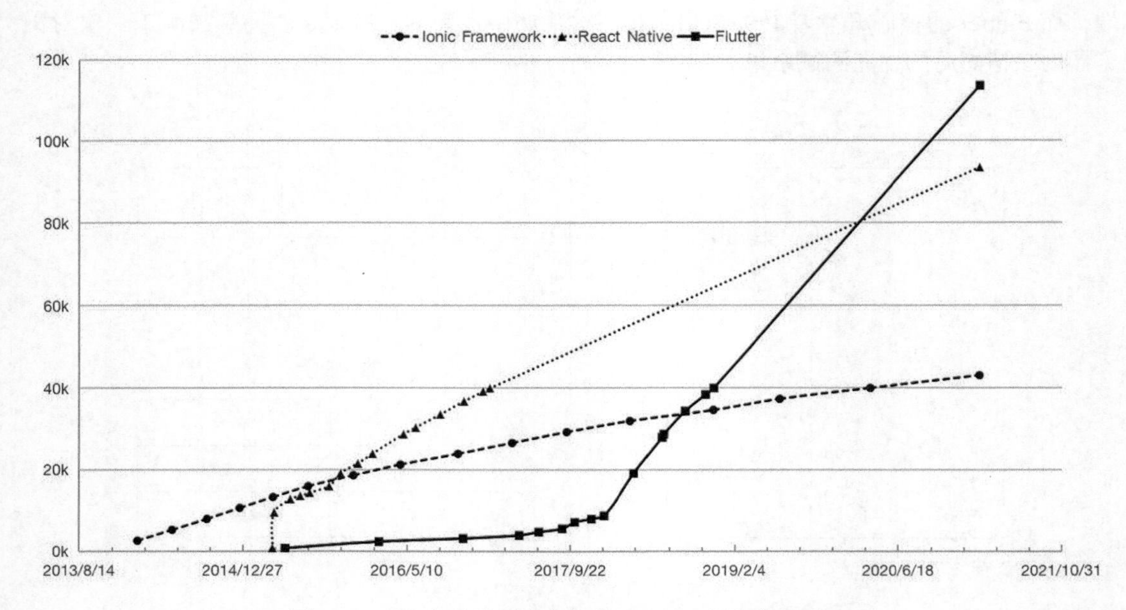

图 1-4　三大主流跨平台框架的 GitHub 标星数目对比

仔细分析图 1-4 可以发现以下信息。

- Hybrid 方案出现最早，但是受到的关注一直比较有限，React Native 出现后迅速完成了对其的反超。
- Flutter 和 React Native 几乎同时出现，但是直到 2018 年推出正式版本后，Flutter 才得到广泛关注，并迅速完成对 Ionic 和 React Native 的反超，成为第一个突破 10 万 Star 数目的移动端跨平台项目。

图 1-4 也完美总结了 1.1.3 节关于跨平台演进的介绍，每一次线条的交汇都意味着一次技术的突破。由图 1-4 也可以看出，Flutter 无疑代表着当前最受关注、最有希望到达跨平台彼岸的技术。接下来，我们将初步了解 Flutter 框架。

1.2　Flutter 框架概览

Flutter 在设计之初的目标是成为一个能够在直接和系统底层服务交互的同时，又可在不同平台间代码尽可能复用的高性能 UI 工具集。基于此，Flutter 的目标自然有两个：一是让开发者能够进行高效开发；二是让用户能够获得高性能的体验。为此，Flutter APP 在开发期间会运行在 Dart VM（以 JIT 方式运行）上，让开发者使用热重载技术获得代码的即时反馈，而在 Flutter APP 正式发布时，则会预编译成二进制文件，运行在 Dart Precompile（只包括 GC 等必要功能）上，以获取最佳的性能。此外，Flutter 还有一套高效的渲染系统，以保证足够的性能。而这一切是如何实现的呢？下面将逐一了解。

1.2.1 分层架构模型

Flutter在软件设计上是一个可灵活扩展的分层架构，Flutter的每个功能组件都以库的形式存在，每个库都依赖于其下一层的库，如图1-5所示。

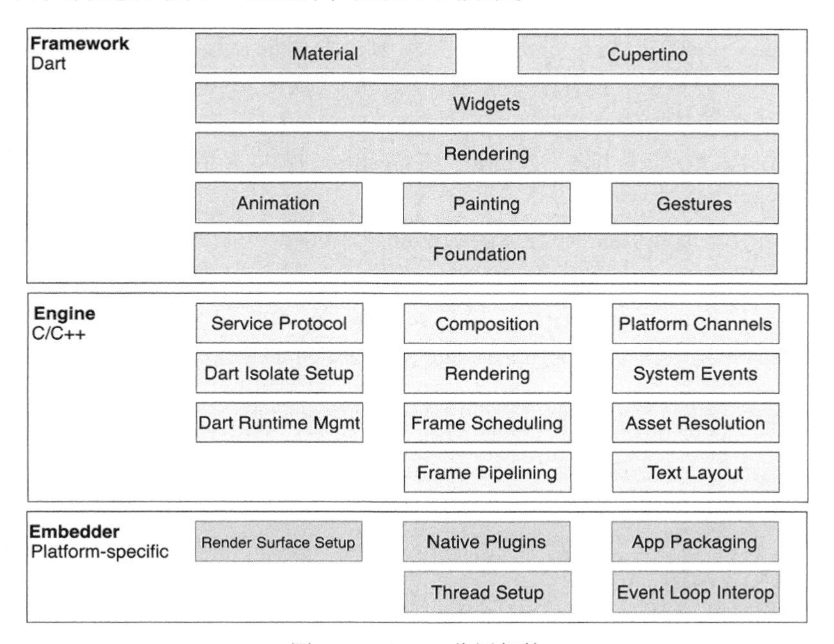

图1-5 Flutter分层架构

Flutter这样设计的好处是让框架的每一个组件都变得可插拔、可替换。作为一个跨平台框架，这对复用和移植到其他平台非常合适。

相信读者对图1-5有一种似曾相识的感觉，其实Android的架构图乃至OSI网络模型的架构图和Flutter的分层架构设计如出一辙。《UNIX编程艺术》一书对这种设计给出了一个贴切的称呼：正交性。由于正交性的存在，Android才会有层出不穷的定制ROM，OSI才会有各有千秋的协议（如传输层的TCP与UDP）。

下面自底向上地分析Flutter的每一层。Embedder顾名思义是将Flutter嵌入到Native平台，例如Android、iOS，乃至Linux、Windows。Embedder的职责是为渲染UI到Surface、处理单击事件等与底层平台交互的行为提供一个入口。Embedder使用的编程语言取决于具体平台，对Android来说，通常是C++和Java。

Engine是Flutter的核心部分，大部分代码由C++构成。Engine的主要职责是为Flutter

合成并渲染屏幕数据，并为此提供了一系列底层基础能力，包括图形绘制（通过 Skia）、文字渲染、文件和网络 I/O、无障碍支持、平台插件、Dart 运行时管理和编译期工具链等。Engine 的主要功能通过 dart:ui 模块和 Framework 进行双向交互。

通常来说，开发者不需要感知到 Engine 和 Embedder 的存在（如果不需要调用平台的系统服务），Framework 是开发者需要直接交互的，因而也在整个分层架构模型的最上层。Framework 由 Dart 语言开发，提供了一套现代的、响应式的 UI 框架，Framework 本身也是分层的，自底向上的角色及功能介绍如下。

- Foundation 以及 Animation、Painting 和 Gestures 提供了 Framework 公用的底层能力，是对 Engine 的抽象与封装。
- Rendering 主要负责 Render Tree 的 Layout 等操作，并最终将绘制指令发送到 Engine 进行绘制上屏。
- Widgets 是对 Rendering 的一种上层封装，Render Tree 虽然能够决定最终的 UI，但是过于复杂，不适合开发者使用，Widgets 通过组合的思想，提供了丰富的 Widget 组件供开发者使用。
- Material 和 Cupertino 是对 Widgets 的进一步封装，Widgets 提供的组件对开发者来说还是过于原始，因此这一层基于 Android 和 iOS 的设计规范提供了更完备的组件，以保证开发者开箱即用。

1.2.2 响应式与 Widgets

Flutter 受 React 影响颇深，采用了声明式的 UI 写法。客户端开发人员已经习惯了命令式的 UI 写法，一开始可能很不适应 Flutter 的开发方式，但 React 思想已经在前端取得了巨大成功，而 Flutter 作为一个先进的 UI 开发框架，自然要摆脱命令式的桎梏，引入更先进的开发理念。

既然 Flutter 使用了 React 思想，那自然离不开 Virtual DOM，扮演这个角色的正是 Widget。在 Flutter 中，可以说万事万物皆 Widget。哪怕一个居中的能力，在传统的命令式 UI 开发中，通常会以一个属性的方式进行设置，而在 Flutter 中则抽象成一个名为 Center 的组件。此外，Flutter 提倡激进式的组合开发，即尽可能通过一系列基础的 Widget 构造出你的目标 Widget。基于以上两个特点，可以预见 Flutter 的代码中将充斥着各种 Widget，每一帧 UI 的更新都意味着部分 Widget 的重建。读者可能会担心，这种设计十分臃肿和低效，其实恰恰相反，这正是 Flutter 能够进行高性能渲染的基石。Flutter 之所以要如此设计也是基于以下两点事实有意而为之。

- Widget Tree 上的 Widget 节点越多，通过 Diff 算法得到的需要重建的部分就越精确、范围越小，而 UI 渲染的主要性能瓶颈就是 Widget 节点的重建。
- Dart 语言的对象模型和 GC 模型对小对象的快读分配和回收做了优化，而 Widget 正是这种小对象。

第 5 章剖析渲染管道时，读者可以更深刻地体会到 Flutter 在 Framework 层面对响应式的支持。

1.2.3 初识渲染管道

在讨论渲染管道（Rendering Pipeline）之前，首先了解 Flutter 中的 3 棵树模型（实际上还有一棵 Layer Tree，但由于过于底层，一般不纳入讨论）。Flutter 的 3 棵树模型示意如图 1-6 所示。

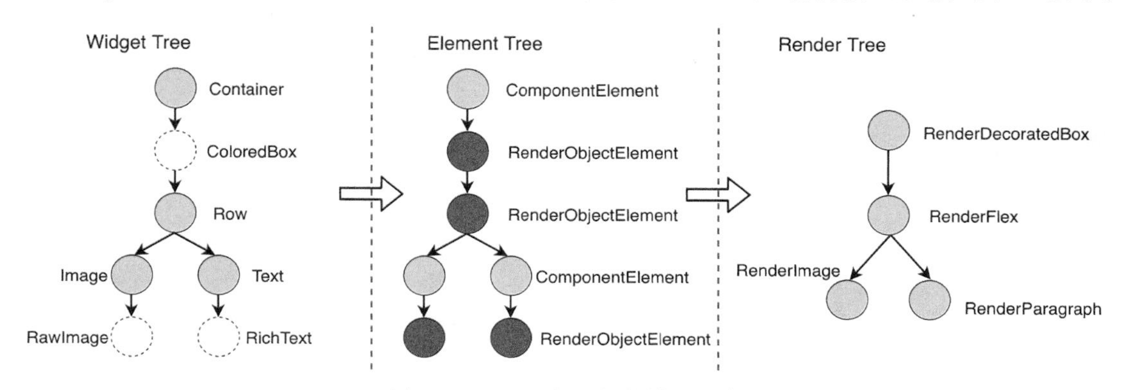

图 1-6　Flutter 的 3 棵树模型示意

Widget Tree 是开发者能够直接感知到的，但其最终形态和代码会有一些差异，因为部分 Widget 本身就是由其他 Widget 构成的。图 1-6 中 Widget Tree 的 ColoredBox 等 Widget，虽然开发者没有直接使用，但却存在于最终的 Widget Tree 中，关于 Widget 的结构将在第 5 章详细剖析。每个 Widget 都会有对应的 Element，并存在一棵对应的 Element Tree。实际上 Element Tree 才是内存中真实存在的数据，Widget Tree 和 Render Tree 都是由 Element Tree 驱动生成的。正是由于这种机制，Element Tree 扮演了 Flutter 中 Virtual DOM 的管理者角色。Element Tree 中，RenderObjectElement 类型的节点会产生 RendnerObject，并构成最终的 Render Tree。对开发者来说，Render Tree 是最底层的 UI 描述，但对 Engine 来说，Render Tree 是 Framework 对 UI 最上层、最抽象的描述。

任何一个 UI 框架，无论是 Web 还是 Android，都会有自己的渲染管道，渲染管道是 UI 框架的核心，负责处理用户的输入、生成 UI 描述、栅格化绘制指令、上屏最终数据等。Flutter 也不例外。由于采用了自渲染的方式，Flutter 的渲染管道是独立于平台的。以 Android 为例，Flutter 只是通过 Embedder 获取了一个 Surface 或者 Texture 作为自己渲染管道的最终输出目标。具体来说，Flutter 的渲染管道分为以下 7 个步骤。

（1）用户输入（User Input）：响应用户通过鼠标、键盘、触摸屏等设备产生的手势行为。

（2）动画（Animation）：基于计时器（Timer）更新当前帧的数据。

（3）构建（Build）：三棵树的创建、更新与销毁阶段，StatelessWidget 和 State 的 build 方法将在该阶段执行。

（4）布局（Layout）：Render Tree 将在这个阶段完成每个节点的大小和位置的计算。

（5）绘制（Paint）：Render Tree 遍历每个节点，生成 Layer Tree，RenderObject 的 paint 方法将在该阶段执行，生成一系列绘制指令。

（6）合成（Composition）：处理 Layer Tree，生成一个 Scene 对象，作为栅格化的输入。

（7）栅格化（Rasterize）：将绘制指令处理为可供 GPU 上屏的原始数据。

在以上 7 个步骤中，用户输入和动画是相对独立的逻辑，一些简单的静态 UI 不需要处理用户输入，也不需要展示动画，本书将在第 8 章详细介绍。构建、布局和绘制直接关系到 Flutter 3 棵树的维护和使用，是 Framework 的核心功能之一，是深刻理解 Flutter 底层工作机制的关键所在，本书将在第 5 章详细剖析。合成和栅格化负责绘制指令的最终消费，主要逻辑在 Engine 中，本书也将稍加介绍。

本书所讨论的渲染管道是广义的渲染管道，在一些图形学领域，渲染管道则被分成应用、几何、栅格化 3 个大阶段以及诸多小阶段，并且细节也更侧重于图形学领域。作为一本剖析 Flutter 源码的书籍，本书侧重点会有所不同：将重点分析 3 棵树的生成、维护和消费。

1.2.4 平台嵌入与交互

虽然 Flutter 可以做到脱离平台的原生组件自渲染，但是仍然无法摆脱平台而独立存在。以 Android 为例，Flutter 页面通常绘制在 FlutterView 上，而 FlutterView 又是 FlutterActivity 的一部分，所以一个 Flutter 页面和一个普通的 Activity 其实没什么两样，第 4 章将详细分析 Flutter 的启动流程，在此过程中读者将更深刻地了解 Flutter 是如何嵌入平台的。

除了被平台启动，Flutter 还需要和平台做一些特定的交互，比如调用平台的方法、获取页面的生命周期回调等。对于一些视频、地图组件，其通常只提供了平台特定的 SDK，因而 Flutter 无法使用，Platform View 的出现便是为了解决这一问题，它提供了一种机制，可以在一个 Flutter 页面中渲染平台原生组件。第 9 章将详细剖析平台交互的底层原理和实现。

1.3 本章小结

"以史为镜，可以知兴替。"本章首先介绍了移动端跨平台技术的发展史，并在此基础上分析出 Flutter 乃是下一阶段跨平台领域的大势所趋。其次，1.2 节提纲挈领地介绍了 Flutter 框架核心的技术点，更进一步的剖析将在后续章节逐渐展开。

第 2 章　环境搭建

“磨刀不误砍柴工”，在正式开始学习 Flutter 的源码之前，本章将帮助读者初步认知 Flutter，主要包括源码的获取、结构、构建和调试。

2.1　Flutter 源码获取

Flutter 开发团队的核心成员大都有在 Chromium 项目工作的经验，因而从 Flutter 源码的获取到构建过程中，都将或多或少看到 Chromium 的影子。

由第 1 章可知，Flutter 主要包括 3 部分，其中 Framework 位于 GitHub 上的官方仓库的 flutter 仓库（后面内容用 flutter/flutter 表示）下面，而 Engine 和 Embedder 位于官方仓库的 engine 仓库（后面内容用 flutter/engine 表示）下面。那么，是否通过 git clone 下载这两个仓库就可以了呢？实际上是不行的，因为 Engine 和 Embedder 本身还依赖了很多第三方仓库，它们都定义在 flutter/engine 根目录的 DEPS 文件中，并借助 Chromium 的 depot_tools 工具完成依赖的下载，该工具包含了一系列用于源码管理和构建的工具。

下面将基于 macOS 详细介绍 Flutter 源码的获取步骤，推荐读者在类 UNIX 系统上进行 Flutter 源码的获取与构建。

第 1 步，新建一个目录，下载 depot_tools 并将其加入环境变量，如代码清单 2-1 所示。

代码清单 2-1　下载 depot_tools 并将其加入环境变量

```
$ mkdir flutter_source
$ cd flutter_source
$ git clone https://chromium.googlesource.com/chromium/tools/depot_tools.git
$ export PATH=$PATH:`pwd`/depot_tools
```

第 2 步，新建一个名为 .gclient 的文件，并新增配置如代码清单 2-2 所示。其中，name 指定仓库的存放位置，url 指定将要下载的仓库，deps_file 指定存放第三方依赖的文件名。

代码清单 2-2　配置 .gclient 文件

```
solutions = [
  {
    "managed": False,
```

```
        "name": "src/flutter",
        "url": "git@github.com:flutter/engine.git",
        "custom_deps": {},
        "deps_file": "DEPS",
        "safesync_url": "",
    },
]
```

第 3 步，输入 gclient sync 开始下载 flutter/engine 及其依赖。该命令在输入后可能一段时间内没有任何输出（某些网络原因），读者可以通过系统的活动监视器查看当前的网络状况以判断 gclient 是否正常运行，正常运行的情况如图 2-1 所示。

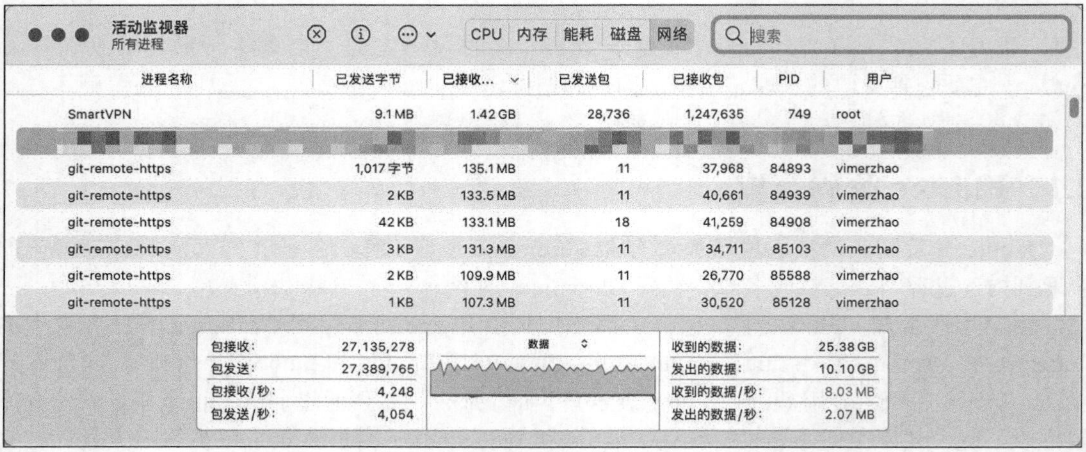

图 2-1　gclient sync 运行时的网络状况

在图 2-1 中可以发现 gclient 底层是通过 git 进行下载的，下载速度达到 8MB/s，这些都是正常下载的表现。在正常下载的情况下，gclient 会输出进度信息，如代码清单 2-3 所示。

代码清单 2-3　使用 gclient 下载 Flutter Engine 源码

```
$ gclient sync
......
remote: Enumerating objects: 1, done.
remote: Counting objects: 100% (1/1), done.
remote: Total 224136 (delta 0), reused 1 (delta 0), pack-reused 224135
Receiving objects: 100% (224136/224136), 210.03 MiB | 1.10 MiB/s, done.
Resolving deltas: 100% (164437/164437), done.
Syncing projects:  32% (34/106) src/third_party/harfbuzz
......
[0:28:50] Still working on:
[0:28:50]   src/third_party/dart
Syncing projects: 100% (106/106), done.
Running hooks: 100% ( 9/ 9) dart package config
......
Downloading term_glyph 1.2.0...
```

```
Changed 9 dependencies!
......
Running hooks: 100% (9/9), done.
```

需要注意的是，gclient 在输出“Syncing projects: 100% (106/106), done.”后还会启动 cipd_client 下载部分大文件。注意，不要强行中断下载。此时仍然可通过活动监视器查看该过程是否正常进行，正常情况如图 2-2 所示，网络在短暂闲置之后又会进入满负荷下载状态，直至完成。

图 2-2　cipd_client 运行时的网络状况

第 4 步，克隆 flutter/flutter，即 git clone https://github.com/flutter/flutter.git，此时 flutter_source 目录的结构如代码清单 2-4 所示。

代码清单 2-4　flutter_source 目录的结构

```
$ ls
depot_tools flutter   src
```

其中，flutter 即 Framework 层源码所在位置，而 src 包括了 flutter/engine 及相关依赖，详细目录结构将在 2.2 节介绍。至此，我们已经完成 Flutter 源码的获取工作。但是，此时获取的是 master 分支的源码，其特点是不够稳定，经常会有新的代码提交。以本书为例，作者使用的是 2.0.0 版本的 Flutter 源码，那么如何将 flutter/flutter 和 flutter/engine 同步到该版本呢？

第 5 步，进入 flutter 目录，切换到 2.0.0 版本，并查看该版本对应的 Engine 版本。需要注意的是，Engine 并没有明确的版本概念，但每个版本的 flutter/flutter（即 Framework）都会保存其对应 flutter/engine 的 commit id。因此，接下来只需要进入 src/flutter 目录（即 engine 目录），切换到该 commit id 即可。这个流程如代码清单 2-5 所示。

代码清单 2-5　检出对应版本

```
$ cd flutter # 进入 Framework 的根目录
```

```
$ git checkout 2.0.0 # 切换到指定版本
......
HEAD is now at 60bd88df91 enable build test, roll engine, flag flip (#77154)
$ cat bin/internal/engine.version # 查看当前 Framework 版本对应的 Engine 版本
40441def692f444660a11e20fac37af9050245ab
$ cd ../src/flutter # 进入 Engine 的根目录
$ git checkout 40441def6
......
HEAD is now at 40441def6 Update Dart SDK to Stable 2.12.0 (#24635)
```

第 6 步，在 src/flutter 目录执行 gclient sync --with_branch_heads --with_tags，这是因为 engine 在切换时 DEPS 文件自然也有可能改变，因而每次切换 Engine 版本后都要进行同步操作。后面的两个参数表示将 tag、refspecs 等仓库信息一起同步，建议读者加上这两个参数。

经过以上步骤便获取 2.0.0 版本的 Flutter 源码。Framework 源码位于 flutter_source/flutter 目录，后续在相关路径表示时将以 flutter 表示该目录；Engine 和 Embedder 的源码位于 flutter_source/src/flutter 目录，后续在相关路径表示时将以 engine 表示该目录。

2.2 Flutter 源码结构

本节将带领读者初步熟悉 Flutter 的源码结构，由于 flutter 和 engine 中文件繁多，很多文件的作用比较容易理解，因此将选取两个仓库中最重要也是本书后续将频繁涉及的目录和文件加以解释。

首先是 flutter/flutter 的目录结构，如代码清单 2-6 所示。

代码清单 2-6 flutter/flutter 的目录结构

```
bin
  |-flutter # flutter tool 的启动脚本
  |-flutter.bat
  |-internal
    |-engine.version # Framework 对应的 Engine 版本
    |-shared.bat
    |-shared.sh # flutter 命令的内部逻辑
    |-update_dart_sdk.sh # Flutter SDK 的更新逻辑
examples # Flutter 示例工程
packages
  |-flutter # Flutter SDK 源码
  |-flutter_driver # Flutter 集成测试相关代码
  |-flutter_goldens # Flutter UI 测试相关代码
  |-flutter_goldens_client
  |-flutter_localizations # 国际化相关代码
  |-flutter_test # Flutter（单元）测试相关代码
  |-flutter_tools # flutter tool 的源码
  |-flutter_web_plugins # Flutter Web 相关代码
version # Flutter SDK 版本
```

其中，packages/flutter_tools 实现了 flutter 命令的大部分逻辑，这些将在第 3 章详细分析。packages/flutter 包括了 Framework 的大部分逻辑，将在第 5 章 ~ 第 8 章详细分析。

flutter/engine 的目录结构如代码清单 2-7 所示。

代码清单 2-7　flutter/engine 的目录结构

```
assets # 资源读取
common # 公共逻辑
flow # 渲染管道相关逻辑
flutter_frontend_server # Dart 构建相关逻辑
fml # 消息循环相关逻辑
lib # Dart Runtime 及渲染和 Web 相关逻辑
runtime # Dart Runtime 相关逻辑
shell
  |-platform
    |-android # Android Embedder 相关逻辑
    |-common # Embedder 公共逻辑
sky
testing # 测试相关
third_party
```

Engine 的相关逻辑将在第 9 章详细分析，Embedder 的相关逻辑将在第 10 章详细分析。

2.3　Flutter 源码构建

Framework 的本质可以认为是一个 Dart Package，而 Flutter 工程设置 SDK 路径时可以认为是建立了一个相对路径依赖，因为 Framework 的源码可以认为是跟随 Flutter 工程一起构建的。

Engine（包括 Engine 和 Embedder 的源码）的构建则比较复杂，也是本节的重点内容。首先要知道 Engine 部分主要由 C++ 代码组成，最终的机器码和运行平台与 CPU 架构是强相关的。此外，对于不同平台，其对应的 Embedder 也有所不同。幸运的是，Flutter 已经借助 Chromium 工程的 gn 和 ninja 工具链大大简化了这个构建过程。关于 gn 和 ninja 以及相关的编译细节本书不再赘述，接下来将重心放在 Flutter 自身的构建流程上。

由于是构建 Engine，首先进入 Engine 所在的目录 flutter_source/src，该目录下的 flutter 目录即 Engine，其他目录及文件将在 Engine 的构建流程中使用到。注意，在此并未直接进入 Engine 的根目录，而是进入其上一级目录。接下来先查看 Flutter 的 gn 工具（注意不要使用 depot_tools 的 gn 工具——由于设置了环境变量，如果直接输入 gn 命令使用的将是 depot_tools 的 gn 工具），使用说明如代码清单 2-8 所示。

代码清单 2-8　gn 工具使用说明

```
$ ./flutter/tools/gn -h
usage: gn [-h] [--unoptimized]
          [--runtime-mode {debug,profile,release,jit_release}] [--interpreter]
          [--dart-debug] [--full-dart-debug]
          [--target-os {android,ios,linux,fuchsia,win}] [--android]
          [--android-cpu {arm,x64,x86,arm64}] [--ios] [--ios-cpu {arm,arm64}]
          [--simulator] [--fuchsia] [--fuchsia-legacy] [--no-fuchsia-legacy]
          [--linux-cpu {x64,x86,arm64,arm}] [--fuchsia-cpu {x64,arm64}]
```

```
            [--windows-cpu {x64,arm64}] [--arm-float-abi {hard,soft,softfp}]
            [--goma] [--no-goma] [--lto] [--no-lto] [--clang] [--no-clang]
            [--clang-static-analyzer] [--no-clang-static-analyzer]
......
```

其中，需要重点关注的参数如下。

- --runtime-mode：构建产物的类型。debug 用于日常开发，基于 Dart VM 运行，性能较低；profile 用于性能测试，release 用于正式发布，两者都是编译成机器码，性能较高；jit_release 用于不支持 AOT 的平台，如 32 位、x86 架构的 Android 平台。
- --target-os：构建产物所运行的平台，对于 Android 和 iOS 还可以通过 --android 和 --ios 参数直接指定。
- --android-cpu：Android 构建产物的所属架构，通常 x86 用于 PC 模拟器，其他三种用于真机环境。

下面开始构建一个基于 Android 平台 ARM 架构的 debug 产物，首先通过 gn 工具生成用于真正构建的元文件，如代码清单 2-9 所示。

代码清单 2-9　生成构建 Flutter Engine 所需的元文件

```
$ ./flutter/tools/gn --unoptimized # 生成 Host 的构建信息
Generating GN files in: out/host_debug_unopt
Generating Xcode projects took 197ms
Done. Made 698 targets from 226 files in 1495ms
$ ./flutter/tools/gn --unoptimized --android --runtime-mode debug --android-
cpu arm
Generating GN files in: out/android_debug_unopt
Generating Xcode projects took 77ms
Done. Made 438 targets from 197 files in 2763ms
$ ls out
android_debug_unopt   compile_commands.json host_debug_unopt
```

读者可能注意到，这里实际上构建了两个产物。一方面，host_debug_unopt 的作用是构建 flutter 工程，生成 Dart Kernel 或者特定平台的 AOT 文件，能在 x86 架构的 PC 设备上生成 ARM 架构的机器码，正是得益于这个目录的产物；另一方面，android_debug_unopt 则将存放最终构建出 Engine 和 Embedder 产物。compile_commands.json 存储了 Engine 中代码的交叉索引，将在 2.4 节加以利用。使用 ninja 构建最终产物的过程如代码清单 2-10 所示。该过程比较耗时，CPU 将处于满负荷工作状态。

代码清单 2-10　构建 Flutter Engine 最终产物的过程

```
$ ninja -C out/host_debug_unopt # 构建出的产物将用于 Flutter 工程的编译
ninja: Entering directory `out/host_debug_unopt'
[5587/5587] STAMP obj/default.stamp
$ ninja -C out/android_debug_unopt # 构建出的产物将作为 Flutter 工程的 SDK
ninja: Entering directory `out/android_debug_unopt'
......
[3844/3844] STAMP obj/default.stamp
$ unzip out/android_debug_unopt/flutter.jar -d temp # 解压核心构建产物并查看
```

```
$ tree temp -L 3
temp
├── io
│   └── flutter # Embedder 相关代码
│       ├── BuildConfig.class
│      ......
└── lib
    └── armeabi-v7a # Engine 相关代码
        └── libflutter.so
$ ls -lh out/android_debug_unopt/libflutter.so # 带有调试信息的 Engine 产物
-rwxr-xr-x  1 vimerzhao  staff   285M  2 25 22:04 out/android_debug_unopt/
    libflutter.so
```

android_debug_unopt 的构建产物较多，其中比较重要的是 libflutter.jar，该文件包括了 Engine（libflutter.so）和 Embedder 构建产物。此外，还会生成一个独立的 libflutter.so 文件，其包含了符号表等调试信息，因而非常大，我们将在 2.4 节对其加以利用，进行调试。

在正常情况下，通过 flutter run 构建并运行 Flutter 工程时，会生成 Engine 和 Embedder 的依赖配置并通过 Gradle 从云端仓库下载（将在第 3 章详细分析）官方已经构建好并上传的构建产物。与此同时，我们也可以通过自定义参数使用本地构建的 Engine 和 Embedder 产物，如代码清单 2-11 所示。

代码清单 2-11　基于本地构建产物编译 Flutter 应用

```
$ ../flutter/bin/flutter run --local-engine-src-path ~/SourceCode/flutter_source/
    src --local-engine=android_debug_unopt
Launching lib/main.dart on DUK AL20 in debug mode...
Running Gradle task 'assembleDebug'...
Running Gradle task 'assembleDebug'... Done                         14.4s
✓ Built build/app/outputs/flutter-apk/app-debug.apk.
Installing build/app/outputs/flutter-apk/app.apk...                 3.1s
Waiting for DUK AL20 to report its views...                         6ms
Syncing files to device DUK AL20...                                 207ms

Flutter run key commands.
r Hot reload.
R Hot restart.
h Repeat this help message.
d Detach (terminate "flutter run" but leave application running).
c Clear the screen
q Quit (terminate the application on the device).
```

通过以上命令，我们构建出的 Flutter 应用将使用从本地源码构建的 Engine 和 Embedder 的产物。

2.4　Flutter 源码调试

经过 2.3 节的操作，我们已经可以成功地基于自己的 Framework、Engine 和 Embedder 源码构建一个 Flutter 应用。通常来说，我们可以通过两种方式对源码内部的细节进行研究：日志或调试。作者认为两者各有利弊，日志复用程度高、易于管理、适合多线程追踪、有利于全局分析，调试虽然操作低效且配置复杂，但对于 Flutter 源码这样的陌生项目，我们往往想增加日志也无从下手，反而是通过单步调试，在关心的逻辑处分析上下文收益更大。因此，本节将详细介绍 Flutter 源码的调试技巧。

2.4.1 Framework 源码调试

为了调试 Framework 源码，首先在 flutter_source 目录下面，通过 flutter create flutter_demo 命令新建一个 Flutter 工程，然后通过 Android Studio 打开该项目。为了确保调试的是下载的并且切换到 2.0.0 版本的 Framework 源码，首先将 Android Studio 的 Flutter SDK 设置成获取的 Framework 的绝对路径，如图 2-3 所示。

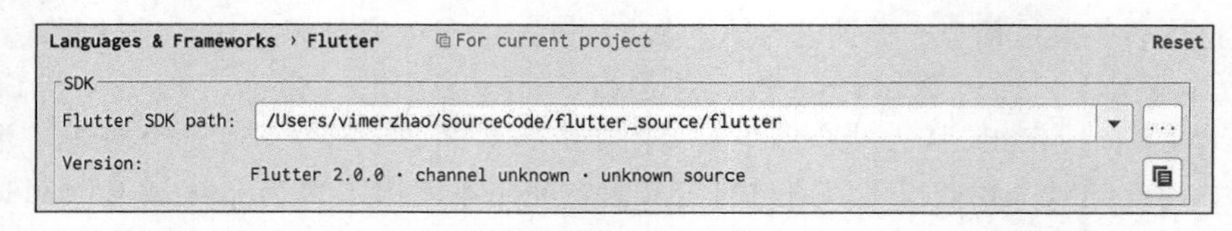

图 2-3　设置 Flutter SDK

此时，通过 Command+ 鼠标左键，单击 main.dart 中的 runApp 即可进入 Framework 的源码，如图 2-4 所示，通过图中箭头所示按钮可以快速定位当前代码所在文件的位置，通过将鼠标指针放置在顶部文件 tab 上可以快速查看文件绝对路径，这两个功能对阅读源码十分有用。

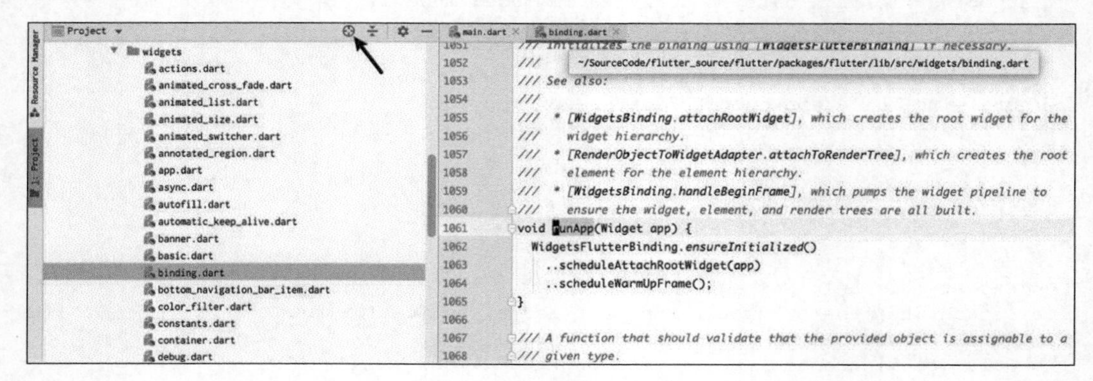

图 2-4　Framework 源码

验证工程所依赖的确实是自定义的 SDK 之后，就可以开始调试了。需要调试的逻辑有两种：第一种是启动时主动调用的；第二种是程序运行期间调用的。

对于第一种情况，在设置好断点之后通过 Debug 按钮启动即可，如图 2-5 所示，单击箭头所示的 Debug 按钮之后，程序重启，并停留在预先设置的断点位置。

对于第二种情况，只需要设置好断点，正常启动应用，然后通过 Attach Debugger 按钮绑定目标进程即可。如图 2-6 所示，单击箭头所示的 Attach Debugger 按钮之后即会弹出选择调试进程的对话框。

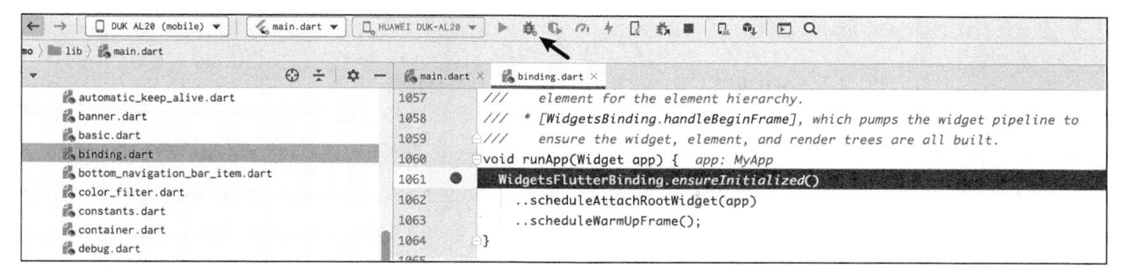

图 2-5　Framework 启动时的断点

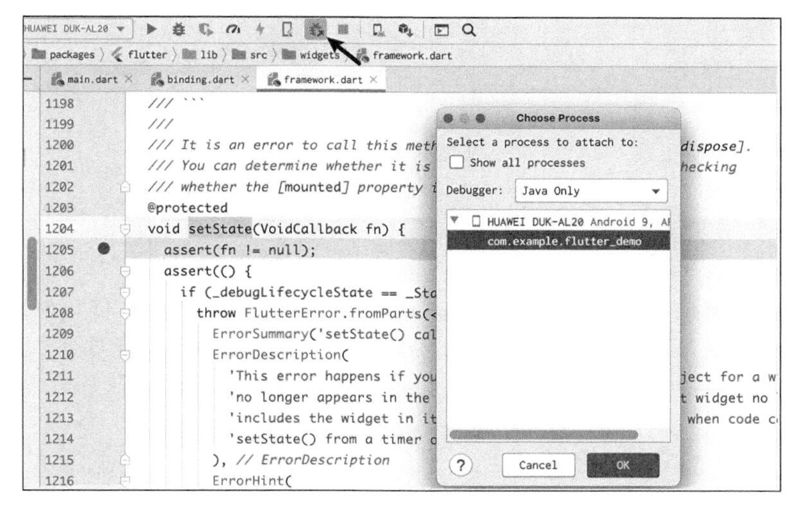

图 2-6　Framework 运行期间关联调试器

在触发断点的逻辑时，便可以查看调用栈即相关变量信息了，如图 2-7 所示。

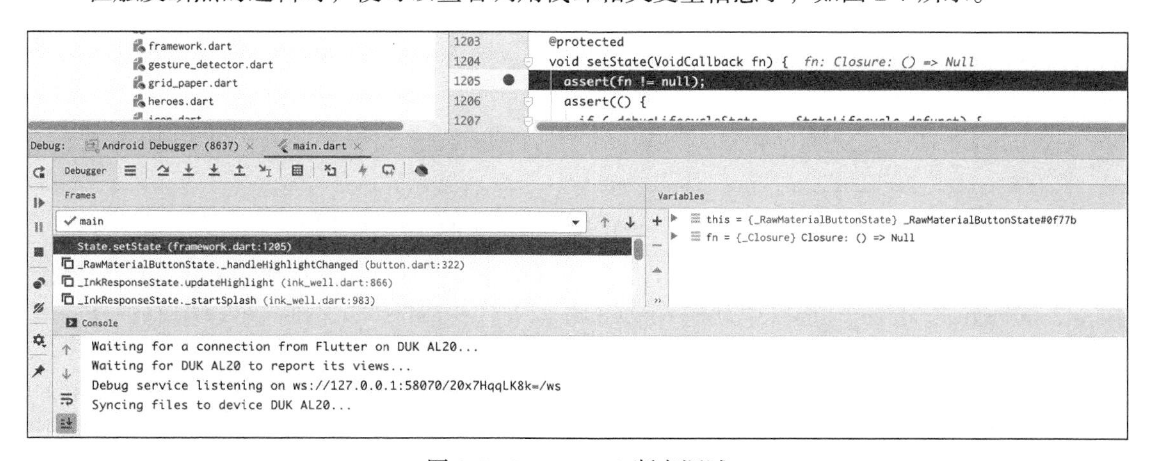

图 2-7　Framework 断点调试

2.4.2 Embedder 源码调试

在 2.3 节中，通过 --local-engine-src-path 和 --local-engine 参数使用自定义的 Engine 和 Embedder 构建了一个 Flutter APP。但是却无法在 Android Studio 中像 Framework 那样调试 Embedder 的 Java 代码，当通过前面创建的 flutter_demo 工程进入 MainActivity 时，发现无法跳转到 Embedder 的源码，如图 2-8 所示，因为当前工程被识别成了一个 Flutter 工程，而非 Android 工程。

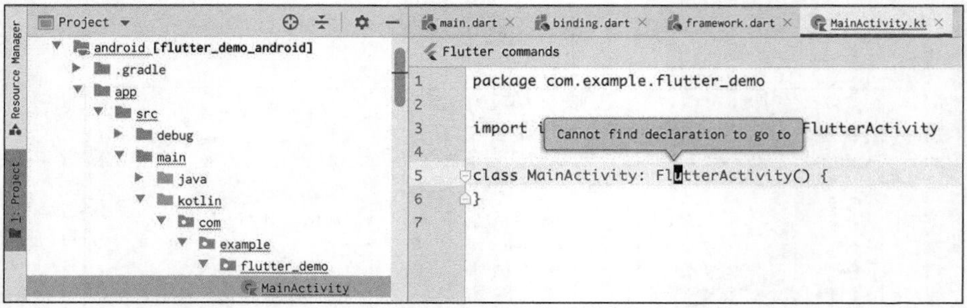

图 2-8 无法在 flutter_demo 中识别 Embedder 源码

为此，在一个新的工程窗口中打开 flutter_demo/android 目录，此时 Embedder 的源码可以正常解析，但是可以发现其路径并不是构建的产物路径，如图 2-9 所示。这是因为通过 Android Studio 构建时，相关的 Local Engine 参数都没有配置，自然无法解析成源码。

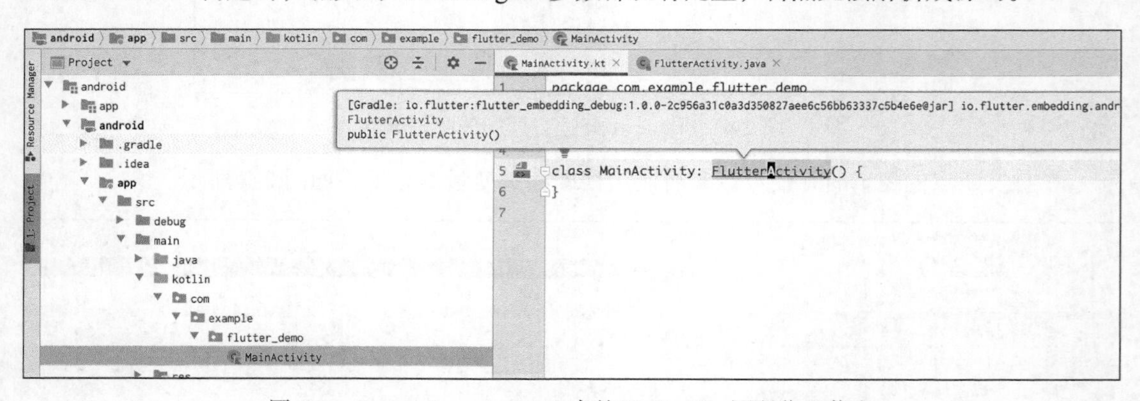

图 2-9 flutter_demo/android 中的 Embedder 源码位置信息

针对这种情况，首先想到的是能否在 Android 构建时增加相关参数呢？实际上是可以的。在 src/out/android_debug_unopt 中就有 Embedder 的 jar 文件和 pom 文件，可以构建自己的本地仓库来替代默认的远程仓库，这些将在第 3 章中详细分析。

在此作者提供一种更简单的方法，首先通过 ./flutter/bin/flutter create -t module flutter_module 命令新建一个 module 类型的 Flutter 工程，然后通过 ../flutter/bin/flutter build aar 构建出 aar 文件。其次新建一个常规的 Android 工程，并将前面从 Engine 源码构建出的 flutter.jar

和从 flutter_module 构建出的 aar 文件复制到 libs 目录。最后在 app/build.gradle 中添加配置，如代码清单 2-12 所示。

代码清单 2-12　添加 Android 工程集成 Flutter SDK 的配置

```
android {
    defaultConfig {
        ndk { // 确保加入目标架构的 libflutter.so 进行构建
            abiFilters 'armeabi-v7a'
        }
    }
    compileOptions { // Embdder 的 Java 代码必须基于 Java 8 构建
        sourceCompatibility 1.8
        targetCompatibility 1.8
    }
    ......
}
dependencies {
    implementation files('libs/flutter.jar') # Engine 和 Embedder 的构建产物
    implementation files('libs/flutter_debug-1.0.aar') # Framework 的构建产物
    ......
}
```

基于以上配置，可以将 Embedder 和 Engine（flutter.jar）以及 Framework 和业务代码（aar 文件）加入 Android 工程，接下来的 Embedder 的调试过程和 Framework 几乎一样。在 FlutterActivity 中设置断点并启动应用，其调试界面如图 2-10 所示。

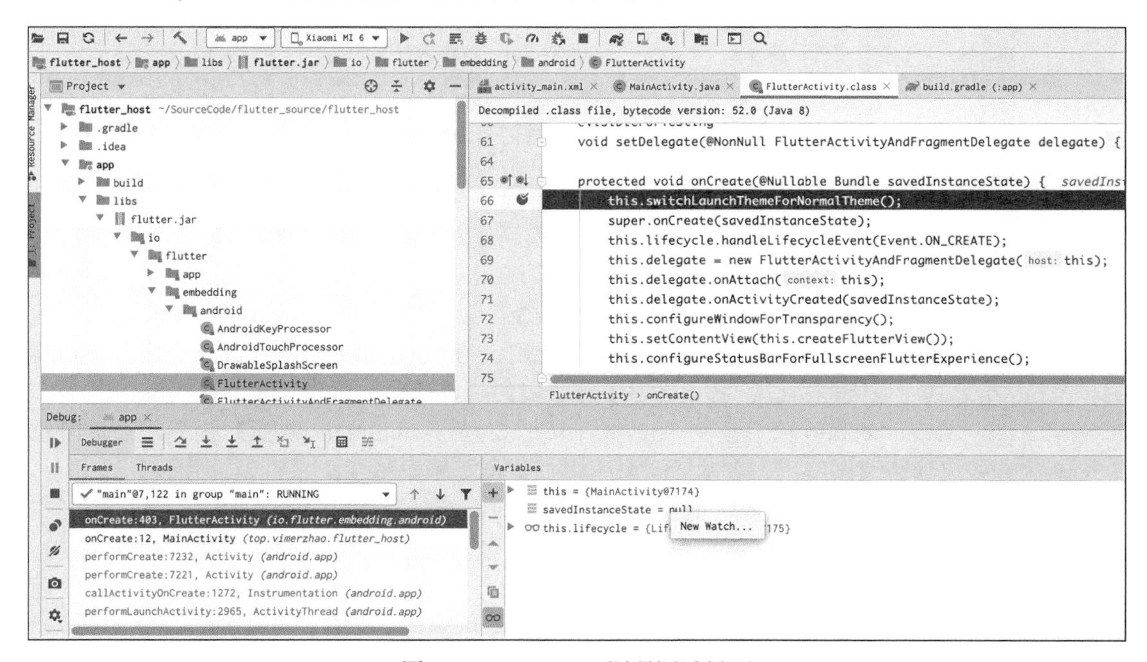

图 2-10　Embedder 源码调试界面

2.4.3 Engine 源码调试

之所以在进行 Framework 和 Embedder 源码调试时，都是通过 Android Studio 进行的，是因为 Android Studio 对 Dart 和 Java 调试工具的支持比较完善。对 Engine 来说，其调试过程比较复杂，下面详细分析。

首先，需要重新认识调试过程。在前面内容中，Android Studio 的便利隐去了太多的细节。对移动设备而言，源码位于 PC 端，而源码的构建产物位于具体设备（即运行应用的 Android、iOS 系统），那么在 PC 端调试具体设备则必然需要数据通信和通信协议，比如 Java 代码调试中常见的 Socket 和 JDWP（Java Debug Wire Protocol）。而对于基于 C++ 语言的 Engine 源码调试，将手动完成这一系列工作。

第 1 步，选择调试器，作者推荐使用 lldb，调试的本质是通过 PC 端发送指令给具体设备，每次指令发送后获得一个结果，这实际上是一个类似网络请求的过程，因而调试器也被设计成 C/S 架构。

第 2 步，启动 lldb-server，具体流程如代码清单 2-13 所示。

代码清单 2-13　启动 lldb-server，准备调试 Flutter Engine

```
    $ adb push src/third_party/android_tools/ndk/toolchains/llvm/prebuilt/darwin-
        x86_64/lib64/clang/9.0.8/lib/linux/arm/lldb-server /data/local/tmp/lldb-server
# 将 ARM 架构的 lldb-server 推送到设备
    $ adb shell run-as top.vimerzhao.flutter_host cp -F /data/local/tmp/lldb-server
        /data/data/top.vimerzhao.flutter_host/lldb-server # 复制到目标 APP 的私有目录
    $ adb shell run-as top.vimerzhao.flutter_host \chmod a+x /data/data/top.vimerzhao.
        flutter_host/lldb-server # 赋予 lldb-server 可执行权限
    $ adb shell "run-as top.vimerzhao.flutter_host sh -c '/data/data/top.vimerzhao.
        flutter_host/lldb-server platform --server --listen unix-abstract:///data/data/top.
        vimerzhao.flutter_host/debug.socket'" # 启动 lldb-server，这样设备就可以接收、响应调试指令了
```

以上流程中，第 1 行命令是将本地的 lldb-server 推送到待调试的具体设备上，因为移动设备一般是 ARM 架构，所以这里选择的是 arm 目录下的 lldb-server；第 2 行命令是将 lldb-server 复制到待调试应用的 data 目录，这里 top.vimerzhao.flutter_host 为待调试应用，即前面内容创建的常规的 Android 工程所配置的包名；第 3 行命令是赋予 lldb-server 可执行权限，注意这里“run-as+ 包名”的使用是为了解决权限问题，一般建议加上；第 4 行命令是启动 lldb-server，并指定其所监听的协议，后面内容中将会用到。

第 3 步，在 Embedder 中设置一个断点，其位置位于 libflutter.so 加载完成后，并通过 Debug 的方式启动待调试应用，启动后，应用将在该位置触发断点，如图 2-11 所示。

之所以要在该位置设置断点，是因为在调试 Engine 启动流程中的代码时 Engine 刚好完成加载，主要的启动逻辑因为 Embedder 被断点而没有触发。如果是调试非启动流程的逻辑，无须在 Embedder 中进行断点。此时，设备将进入黑屏状态，Engine 的渲染逻辑因为这个断点而没有执行。下面进行 lldb-server 的连接和调试命令的发送。

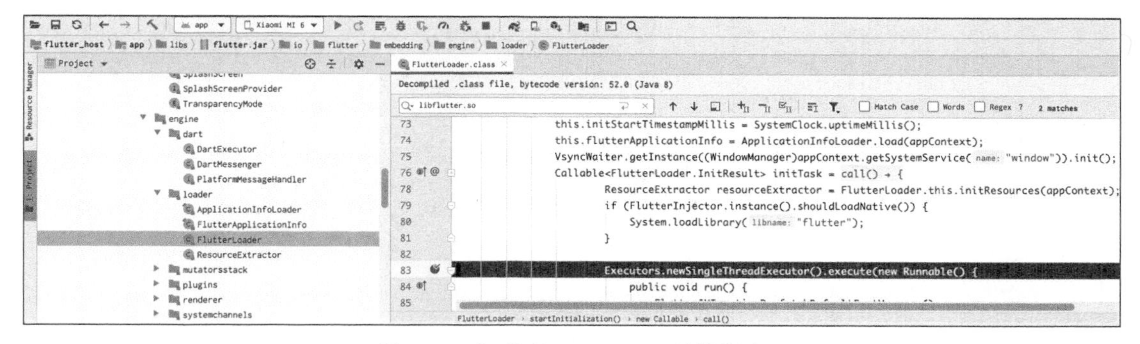

图 2-11　加载完 libflutter.so 触发断点

第 4 步，和 lldb-server 建立连接并关联符号表，具体流程如代码清单 2-14 所示。

代码清单 2-14　启动 lldb，开始进行远程调试

```
$ adb shell pidof top.vimerzhao.flutter_host # 获取待调试应用的进程 id
6888
$ lldb
(lldb) platform select remote-android # 设置平台和协议，对应代码清单 2-13 的配置
(lldb) platform connect unix-abstract-connect:///data/data/top.vimerzhao.
    flutter_host/debug.socket
(lldb) process attach -p 6888 # 建立连接
(lldb) add-dsym ~/SourceCode/flutter_source/src/out/android_debug_unopt/
    libflutter.so
symbol file '/Users/vimerzhao/SourceCode/flutter_source/src/out/android_debug_unopt/
    libflutter.so' has been added to '/Users/vimerzhao/.lldb/module_cache/remote-android/
    .cache/75FAC2BE-5107-3BE0-FA71-DCE74A2AA78A-308F39D6/libflutter.so' # 符号表关联成功
```

以上流程中，第 1 行命令是获取待调试应用的进程 id；第 2 行命令是启动 lldb，其实更准确地说是启动 lldb-client。接下来是 4 个 lldb 命令：第 1 个命令选定调试平台；第 2 个命令是建立连接，注意参数要和前面内容保持一致；第 3 个命令是关联到待调试应用，注意进程 id 和 adb shell pidof 获取的保持一致；第 4 个命令是关联符号表，在前面构建流程中特别提到过 libflutter.so，它包含了相关的调试信息。需要注意的是，add-dsym 必须在 Engine 加载完成之后，否则将会失败，这也是为什么第 3 步中断点的位置要设置在 System.loadLibrary("flutter") 之后。

第 5 步，设置断点，进行调试，具体流程如代码清单 2-15 所示，需要注意的是，作者在代码中加了一些注释，导致具体的代码行数及其对应逻辑可能和源码有所出入。

代码清单 2-15　设置断点、进行调试的具体流程

```
(lldb) br s -f engine.cc -l 259 # 设置断点位置
Breakpoint 1: where = libflutter.so`flutter::Engine::BeginFrame(fml::TimePoint) +
    18 at engine.cc:259:3, address = 0xcf6196e2
(lldb) c # 恢复当前执行
Process 6888 resuming
(lldb)                  # 触发断点
Process 6888 stopped
```

```
* thread #19, name = '1.ui', stop reason = breakpoint 1.1
    frame #0: 0xcf6196e2 libflutter.so`flutter::Engine::BeginFrame(this=0xcb510c00,
        frame_time=(ticks_ = 2595675089366541)) at engine.cc:259:3 # 调试信息
   256      }
   257
   258      void Engine::BeginFrame(fml::TimePoint frame_time) {
-> 259        TRACE_EVENT0("flutter", "Engine::BeginFrame"); # 断点位置
   260        runtime_controller_->BeginFrame(frame_time);
   261      }
   262
Target 0: (app_process32) stopped.
(lldb) p frame_time # 输出当前函数栈的变量信息
(fml::TimePoint) $0 = (ticks_ = 2595675089366541)
(lldb) p kIsolateChannel # 输出全局变量 / 常量
(const char [16]) $1 = "flutter/isolate"
(lldb) c # 继续向前执行
Process 6888 resuming
```

在以上流程中共包括 6 个 lldb 命令。第 1 个命令是设置一个 Engine 源码的断点，设置完成后即可恢复执行之前在 Embedder 中设置的断点；第 2 个命令是请求继续执行 Engine 的逻辑，虽然恢复执行 Embedder 的断点，但是逻辑运行到 Engine 中仍然会阻塞，因此需要请求继续执行，c 即 continue 的缩写；第 3 个命令是被动触发的，执行完第 2 个命令后，触发第 1 个命令设置的断点时，便会输出第 3 个命令下面的内容；第 4 个和第 5 个命令均是基于当前断点，输出运行时信息的调试指令；第 6 个命令表示从当前断点继续往下执行。

基于以上 5 步，便可以在命令行中基于 lldb 调试 Engine 源码了。但是，相较于 Framework 和 Embedder 提供的便利的 GUI 交互界面，命令行界面对于大多数开发者还是非常不方便，那么是否可以基于 GUI 的交互界面调试 Engine 源码呢？其实也是可以的，其本质仍是基于上面 5 步的封装，因此并没有直接介绍基于 GUI 的 Engine 源码调试。下面正式介绍基于 VS Code 的 Engine 源码调试。

第 1 步，在 VS Code 插件市场中安装两个插件：C/C++ 和 CodeLLDB。

第 2 步，通过 VS Code 打开 Engine 源码目录（即 src/flutter），并在 .vscode 目录下面新建一个名为 launch.json 的文件，其内容如代码清单 2-16 所示。

代码清单 2-16　使用 VS Code 进行调试的配置文件

```
{ # 代码清单 2-13 配置的 launch.json 格式
  "version": "0.2.0",
  "configurations": [
    {
      "name": "remote_lldb",
      "type": "lldb",
      "request": "attach",
      "pid": "8880",
      "initCommands": [
          "platform select remote-android",
          "platform connect unix-abstract-connect:///data/data/top.vimerzhao.
flutter_host/debug.socket"
      ],
```

```
        "preRunCommands": [
            "settings append target.exec-search-paths /Users/vimerzhao/
                SourceCode/flutter_source/src/out/android_debug_unopt"
        ],
        "postRunCommands": [
            "settings set target.source-map /Users/vimerzhao/SourceCode/flutter_
                source/src /Users/vimerzhao/SourceCode/flutter_source/src"
        ],
      }
    ]
}
```

第 3 步，和命令行调试类似，重新通过 Debug 的方式启动待调试应用，并在 Engine 加载完成后的逻辑中设置断点。

第 4 步，在 VS Code 中设置一个断点，并通过 VS Code 中 Run Tab 栏目中左上角的 remote_lldb 按钮启动调试（本质是执行 launch.json）。然后恢复执行在 Embedder 中的 Java 断点，Engine 中的 C++ 断点被触发，如图 2-12 所示。

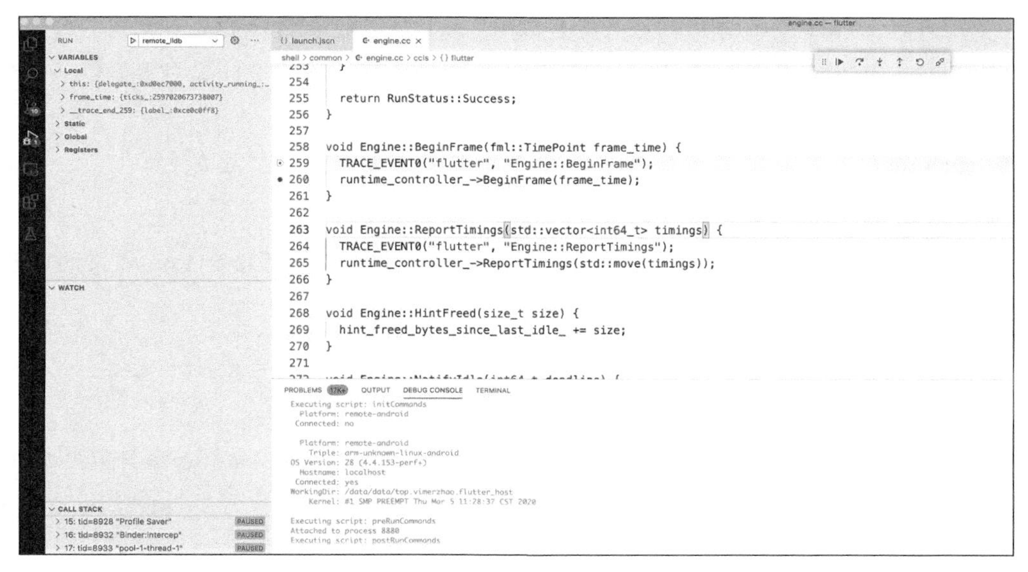

图 2-12　通过 VS Code 调试 Engine 源码

通过以上 4 步，就可以通过 GUI 的形式调试 Engine 源码了。

2.5　本章小结

本章首先介绍了 Flutter 源码的获取，其次介绍了源码的结构以及构建细节，最后介绍了如何调试源码。至此，读者已经对 Flutter 源码的宏观使用有了初步的了解，接下来将探索 Flutter 源码中的各种技术细节。

第3章 flutter tool

Flutter 为开发者提供了完备的开发工具支持，比如可以通过 flutter create 创建一个 Flutter 工程，可以通过 flutter run 构建并运行一个 Flutter 工程。对于习惯使用 IDE 的开发者，Flutter 也提供了 Android Studio 和 VS Code 的对应插件。

以上这一切功能，其实都是建立在 flutter tool 的基础上的。flutter tool 是一个完全用 Dart 语言开发的应用程序，用以帮助开发者创建、构建、调试、打包 Flutter 项目，其源码在 flutter/packages/flutter_tools 目录中。本章将深入分析该工具，从产物打包的角度帮助读者建立对 Flutter 的初步感知。

大部分情况下，本书都会使用 Flutter 作为术语，仅当在与 flutter tool 相关的上下文语境中才会使用 flutter。

3.1 flutter tool 启动流程

flutter tool 虽然有多达数十个命令，但是得益于其良好的设计，各个命令之间职责明确、依赖清晰。因此，本节将首先分析 flutter tool 的总体设计，然后选取开发过程中经常使用的几个重要命令进行深入分析。

执行 flutter 命令后，将首先执行一系列 Bash 命令，完成 SDK 更新检查、Snapshot 检查等准备工作；其次正式进入 flutter tool 的逻辑，并基于 Dart 的 Zone 机制，完成运行环境的准备；最后通过 args 工具解析出具体命令并执行对应的 FlutterCommand。

对长期使用 Java 的客户端开发人员来说，Zone 是一个比较陌生的概念，它和 Java 中的 ThreadLocal 有相似之处，但又不仅限于此。对单线程的 Dart 语言来说，Zone 的一个重要功能就是捕获异步逻辑产生的异常。而在 flutter tool 中，Zone 还肩负着另外一个

职责——隔离每个 FlutterCommand 的运行环境。

3.1.1 基于 Bash 的环境准备

在开发中使用的各种 flutter tool 命令均以 flutter 开头，其对应的正是 flutter/bin 目录下的同名脚本。flutter tool 命令的主要内容如代码清单 3-1 所示。

代码清单 3-1 flutter/bin/flutter

```
PROG_NAME="$(follow_links "${BASH_SOURCE[0]}")" # 当前执行的脚本所在的路径及文件名
BIN_DIR="$(cd "${PROG_NAME%/*}" ; pwd -P)"
OS="$(uname -s)" # 操作系统类型
if [[ $OS =~ MINGW.* ]]; then # 如果是 Windows 系统，则使用对应的 bat 脚本
  exec "${BIN_DIR}/flutter.bat" "$@"
fi
source "$BIN_DIR/internal/shared.sh"
shared::execute "$@"
```

由以上代码可知，follow_links 完成了 flutter 脚本绝对路径的寻找，而具体的执行则由 internal 目录下的 shared.sh 脚本完成。首先分析 follow_links 的逻辑，如代码清单 3-2 所示。

代码清单 3-2 flutter/bin/flutter

```
function follow_links() (
  cd -P "$(dirname -- "$1")" # 即代码清单 3-1 的 BASH_SOURCE[0]
  file="$PWD/$(basename -- "$1")"
  while [[ -h "$file" ]]; do
    cd -P "$(dirname -- "$file")"
    file="$(readlink -- "$file")"
    cd -P "$(dirname -- "$file")"
    file="$PWD/$(basename -- "$file")"
  done
  echo "$file"
)
```

follow_links 的逻辑其实比较清晰，即判断当前的 flutter 脚本所对应的文件是不是一个软链接，如果是则找到其原始链接，循环此过程直到找到真正的物理路径。此外，以上代码还涉及几个 Bash 脚本的使用细节，解释如下。

- dirname 用于定位一个文件所在的相对路径，-- 表示后续变量均为参数（argument），而不是命令的选项（option）。这是为了避免类似名为 -h 的文件名（虽然一般不会有这种命名）造成歧义。
- -P 保证了切换到的目录是参数的真实物理路径，而不是软链接所对应的目录。
- -h 用于判断 $file 是否为软链接，若是则返回 true。
- readlink 用于在类 Linux 平台下获取软链接所对应的真实物理路径。
- $PWD 表示当前面内容件所在的绝对物理路径，basename 可以获取过滤掉路径前缀的文件名，两者搭配 cd -P 可以得到和 readlink 相同的效果。
- while 循环中会一次解析两轮软链接，这是因为 readlink 在 macOS 上不可用，故在

macOS 上主要依赖后者进行软链接的溯源。

在完成当前脚本绝对路径的计算之后，接下来将执行 shared::execute，开始真正执行命令。具体逻辑如代码清单 3-3 所示。

代码清单 3-3　flutter/bin/internal/shared.sh

```
function shared::execute() {
  export FLUTTER_ROOT="$(cd "${BIN_DIR}/.." ; pwd -P)" # 第 1 个阶段，准备环境变量
  # 如果存在 bootstrap.sh 则执行
  FLUTTER_TOOLS_DIR="$FLUTTER_ROOT/packages/flutter_tools" # flutter tool 所在目录
  SNAPSHOT_PATH="$FLUTTER_ROOT/bin/cache/flutter_tools.snapshot" # Snapshot 产物目录
  STAMP_PATH="$FLUTTER_ROOT/bin/cache/flutter_tools.stamp" # 存放 Flutter 仓库的 revision
  SCRIPT_PATH="$FLUTTER_TOOLS_DIR/bin/flutter_tools.dart" # flutter tool 的入口
  DART_SDK_PATH="$FLUTTER_ROOT/bin/cache/dart-sdk" # 所依赖的 Dart SDK 的缓存目录
  DART="$DART_SDK_PATH/bin/dart" # dart 命令的路径
  PUB="$DART_SDK_PATH/bin/pub" # pub 命令的路径
  case "$(uname -s)" in # 第 2 个阶段，检查运行环境
    MINGW*) DART="$DART.exe" ;  PUB="$PUB.bat" ;; # 如果是 Windows 系统，则切换到对应脚本
  esac
  if [[ "$EUID" == "0" && ! -f /.dockerenv ]]; ......
  # Docker 下以 root 角色运行将输出警告
  if ! hash git 2>/dev/null; ...... # 当前环境必须支持 Git
  if [[ ! -e "$FLUTTER_ROOT/.git" ]]; ......
  # Flutter SDK 必须是 Git 仓库，否则无法做后续更新
  upgrade_flutter 7< "$PROG_NAME"
  # 第 3 个阶段，更新阶段。其中文件描述符 7 将用于后面内容的加锁
  BIN_NAME="$(basename "$PROG_NAME")" # 第 4 个阶段，逻辑执行阶段
  case "$BIN_NAME" in # 判断当前执行的是 flutter 命令还是 dart 命令
    flutter*) "$DART" --disable-dart-dev --packages="$FLUTTER_TOOLS_DIR/.packages"
        $FLUTTER_TOOL_ARGS "$SNAPSHOT_PATH" "$@" ;; # flutter 命令携带参数启动 Snapshot 运行
    dart*)   "$DART" "$@" ;; # dart 命令直接转发给 Dart SDK 处理
    *) >&2 echo "Error! Executable name $BIN_NAME not recognized!"
      exit 1
      ;;
  esac
}
```

以上逻辑主要包括 4 个阶段。第 1 个阶段是基于 BIN_DIR 准备相关的环境变量；第 2 个阶段主要是一些运行环境的检查，这些检查均在代码中有注释；第 3 个阶段主要是 flutter tool 依赖的下载、构建、缓存和更新逻辑，稍后将详细分析；第 4 个阶段是真正的逻辑执行阶段，3.1.2 节和 3.1.3 节将进行详细分析。

本书中，Flutter SDK 特指 flutter/flutter 仓库，即 Framework 部分。对开发者而言，不需要管理 Flutter Engine 和 Flutter Embedder，它们会按照 engine.version 文件自动完成缓存。

下面详细分析 upgrade_flutter 的逻辑，该流程将在正式执行命令前完成更新检查。注意

以上代码中，7< "$PROG_NAME" 表示将 flutter 脚本的绝对路径写入 id 为 7 的文件描述符，后面将会用到。而 upgrade_flutter 内部的具体逻辑如代码清单 3-4 所示。

代码清单 3-4　flutter/bin/internal/shared.sh

```
function upgrade_flutter () (
  mkdir -p "$FLUTTER_ROOT/bin/cache" # 创建缓存目录
  local revision="$(cd "$FLUTTER_ROOT"; git rev-parse HEAD)" # 第 1 个阶段，判断是否
                                                             # 需要更新
  if [[ ! -f "$SNAPSHOT_PATH" || ! -s "$STAMP_PATH" || "$(cat "$STAMP_PATH")" !=
      "$revision" ||  "$FLUTTER_TOOLS_DIR/pubspec.yaml" -nt "$FLUTTER_TOOLS_DIR/
     pubspec.lock" ]]; then
    _wait_for_lock // 第 2 个阶段，加锁
  if [[ -f "$SNAPSHOT_PATH" && -s "$STAMP_PATH" && "$(cat "$STAMP_PATH")" ==
      "$revision" && "$FLUTTER_TOOLS_DIR/pubspec.yaml" -ot "$FLUTTER_TOOLS_DIR/
      pubspec.lock" ]]; then # 如果拿到锁后发现另外一个 Shell 进程已经完成更新，则直接退出整个流程
      exit $? # 注意，这里是完全退出（exit）而不是返回（return）
    fi
    rm -f "$FLUTTER_ROOT/version" # 第 3 个阶段，开始更新
    touch "$FLUTTER_ROOT/bin/cache/.dartignore"
    "$FLUTTER_ROOT/bin/internal/update_dart_sdk.sh" # 真正的更新逻辑位于此脚本
    VERBOSITY="--verbosity=error"
    >&2 echo Building flutter tool... # 提示用户当前正在完成更新后的构建
    # SKIP [1] 持续集成相关的逻辑
    export PUB_ENVIRONMENT="$PUB_ENVIRONMENT:flutter_install"
    if [[ -d "$FLUTTER_ROOT/.pub-cache" ]]; then
      export PUB_CACHE="${PUB_CACHE:-"$FLUTTER_ROOT/.pub-cache"}"
    fi # 如果 flutter 有自己的 pub-cache 目录则使用，默认位于用户根目录下
    retry_upgrade # 第 4 个阶段，使用 Dart SDK 构建 flutter tool 工程，得到 Snapshot
    "$DART" --verbosity=error --disable-dart-dev $FLUTTER_TOOL_ARGS --snapshot="
        $SNAPSHOT_PATH" --packages="$FLUTTER_TOOLS_DIR/.packages" --no-enable-mirrors
        "$SCRIPT_PATH"
    echo "$revision" > "$STAMP_PATH"
  fi
  exit $?
)
```

更新 Flutter SDK 的逻辑主要分为 4 个阶段。第 1 个阶段判断当前是否需要更新，需要更新的情况有以下 4 种。

- flutter tool 对应的 Snapshot 文件不存在，需要重新生成。
- stamp 文件不存在，或者存在但是却没有内容（-s 只有在文件存在且大小不为 0 时返回 true）。该文件用于存放 Flutter SDK 仓库的 reversion，即当前版本对应的 commit id。
- stamp 文件存储的 Flutter SDK 的 reversion 和当前 Flutter SDK 的 reversion 不同。该文件存放当前 Flutter SDK 的仓库版本的哈希值，如果当前值和之前存储的值不同，说明用户更新了 Flutter SDK，那么对应的 Dart SDK（版本可能发生改变）和 flutter tool 的 Snapshot 产物也需要重新生成。

1　SKIP 在这里的意思是省略或跳过，后同。——编辑注

- flutter tool 目录下 pubspec.yaml 文件在 pubspec.lock 生成之后发生了改变（-nt 即 newer than）。

第 2 个阶段主要是加锁，防止多个 flutter 命令同时执行导致 Flutter SDK 并行更新，造成一些不可预料的问题，因此 flutter tool 粗暴地选择了一次只能有一个 Shell 进程对 Flutter SDK 进行更新，后面内容将详细分析 Shell 环境下的加锁逻辑。

第 3 个阶段是执行真正的更新逻辑，后面内容也将详细分析。

第 4 个阶段是构建阶段会将 flutter tool 编译出 Snapshot 产物，flutter tool 的执行都是基于这个 Snapshot 文件而非其源码的，这样的好处是可以提高 flutter tool 冷启动的速度。

Flutter 采用了 Dart 语言，而 Dart 语言又使用 pub 作为其包管理工具，pub 同样也借鉴了前端的一些设计，比如 yarn 和 npm，因而采用的是语义化版本（Semantic Versioning）的管理方式。而 lock 文件最早由 yarn 引入，目的是保证项目依赖版本的稳定。

下面开始分析加锁与释放的逻辑，_wait_for_lock 负责 flutter tool 的加锁，其具体逻辑如代码清单 3-5 所示。

代码清单 3-5 flutter/bin/internal/shared.sh

```
function _rmlock () {
  [ -n "$FLUTTER_UPGRADE_LOCK" ] && rm -rf "$FLUTTER_UPGRADE_LOCK"
}
function _lock () {
  if hash flock 2>/dev/null; then
    flock --nonblock --exclusive 7 2>/dev/null
  elif hash shlock 2>/dev/null; then
    shlock -f "$1" -p $$
  else
    mkdir "$1" 2>/dev/null
  fi
}
function _wait_for_lock () {
  FLUTTER_UPGRADE_LOCK="$FLUTTER_ROOT/bin/cache/.upgrade_lock" # 用于加锁的文件
  local waiting_message_displayed
  while ! _lock "$FLUTTER_UPGRADE_LOCK"; do # 若没有成功获取锁则进入以下逻辑
    if [[ -z $waiting_message_displayed ]]; then # -z 表示该变量非空，所以只会输出一次
      printf "Waiting for another flutter command to release the startup lock...\
        r" >&2;
      waiting_message_displayed="true"
    fi
    sleep .1; # 以 0.1s 的频率轮询
  done
  if [[ $waiting_message_displayed == "true" ]]; then # 如果输出过则清除输出信息
    printf "                                                                     \r" >&2;
  fi
  unset waiting_message_displayed
```

```
    trap _rmlock INT TERM EXIT # 设置将触发释放锁（_rmlock）的系统信号
}
```

_wait_for_lock 的逻辑比较清晰，首先会创建一个名为 .upgrade_lock 的文件，然后以此作为参数开始加锁，加锁失败则会进入 while 循环，直到加锁成功。如果加锁成功则会通过 trap 命令注册释放锁的方法，INT、TERM、EXIT 都表示脚本中断（如使用 Ctrl+C 快捷键导致的中断）或正常退出的信号值。

下面详细分析加锁和释放。在 _lock 方法中，首先会通过 hash 这个内置命令判断将使用的命令是否存在，会优先尝试通过 flock 命令对文件描述符 7 进行加锁，其次会尝试通过 shlock 进行加锁，最后通过 mkdir 的方式进行加锁。至于锁的释放，主要是清理加锁时创建的文件。这里的锁都是进程级别的，因为每个 flutter 命令都是在一个独立进程的子 Shell 中运行的。

下面分析本小节的最后一个逻辑：下载依赖并执行构建。在代码清单 3-4 中，如果当前 Flutter SDK 需要更新，则会调用 update_dart_sdk.sh 脚本，其具体逻辑如代码清单 3-6 所示。

代码清单 3-6 flutter/bin/internal/update_dart_sdk.sh

```
# SKIP FLUTTER_ROOT/DART_SDK_PATH/ENGINE_STAMP 等环境变量设置
if [ ! -f "$ENGINE_STAMP" ] || [ "$ENGINE_VERSION" != `cat "$ENGINE_STAMP"` ]; then
  # SKIP 检查 curl unzip 是否存在于当前环境
  >&2 echo "Downloading Dart SDK from Flutter engine $ENGINE_VERSION..."
  case "$(uname -s)" in
    Darwin)
      DART_ZIP_NAME="dart-sdk-darwin-x64.zip"
      IS_USER_EXECUTABLE="-perm +100" ;;
    # SKIP Linux/MINGW*
  esac
  # SKIP 设置 find 命令的路径
  DART_SDK_BASE_URL="${FLUTTER_STORAGE_BASE_URL:-https://storage.googleapis.com}"
  DART_SDK_URL="$DART_SDK_BASE_URL/flutter_infra/flutter/$ENGINE_VERSION/$DART_
      ZIP_NAME"
  if [ -d "$DART_SDK_PATH" ]; then # if the sdk path exists, copy it to a temporary
      location
    rm -rf "$DART_SDK_PATH_OLD"
    mv "$DART_SDK_PATH" "$DART_SDK_PATH_OLD"
  fi
  rm -rf -- "$DART_SDK_PATH"
  mkdir -m 755 -p -- "$DART_SDK_PATH"
  DART_SDK_ZIP="$FLUTTER_ROOT/bin/cache/$DART_ZIP_NAME"
  curl --retry 3 --continue-at - --location --output "$DART_SDK_ZIP" "$DART_SDK_
      URL" 2>&1 || { # SKIP 输出下载失败相关的提示信息，并删除下载文件，退出脚本 }
  unzip -o -q "$DART_SDK_ZIP" -d "$FLUTTER_ROOT/bin/cache" || { # SKIP 输出解压失
      败相关的提示信息，并删除下载文件，退出脚本 }
  rm -f -- "$DART_SDK_ZIP"
  $FIND "$DART_SDK_PATH" -type d -exec chmod 755 {} \;
  $FIND "$DART_SDK_PATH" -type f $IS_USER_EXECUTABLE -exec chmod a+x,a+r {} \;
  echo "$ENGINE_VERSION" > "$ENGINE_STAMP"
  # SKIP 删除 DART_SDK_PATH_OLD
fi
```

更新的逻辑虽然比较冗长，主要是因为错误处理相关的逻辑比较多，核心逻辑其实非常简单清晰。首先进行相关环境变量的准备工作，其次检查 curl 和 unzip 这两个必要命令是否存在，接着拼接一个 Dart SDK 的资源路径。注意，这里可以通过 FLUTTER_STORAGE_BASE_URL 来设置一个自定义路径，其可以是任何 curl 支持的资源地址（包括本地的文件路径），如果是本地的文件路径（通过 -d 判断），则会直接覆盖当前的 SDK。对 Flutter 应用的开发者来说，很少进行这种使用场景主要源码的开发与调试。如果是需要通过 curl 下载的资源，则会新建一个拥有执行权限的目录，进行下载和解压缩，最后通过 chmod 命令指定可执行权限即可。

在完成更新之后会进行 Snapshot 生成，然后调用 Snapshot 产物执行 flutter tool 真正的逻辑。flutter tool 逻辑的入口是 flutter/packages/flutter_tools/bin/flutter_tools.dart 的 main 方法。

至此，一个 flutter 命令只是触发了一些自身的更新逻辑，真正的终点还远远没有到达，下面将进入 flutter tool 的 Dart 源码部分继续分析。

3.1.2 基于 Zone 的上下文管理

flutter tool 的功能繁多，同一个功能针对不同平台又有不同的实现，这对于整个工程的设计是一个挑战。flutter tool 借助 Zone 的语言特性，一方面为每个命令的执行提供了一个独立的上下文环境，另一方面利用 Zone 里面变量隔离的特点为每个执行阶段提供独立的 AppContext，进而达到功能的松散耦合和逻辑高度内聚。

理解 flutter tool 基于 Zone 的上下文管理非常重要，如果不理解这个设计，那么从 main 方法开始追踪代码后，就会迷失在各种 callback（准确来说是函数变量）中。下面将从 flutter tool 的源码入口处开始分析。

从 3.1.1 节已经知道 flutter tool 的入口方法在 flutter_tools.dart 的 main 方法中，而该方法调用的其实是 flutter/packages/flutter_tools/lib/executable.dart 的 main 方法，其源码如代码清单 3-7 所示。

代码清单 3-7 flutter/packages/flutter_tools/lib/executable.dart

```
Future<void> main(List<String> args) async {
  // SKIP 参数解析与处理
  await runner.run(args, () => <FlutterCommand>[
    AssembleCommand(),
    CreateCommand(),
    // SKIP 各种用于响应 flutter 命令的实例
  ], verbose: verbose, // 是否输出详细信息
     muteCommandLogging: muteCommandLogging, // 是否关闭日志输出
     verboseHelp: verboseHelp,
     overrides: <Type, Generator>{ // 类型 - 生成器，后面将详细解释
       WebRunnerFactory: () => DwdsWebRunnerFactory(),
       TemplateRenderer: () => const MustacheTemplateRenderer(),
       DevtoolsLauncher: () => DevtoolsServerLauncher(......),
       Logger: () { ...... }
     });
}
```

在 main 方法中，可以发现参数依旧透传给 runner 对象的 run 方法，说明 main 方法并没有解析外部的参数去执行。main 方法的主要工作是一些对象的初始化，主要是各种 FlutterCommand 和 Generator 的配置。值得注意的是，这里传递的并不是 FlutterCommand 各个子类的实例，而是一个函数，其返回值是一个 FlutterCommand 实例的列表；而 overrides 参数的 Generator 也是一个生成具体实例的函数。得益于 Dart 是一门函数式语言，函数类型可以作为参数方便地进行传递，这里其实是一种典型的懒加载设计。之所以使用懒加载设计，是为了节省 CPU 资源、最大化 flutter tool 的执行速度，因为对一个 flutter tool 命令来说，其所需要的只是以上功能的一部分，而响应命令的速度又至关重要。

具体的逻辑则在 run 方法中，该方法定义了一个函数参数，但不会立即调用，如代码清单 3-12 所示。run 方法会将该函数以 runner 参数的形式传递给 runInContext，其逻辑如代码清单 3-8 所示。

代码清单 3-8　flutter/packages/flutter_tools/lib/src/context_runner.dart

```
Future<T> runInContext<T>(FutureOr<T> runner(), { ...... }) async { // 由 runInContext 调用
  bool runningOnBot;
  FutureOr<T> runnerWrapper() async {
    runningOnBot = await globals.isRunningOnBot;
    return runner(); // 见代码清单 3-12
  }
  return await context.run<T>( // 新建一个 AppContext
    name: 'global fallbacks',  // AppContext 的名称
    body: runnerWrapper,       // AppContext 对应的 Zone 将执行的逻辑
    overrides: overrides,      // 提供给 AppContext 的各种类的具体生成器，类似工厂方法
    fallbacks: <Type, Generator>{ // 功能同上
      AndroidSdk: AndroidSdk.locateAndroidSdk,
      AndroidStudio: AndroidStudio.latestValid,
      // SKIP 大量 <Type, Generator>
    },
  );
}
```

在以上逻辑中，runInContext 的第 1 个参数是一个函数，它将把参数转换为对应的 FlutterCommand 命令，其具体逻辑在代码清单 3-12 中，这里暂不介绍。runInContext 没有实际的逻辑，主要是调用了 context#run 方法，其具体逻辑如代码清单 3-9 所示。

代码清单 3-9　flutter/packages/flutter_tools/lib/src/base/context.dart

```
Future<V> run<V>( ...... ) async { // belong to AppContext
  final AppContext child = AppContext._(
    this,   // AppContext 的创建者，即 parent
    name,   // AppContext 的名称
    Map<Type, Generator>.unmodifiable(overrides ?? const <Type, Generator>{}),
    Map<Type, Generator>.unmodifiable(fallbacks ?? const <Type, Generator>{}),
  );
  return await runZoned<Future<V>>(
    () async => await body(), // 即代码清单 3-8 的 runnerWrapper
    zoneValues: <_Key, AppContext>{_Key.key: child}, // 获取 AppContext 的入口
```

```
    zoneSpecification: zoneSpecification,
  );
}
```

这段逻辑就是flutter tool启动过程中**最关键**的步骤，具体的逻辑在body参数中，而overrides和fallbacks参数则携带了**将要用到的类及其生成器**。每个Zone会携带一个AppContext的实例，即当前逻辑的上下文。具体逻辑执行时，会通过context.get<T>()获取具体类型的实例，如果不存在则会在此时初始化，其具体逻辑如代码清单3-10所示。

代码清单 3-10　flutter/packages/flutter_tools/lib/src/base/context.dart

```
const Object contextKey = _Key.key; // 在代码清单 3-9 中存储当前 Zone
static final AppContext _root = AppContext._(null, 'ROOT');
AppContext get context => Zone.current[contextKey] as AppContext ?? AppContext._root;
class AppContext {
  T get<T>() {
    dynamic value = _generateIfNecessary(T, _overrides); // 优先使用 _overrides
    if (value == null && _parent != null) { value = _parent.get<T>(); }
                                                          // 在 parent 中递归寻找
    return _unboxNull(value ?? _generateIfNecessary(T, _fallbacks)) as T; // 兜底
  }
}
```

对于类型T，AppContext会从当前Zone获取其实例，如果不存在则从父AppContext中获取。_generateIfNecessary用于从类型T生成对应的实例。具体逻辑如代码清单3-11所示。

代码清单 3-11　flutter/packages/flutter_tools/lib/src/base/context.dart

```
dynamic _generateIfNecessary(Type type, Map<Type, Generator> generators) {
  if (!generators.containsKey(type)) { return null; } // 没有定义该类型的生成器，直
                                                      // 接返回 null
  return _values.putIfAbsent(type, () {
                              // _values 负责缓存，首次调用不存在，会进入下面的逻辑
    _reentrantChecks ??= <Type>[];  // 重入检查，防止循环依赖
    final int index = _reentrantChecks.indexOf(type); // 查找要生成的 type 是否已经
                                                      // 加入依赖
    if (index >= 0) { ...... } // 说明存在循环依赖，抛出异常
    _reentrantChecks.add(type); // 记录当前 type 的依赖，第 1 个即目标 type
    try {
      return _boxNull(generators[type]());
    } finally {  // _reentrantChecks 的清理逻辑
      _reentrantChecks.removeLast();
      if (_reentrantChecks.isEmpty) { _reentrantChecks = null; }
    }
  });
}
```

这段逻辑就是真正生成类型T实例的地方，如果当前context的generators中不存在此类型则直接返回，否则会调用对应的生成器并放入_values数组中。其中，_reentrantChecks是用来检查循依赖问题的，比如类型A的生成器中依赖了B，B的生成器中依赖了C，C的生成器中又依赖了A，那么会陷入死循环，此时直接抛出异常。

在分析上述逻辑后，对于后续代码中 context.get<T> 的底层逻辑就心中有数了。接下来可以正式进入具体执行逻辑的分析了。在代码清单 3-8 中，作者省略了具体的执行逻辑，因为这段逻辑其实要在代码清单 3-9 中以 body 参数的形式通过 runZoned 执行。下面就具体分析其逻辑，如代码清单 3-12 所示。

代码清单 3-12 flutter/packages/flutter_tools/lib/runner.dart

```
Future<int> run( ...... ) async {
  if (muteCommandLogging) { ...... }
  return runInContext<int>(() async { // 见代码清单 3-8
    reportCrashes ??= !await globals.isRunningOnBot; // 持续集成等场景下不必报异常
    final FlutterCommandRunner runner = FlutterCommandRunner(verboseHelp:
       verboseHelp);
    commands().forEach(runner.addCommand); // 添加代码清单 3-7 中的所有 FlutterCommand
    // SKIP 本地化相关初始化
    String getVersion() => flutterVersion ?? // 获取 Flutter 版本号
        globals.flutterVersion.getVersionString(redactUnknownBranches: true);
    Object firstError; // 错误处理相关字段
    StackTrace firstStackTrace;
    return await runZoned<Future<int>>(() async {
      try {
        await runner.run(args); // 根据参数执行具体的 FlutterCommand
        if (firstError == null) { return await _exit(0); } // 运行无异常，结束并退出
        return 1;
      } catch (error, stackTrace) { ...... }
    }, onError: (Object error, StackTrace stackTrace) async { ...... });
  }, overrides: overrides);
}
```

代码清单 3-12 首先创建了 FlutterCommandRunner 的实例，其次将前面内容提到的所有 FlutterCommand 加入 FlutterCommandRunner，然后通过 run 方法来执行具体的逻辑，该方法最终会调用自身的 runCommand 方法，其逻辑如代码清单 3-13 所示。

代码清单 3-13 flutter/packages/flutter_tools/lib/src/runner/flutter_command_runner.dart

```
@override
Future<void> runCommand(ArgResults topLevelResults) async {
  final Map<Type, dynamic> contextOverrides = <Type, dynamic>{};
  // SKIP 各种参数解析
  await context.run<void>( // 新建一个名为 null 的 AppContext 执行命令
    overrides: ...... // SKIP 具体过程
    body: () async { // 实际将执行的逻辑
      // SKIP 各种参数解析
      await super.runCommand(topLevelResults); // 见代码清单 3-17
    },
  );
}
```

该方法会通过前面内容提到的 AppContext 再创建一个子 Zone，其运行的实际逻辑在 body 参数中。super.runCommand 是 args 库中 CommandRunner 对象的一个方法，该方法最终会调用 FlutterCommand 的 run 方法。具体逻辑如代码清单 3-14 所示。

代码清单 3-14 flutter/packages/flutter_tools/lib/src/runner/flutter_command.dart

```
@override Future<void> run() {
  final DateTime startTime = globals.systemClock.now();
  return context.run<void>( // 再次新建一个 AppContext
    name: 'command', // AppContext 名称
    overrides: <Type, Generator>{FlutterCommand: () => this},
    body: () async { // 真正执行的逻辑
      globals.flutterUsage.printWelcome(); // 输出欢迎信息
      _printDeprecationWarning(); // 输出版本过时等警告信息
      final String commandPath = await usagePath; // 收集使用路径，用于统计
      _registerSignalHandlers(commandPath, startTime); // 注册程序中止的处理回调
      FlutterCommandResult commandResult = FlutterCommandResult.fail();
      try { // 开始执行逻辑
        commandResult = await verifyThenRunCommand(commandPath);// 见代码清单 3-18
      } finally { ...... } // 发送使用统计情况给谷歌公司
    },
  );
}
```

FlutterCommand 是所有子 Command 的父类，几乎所有的 flutter xxx 命令都对应一个具体的子类，3.1.3 节将详细分析。注意，这里又是通过 context.run 的方式启动子命令的，那么在具体的 FlutterCommand 子类执行时，其 AppContext 的关系应该是 command → null → global fallbacks → ROOT。可以通过代码调试进行验证，图 3-1 展示了 flutter clean 对应的 AppContext 信息，可以发现其关系链确实和分析的一样。

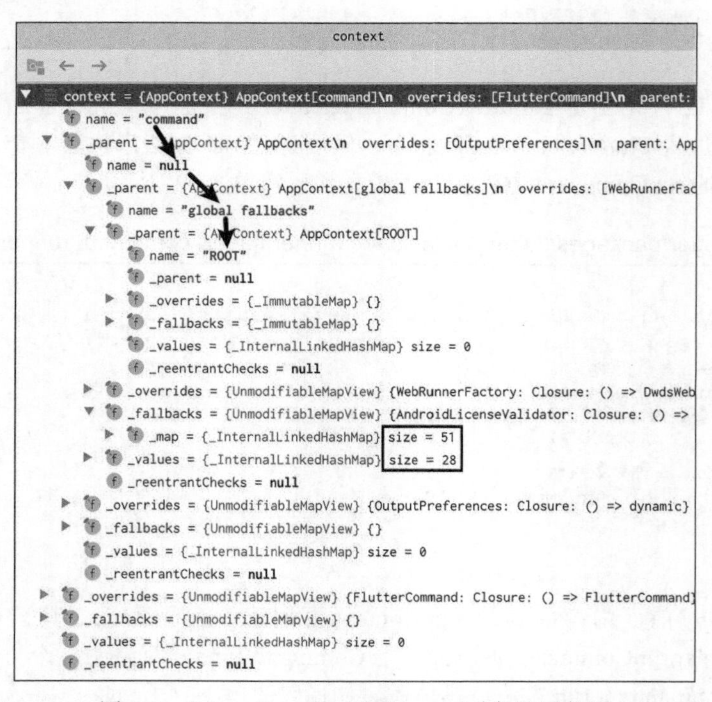

图 3-1 flutter clean 的 AppContext 对象调试截图

3.1.3 基于 args 的子命令管理

flutter tool 支持众多命令参数，但是 flutter tool 的源码中却鲜有相关的代码，这是为什么呢？在 3.1.2 节的分析中，其实有两个地方没有讲清楚。

- FlutterCommandRunner 的 run 方法被调用后是如何触发 FlutterCommand 的 run 方法的？
- FlutterCommand 的 run 方法最终调用了 verifyThenRunCommand 方法，其中的具体逻辑是什么？

其实到目前为止，我们只是完成了环境的准备工作，以 flutter clean 为例，其具体的逻辑还没有执行。接下来分析 flutter tool 的各种命令是如何执行的。

首先看看 FlutterCommandRunner 的 run 方法的具体逻辑，如代码清单 3-15 所示。

代码清单 3-15　flutter/packages/flutter_tools/lib/src/runner/flutter_command_runner.dart

```
@override Future<void> run(Iterable<String> args) {
  // 特殊逻辑：flutter build 后面必须有更具体的子命令
  if (args.length == 1 && args.first == 'build') { args = <String>['build', '-h']; }
  return super.run(args); // 调用 args 包中的逻辑
}
```

FlutterCommandRunner 的父类是 args 包中的 CommandRunner，其逻辑如代码清单 3-16 所示。

代码清单 3-16　.pub-cache/hosted/pub.dartlang.org/args-1.6.0/lib/command_runner.dart

```
Future<T> run(Iterable<String> args) =>
    Future.sync(() => runCommand(parse(args))); // parse 的具体流程在此不再赘述
```

以上逻辑主要是对参数进行解析，并调用 runCommand 方法，而这个方法被 FlutterCommandRunner 重写了，具体逻辑如代码清单 3-13 所示，其完成各种参数的解析后将调用父类 CommandRunner 的 runCommand 方法，如代码清单 3-17 所示。

代码清单 3-17　.pub-cache/hosted/pub.dartlang.org/args-1.6.0/lib/command_runner.dart

```
Future<T> runCommand(ArgResults topLevelResults) async {
  var argResults = topLevelResults;
  var commands = _commands; // flutter 命令的一级子命令，如 create/build/attach
  Command command;
  var commandString = executableName; // 记录命令信息，用于输出帮助或异常
  while (commands.isNotEmpty) {
    if (argResults.command == null) { ...... } // 各种异常处理
    argResults = argResults.command;
    command = commands[argResults.name]; // 从 flutter 子命令中提取 command 的对应子类
    command._globalResults = topLevelResults; // 更新当前 command 的信息
    command._argResults = argResults;
    commands = command._subcommands; // 更新 commands 信息，如 build 的 apk/aar 子命令
    commandString += ' ${argResults.name}';
    // SKIP 输出帮助信息
  }
  // SKIP 输出帮助信息，检查是否有多余参数
  return (await command.run()) as T;
}
```

这段逻辑的核心作用是找到要执行的FlutterCommand。以flutter build apk为例，首先会从FlutterCommand开始搜索，在while的第1轮循环中会解析出build关键字，此时commands就是BuildCommand的子命令集合。在while的第2轮循环中会解析出apk关键字，其对应的即BuildApkCommand，而该命令是一个具体可执行的命令（即树中的叶子节点），因而其commands为空，while循环结束，FlutterCommand真正地开始执行逻辑。

command.run的具体逻辑如代码清单3-14所示，其中最核心的是verifyThenRunCommand方法，其具体逻辑如代码清单3-18所示。

代码清单 3-18 flutter/packages/flutter_tools/lib/src/runner/flutter_command.dart

```
@mustCallSuper
Future<FlutterCommandResult> verifyThenRunCommand(String commandPath) async {
  if (shouldUpdateCache) { ...... } // SKIP 更新缓存信息
  globals.cache.releaseLock();
  await validateCommand(); // 检验命令有效性
  if (shouldRunPub) { ...... } // SKIP 本地化、pub 依赖更新等逻辑
  setupApplicationPackages();
  // SKIP 收集用户使用信息
  return await runCommand(); // 由 FlutterCommand 的具体子类实现
}
```

这个阶段会做一些环境检查，同时根据需要，在正式运行FlutterCommand前处理一些逻辑。有时候能看到控制台输出Running“flutter pub get”in ……，或者对于不存在android目录的flutter工程会自动生成.android目录。

而runCommand方法则会被不同的子command重写。本章将会在接下来几节选取典型的FlutterCommand进行分析。

至此，flutter tool启动阶段的工作已经分析完成，主要包括flutter tool的更新、Zone环境的准备以及命令的解析3个阶段。

3.2 flutter create 详解

本节将分析flutter create命令的执行流程，该命令负责创建一个Flutter工程，了解其执行流程，对于了解Flutter的工程结构和后续的构建流程都大有帮助。

flutter create对应的FlutterCommand子类是CreateCommand，其runCommand的逻辑比较复杂，但其核心逻辑就是根据Flutter工程的类型确定生成模板。这里以APP类型为例进行分析，Module、Plugin和Package类型的Flutter工程的创建流程可以此类推。APP类型Flutter工程的生成逻辑主要在_generateApp方法中，其逻辑如代码清单3-19所示。

代码清单 3-19 flutter/packages/flutter_tools/lib/src/commands/create_base.dart

```
Future<int> generateApp( ...... ) async {
  int generatedCount = 0;
  generatedCount += await renderTemplate('app', // 统计一共生成了多少文件
```

```
        directory, templateContext, overwrite: overwrite);
    final FlutterProject project = FlutterProject.fromDirectory(directory);
    if (templateContext['android'] == true) { // 如果包含 Android 工程，则缓存 Gradle
      generatedCount += _injectGradleWrapper(project);
    }
    if (boolArg('pub')) {
      await pub.get( ...... ); // 更新 Flutter 的依赖
      await project.ensureReadyForPlatformSpecificTooling( ...... );
    }
    if (templateContext['android'] == true) { // 对于 Android 工程，需要额外更新的属性
      gradle.updateLocalProperties(project: project, requireAndroidSdk: false);
    }
    return generatedCount;
  }
```

以上代码主要的逻辑在 _renderTemplate 方法中，该方法将根据参数构建一个 Template 的实例，并调用其 render 方法，具体逻辑如代码清单 3-20 所示。而对于 Android 类型的工程，还会将 SDK 自身缓存的 Gradle 复制到项目，避免构建时再次下载。

代码清单 3-20　flutter/packages/flutter_tools/lib/src/template.dart

```
  int render( ...... ) {
    try {
      destination.createSync(recursive: true);
    } on FileSystemException catch (err) { ...... }
    int fileCount = 0;
    // 根据相对路径生成绝对路径，如果目标平台不需要生成，则返回 null
    String renderPath(String relativeDestinationPath) { ...... }
    _templateFilePaths.forEach((String relativeDestinationPath, String
        absoluteSourcePath) {
      final bool withRootModule = context['withRootModule'] as bool ?? false;
      if (!withRootModule && absoluteSourcePath.contains('flutter_root')) { return; }
      final String finalDestinationPath = renderPath(relativeDestinationPath);
      if (finalDestinationPath == null) {
        return; // 如果解析不出目标路径，则直接返回，比如默认 macOS/Linux/Windows 返回 null
      }
      final File finalDestinationFile = _fileSystem.file(finalDestinationPath);
      final String relativePathForLogging = _fileSystem.path.relative
          (finalDestinationFile.path);
      // SKIP 检查目标文件是否存在并且可以覆盖
      fileCount += 1; // 1. 确认要创建一个文件，计数加 1
      finalDestinationFile.createSync(recursive: true); // 创建目标文件
      final File sourceFile = _fileSystem.file(absoluteSourcePath); // 源文件
      // 2. 以 .copy.tmpl 结尾的文件直接复制
      if (sourceFile.path.endsWith(copyTemplateExtension)) {
        sourceFile.copySync(finalDestinationFile.path);
        return;
      }
      // 3. 以 .img.tmpl 结尾的文件直接复制
      if (sourceFile.path.endsWith(imageTemplateExtension)) {
        final File imageSourceFile = _fileSystem.file(_fileSystem.path.join(
            imageSourceDir.path, relativeDestinationPath.replaceAll
            (imageTemplateExtension, '')));
```

```
        imageSourceFile.copySync(finalDestinationFile.path);
        return;
      }
      // 4. 以 .tmpl 结尾的文件通过 mustache 渲染
      if (sourceFile.path.endsWith(templateExtension)) {
        final String templateContents = sourceFile.readAsStringSync();
        final String renderedContents = _templateRenderer.renderString
            (templateContents, context);
        finalDestinationFile.writeAsStringSync(renderedContents);
        return;
      }
      // 5. 不以 .tmpl 结尾的文件直接复制
      sourceFile.copySync(finalDestinationFile.path);
    });
    return fileCount; // 总文件数目
  }
```

_templateFilePaths 中保存了 flutter/packages/flutter_tools/templates 目录下的模板文件，该逻辑主要负责对其进行遍历，通过 renderPath 获取模板文件对应的生成目录的地址，并进行过滤，默认只会生成 Android 和 iOS 类型的 Platform 工程，默认不会处理 Web、Windows 等平台的工程模板。

在生成具体的路径后就会创建文件，fileCount 计数加 1，对于部分文件，只需要复制即可，但是对于 AndroidManifest.xml 之类的文件，其内容与包名等信息相关，则需要替换其部分占位符号，这也是这个过程被称为 render 的根本原因。该过程调用了 mustache_template 库，本质是将模板中 {{xxx}} 替换为 context 中以 xxx 为 key 的值，而 context 的创建逻辑则在 runCommand 中，在此不再赘述。

flutter create 命令由于需要处理 4 种类型的工程，加之本身细节较多，因此源码看上去十分冗长，但其核心逻辑则是以上代码中所展示的，本质是基于模板的渲染。

3.3 flutter build 详解

本节将介绍 flutter tool 中最复杂的命令 flutter build。flutter build 本身不能直接执行，而是需要指定具体的子命令，如 APP 工程应该是 flutter build apk，Module 工程应该是 flutter build aar。本书将以构建 apk 产物为例进行分析，其他如 aar 类型的产物相信读者能够触类旁通。

在开始本章之前，读者可能心中已经存在一个疑惑：flutter tool 是使用 Dart 语言开发的，而 apk 的构建则是基于 Gradle 等工具的，那么它们是如何协作的呢？下面一探究竟。

3.3.1 BuildApkCommand 流程分析

首先由 3.1 节的分析可知，flutter build apk 的最终逻辑对应的自然是 BuildApkCommand 的 runCommand 方法，如代码清单 3-21 所示。

代码清单 3-21 flutter/packages/flutter_tools/lib/src/commands/build_apk.dart

```
@override Future<FlutterCommandResult> runCommand() async {
  if (globals.androidSdk == null) {
    exitWithNoSdkMessage(); // 没有 SDK，直接退出
  }
  final BuildInfo buildInfo = await getBuildInfo(); // 基础构建信息
  final AndroidBuildInfo androidBuildInfo = AndroidBuildInfo(
    buildInfo,  splitPerAbi: boolArg('split-per-abi'),
    targetArchs: stringsArg('target-platform').map<AndroidArch>
        (getAndroidArchForName),
  ); // Android 应用的构建信息
  validateBuild(androidBuildInfo); // 检查构建参数的合法性、有效性
  displayNullSafetyMode(androidBuildInfo.buildInfo);
                                       // 是否使用了空安全特性(Dart 2.12 以上版本)
  await androidBuilder.buildApk( // 真正的构建逻辑
    project: FlutterProject.current(), target: targetFile,
    androidBuildInfo: androidBuildInfo,);
  return FlutterCommandResult.success();
}
```

以上逻辑首先会检查 Android SDK 是否安装，然后生成构建信息。对于 Release 版会建议按照架构分别打包以减少最终产物的大小。该逻辑最终会调用 AndroidBuilder 对象的 buildApk 方法，该方法最终会调用 buildGradleApp 方法，其逻辑如代码清单 3-22 所示。

代码清单 3-22 flutter/packages/flutter_tools/lib/src/android/gradle.dart

```
Future<void> buildGradleApp( ...... ) async {
  // SKIP 环境检查等预备信息
  final String assembleTask = isBuildingBundle // 判断构建产物类型
        ? getBundleTaskFor(buildInfo) : getAssembleTaskFor(buildInfo);
  final Status status = globals.logger.startProgress( // 输出提示信息
    "Running Gradle task '$assembleTask'...", multilineOutput: true,);
  final List<String> command = <String>[ // command 从这里开始拼接
    gradleUtils.getExecutable(project), // 第 1 个参数，gradlew 命令绝对路径
  ];
  // SKIP 各种参数信息的解析与拼装
  command.add(assembleTask); // 最后一个参数，如 assembleRelease
  GradleHandledError detectedGradleError;
  String detectedGradleErrorLine;
  String consumeLog(String line) { // 日志信息处理、过滤
    if (androidXPluginWarningRegex.hasMatch(line)) { return null; }
    if (detectedGradleError != null) { return line; }
    for (final GradleHandledError gradleError in localGradleErrors) {
      if (gradleError.test(line)) { // 只记录特定的错误，并在后面处理
        detectedGradleErrorLine = line;
        detectedGradleError = gradleError;
        break;
      }
    }
    return line;
  }
  final Stopwatch sw = Stopwatch()..start();
```

```
    int exitCode = 1; // 如果执行成功，exitCode 会被下面的命令置零
    try {
      exitCode = await globals.processUtils.stream( // 新建一个进程
        command, // 具体要执行的命令
        workingDirectory: project.android.hostAppGradleRoot.path,
        allowReentrantFlutter: true, environment: gradleEnvironment,
        mapFunction: consumeLog, // 标准输出的处理函数
      );
    } on ProcessException catch (exception) { ..... } finally {
      status.stop(); // 统计耗时
    }
    globals.flutterUsage.sendTiming('build', 'gradle', sw.elapsed);
    if (exitCode != 0) { ...... } // 执行失败的处理逻辑
  }
```

以上逻辑首先会判断 assembleTask 的类型，即构建的是 APP Bundle 还是 apk，通常来说是后者。其次开始构造 command，它是一个字符串数组，表示将被执行的命令，第 1 个元素是该命令的绝对路径，在 Windows 平台为 gradlew.bat，否则为 gradlew。在此之后会开始拼接各种参数，最终将得到一个命令：path/to/gradlew -q -Parg1=value1 -Parg2=value2 ... assembleRelease。该命令将通过 ProcessUtils 对象执行，由 workingDirectory 参数可知，其执行目录是当前 Flutter APP 工程的 android 目录的根目录，也就是一个普通 Android 工程的根目录。android/app/build.gralde 中有一段逻辑如代码清单 3-23 所示，它将引入 flutter.gradle，该文件包含了生成 apk 文件的主要逻辑，3.3.2 节将详细介绍。此外，还会配置一个 source 属性，由于当前脚本位于 android/app 目录，因而 source 即 Flutter APP 工程所在的目录。

代码清单 3-23 flutter/packages/flutter_tools/templates/app/android-java.tmpl/app/build.gradle.tmpl

```
apply plugin: 'com.android.application'
apply from: "$flutterRoot/packages/flutter_tools/gradle/flutter.gradle"
                                                                    // 见代码清单 3-24
android { ...... } // SKIP Android 相关配置
flutter {
    source '../..'
}
```

3.3.2 flutter.gradle 流程分析

由 3.3.1 节可知，BuildApkCommand 最终会触发 gradle 脚本，而该脚本则会最终调用 flutter.gradle 脚本，其核心逻辑如代码清单 3-24 所示。

代码清单 3-24 flutter/packages/flutter_tools/gradle/flutter.gradle

```
apply plugin: FlutterPlugin // 将触发该插件的 apply 方法
class FlutterPlugin implements Plugin<Project> {
  @Override
  void apply(Project project) {
    this.project = project
    String hostedRepository = // 可以在此自定义 maven repo 的地址
      System.env.FLUTTER_STORAGE_BASE_URL ?: DEFAULT_MAVEN_HOST
```

```
        String repository = useLocalEngine() // 使用本地自定义的 Flutter Engine
          ? project.property('local-engine-repo') : "$hostedRepository/download.flutter.io"
        project.rootProject.allprojects { // 配置最终的 repo 地址
          repositories { maven { url repository } }
        }
        project.extensions.create("flutter", FlutterExtension)
        this.addFlutterTasks(project) // 添加构建 Flutter 代码的 Task，见代码清单 3-27
        if (shouldSplitPerAbi()) { ...... } // 按照 CPU 架构进行分包
        getTargetPlatforms().each { targetArch -> ......}
        String flutterRootPath = resolveProperty("flutter.sdk", System.env.FLUTTER_ROOT)
        if (flutterRootPath == null) { throw new GradleException(" ...... ") }
        flutterRoot = project.file(flutterRootPath)
                                        // 确定 Flutter SDK 的位置，用于触发 Flutter 代码构建
        if (!flutterRoot.isDirectory()) { throw new GradleException(" ...... ") }
        engineVersion = useLocalEngine() ? "+"  : "1.0.0-" + Paths.get(flutterRoot.
            absolutePath, "bin", "internal", "engine.version").toFile().text.trim()
                                        // 定义当前 Flutter SDK 对应的 Engine 版本
        String flutterExecutableName = Os.isFamily(Os.FAMILY_WINDOWS) ? "flutter.bat" :
            "flutter"
        flutterExecutable = Paths.get(flutterRoot.absolutePath, "bin",
           flutterExecutableName).toFile();
        String flutterProguardRules = Paths.get(flutterRoot.absolutePath,
                                                                // 混淆文件所在位置
                "packages", "flutter_tools", "gradle", "flutter_proguard_rules.pro")
        project.android.buildTypes { ...... } // 配置 profile 和 release 类型
        if (useLocalEngine()) { ...... } // 配置 Local Engine 的位置
        project.android.buildTypes.all this.&addFlutterDependencies
                                                    // 增加对 Flutter Engine 的依赖
    }
}
```

上述逻辑中，flutter.gradle 脚本首先会应用名为 FlutterPlugin 的插件类，因而触发其 apply 方法。在分析 apply 方法的逻辑之前，可以暂时跳出代码的桎梏，思考一个问题：如何在 Android 的构建流程中适时地触发 Flutter 工程的构建，并将其构建产物和依赖打包到最终的 apk 文件中？对于第一个问题，我们可以增加一个 Task 用于触发 Flutter 的构建，让最终的打包 Task 直接或间接依赖该 Task，如此第一个问题便解决了。而对于第二个问题则要分两种情况，对于本地的产物（通常是业务代码的产物）则直接复制即可，对于仓库的产物（通常是 Flutter SDK 的产物，如 libflutter.so）则可以通过声明 maven 依赖的方法让 Gradle 自己处理。

以上其实也是 apply 方法将做的事情。addFlutterDependencies 主要负责添加相关的依赖声明，其逻辑如代码清单 3-25 所示。addFlutterTasks 主要负责生成 Flutter 构建相关的 Task，并集成入现有依赖，其逻辑如代码清单 3-27 所示。除此之外，apply 方法中还会处理按照架构分包、是否使用本地 Flutter Engine 等逻辑，在此不再赘述。

首先分析当前 Flutter SDK 对应的 Flutter Engine（so 文件）和 Flutter Embedder（jar 包）是如何被加入构建的，如代码清单 3-25 所示。

代码清单 3-25 flutter/packages/flutter_tools/gradle/flutter.gradle

```
void addFlutterDependencies(buildType) {
  String flutterBuildMode = buildModeFor(buildType)
  if (!supportsBuildMode(flutterBuildMode)) { return }
  // 非 APP 工程或包含插件时不要通过 API 方式依赖 Flutter Embedder，避免冗余
  if (!isFlutterAppProject() || getPluginList().size() == 0) {
    addApiDependencies(project, buildType.name,
        "io.flutter:flutter_embedding_$flutterBuildMode:$engineVersion")
  }
  List<String> platforms = getTargetPlatforms().collect()
  if (flutterBuildMode == "debug" && !useLocalEngine()) {
    platforms.add("android-x86") // 调试模式下(通常是模拟器中)使用
    platforms.add("android-x64")
  }
  platforms.each { platform -> // 针对每种 CPU 架构注入依赖
    String arch = PLATFORM_ARCH_MAP[platform].replace("-", "_")
    addApiDependencies(project, // 对应特定构建类型 CPU 架构的 libflutter.so
           buildType.name, "io.flutter:${arch}_$flutterBuildMode:$engineVersion")
  }
}
```

以上代码逻辑中，首先会判断 Engine 和 Embedder 所在的仓库，可以通过环境变量设置，也可以使用默认的谷歌官方仓库。如果使用 Local Engine，则会读取 local-engine-repo 的值，该参数由 Dart 逻辑生成并以命令参数的形式传入。最终，以上逻辑会生成对应构建版本和 Engine 版本的 Embedder 依赖，然后针对每种 CPU 架构生成对应的 Engine 依赖。addApiDependencies 的逻辑如代码清单 3-26 所示，主要是调用系统 API 完成依赖的最后注册。

代码清单 3-26 flutter/packages/flutter_tools/gradle/flutter.gradle

```
private static void addApiDependencies(Project project,
    String variantName, Object dependency, Closure config = null) {
  String configuration; // 依赖类型
  if (project.getConfigurations().findByName("api")) { // 高版本
    configuration = "${variantName}Api";
  } else { // 低版本
    configuration = "${variantName}Compile";
  } // 通过系统 API 完成依赖定义
  project.dependencies.add(configuration, dependency, config)
}
```

通过以上逻辑分析，可以确定 Flutter Engine 和 Flutter Embedder 是通过 dependencies 依赖的方式加入构建的。接下来开始分析 addFlutterTasks 的逻辑，来看看 Flutter SDK 和业务代码是如何加入构建的。具体逻辑如代码清单 3-27 所示。

代码清单 3-27 flutter/packages/flutter_tools/gradle/flutter.gradle

```
private void addFlutterTasks(Project project) {
  if (project.state.failure) { return }
  String[] fileSystemRootsValue = null
  if (project.hasProperty('filesystem-roots')) {
    fileSystemRootsValue = project.property('filesystem-roots').split('\\|')
  }
```

```
    // SKIP 从 project.property 中读取各种参数，用于后面发起 Flutter 的构建
    // 目标平台，默认为 armeabi-v7a / arm64-v8a / x86_64
    def targetPlatforms = getTargetPlatforms()
    // Flutter 构建相关 Task 的定义以依赖关系建立，见代码清单 3-28
    // 设置 Flutter Task 触发的入口和收尾工作，见代码清单 3-29
    configurePlugins()
}
```

以上逻辑中，首先会检查相关条件是否正确，然后会初始化各种参数，这些参数大部分是 Dart 侧调用 Gradle 脚本时作为参数传入的，即代码清单 3-22 的逻辑，这里会通过系统 API 取出，这些参数后面将作为再次调用 flutter tool 的参数。接下来便是相关 Task 的注入，具体逻辑见代码清单 3-28 和代码清单 3-29。Gradle 中的依赖关系往往不容易直接通过阅读代码获取，作者已将相关依赖梳理，如图 3-2 所示。

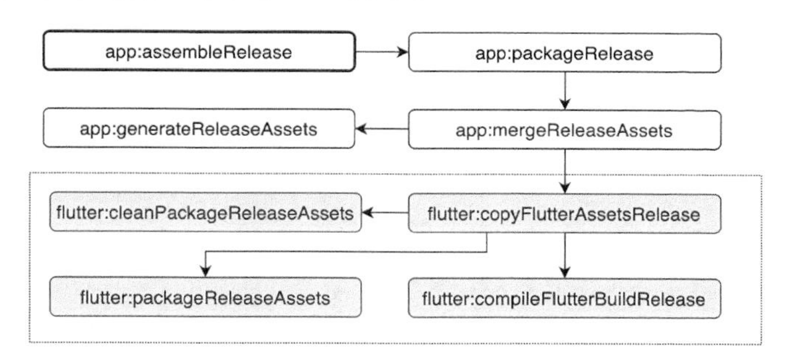

图 3-2 flutter.gradle 中的关键依赖

为了保持清晰，图 3-2 中与 Flutter 无关的 Task 已被省略。其中，app:assembleRelease 是通过 Dart 侧调用的入口，而与 Flutter 相关的 Task 又是如何建立关联的呢？下面详细分析。

代码清单 3-28 flutter/packages/flutter_tools/gradle/flutter.gradle

```
def addFlutterDeps = { variant ->
  if (shouldSplitPerAbi()) { ...... }
  String variantBuildMode = buildModeFor(variant.buildType)
  // compileFlutterBuild[Debug|Release]，该 Task 负责 Flutter 业务逻辑的构建
  String taskName = toCammelCase(["compile", FLUTTER_BUILD_PREFIX, variant.name])
  FlutterTask compileTask = project.tasks.create(name: taskName, type: FlutterTask) {
    flutterRoot this.flutterRoot
    flutterExecutable this.flutterExecutable
    buildMode variantBuildMode
    // SKIP 各种参数
    doLast { ..... } // 赋予 assetsDirectory 写入权限
  }
  File libJar = project.file("${project.buildDir}/${AndroidProject.FD_INTERMEDIATES}/
      flutter/${variant.name}/libs.jar")
  Task packFlutterAppAotTask = project.tasks.create(name: "packLibs${FLUTTER_
      BUILD_PREFIX}${variant.name.capitalize()}", type: Jar) {
    destinationDir libJar.parentFile
    archiveName libJar.name
```

```
    dependsOn compileTask
    targetPlatforms.each { targetPlatform ->
      String abi = PLATFORM_ARCH_MAP[targetPlatform]
      from("${compileTask.intermediateDir}/${abi}") {
        include "*.so" // 将 Flutter 代码构建生成的 so 打入 Jar 包中
        rename { String filename -> return "lib/${abi}/lib${filename}" }
      }
    }
  }
  addApiDependencies(project, variant.name, project.files {
    packFlutterAppAotTask // 向 dependencies 中加入一个 Task 类型的依赖
  })
  boolean isBuildingAar = project.hasProperty('is-plugin') // 构建 aar
  Task packageAssets = project.tasks.findByPath(":flutter:package${variant.name.
      capitalize()}Assets")
  Task cleanPackageAssets = project.tasks.findByPath(":flutter:cleanPackage${variant.
      name.capitalize()}Assets")
  boolean isUsedAsSubproject = packageAssets && cleanPackageAssets && !isBuildingAar
  Task copyFlutterAssetsTask = project.tasks.create(
    name: "copyFlutterAssets${variant.name.capitalize()}", type: Copy, ) {
    dependsOn compileTask
    with compileTask.assets
    if (isUsedAsSubproject) {
      dependsOn packageAssets
      dependsOn cleanPackageAssets
      into packageAssets.outputDir
      return
    }
    // SKIP 兜底逻辑
  }
  if (!isUsedAsSubproject) { ... }
  return copyFlutterAssetsTask
}
```

以上代码逻辑比较冗长，为了便于分析，作者将其分成 4 步。第 1 步，将创建图 3-2 中的 flutter:compileFlutterBuildRelease，其被记录为 compileTask，该 Task 将在后面内容详细分析。第 2 步，创建一个名为 flutter:packLibsflutterBuildRelease 的 Task，该 Task 的内容是将 Flutter 构建产生的 app.so 按照架构类型移动并重命名为 libapp.so，然后通过 addApiDependencies 将该 Task 加入仓库依赖，由于该 Task 没有依赖其他 Task，故在图 3-2 中没有体现。第 3 步，创建名为 flutter:copyFlutterAssetsRelase 的依赖，该 Task 依赖于 compileTask，对 Flutter APP 类型的工程而言，isUsedAsSubproject 为 true，该 Task 的主要工作就是复制 Asset 资源。第 4 步，在完成 Flutter 相关 Task 的创建后，找到 app:mergeReleaseAsset 任务，定义其依赖 copyFlutterAssetsTask，这是关键的一步，这样就让 Android 的构建触发了 Flutter 的构建。

通过以上分析可知，compileTask 负责 Flutter 的构建，其存在一个仓库依赖和一个 Task 依赖，仓库依赖负责整合 Flutter 构建产物的逻辑部分，Task 依赖负责整合 Flutter 构建产物的资源部分。

代码清单 3-28 的逻辑全部在名为 addFlutterDeps 的闭包中，那么该闭包如何触发呢？触发过程如代码清单 3-29 所示。

代码清单 3-29 flutter/packages/flutter_tools/gradle/flutter.gradle

```
if (isFlutterAppProject()) {
  project.android.applicationVariants.all { variant ->
    Task assembleTask = getAssembleTask(variant)
    if (!shouldConfigureFlutterTask(assembleTask)) { return }
    Task copyFlutterAssetsTask = addFlutterDeps(variant) // 见代码清单 3-28
    def variantOutput = variant.outputs.first()
    def processResources = variantOutput.hasProperty("processResourcesProvider") ?
      variantOutput.processResourcesProvider.get() : variantOutput.processResources
    processResources.dependsOn(copyFlutterAssetsTask)
    variant.outputs.all { output ->
      assembleTask.doLast {
        def outputDirectory = variant.hasProperty("packageApplicationProvider")
          ? variant.packageApplicationProvider.get().outputDirectory
          : variant.packageApplication.outputDirectory
        String outputDirectoryStr = outputDirectory.metaClass.respondsTo
           (outputDirectory, "get")
          ? outputDirectory.get() : outputDirectory
        String filename = "app"
        String abi = output.getFilter(OutputFile.ABI)
        if (abi != null && !abi.isEmpty()) {
          filename += "-${abi}"
        }
        if (variant.flavorName != null && !variant.flavorName.isEmpty()) {
          filename += "-${variant.flavorName.toLowerCase()}"
        }
        filename += "-${buildModeFor(variant.buildType)}"
        project.copy {
          from new File("$outputDirectoryStr/${output.outputFileName}")
          into new File("${project.buildDir}/outputs/flutter-apk");
          rename { return "${filename}.apk" }
        }
      }
    }
  }
  configurePlugins()
  return
}
// SKIP Add-to-APP 场景，大致逻辑类似，在此不再赘述
```

以上代码的逻辑比较清晰，主要负责针对每种构建类型完成依赖的添加，并在整个构建完成后对最终的产物 apk 进行复制和重命名，这是为了方便后面 flutter tool 其他命令的检测和使用。

接下来继续分析 compileTask，其定义的 Type 为 FlutterTask，它是一个自定义的 Task，其关键逻辑在父类 BaseFlutterTask 的 buildBundle 方法中。具体逻辑如代码清单 3-30 所示。

代码清单 3-30 flutter/packages/flutter_tools/gradle/flutter.gradle

```
void buildBundle() {
  if (!sourceDir.isDirectory()) { throw new GradleException(" ...... ") }
  intermediateDir.mkdirs()
```

```
    String[] ruleNames; // assemble 的目标构建产物，用于代码清单 3-32
    if (buildMode == "debug") {
      ruleNames = ["debug_android_application"]
    } else {
      ruleNames = targetPlatformValues.collect { "android_aot_bundle_${buildMode}_$it" }
    }
    project.exec {
      logging.captureStandardError LogLevel.ERROR
      executable flutterExecutable.absolutePath // flutter 命令所在路径
      workingDir sourceDir // 执行目录
      // SKIP 各种参数拼接
      args "assemble" // 调用的 flutter tool 命令
      args "--depfile", "${intermediateDir}/flutter_build.d"
      args "--output", "${intermediateDir}"
      // SKIP 各种参数拼接
      args ruleNames
    }
  }
```

以上代码中，核心其实是执行了一个 shell 命令，由代码清单 3-24 可知，flutterExecutable 其实就是 flutter 脚本，所以以上逻辑其实等价于 flutter assemble arg1 .... argn。下面继续分析 AssembleCommand。

3.3.3 AssembleCommand 流程分析

首先分析该命令对应的 runCommand 方法，如代码清单 3-31 所示。

代码清单 3-31 flutter/packages/flutter_tools/lib/src/commands/assemble.dart

```
Future<FlutterCommandResult> runCommand() async {
  final List<Target> targets = createTargets(); // 见代码清单 3-32
  final Target target = targets.length == 1 ?
      targets.single : _CompositeTarget(targets);
  final BuildResult result = await globals.buildSystem.build( // 见代码清单 3-33
    target, createEnvironment(), // 构建产物和构建环境
    buildSystemConfig: BuildSystemConfig( ... ),
    );
  if (!result.success) { ... } // 错误处理
  globals.printTrace('build succeeded.');
  // SKIP 如有必要，写入构建信息到本地
  return FlutterCommandResult.success();
}
```

以上逻辑主要是创建 Target 和 Environment 对象，前者是对 Flutter 构建过程的抽象，后者负责持有 Flutter 构建过程所需要的各种环境信息。Target 的创建逻辑如代码清单 3-32 所示。

代码清单 3-32 flutter/packages/flutter_tools/lib/src/commands/assemble.dart

```
List<Target> createTargets() {
  if (argResults.rest.isEmpty) { throwToolExit(' ...... '); }
  final String name = argResults.rest.first;
  final Map<String, Target> targetMap = <String, Target>{
```

```
    for (final Target target in _kDefaultTargets) target.name: target
  }; // _kDefaultTargets 由系统预定义好
  final List<Target> results = <Target>[ // 寻找对应的 Target 实例
    for (final String targetName in argResults.rest)
      if (targetMap.containsKey(targetName)) targetMap[targetName]
  ];
  if (results.isEmpty) { throwToolExit(' ...... '); }
  return results;
}
```

以上逻辑主要是从 _kDefaultTargets 中获取以输入参数为索引的 Target，最常见的就是 android_aot_bundle_release_android-arm，该参数对应的 Target 为 AndroidAotBundle。

Flutter 作为一个跨平台 UI 框架，针对同一套代码必然需要构建出不同平台的产物，而 Target 正是对这种需求的一个抽象，图 3-3 展示了 Target 的精简类。

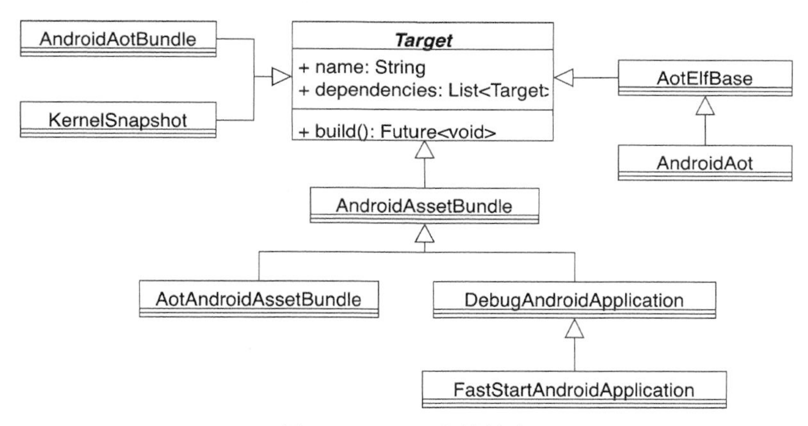

图 3-3　Target 的精简类

每个 Target 的具体实现都有一个 dependencies 字段，用于定义该 Target 的构建所依赖的其他 Target，Target 的 build 方法由具体的子类实现，由子类负责构建输出该 Target 的目标产物，后面内容将详细分析。接下来开始分析针对源 Target 的构建逻辑，如代码清单 3-33 所示。

代码清单 3-33　flutter/packages/flutter_tools/lib/src/build_system/build_system.dart

```
Future<BuildResult> build( Target target, Environment environment, {
  BuildSystemConfig buildSystemConfig = const BuildSystemConfig(),
}) async {
  environment.buildDir.createSync(recursive: true);
  environment.outputDir.createSync(recursive: true);
  final File cacheFile = environment.buildDir.childFile(FileStore.kFileCache);
  final FileStore fileCache = FileStore( // 复用上次构建作为缓存
    cacheFile: cacheFile, logger: _logger,)..initialize();
  checkCycles(target); // 检查是否存在循环依赖，见代码清单 3-34
  final Node node = target._toNode(environment); // Target 转成 Node，见代码清单 3-35
  final _BuildInstance buildInstance = _BuildInstance(
    environment: environment, // 构建环境
    fileCache: fileCache, // 缓存
```

```
    buildSystemConfig: buildSystemConfig,
    logger: _logger,
    fileSystem: _fileSystem,
    platform: _platform, // 目标平台
  );
  bool passed = true;
  try {
    passed = await buildInstance.invokeTarget(node); // 真正的构建逻辑
  } finally { fileCache.persist(); } // 缓存写入本地，持久化
  // SKIP 对输入、输出的记录文件做处理
  return BuildResult(success: passed, ...... );
}
```

以上逻辑主要分为 3 部分，首先会检查 Target 对象是否存在循环依赖，如代码清单 3-34 所示。其次会基于 Target 对象构造一个 Node 对象，Node 对象是 Target 的进一步封装，表示构建过程中的一个节点，其逻辑如代码清单 3-35 所示。最后会整合环境、缓存等各种信息，构建一个 _BuildInstance 对象作为最终构建流程的上下文环境，并启动构建。

 注意

大部分构建系统都会用一个**有向无环图**表示构建产物的依赖关系，比如图 3-2 就是 Gradle Task 的依赖关系，这和构建的实际过程十分吻合。

接下来开始分析 Target 的循环依赖检查，如代码清单 3-34 所示。

代码清单 3-34 flutter/packages/flutter_tools/lib/src/build_system/build_system.dart

```
void checkCycles(Target initial) {
  void checkInternal(Target target, Set<Target> visited, Set<Target> stack) {
    if (stack.contains(target)) { throw CycleException(stack..add(target)); }
    if (visited.contains(target)) { return; } // 加速检查
    visited.add(target);
    stack.add(target); // stack 存储当前经过的 Target
    for (final Target dependency in target.dependencies) {
      checkInternal(dependency, visited, stack);
    }
    stack.remove(target);
  }
  checkInternal(initial, <Target>{}, <Target>{});
}
```

上述逻辑十分清晰，本质是基于深度优先算法检查一个有向图中是否存在闭环，如果有向图中有一个点存在闭环，那么从该点出发深度遍历一定能够再次到达该点，即以上逻辑中 stack.contains(target) 为 true。stack 实际上就是当前深度遍历的路径。visited 字段的主要作用是缓存以提升检查速度，其理论基础是：一个点如果从任一路径进入后检查不出闭环，那么从其他路径进入后依然不会检查出闭环。

接下来分析 Target 转成 Node 的逻辑，如代码清单 3-35 所示。

代码清单 3-35 flutter/packages/flutter_tools/lib/src/build_system/build_system.dart

```
Node _toNode(Environment environment) {
  final ResolvedFiles inputsFiles = resolveInputs(environment);
  final ResolvedFiles outputFiles = resolveOutputs(environment);
  return Node(
    this, inputsFiles.sources, outputFiles.sources,
    <Node>[ for (final Target target in dependencies) target._toNode(environment), ],
    environment, inputsFiles.containsNewDepfile,
  );
}
```

由以上逻辑可知，Node 的大部分字段都是 Target 的字段，只有两处不同：Node 会展开 Target 对象的依赖；Node 会多一个 environment 字段。Node 可以认为是从 Target 对象中精简得到的专门用于后续构建的对象，以 AndroidAotBundle 对象为例，其依赖相关逻辑如代码清单 3-36 所示，其中 AndroidAot 依赖取决于具体的构建类型和目标平台的架构。图 3-4 展示了 Android 平台 ARM 架构下 Release 版本构建产物的依赖关系。

代码清单 3-36 flutter/packages/flutter_tools/lib/src/build_system/targets/android.dart

```
class AndroidAotBundle extends Target {
  const AndroidAotBundle(this.dependency);
  final AndroidAot dependency;
  @override
  List<Target> get dependencies => <Target>[
    dependency,
    const AotAndroidAssetBundle(),
  ];
  ......
}
```

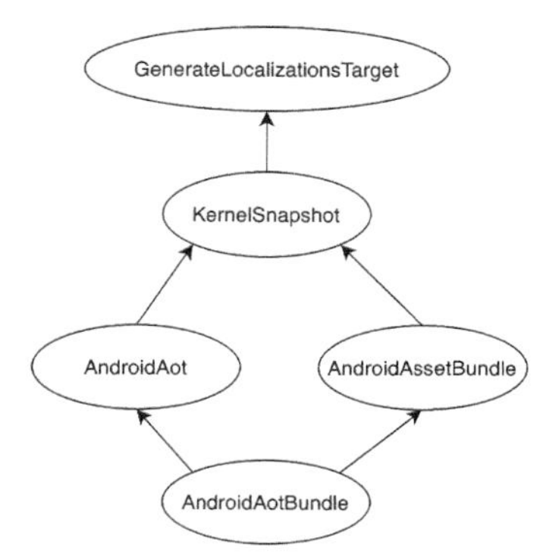

图 3-4 Android 平台 ARM 架构下 Release 版本构建产物的依赖关系

接下来继续分析代码清单 3-33 中 buildInstance 的构建逻辑，如代码清单 3-37 所示。

代码清单 3-37 flutter/packages/flutter_tools/lib/src/build_system/build_system.dart

```
Future<bool> invokeTarget(Node node) async {
  // 先构建完成依赖的节点，这会导致进行一次深度优先遍历
```

```
  final List<bool> results = await Future.wait(node.dependencies.map(invokeTarget));
  if (results.any((bool result) => !result)) { // 如果依赖中有任意一个构建失败
    return false; // 则认为当前构建失败
  } // 对于叶子节点，如果 results 为空，这里就不会检查
  final AsyncMemoizer<bool> memoizer = // 基于 Completer 封装，只调用一次且缓存结果
     pending[node.target.name] ??= AsyncMemoizer<bool>();
  return memoizer.runOnce(() => _invokeInternal(node)); // 真正构建一个 Node 对象
}
```

以上逻辑的主要流程就是深度优先调用每个 Node 节点，其中真正构建 Node 节点的逻辑在 _invokeInternal 中，如代码清单 3-38 所示。

代码清单 3-38　flutter/packages/flutter_tools/lib/src/build_system/build_system.dart

```
Future<bool> _invokeInternal(Node node) async {
  final PoolResource resource = await resourcePool.request();
  final Stopwatch stopwatch = Stopwatch()..start(); // 统计运行耗时
  bool succeeded = true; // 是否构建成功
  bool skipped = false;  // 是否可以跳过构建
  // 见代码清单 3-39
  try {
    final bool canSkip = !node.missingDepfile &&
      node.computeChanges(environment, fileCache, fileSystem, logger);
    if (canSkip) { // 第 1 种情况：没有变化，直接跳过
      skipped = true;
      updateGraph();
      return succeeded;
    }
    node.inputs.clear();
    node.outputs.clear();
    final bool runtimeSkip = node.target.canSkip(environment);
    if (runtimeSkip) { // 第 2 种情况：满足当前 Target，跳过构建的条件
      skipped = true;
    } else { // 第 3 种情况：需要构建
      await node.target.build(environment); // 真正的构建逻辑由 Target 子类实现
      node.inputs.addAll(node.target.resolveInputs(environment).sources);
      node.outputs.addAll(node.target.resolveOutputs(environment).sources);
    }
    if (node.missingDepfile) {  fileCache.diffFileList(node.inputs); }
    fileCache.diffFileList(node.outputs); // 计算发生改变的文件
    node.target._writeStamp(node.inputs, node.outputs, environment);
    updateGraph();
    for (final String previousOutput in node.previousOutputs) {
      if (outputFiles.containsKey(previousOutput)) { continue; }
      final File previousFile = fileSystem.file(previousOutput);
      ErrorHandlingFileSystem.deleteIfExists(previousFile);
    } // 以上逻辑删除将不会被后续阶段使用的中间文件
  } on Exception catch (exception, stackTrace) { ...... } finally {
    // SKIP 使用统计收集
  }
  return succeeded;
}
```

以上逻辑便是真正的构建流程，如果是可以跳过的构建节点则会直接返回，否则会调用

该节点的 build 方法，后面内容将选取典型的节点进行分析。updateGraph 负责输出一个文件，包括本次构建的输入和输出，用于本地构建系统（如 XCode）的相关逻辑，其具体逻辑如代码清单 3-39 所示。

代码清单 3-39 flutter/packages/flutter_tools/lib/src/build_system/build_system.dart

```
void updateGraph() {
  for (final File output in node.outputs) {
    outputFiles[output.path] = output;
  }
  for (final File input in node.inputs) {
    final String resolvedPath = input.absolute.path;
    // 如果在输出文件中，则不计入输入文件，因为这是中间文件，由其他构建产生
if (outputFiles.containsKey(resolvedPath)) { continue; }
    inputFiles[resolvedPath] = input;
  }
}
```

每个节点构建完成后都会调用 updateGraph，需要注意的是，对于任一 Node，如果其输入文件是前面任一 Node 的输出文件，说明该文件只是构建流程中的一个临时文件，而不是由外界输入的，因而不会被记录。

下面以图 3-4 为例，具体分析一下 libapp.so 的构建流程。除去国际化相关逻辑，按照深度优先的顺序，第 1 步是 KernelSnapshot 的构建，其对应的 build 方法如代码清单 3-40 所示。

代码清单 3-40 flutter/packages/flutter_tools/lib/src/build_system/targets/common.dart

```
Future<void> build(Environment environment) async {
  final KernelCompiler compiler = KernelCompiler( ...... ); // Flutter 源码到 Kernel
                                                             // 文件的编译器
  if (environment.defines[kBuildMode] == null) { ...... } // 异常：未定义的构建类型
  if (environment.defines[kTargetPlatform] == null) { ...... } // 异常：未定义的目标平台
  final BuildMode buildMode = getBuildModeForName(environment.
      defines[kBuildMode]);
  final String targetFile = environment.defines[kTargetFile] // 编译的入口文件
          ?? environment.fileSystem.path.join('lib', 'main.dart'); // 默认的主文件
  final File packagesFile = environment.projectDir // 包依赖列表
    .childDirectory('.dart_tool').childFile('package_config.json');
  // SKIP 其他参数的解析与生成
  final CompilerOutput output = await compiler.compile(
    sdkRoot: environment.artifacts.getArtifactPath( ...... ),
    aot: buildMode.isPrecompiled,
    buildMode: buildMode,
    // SKIP 在此传递上面解析出的各种参数，详见代码清单 3-42
  );
  if (output == null || output.errorCount != 0) { // 检查运行结果
    throw Exception();
  }
}
```

以上逻辑主要是构造一个 KernelCompiler 对象，并构造其所需要的各种参数，最后调用其 compile 方法，如代码清单 3-41 所示。

代码清单 3-41　flutter/packages/flutter_tools/lib/src/compile.dart

```
Future<CompilerOutput> compile({ ...... }) async {
  // SKIP 进一步解析上一步传入的各种参数
  final List<String> command = <String>[
    engineDartPath, // Dart SDK 路径
    '--disable-dart-dev', frontendServer, // 用于执行构建的前端
    '--sdk-root', sdkRoot,
    // SKIP 各种参数的解析与拼接
    mainUri ?? mainPath, // 主文件入口
  ];
  final Process server = await _processManager.start(command); // 启动构建
  final StdoutHandler _stdoutHandler = StdoutHandler(logger: _logger);
  // SKIP server 进程的错误和标准输出监听
  final int exitCode = await server.exitCode;
  if (exitCode == 0) { // 执行正常，返回结果
    return _stdoutHandler.compilerOutput.future;
  }
  return null;
}
```

以上逻辑仍然继续初始化各种调用参数，后面内容将具体介绍。以上逻辑最终会拼接成一个命令，然后唤起一个进程执行该命令，并阻塞等待其返回结果。以 flutter build apk --target-platform android-arm 为例，其对应的命令（即 command 的值）如代码清单 3-42 所示。

代码清单 3-42　flutter build apk --target-platform android-arm 对应的命令

```
/Users/vimerzhao/SourceCode/flutter_source/flutter/bin/cache/dart-sdk/bin/dart \
                                                                      # Dart SDK
--disable-dart-dev \
/Users/vimerzhao/SourceCode/flutter_source/flutter/bin/cache/artifacts/engine/
   darwin-x64/frontend_server.dart.snapshot \ # 用于构建源码的前端，在 Engine 仓库中
--sdk-root \ # Flutter SDK 的路径
/Users/vimerzhao/SourceCode/flutter_source/flutter/bin/cache/artifacts/engine/common/
   flutter_patched_sdk_product/ \
--target=flutter \ # 目标构建类型
-Ddart.developer.causal_async_stacks=false \
-Ddart.vm.profile=false \ # 是否生成 profile 产物
-Ddart.vm.product=true \ # 是否生成 product 产物
--bytecode-options=source-positions \
--aot \ # 生成 aot 类型的快照
--tfa \ # type flow analysis，全局静态检查，优化产物执行性能
--packages \ # 包依赖
/Users/vimerzhao/SourceCode/flutter_source/flutter_demo/.packages \
--output-dill \ # 构建产物地址
/Users/vimerzhao/SourceCode/flutter_source/flutter_demo/.dart_tool/flutter_build/
   243aff722f83b7056c3b1dceaf4e028a/app.dill \
--depfile \ # 依赖文件输出地址
/Users/vimerzhao/SourceCode/flutter_source/flutter_demo/.dart_tool/flutter_build/
   243aff722f83b7056c3b1dceaf4e028a/kernel_snapshot.d \
package:flutter_demo/main.dart # 构建入口
```

以上命令将调用 Flutter Engine 的 frontend_server，将 Flutter 的 Dart 源码编译成 Kernel

中间文件，Kernel 中间文件将作为下一个 Target 的输入，被继续编译成 JavaScript（Flutter For Web）或者二进制文件等最终产物。

第 2 步是 AndroidAot 的构建，它的主要职责是将 Kernel 文件编译成二进制的 aot 文件，具体逻辑如代码清单 3-43 所示。

代码清单 3-43 flutter/packages/flutter_tools/lib/src/build_system/targets/android.dart

```
Future<void> build(Environment environment) async {
  final AOTSnapshotter snapshotter = AOTSnapshotter( ...... );
  final Directory output = environment.buildDir.childDirectory(_androidAbiName);
  final String splitDebugInfo = environment.defines[kSplitDebugInfo];
  if (environment.defines[kBuildMode] == null) { ...... }
  if (!output.existsSync()) { output.createSync(recursive: true); }
  // SKIP 各种参数解析
  final int snapshotExitCode = await snapshotter.build(
    platform: targetPlatform, // 目标平台
    buildMode: buildMode, // 产物类型
    mainPath: environment.buildDir.childFile('app.dill').path,
    // SKIP 构建参数
  );
  if (snapshotExitCode != 0) { throw Exception(......);} // 构建失败
}
```

以上逻辑和第 1 步非常类似，但这次是构造一个 AOTSnapshotter 对象并调用其 build 方法，各种参数这里暂不介绍。build 的逻辑如代码清单 3-44 所示。

代码清单 3-44 flutter/packages/flutter_tools/lib/src/base/build.dart

```
Future<int> build({ ...... }) async {
  // SKIP 参数及环境检查
  final Directory outputDir = _fileSystem.directory(outputPath);
  outputDir.createSync(recursive: true);
  final List<String> genSnapshotArgs = <String>[ '--deterministic', ];
  // SKIP 各种参数的解析与拼接
  genSnapshotArgs.add(mainPath);
  final SnapshotType snapshotType = SnapshotType(platform, buildMode);
  final int genSnapshotExitCode = await _genSnapshot.run( // 真正的构建逻辑
    snapshotType: snapshotType,
    additionalArgs: genSnapshotArgs,
    darwinArch: darwinArch,);
  if (genSnapshotExitCode != 0) { // 构建失败
    return genSnapshotExitCode;
  }
  if (platform == TargetPlatform.ios || platform == TargetPlatform.darwin_x64) {
    final RunResult result = await _buildFramework( ...... );
    if (result.exitCode != 0) { return result.exitCode; }
  } // iOS/macOS 平台的进一步处理，使之符合 XCode 的构建要求
  return 0;
}
```

以上逻辑和 KernelCompiler 的逻辑类似，是对参数的进一步准备，_genSnapshot.run 最终会完成命令的拼接，并新起一个进程调用该命令。以 flutter build apk --target-platform android-arm

为例，其对应的命令如代码清单 3-45 所示。

代码清单 3-45　flutter build apk --target-platform android-arm 对应的命令

```
/Users/vimerzhao/SourceCode/flutter_source/flutter/bin/cache/artifacts/engine/android-
    arm-release/darwin-x64/gen_snapshot \
                    # 用于生成 AOT Snapshot 的工具，是代码清单 2-9 中 host 的构建产物
--deterministic \
--snapshot_kind=app-aot-elf \ # Snapshot 类型
--elf=/Users/vimerzhao/SourceCode/flutter_source/flutter_demo/.dart_tool/flutter_
    build/243aff722f83b7056c3b1dceaf4e028a/armeabi-v7a/app.so \ # 产物输出地址
--strip \ # 各种构建优化选项
--no-sim-use-hardfp \
--no-use-integer-division \
--no-causal-async-stacks \
--lazy-async-stacks \
/Users/vimerzhao/SourceCode/flutter_source/flutter_demo/.dart_tool/flutter_build/
    243aff722f83b7056c
3b1dceaf4e028a/app.dill # 构建的输入，即上一步生成的 Kernel 文件
```

以上命令将调用第 2 章介绍过的从 Engine 构建出的产物——gen_snapshot 工具，该工具以 Kernel 文件作为输入，根据参数输出 JIT、AOT 等不同类型的快照（Snapshot）。

第 3 步是 AndroidAotBundle 的构建，如代码清单 3-46 所示。

代码清单 3-46　flutter/packages/flutter_tools/lib/src/build_system/targets/android.dart

```
Future<void> build(Environment environment) async {
  final File outputFile = environment.buildDir // 构建产物存放的中间目录
      .childDirectory(_androidAbiName).childFile('app.so');
  final Directory outputDirectory = environment.outputDir.childDirectory
      (_androidAbiName);
  if (!outputDirectory.existsSync()) { // 构建产物存放的最终输出目录
    outputDirectory.createSync(recursive: true);
  } // 将 outputFile 复制到 outputDirectory 目录下
  outputFile.copySync(outputDirectory.childFile('app.so').path);
}
```

以上逻辑其实是将最终的构建产物从 Flutter 的构建目录复制到 Android 的构建目录。以前面内容的命令为例，其 outputFile 和 outputDirectory 的值如代码清单 3-47 所示。

代码清单 3-47　Flutter 构建过程的中间产物

```
outputFile: '/Users/vimerzhao/SourceCode/flutter_source/flutter_demo/.dart_tool/
    flutter_build/243aff722f83b7056c3b1dceaf4e028a/armeabi-v7a/app.so'
// Flutter 的构建目录
outputDirectory: '/Users/vimerzhao/SourceCode/flutter_source/flutter_demo/
    build/app/intermediates/fl
utter/release/armeabi-v7a' // Android 的中间产物目录
```

完成以上操作后，AssembleCommand 的任务就结束了。对 Android 来说，Flutter 相关的构建也就此完成。

flutter.gradle 会继续自己的构建，对 Android 来说，其构建系统感知不到 Flutter 构建系统

的存在，它所能感知的只是多了一些 Task。图 3-5 是作者整理的 flutter build apk 命令的核心流程，有助于读者对本节中涉及的 flutter build apk 命令的核心流程的理解。

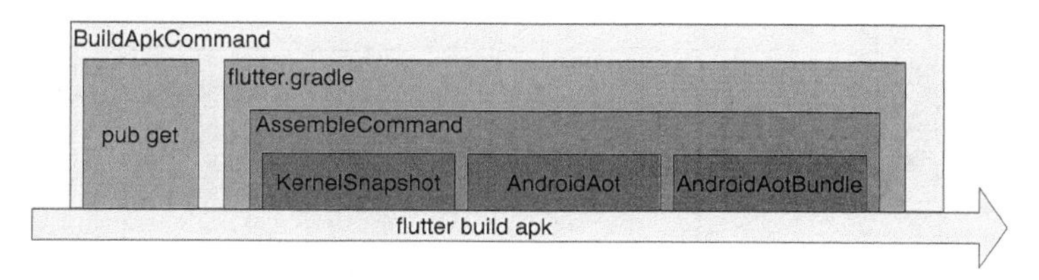

图 3-5 flutter build apk 命令的核心流程

3.4 flutter attach 详解

本节将分析 flutter attach 命令，该命令在日常开发中也十分常见，其主要作用是与设备的 Flutter 应用建立连接，进而执行 Hot reload 等操作。在该过程中涉及以下几个问题。

- 如何发现设备上 Flutter 应用已经启动？
- 检测到启动后如何建立通信？
- 建立通信后如何执行增量编译并发送到设备？

带着疑问去看源码，有的放矢，总是效率最高的。下面详细分析以上问题。

3.4.1 环境准备阶段

首先，flutter attach 命令对应的是 AttachCommand 的 runCommand 方法，其逻辑如代码清单 3-48 所示。

代码清单 3-48 flutter/packages/flutter_tools/lib/src/commands/attach.dart

```
Future<FlutterCommandResult> runCommand() async {
  await _validateArguments();
  writePidFile(stringArg('pid-file'));
  final Device device = await findTargetDevice(); // 选择目标设备
  final Artifacts overrideArtifacts = device.artifactOverrides ?? globals.artifacts;
  await context.run<void>(  // flutter attach 会新建一个 AppContext
    body: () => _attachToDevice(device), // 绑定到设备，见代码清单 3-49
    overrides: <Type, Generator>{Artifacts: () => overrideArtifacts,}
  );
  return FlutterCommandResult.success();
}
```

以上逻辑主要是寻找连接的设备并启动一个新的上下文环境执行 _attachToDevice，具体逻辑如代码清单 3-49 所示。

代码清单 3-49 flutter/packages/flutter_tools/lib/src/commands/attach.dart

```
Future<void> _attachToDevice(Device device) async {
  final FlutterProject flutterProject = FlutterProject.current();
```

```
    final int devicePort = await getDevicePort();
    final Daemon daemon = boolArg('machine') ? Daemon( ...... ) : null;
    Stream<Uri> observatoryUri;
    bool usesIpv6 = ipv6;
    final String ipv6Loopback = InternetAddress.loopbackIPv6.address;
    final String ipv4Loopback = InternetAddress.loopbackIPv4.address;
    final String hostname = usesIpv6 ? ipv6Loopback : ipv4Loopback;
    if (devicePort == null && debugUri == null) {
      // SKIP FuchsiaDevice/IOSDevice/IOSSimulator 相关处理逻辑
      if (observatoryUri == null) { // 这些参数通常都不会定义，所以会进入这个逻辑分支
        final ProtocolDiscovery observatoryDiscovery = // 通过监听日志发现 observatoryUri
          ProtocolDiscovery.observatory(  // 见代码清单 3-50
            await device.getLogReader(includePastLogs: device is AndroidDevice),
            portForwarder: device.portForwarder, ipv6: ipv6, // 端口转发，见代码清单 3-54
            devicePort: deviceVmservicePort, hostPort: hostVmservicePort,);
        globals.printStatus('Waiting for a connection from Flutter on ${device.
          name}...');
        observatoryUri = observatoryDiscovery.uris; // 真正的获取逻辑，见代码清单 3-53
        usesIpv6 = observatoryDiscovery.ipv6;
      }
    } else { // 基于指定的 devicePort 和 debugUri 构造 observatoryUri
      observatoryUri = Stream<Uri>.fromFuture(buildObservatoryUri(...)).
        asBroadcastStream();
    }
    // 见代码清单 3-55
  }
```

以上逻辑中，machine 参数用于表示是否由 Android Studio 之类的工具调用，第一种情况，由于此类工具自己提供了 GUI，因而只需要通过协议与之交互即可。第二种情况，如果是从命令行调用 flutter attach，则需要 flutter tool 自己提供简单的 UI。后面内容以第 2 种情况进行分析，两者的底层逻辑是一致的。

以上逻辑中的 debugPort、observatoryUri 等参数通常默认为空，因而会触发 ProtocolDiscovery 的创建逻辑，如代码清单 3-50 所示。

代码清单 3-50　flutter/packages/flutter_tools/lib/src/protocol_discovery.dart

```
factory ProtocolDiscovery.observatory(DeviceLogReader logReader, { ...... }) {
  const String kObservatoryService = 'Observatory';
  return ProtocolDiscovery._( ...... ); // 具体的实现类
}
ProtocolDiscovery._(
  this.logReader, // 设备日志读取器
  this.serviceName, {
  this.portForwarder, // 端口转发逻辑
  this.throttleDuration, // 节流
  this.hostPort, // PC 端口
  this.devicePort, // 设备端口
  this.ipv6,
  Logger logger, // 本地日志
}) : _logger = logger,
  _deviceLogSubscription = logReader.logLines.listen( // 监听设备日志
    _handleLine, // 针对每一行日志进行处理，见代码清单 3-51
    onDone: _stopScrapingLogs,
```

```
  );
  _uriStreamController = _BufferedStreamController<Uri>();
}
```

以上逻辑中，logReader 用于监控设备的日志输出，每行日志输出都会被 _handleLine 处理，具体如代码清单 3-51 所示。

代码清单 3-51 flutter/packages/flutter_tools/lib/src/protocol_discovery.dart

```
void _handleLine(String line) {
  Uri uri;
  try {
    uri = _getObservatoryUri(line); // 捕获目标 uri，见代码清单 3-52
  } on FormatException catch (error, stackTrace) { ...... }
  if (uri == null) { return; } // 当前日志不存在 uri
  if (devicePort != null && uri.port != devicePort) { return; } // 端口不匹配
  _uriStreamController.add(uri); // 通知，见代码清单 3-53
}
```

以上逻辑用于按行处理日志输出，如果该行日志能够生成一个有效的 uri，则被加入 uriStreamController 的管道，后面内容将分析该对象绑定的 Stream 的监听者是谁。

接下来，首先分析 _getObservatoryUri 的逻辑，即如何获取用于与具体设备建立联系的 uri，如代码清单 3-52 所示。

代码清单 3-52 flutter/packages/flutter_tools/lib/src/protocol_discovery.dart

```
Match _getPatternMatch(String line) { // 正则匹配一个 HTTP 类型的 uri
  final RegExp r = RegExp(RegExp.escape(serviceName) + r' listening on ((http|//)
      [a-zA-Z0-9:/=_\-\.\[\]]+)');
  return r.firstMatch(line);
}
Uri _getObservatoryUri(String line) {
  final Match match = _getPatternMatch(line);
  if (match != null) { // 匹配成功
    return Uri.parse(match[1]);
  }
  return null;
}
```

以上逻辑主要通过一个正则表达式匹配每行日志，如果能匹配，则会提取出 uri。Flutter 应用的 Debug 版每次启动都会输出 vm-service 的 uri，如图 3-6 所示。

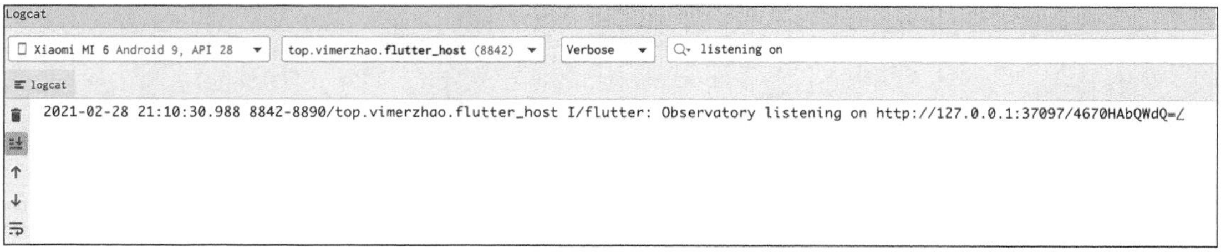

Logcat
Xiaomi MI 6 Android 9, API 28 | top.vimerzhao.flutter_host (8842) | Verbose | listening on
logcat
2021-02-28 21:10:30.988 8842-8890/top.vimerzhao.flutter_host I/flutter: Observatory listening on http://127.0.0.1:37097/4670HAbQWdQ=/

图 3-6 输出 vm-service 的 uri

前面内容提到该 uri 会被加入 uriStreamController 的管道，而在代码清单 3-49 中，observatory-Discovery 的 uris 字段将会被记录，该字段正是后面内容的“消费者”。下面先分析消息的生产逻辑，如代码清单 3-53 所示。

代码清单 3-53　flutter/packages/flutter_tools/lib/src/protocol_discovery.dart

```
Stream<Uri> get uris {
  final Stream<Uri> uriStream = _uriStreamController.stream
    .transform(_throttle<Uri>( // 节流，防止事件发送频率过高
      waitDuration: throttleDuration,));
  return uriStream.asyncMap<Uri>(_forwardPort);
}
Future<Uri> _forwardPort(Uri deviceUri) async {
  Uri hostUri = deviceUri;
  if (portForwarder != null) {
    final int actualDevicePort = deviceUri.port;
    final int actualHostPort = // 端口转发，见代码清单 3-54
        await portForwarder.forward(actualDevicePort, hostPort: hostPort);
    hostUri = deviceUri.replace(port: actualHostPort);
  }
  assert(InternetAddress(hostUri.host).isLoopback);
  if (ipv6) {
    hostUri = hostUri.replace(host: InternetAddress.loopbackIPv6.host);
  }
  return hostUri;
}
```

uris 中主要对消息的产生做了一个节流逻辑，应避免频繁通知。_forwardPort 负责端口转发，因为设备和开发用 PC 之间是物理隔离的，端口之间无法直接访问，所以需要转发。以 Android 设备为例，其对应的 portForwarder.forward 逻辑如代码清单 3-54 所示。

代码清单 3-54　flutter/packages/flutter_tools/lib/src/android/android_device.dart

```
Future<int> forward(int devicePort, { int hostPort }) async {
  hostPort ??= 0; // PC 端口默认值
  final RunResult process = await _processUtils.run(<String>[ // 唤起一个进程
    _adbPath, // adb 工具路径
     '-s', _deviceId, // 指定设备
     'forward', 'tcp:$hostPort', 'tcp:$devicePort',
    ], // Android 平台端口转发本质是借助 adb
    throwOnError: true,
  );
  // SKIP 各种错误处理
  return hostPort;
}
```

以上逻辑其实就是简单调用了 adb forward 命令。至此便完成了 uri 在生产者侧的逻辑，主要作用是监听、捕获、转发。

下面继续分析 _attachToDevice 的剩余逻辑，看看 flutter tool 是如何利用这个 uri 的，如代码清单 3-55 所示。

代码清单 3-55 flutter/packages/flutter_tools/lib/src/commands/attach.dart

```
Future<FlutterCommandResult> runCommand() async {
  // 见代码清单 3-49
  globals.terminal.usesTerminalUi = daemon == null; // 非后台情况使用
  try {
    int result;
    if (daemon != null) {
      // SKIP IDE 等自带 GUI 的工具，将 flutter attach 作为后台进程使用
      return;
    }
    while (true) {
      final ResidentRunner runner = await createResidentRunner( ...... );
      final Completer<void> onAppStart = Completer<void>.sync();
      TerminalHandler terminalHandler;
      unawaited(onAppStart.future.whenComplete(() {
        terminalHandler = TerminalHandler( // 在服务连接彻底建立完成后触发
          runner, logger: globals.logger,
          terminal: globals.terminal, signals: globals.signals,
        ) ..setupTerminal() // 见代码清单 3-60
          ..registerSignalHandlers(); // 见代码清单 3-62
      }));
      result = await runner.attach( // 开始建立连接，见代码清单 3-56
        appStartedCompleter: onAppStart,
        allowExistingDdsInstance: true, );
      if (result != 0) { throwToolExit(null, exitCode: result); }
      terminalHandler?.stop();
      if (runner.exited || !runner.isWaitingForObservatory) { break; }
                                                    // 异常情况，退出
      globals.printStatus('Waiting for a new connection from Flutter on ${device.
          name}...');
    }
  } on RPCError catch (err) { ...... } finally { ...... } // 释放端口
}
```

以上逻辑主要分为 3 步。第 1 步，根据上下文信息创建 ResidentRunner 对象，一般是 Debug 模式下使用 flutter attach 命令，故实例通常是 HotRunner。第 2 步，定义 terminalHandler，该对象用于连接建立后的命令行交互，后面内容将会详细分析。第 3 步，调用 ResidentRunner 的 attach 方法，具体逻辑如代码清单 3-56 所示。

代码清单 3-56 flutter/packages/flutter_tools/lib/src/run_hot.dart

```
class HotRunner extends ResidentRunner {
  Future<int> attach({ ...... }) async {
    _didAttach = true;
    try {
      await Future.wait(<Future<void>>[
        connectToServiceProtocol( // 见代码清单 3-57
          reloadSources: _reloadSourcesService,// 绑定 vm-service 的各种回调
          restart: _restartService,
          compileExpression: _compileExpressionService,
          getSkSLMethod: writeSkSL,
          allowExistingDdsInstance: allowExistingDdsInstance,
```

```
        ),
        serveDevToolsGracefully(
          devToolsServerAddress: debuggingOptions.devToolsServerAddress, ),
      ]);
    } catch (error) { ...... }
    // SKIP 初始化、冷启动相关逻辑，在此不做详细分析
    appStartedCompleter?.complete(); // 在代码清单 3-55 中通过 onAppStart 定义
    int result = 0;
    if (stayResident) {  result = await waitForAppToFinish(); } // 进入交互状态
    await cleanupAtFinish();
    return result;
  }
}
```

以上逻辑中，connectToServiceProtocol 负责和设备上 Flutter 应用的 vm-service 建立连接，appStartedCompleter 在代码清单 3-55 中定义，后面内容将详细介绍，最后命令行 UI 会进入交互状态。

接下来详细分析服务连接阶段。

3.4.2 服务连接阶段

代码清单 3-56 中，connectToServiceProtocol 最终将会调用 FlutterDevice 的 connect 方法，具体逻辑如代码清单 3-57 所示。

代码清单 3-57 flutter/packages/flutter_tools/lib/src/resident_runner.dart

```
Future<void> connect({ ...... }) {
  final Completer<void> completer = Completer<void>();
  StreamSubscription<void> subscription; // 监听有效 uri
  bool isWaitingForVm = false;
  subscription = observatoryUris.listen((Uri observatoryUri) async {
    globals.printTrace('Connecting to service protocol: $observatoryUri');
    isWaitingForVm = true;
    bool existingDds = false;
    vm_service.VmService service;
    if (!disableDds) { // 因为 disableDds 默认为 true，所以一般会进入这个分支
      try {
        service = await connectToVmService(observatoryUri);
        service.dispose();
      } on Exception catch (exception) { ......; return; }
      try {
        await device.dds.startDartDevelopmentService( // 见代码清单 3-58
          observatoryUri, ddsPort,
          ipv6, disableServiceAuthCodes,);
      } on dds.DartDevelopmentServiceException catch (e, st) { ......
      } on ToolExit { ...... } on Exception catch (e, st) { ...... }
    }
    try {
      service = await Future.any<dynamic>(<Future<dynamic>>[
          connectToVmService( // 见代码清单 3-59
              disableDds ? observatoryUri : device.dds.uri,
// 若存在 dds 中间层则使用
```

```
          // SKIP 其他参数
        ),
        if (!existingDds)
          device.dds.done.whenComplete(() => throw Exception('DDS shut down too
              early')),
      ]
    ) as vm_service.VmService;
  } on Exception catch (exception) { ......; return; }
  if (completer.isCompleted) { return; }
  globals.printTrace('Successfully connected to service protocol: $observatoryUri');
  vmService = service;
  (await device.getLogReader(app: package)).connectedVMService = vmService;
  completer.complete();
  await subscription.cancel(); // 服务建立完成，停止监听
}, onError: (dynamic error) { ...... }, onDone: () { ...... });
_isListeningForObservatoryUri = true;
return completer.future;
}
```

以上逻辑中observatoryUris在前面已介绍过，它就是代码清单3-51中uriStreamController的“消费者”，在产生满足条件的uri并完成转发后，flutter tools在此处开始vm-service的连接逻辑，具体来说会基于该uri启动一个dds（DartDevelopmentService）和一个vm-service。dds的创建逻辑如代码清单3-58所示。

代码清单 3-58　flutter/packages/flutter_tools/lib/src/base/dds.dart

```
Future<void> startDartDevelopmentService( ...... ) async {
  final Uri ddsUri = Uri(
    scheme: 'http',
    host: (ipv6 ? io.InternetAddress.loopbackIPv6 : io.InternetAddress.loopbackIPv4).host,
    port: hostPort ?? 0,);
  try {
    _ddsInstance = await ddsLauncherCallback( // 对应 dds 库的 API 调用
        observatoryUri, // 设备中 Flutter 应用的 vm-service 对应的 uri
        serviceUri: ddsUri, enableAuthCodes: !disableServiceAuthCodes,
        ipv6: ipv6,);
    unawaited(_ddsInstance.done.whenComplete(() {
      if (!_completer.isCompleted) { _completer.complete();}
    })); // dds 创建完成
    logger.printTrace('DDS is listening at ${_ddsInstance.uri}.');
  } on dds.DartDevelopmentServiceException catch (e) { ..... }
}
```

以上逻辑最终会调用dds库的API完成创建，dds是介于vm-service和vm-service client（即Flutter应用）的一个中间层，可以提供更强大、更灵活的功能。

最后是vm-service的创建，如代码清单3-59所示。

代码清单 3-59　flutter/packages/flutter_tools/lib/src/vmservice.dart

```
Future<vm_service.VmService> connectToVmService(Uri httpUri, { ...... }) async {
  final VMServiceConnector connector = // 注意，通过 AppContext 机制提供了自定义能力
      context.get<VMServiceConnector>() ?? _connect;
```

```
    return connector( ...... );
  }
  Future<vm_service.VmService> _connect( Uri httpUri, { ...... }) async {
    final Uri wsUri = httpUri.replace(scheme: 'ws', path: globals.fs.path.join
        (httpUri.path, 'ws'));
    final io.WebSocket channel = await _openChannel(wsUri.toString(),
        compression: compression);
    final vm_service.VmService delegateService = vm_service.VmService( ...... );
                                                             // 创建 VmService
    final vm_service.VmService service = setUpVmService( // 设置 VmService 的服务回调
      reloadSources, // 热重载，通过 API registerServiceCallback 完成注册，下同
      restart, // 热重启
      compileExpression, // 计算表达式
      // SKIP 其他服务回调
      delegateService, // 被注册的 VmService
    );
    _httpAddressExpando[service] = httpUri;
    _wsAddressExpando[service] = wsUri;
    await delegateService.getVersion(); // 确保 vm-service 建立连接成功
    return service;
  }
```

以上逻辑同样最终会调用 package:vm_service 的 API 完成 vm-service 的创建，并通过 setUpVmService 注册各种服务扩展用于后续调用。

经过以上逻辑，终于建立了和 Flutter 应用的连接，可以执行 HotReload 等命令。接下来详细分析 HotReload 的执行。

3.4.3 增量编译阶段

在代码清单 3-56 中，appStartedCompleter 将会在连接建立之后触发，其定义位于代码清单 3-55 中，由其逻辑可知，setupTerminal 和 registerSignalHandlers 将先后调用，前者逻辑如代码清单 3-60 所示。

代码清单 3-60 flutter/packages/flutter_tools/lib/src/resident_runner.dart

```
void setupTerminal() {
  if (!_logger.quiet) {
    _logger.printStatus('');
    residentRunner.printHelp(details: false);
  }
  _terminal.singleCharMode = true; // 开始监听键盘输入
  subscription = _terminal.keystrokes.listen(processTerminalInput);
}
Future<void> processTerminalInput(String command) async {
  command = command.trim();
  if (_processingUserRequest) { return; } // 正在处理输入
  _processingUserRequest = true;
  try {
    lastReceivedCommand = command;
    await _commonTerminalInputHandler(command); // 处理输入，见代码清单 3-61
  } catch (error, st) { ...... } finally {
```

```
    _processingUserRequest = false;
  }
}
```

以上逻辑中，通过 processTerminalInput 注册了对各种键盘信号的处理逻辑，而实际的逻辑则位于 _commonTerminalInputHandler 中，如代码清单 3-61 所示。

代码清单 3-61 flutter/packages/flutter_tools/lib/src/resident_runner.dart

```
Future<bool> _commonTerminalInputHandler(String character) async {
  _logger.printStatus('');
  switch (character) {
    // SKIP 其他各种输入的处理逻辑
    case '?': // 帮助信息
      residentRunner.printHelp(details: true); return true;
    case 'q': // 退出
    case 'Q':
      await residentRunner.exit(); return true;
    case 'r': // 热重载，见代码清单 3-63
      if (!residentRunner.canHotReload) { return false; } // 不支持
      final OperationResult result = await residentRunner.restart(fullRestart: false);
      if (result.fatal) { throwToolExit(result.message); }
      if (!result.isOk) { // 构建存在异常，热重载失败
        _logger.printStatus('Try again after fixing the above error(s).', emphasis:
            true);
      }
      return true;
    case 'R': // 热重启，大致逻辑同上，见代码清单 3-63
      if (!residentRunner.canHotRestart || !residentRunner.hotMode) { return false; }
      final OperationResult result = await residentRunner.restart(fullRestart: true);
      if (result.fatal) { throwToolExit(result.message); }
      if (!result.isOk) {
        _logger.printStatus('Try again after fixing the above error(s).', emphasis:
            true);
      }
      return true;
  }
  return false; // 不是当前逻辑能处理的输入
}
```

flutter attach 能处理的命令远比其提示展示的多，以上代码中仅仅展示了最常用的一些命令及其响应逻辑。

接下来再看一下 registerSignalHandlers 的逻辑，如代码清单 3-62 所示。

代码清单 3-62 flutter/packages/flutter_tools/lib/src/resident_runner.dart

```
void registerSignalHandlers() {
  _addSignalHandler(io.ProcessSignal.SIGINT, _cleanUp); // 退出时清理
  _addSignalHandler(io.ProcessSignal.SIGTERM, _cleanUp);
  if (!residentRunner.supportsServiceProtocol || // 不支持热重载
        !residentRunner.supportsRestart) { return; }
  // 自定义信号，用于 IDE 等工具触发热重载 / 热重启
  _addSignalHandler(io.ProcessSignal.SIGUSR1, _handleSignal);
```

```
  _addSignalHandler(io.ProcessSignal.SIGUSR2, _handleSignal);
}
Future<void> _handleSignal(io.ProcessSignal signal) async {
  if (_processingUserRequest) { return; }
  _processingUserRequest = true;
  final bool fullRestart = signal == io.ProcessSignal.SIGUSR2;
  try { // 热重载或热重启
    await residentRunner.restart(fullRestart: fullRestart); // 见代码清单 3-63
  } finally { _processingUserRequest = false; }
}
Future<void> _cleanUp(io.ProcessSignal signal) async {
  _terminal.singleCharMode = false;
  await subscription?.cancel();
  await residentRunner.cleanupAfterSignal();
}
```

以上逻辑主要是处理系统信号，对于 SIGINT、SIGTERM 这种退出信号直接启动清理逻辑，而保留了两个自定义信号量用于触发 HotReload 和 HotRestart，一般用于集成 IDE。

由以上逻辑可知，不管通过命令行还是 IDE，最终的热重载都将调用 residentRunner.restart 方法，如代码清单 3-63 所示，接下来具体分析其实现。

代码清单 3-63 flutter/packages/flutter_tools/lib/src/run_hot.dart

```
class HotRunner extends ResidentRunner {
  Future<OperationResult> restart({ ...... }) async {
    // SKIP 各种参数的初始化
    final Stopwatch timer = Stopwatch()..start(); // 耗时统计
    await runSourceGenerators(); // 本地化相关
    if (fullRestart) { // 热重启
      final OperationResult result = await _fullRestartHelper( ...... );
      if (!silent) { ...... } // 输出执行信息
      unawaited(maybeCallDevToolsUriServiceExtension());
      unawaited(callConnectedVmServiceUriExtension());
      return result;
    }
    final OperationResult result = await _hotReloadHelper( ...... );
    if (result.isOk) { // 执行耗时
      final String elapsed = getElapsedAsMilliseconds(timer.elapsed);
      if (!silent) { globals.printStatus('${result.message} in $elapsed.'); }
    }
    return result;
  }
}
```

以上逻辑中，runSourceGenerators 负责本地化相关代码的生成，_hotReloadHelper 则承载了大部分的关键逻辑。可以预期，一次热重载应该分为以下 4 个环节。

- 检查改动部分，生成增量代码的产物。
- 同步产物到设备。
- 请求 Dart VM 加载产物。
- 请求 FlutterView 刷新 UI。

_reloadSources 是 _hotReloadHelper 的主要逻辑，如代码清单 3-64 所示。

代码清单 3-64 flutter/packages/flutter_tools/lib/src/run_hot.dart

```
Future<OperationResult> _reloadSources({ ...... }) async {
  final Map<FlutterDevice, List<FlutterView>> viewCache = <FlutterDevice, List
     <FlutterView>>{};
  // SKIP 缓存 FlutterView，用于后面请求 UI 的刷新、耗时统计相关逻辑
  final UpdateFSReport updatedDevFS = await _updateDevFS(); // 第 1 步，增量编译
  if (!updatedDevFS.success) { return OperationResult(1, 'DevFS synchronization
      failed'); }
  String reloadMessage = 'Reloaded 0 libraries';
  final Map<String, Object> firstReloadDetails = <String, Object>{};
  if (updatedDevFS.invalidatedSourcesCount > 0) { // 存在被更新的文件
    final OperationResult result = await _reloadSourcesHelper( ...... );
                                                              // 第 2 步，产物加载
    if (result.code != 0) { return result; } // 若失败则直接返回
    reloadMessage = result.message;
  } else { // 没有需要热重载的文件，耗时为 0
    _addBenchmarkData('hotReloadVMReloadMilliseconds', 0);
  }
  // SKIP 准备工作
  for (final FlutterDevice device in flutterDevices) {
    final List<FlutterView> views = viewCache[device];
    for (final FlutterView view in views) { ...... } // 第 3 步，驱动 UI 刷新
  }
  if (pausedIsolatesFound > 0) { ...... }
  globals.printTrace('Reassembling application');
  final Future<void> reassembleFuture = Future.wait<void>(reassembleFutures);
  await reassembleFuture.timeout(
    const Duration(seconds: 2),
    onTimeout: () async { ...... }, // 超时处理
  );
  // SKIP 运行数据统计与收集
  HotEvent('reload', ......).send();
  if (shouldReportReloadTime) { ...... }
}
Future<OperationResult> _reloadSourcesHelper( ...... ) async { // 第 2 步实际的逻辑
  final Stopwatch vmReloadTimer = Stopwatch()..start();
  const String entryPath = 'main.dart.incremental.dill'; // 增量构建的产物
  final List<Future<DeviceReloadReport>> allReportsFutures =
     <Future<DeviceReloadReport>>[];
  for (final FlutterDevice device in flutterDevices) {
    final List<Future<vm_service.ReloadReport>> reportFutures = // 真正的重载逻辑
          await _reloadDeviceSources( device, entryPath, pause: pause, );
                                                              // 见代码清单 3-68
    allReportsFutures.add(Future.wait(reportFutures).then(
      (List<vm_service.ReloadReport> reports) async { // 运行完成后开始收集结果信息
        final vm_service.ReloadReport firstReport = reports.first;
        await device.updateReloadStatus(validateReloadReport(firstReport,
            printErrors: false),);
        return DeviceReloadReport(device, reports);
      },
    ));
```

```
    }
    final List<DeviceReloadReport> reports = await Future.wait(allReportsFutures);
    final vm_service.ReloadReport reloadReport = reports.first.reports[0];
    if (!validateReloadReport(reloadReport)) { ...... } // 热重载失败
    firstReloadDetails.addAll(castStringKeyedMap(reloadReport.json['details']));
    // SKIP 统计热重载运行的结果，如重新加载了多个库
    return OperationResult(0, 'Reloaded $loadedLibraryCount of $finalLibraryCount
        libraries');
  }
```

以上逻辑中，第 1 步会调用 _updateDevFS 进行增量构建并同步产物到设备；第 2 步会通过 device.reloadSources 让 Dart VM 加载增量构建的产物；第 3 步发送一个 reassemble 请求，让 Flutter 刷新 UI 状态。后两者的本质都是 vm-service 调用，因而仅分析 reloadSources 即可。

_updateDevFS 首先会扫描修改文件（通过比较文件的更新时间和上一次的构建时间），然后开始真正的增量编译和产物传输，该方法通过 FlutterDevice 的 updateDevFS 方法，最终会调用 DevFS 类的 update 方法，具体逻辑如代码清单 3-65 所示。

代码清单 3-65 flutter/packages/flutter_tools/lib/src/devfs.dart

```
Future<UpdateFSReport> update({ ...... }) async {
  // SKIP 参数初始化
  if (fullRestart) { generator.reset(); } // 完全热重载
  final Future<CompilerOutput> pendingCompilerOutput = generator.recompile
     (mainUri, invalidatedFiles, // 增量更新，见代码清单 3-66
        outputPath: dillOutputPath, packageConfig: packageConfig,);
  if (bundle != null) { ...... } // SKIP assets 资源相关
  final CompilerOutput compilerOutput = await pendingCompilerOutput;
  if (compilerOutput == null || compilerOutput.errorCount > 0) {
    return UpdateFSReport(success: false); // 编译失败
  }
  _previousCompiled = lastCompiled;
  lastCompiled = candidateCompileTime;
  sources = compilerOutput.sources; // 开始同步产物
  if (!bundleFirstUpload) {
    final String compiledBinary = compilerOutput?.outputFilename;
    if (compiledBinary != null && compiledBinary.isNotEmpty) {
      final Uri entryUri = _fileSystem.path.toUri(pathToReload);
      final DevFSFileContent content = DevFSFileContent(_fileSystem.file(compiledBinary));
      syncedBytes += content.size;
      dirtyEntries[entryUri] = content;
    }
  }
  if (dirtyEntries.isNotEmpty) { // 通过 HTTP 传输增量部分的构建产物
    await (devFSWriter ?? _httpWriter).write(dirtyEntries, _baseUri, _httpWriter);
  }
  return UpdateFSReport(success: true, ...... ); // 同步完成
}
```

以上逻辑首先通过 generator.recompile 完成增量构建，然后记录，并通过 HTTP 发送到设备。

以上逻辑中，generator 对应的类为 DefaultResidentCompiler，其 recompile 方法最终将通

过 Stream 触发其自身的 _recompile 方法，如代码清单 3-66 所示。

代码清单 3-66 flutter/packages/flutter_tools/lib/src/compile.dart

```
Future<CompilerOutput> _recompile(_RecompileRequest request) async {
  // SKIP 参数初始化
  if (_server == null) { // 如果首次不存在，则全量编译
    return _compile(mainUri, request.outputPath);
  }
  final String inputKey = Uuid().generateV4();
  // 这里很关键，这是向编译前端发送的一条 recompile 指令
  _server.stdin.writeln('recompile $mainUri $inputKey');
  for (final Uri fileUri in request.invalidatedFiles) {
    String message; // 需要重新编译的文件
    if (fileUri.scheme == 'package') {
      message = fileUri.toString();
    } else {
      message = request.packageConfig.toPackageUri(fileUri)?.toString() ??
        toMultiRootPath(fileUri, fileSystemScheme, fileSystemRoots, _platform.isWindows);
    }
    _server.stdin.writeln(message);
  }
  _server.stdin.writeln(inputKey); // 这里不再深究底层的构建细节
  return _stdoutHandler.compilerOutput.future;
}
```

以上逻辑中，如果 _server 对象不存在，则会创建一个，一般是首次调用的情况，具体逻辑如代码清单 3-67 所示。如果存在，则会直接输入 recompile 命令及一系列参数。

代码清单 3-67 flutter/packages/flutter_tools/lib/src/compile.dart

```
Future<CompilerOutput> _compile(String scriptUri, String outputPath,) async {
  final String frontendServer = _artifacts.getArtifactPath( // 构建前端
    Artifact.frontendServerSnapshotForEngineDartSdk);
  final List<String> command = <String>[
    _artifacts.getArtifactPath(Artifact.engineDartBinary), // Dart SDK
    '--disable-dart-dev',
    frontendServer, // 实际负责构建的前端
    '--sdk-root', sdkRoot,
    '--incremental', // 支持增量构建
    // SKIP 其他参数
  ];
  _server = await _processManager.start(command);
  // SKIP 标准输出和错误输出处理
  unawaited(_server.exitCode.then((int code) {
    if (code != 0) { throwToolExit(' ...... ');} // 异常情况
  }));
  _server.stdin.writeln('compile $scriptUri'); // 首次编译
  return _stdoutHandler.compilerOutput.future;
}
```

以上逻辑和代码清单 3-41 的逻辑极其相似，只是多了一个关键参数 incremental，表示当前是一次增量编译。完成增量编译后，便会同步产物到设备，并调用 vm-service 的

reloadSource 服务以及代码清单 3-64 中的 _reloadDeviceSources 方法，具体逻辑如代码清单 3-68 所示。

代码清单 3-68 flutter/packages/flutter_tools/lib/src/run_hot.dart

```
Future<List<Future<vm_service.ReloadReport>>> _reloadDeviceSources(
      FlutterDevice device, String entryPath, { bool pause = false,}) async {
  final String deviceEntryUri = device.devFS.baseUri.resolve(entryPath).toString();
  final vm_service.VM vm = await device.vmService.getVM(); // 设备的 Dart VM
  return <Future<vm_service.ReloadReport>>[
    for (final vm_service.IsolateRef isolateRef in vm.isolates)
      device.vmService.reloadSources( // 调用 vmService 的 API 完成产物加载
        isolateRef.id, pause: pause, rootLibUri: deviceEntryUri,)
  ];
}
```

由于之前已经和 vm-service 建立连接，所以这里直接调用即可。

至此已经分析完 flutter attach 的全部逻辑，为了方便读者理解，作者整理了其关键流程，如图 3-7 所示。

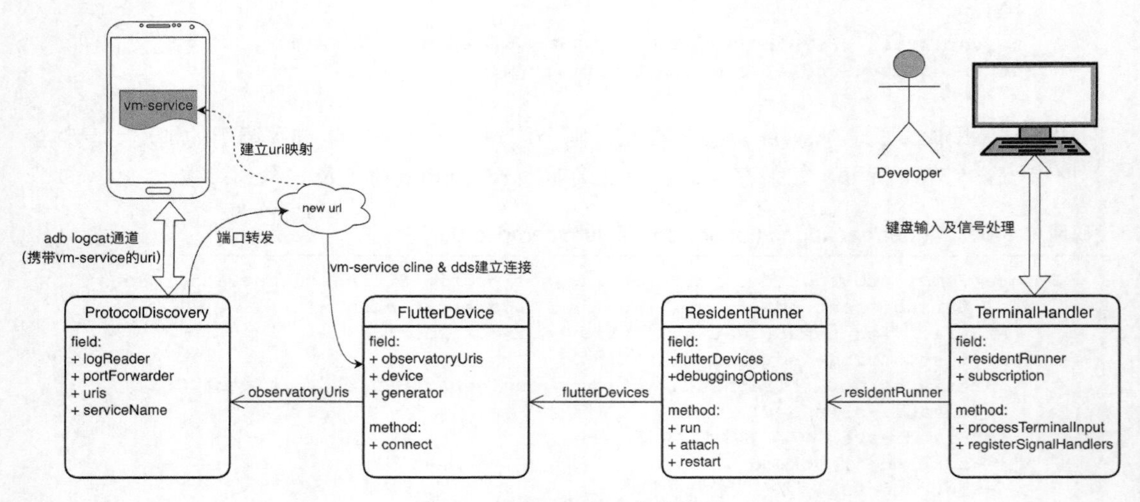

图 3-7 flutter attach 关键流程

3.5 flutter run 详解

本节研究本章最后一个命令 flutter run。具体逻辑如代码清单 3-69 所示。

代码清单 3-69 flutter/packages/flutter_tools/lib/src/commands/run.dart

```
Future<FlutterCommandResult> runCommand() async {
  // SKIP 参数解析及准备工作
  if (boolArg('machine')) { ......; return; } // 后台进程模式运行
```

```
  globals.terminal.usesTerminalUi = true;
  final BuildMode buildMode = getBuildMode();
  // SKIP 环境及相关参数的检查
  // 第 1 步，创建合适的 ResidentRunner
  final ResidentRunner runner = await createRunner( ...... );
  DateTime appStartedTime;
  final Completer<void> appStartedTimeRecorder = Completer<void>.sync();
  unawaited(appStartedTimeRecorder.future.then<void>(
    (_) { ...... } // 第 2 步，建立连接后命令行 UI 的初始化，前面内容已经介绍过
  ));
  try {
    final int result = await runner.run( // 第 3 步，开始运行，见代码清单 3-70
      appStartedCompleter: appStartedTimeRecorder, route: route,);
    if (result != 0) { throwToolExit(null, exitCode: result); }
  } on RPCError catch (err) { ...... }
  return FlutterCommandResult( ExitStatus.success, ......);
}
```

以上逻辑主要根据构建模式创建对应的 runner，这里以 Debug 模式进行分析，其创建的对象为 HotRunner 的实例。appStartedTimeRecorder 在 flutter attach 的分析中已经介绍过，它负责提供命令行下的交互界面。下面主要分析 runner.run 的具体逻辑，如代码清单 3-70 所示。

代码清单 3-70　flutter/packages/flutter_tools/lib/src/run_hot.dart

```
Future<int> run({ ...... }) async {
  firstBuildTime = DateTime.now();
  final List<Future<bool>> startupTasks = <Future<bool>>[];
  for (final FlutterDevice device in flutterDevices) {
    await runSourceGenerators();
    if (device.generator != null) {
      startupTasks.add( // 第 1 步，完成首次构建，为后续热重载做准备
        device.generator.recompile( // 见代码清单 3-66
          globals.fs.file(mainPath).uri, <Uri>[],
          suppressErrors: applicationBinary == null,
          outputPath: dillOutputPath ?? getDefaultApplicationKernelPath(
            trackWidgetCreation: debuggingOptions.buildInfo.trackWidgetCreation,),
          packageConfig: debuggingOptions.buildInfo.packageConfig,
        ).then((CompilerOutput output) => output?.errorCount == 0)
      );
    }
    startupTasks.add(device.runHot( // 第 2 步，构建并运行 Flutter 工程
      hotRunner: this, route: route,
    ).then((int result) => result == 0));
  }
  try {
    final List<bool> results = await Future.wait(startupTasks);
    if (!results.every((bool passed) => passed)) { ...... } // 若失败则返回
    cacheInitialDillCompilation(); // 缓存构建产物，用于后续增量编译
  } on Exception catch (err) { ...... }
  return attach( // 第 3 步，Flutter APP 启动后进行 attach，见代码清单 3-56
    connectionInfoCompleter: connectionInfoCompleter,
    appStartedCompleter: appStartedCompleter,
  );
}
```

以上逻辑主要分为3步，前两步位于startupTasks中，第1步负责增量构建，3.4节已经做过分析；第2步会执行runHot逻辑，后面内容将详细分析；第3步负责设备的连接，也在3.4节做过分析。

下面详细分析runHot的逻辑，该方法主要调用了Device的startApp方法，对其子类AndroidDevice来说，逻辑如代码清单3-71所示。

代码清单3-71 packages/flutter_tools/lib/src/android/android_device.dart

```
Future<LaunchResult> startApp(AndroidApk package, { ...... }) async {
  // SKIP 环境检查与参数准备
  if (!prebuiltApplication || // 尚未构建apk文件
      _androidSdk.licensesAvailable && _androidSdk.latestVersion == null) {
    _logger.printTrace('Building APK'); // 第1步，构建apk文件
    final FlutterProject project = FlutterProject.current();
    await androidBuilder.buildApk( // 见代码清单3-22
        project: project, target: mainPath,
        androidBuildInfo: AndroidBuildInfo( ....... ), );
    package = await ApplicationPackageFactory.instance // 获取包名
            .getPackageForPlatform( ...... ) as AndroidApk;
  }
  if (package == null) { ...... } // 异常情况
  await stopApp(package, userIdentifier: userIdentifier); // 准备重启
  if (!await installApp(package, userIdentifier: userIdentifier)) {
    return LaunchResult.failed(); // 第2步，安装apk产物
  }
  final bool traceStartup = platformArgs['trace-startup'] as bool ?? false;
  ProtocolDiscovery observatoryDiscovery;
  if (debuggingOptions.debuggingEnabled) { // 为后续attach做准备
    observatoryDiscovery = ProtocolDiscovery.observatory(......);
  }
  final String dartVmFlags = computeDartVmFlags(debuggingOptions);
  final List<String> cmd = <String>[ // 第3步，启动目标APP
    'shell', 'am', 'start', // 启动一个Activity
    '-a', 'android.intent.action.RUN',
    '-f', '0x20000000', // FLAG_ACTIVITY_SINGLE_TOP
    // SKIP 各种参数的拼接
    package.launchActivity,
  ];
  final String result = (await runAdbCheckedAsync(cmd)).stdout; // 执行
  if (result.contains('Error: ')) { // 出现异常
    _logger.printError(result.trim(), wrap: false);
    return LaunchResult.failed();
  }
  _package = package;
  if (!debuggingOptions.debuggingEnabled) {
    return LaunchResult.succeeded(); // 若不Debug则直接返回，无须attach
  }
  _logger.printTrace('Waiting for observatory port to be available...');
  try {
    Uri observatoryUri;
    // SKIP flutter attach 的逻辑
    return LaunchResult.succeeded(observatoryUri: observatoryUri);
```

```
    } on Exception catch (error) { ...... } finally {
      await observatoryDiscovery.cancel();
    }
  }
```

以上逻辑主要分为 4 步，第 1 步构建 apk 产物，具体细节在 3.3 节已经做过详细分析；第 2 步安装 apk 产物，停止正在运行的应用；第 3 步通过 adb 启动目标 APP；第 4 步完成 observatoryUri 的捕获，其具体细节已经在 3.4 节做过详细分析。

可以看出，flutter run 命令其实是 flutter build 和 flutter attach 的组合，因此，点到为止，无须做更多分析。

3.6 本章小结

经过本章的分析，读者对于 Flutter 应用集成到 Native 的构建流程，以及 Flutter 中热重载技术的底层原理，应该有了非常深刻的了解，相信读者在今后 flutter tool 的使用中一定能知其然并知其所以然。

第 4 章　启动流程

任何一个复杂的软件系统，研究其启动流程，对于了解它的运行原理和总体架构都是大有裨益的。对 Android 高级工程师而言，掌握 4 大组件的启动流程是基本要求，因为只有了解其启动流程，才能更好地在实践中加以应用。Android 平台的热修复技术、插件化技术都是开发者基于对启动流程的深刻理解而开发出来的。本章将以 Android 平台为例，剖析 Flutter 的启动流程。

4.1　Embedder 启动流程

Embedder 是 Flutter 接入原生平台的关键，其位于整个 Flutter 架构的底层，负责 Engine 的创建、管理与销毁，同时也为 Engine 提供绘制 UI 的接口，那么底层的实现细节如何？本节将详细分析。

4.1.1　Embedder 关键类分析

在正式分析 Embedder 的启动流程之前，我们需要明确 Embedder 的关键类及其关系，这样在分析到具体流程时才能理解其逻辑，知晓其目的。Embedder 层的关键类结构如图 4-1 所示。

在 Embedder 中，FlutterActivity 和 FlutterFragment 是开发者最常接触的类，例如默认生成的 Counter APP 中，MainActivity 正是继承自 FlutterActivity，这两个类的父类 Activity 和 Fragment 是 Android 中常见的用于实现一屏 UI 的单位，因而这两个类的职责就是显示 Flutter Engine 绘制的 UI。那么隐匿在这两个类之下的逻辑又是什么呢？

由于 FlutterActivity 和 FlutterFragment 的大部分逻辑和职责都是相同的，因此它们共同持有一个 FlutterActivityAndFragmentDelegate（后面内容简称 Delegate）对象，用于相同逻辑的处理，并共同实现了 Host 接口用于自身的功能抽象，读者将在后面内容中对此有更深刻的体会。

Delegate 持有两个关键的类：FlutterEngine 和 FlutterView，前者负责 Flutter Engine（libflutter.so）在 Embedder 中的调用和管理，而后者则负责 Flutter Engine 中 UI 数据的上屏显示。FlutterView 也会用到 Engine 的功能，因此也持有 FlutterEngine。此外，FlutterView 还包括持有 RenderSurface 的具体实现。RenderSurface 顾名思义就是渲染 Flutter UI 的接口，它有 3 个实现：FlutterSurfaceView 基于 Android 的 SurfaceView 实现，性能最佳，但

它不在 Android 的 View Hierarchy 中，一般用于整页的 Flutter UI 展示，默认优先使用；FlutterTextureView 基于 Android 的 TextureView 实现，性能不如前者，但是使用体验更接近 Android 中一个普通的 View，比较适合一些 Flutter 嵌入原生 UI 的场景；FlutterImageView 通常用于存在 Platform View 的场景中，将在第 9 章详细分析。

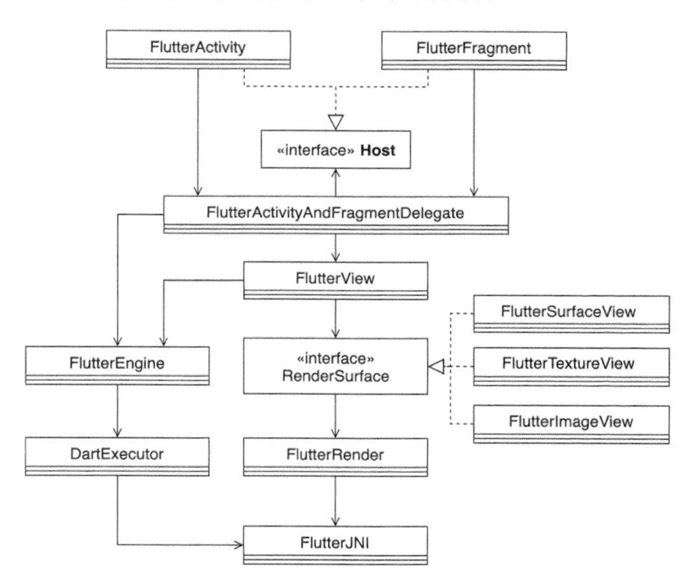

图 4-1　Embedder 层的关键类结构

RenderSurface 会通过 FlutterRender 对象调用 Engine 的相关绘制能力，FlutterRender 对 Engine 的绘制能力做了抽象封装，便于 Embedder 使用。此外 FlutterEngine 会通过 DartExecutor 调用 Engine 中 Dart Runtime 相关的逻辑。这两个类中，RenderSurface 负责 UI 相关工作，DartExecutor 负责逻辑相关的工作，但它们最终都要调用 Engine 的具体 Native 方法，因而都会持有 FlutterJNI 对象，该对象集中了大部分 Embedder(Java 代码）和 Engine(C++ 代码）的相互调用接口。

后面内容中将多次出现以下几个概念：Surface、SurfaceTexture、SurfaceView、TextureView。为避免混淆，在此统一说明。Surface 是一个比较抽象的概念，表示一块渲染缓冲区的句柄（Handle），它通常由渲染数据的消费者（比如 SurfaceTexture、MediaRecorder）创建，并作为参数传递给渲染数据的生产者（比如 OpenGL ES）。SurfaceTexture 是 Surface 和 OpenGL ES 纹理的组合，即 OpenGL ES 通过绘制指令生产的纹理需要一个输出，而 SurfaceTexture 正是一个典型的渲染输出。SurfaceTexture 内部包含一个 BufferQueue 实例，负责连接渲染数据的生产者和消费者。通常情况下，BufferQueue 会以 OpenGL ES 等作为生产者，以 TextureView 等作为消费者。TextureView 类结合了 View 和 SurfaceTexture，它可以消费 SurfaceTexture 中的纹理数据，并通过重写 View 的 draw 方法的形式显示到屏幕中。SurfaceView 在 Android API 中的出现时间比 TextureView 更早，它在使用上和普通的 View 一致，但在底层却拥有自己独立的 Surface，这样的好处是对这个 Surface 的渲染可以放到单独线程去做，渲染时可以有自己的上下文环境。这对于一些游戏、视频等性能相关的应用非常有益，因为它不会影响主线程对事件的响应。但它也有缺点，因为这个 Surface 不在默认的 View Tree 中，它的显示也不受 View 的属性控制，所以不能进行平移、缩放等变换，也不能放在其他 ViewGroup 中，一些 View 中的特性也无法使用。总的来说，TextureView 虽然灵活，但是性能更低，SurfaceView 虽然存在一些限制，但是性能更加高效。对 Flutter UI 而言，如果是一个独立的、全屏的界面（默认情况），应该优先使用 SurfaceView 作为渲染的输出。

此外，第 9 章将介绍一对比较特殊的生产者、消费者组合，即 VirtualDisplay 负责生产 UI 数据，Flutter Engine 的 TextureLayer 负责消费数据。

以上内容从空间的角度自顶向下、由表及里分析了 Embedder 的结构，接下来将从时间的角度分析 Embedder 在整个 Flutter 启动流程中所扮演的角色和发挥的作用（注：后面内容大部分章节都将遵循此顺序，先分析空间结构，后分析时序流程）。

4.1.2 启动准备阶段

这里以 flutter create 命令默认创建的 Counter APP 为例进行介绍。启动后首先会触发 FlutterApplication 中的 onCreate 回调，如代码清单 4-1 所示。

代码清单 4-1 engine/shell/platform/android/io/flutter/app/FlutterApplication.java

```
public class FlutterApplication extends Application {
  @Override
  @CallSuper
  public void onCreate() {
    super.onCreate();
    FlutterInjector.instance().flutterLoader().startInitialization(this);
  } // 注意，这里依赖注入式的设计，通过解耦以提升代码的可测试性
}
```

以上逻辑最终将调用 FlutterLoader 的 startInitialization 方法，如代码清单 4-2 所示。

代码清单 4-2 engine/shell/platform/android/io/flutter/embedding/engine/loader/FlutterLoader.java

```
public void startInitialization(@NonNull Context applicationContext) {
  startInitialization(applicationContext, new Settings());
}
public void startInitialization(@NonNull Context applicationContext, @NonNull
    Settings settings) {
  if (this.settings != null) { return; } // 防止多次初始化
  if (Looper.myLooper() != Looper.getMainLooper()) { throw ... } // 检查是否在主线程
  // 确保使用的是 Global Context，如果使用某个 Activity 的 Context，可能导致内存泄漏
  final Context appContext = applicationContext.getApplicationContext();
  this.settings = settings;
  initStartTimestampMillis = SystemClock.uptimeMillis(); // 用于统计启动耗时
  flutterApplicationInfo = ApplicationInfoLoader.load(appContext); // 加载 Manifest 信息
  VsyncWaiter.getInstance((WindowManager) appContext // 初始化 Vsync 监听
      .getSystemService(Context.WINDOW_SERVICE)).init(); // 见代码清单 4-3
  Callable<InitResult> initTask = ...... // 见代码清单 4-4
```

```
  initResultFuture = Executors.newSingleThreadExecutor().submit(initTask);
                                                                  // 开始执行
}
```

以上逻辑中，首先会检查是否设置 settings 变量，以防止多次初始化。这里没有做多线程检查，原因是 Flutter 的初始化必须在主线程进行，否则会抛出异常。这里之所以要在主线程初始化主要是因为 Embedder 的主要职责就是为 Engine 提供绘制 UI 的接口，而 Android 中 UI 相关的操作必须在主线程进行，后面内容中将发现 Flutter 中 Dart 的逻辑即渲染管道中 3 棵树的构建其实都不是在 Android 的主线程中进行的。接下来会获取 ApplicationContext 对象用于后面内容获取 ApplicationInfo 和 SystemService，这里有一个细节就是强制调用 getApplicationContext 以确保使用的是 Application 的 Context。如果直接使用 Activity 等组件的 Context 会存在内存泄漏的风险，这是因为 SystemService 会持有调用者的强引用，具体细节读者如感兴趣可自行分析，在此不再赘述。接下来会完成 VsyncWaiter 的初始化，具体逻辑如代码清单 4-3 所示。最后会初始化一个异步的 Task 任务，并立即启动执行，具体逻辑如代码清单 4-4 所示。

代码清单 4-3　engine/shell/platform/android/io/flutter/view/VsyncWaiter.java

```
public void init() {
  FlutterJNI.setAsyncWaitForVsyncDelegate(asyncWaitForVsyncDelegate);
                                                            // 见代码清单 5-31
  float fps = windowManager.getDefaultDisplay().getRefreshRate();
  FlutterJNI.setRefreshRateFPS(fps);
}
```

以上逻辑的核心是初始化并赋值给 FlutterJNI 一个 AsyncWaitForVsyncDelegate 对象，该对象将被 Engine 主动调用，使用场景是：Engine 有一帧 UI 需要渲染时并不会立即执行，而是会通过 Embedder 注册一个监听，等到下一个 Vsync 信号到达后再启动渲染。本书将在第 5 章详细分析这部分内容。

下面继续分析 initTask 变量的具体内容。

代码清单 4-4　engine/shell/platform/android/io/flutter/embedding/engine/loader/FlutterLoader.java

```
Callable<InitResult> initTask =
    new Callable<InitResult>() {
      @Override
      public InitResult call() {
        ResourceExtractor resourceExtractor = initResources(appContext);
        flutterJNI.loadLibrary(); // 加载 libflutter.so，触发 JNI_OnLoad，见代码清单 4-20
        Executors.newSingleThreadExecutor().execute(
            new Runnable() { // 异步预初始化字体管理器
              @Override public void run() {
                flutterJNI.prefetchDefaultFontManager();
              }
            });
        if (resourceExtractor != null) { // 阻塞当前线程
          resourceExtractor.waitForCompletion();
        }
```

```
        return new InitResult(
            PathUtils.getFilesDir(appContext),
            PathUtils.getCacheDirectory(appContext),
            PathUtils.getDataDirectory(appContext));
      }
    };
```

以上逻辑中，首先会初始化一个 ResourceExtractor 对象，用于资源的提取，具体如代码清单 4-5 所示。其次会加载 libflutter.so，即 Flutter Engine，该方法会触发一个系统回调，即 JNI_OnLoad，这是 Engine 在启动流程中触发的第 1 个逻辑，后面内容将详细分析。最后该线程会阻塞直至完成 ResourceExtractor 对象的任务。

代码清单 4-5　engine/shell/platform/android/io/flutter/embedding/engine/loader/FlutterLoader.java

```
private ResourceExtractor initResources(@NonNull Context applicationContext) {
  ResourceExtractor resourceExtractor = null;
  // 注意，只有 Debug/JIT 模式下构建产物才需要提取逻辑，Release 模式产物形式为 libapp.so
  // 可直接进行动态链接，详见后面内容分析
  if (BuildConfig.DEBUG || BuildConfig.JIT_RELEASE) { // 初始化变量
    final String dataDirPath = PathUtils.getDataDirectory(applicationContext);
    final String packageName = applicationContext.getPackageName();
    final PackageManager packageManager = applicationContext.getPackageManager();
    final AssetManager assetManager = applicationContext.getResources().getAssets();
    resourceExtractor =
        new ResourceExtractor(dataDirPath, packageName, packageManager, assetManager);
    // Flutter SDK 和业务代码构建的产物（Kernel）被提取到文件，Flutter Engine 负责
    resourceExtractor // 映射到内存，assets 目录下的文件无法直接映射，所以需要提取
        .addResource(fullAssetPathFrom(flutterApplicationInfo.vmSnapshotData))
        .addResource(fullAssetPathFrom(flutterApplicationInfo.isolateSnapshotData))
        .addResource(fullAssetPathFrom(DEFAULT_KERNEL_BLOB));
    resourceExtractor.start(); // 本质上是启动一个 AsyncTask
  }
  return resourceExtractor;
}
```

以上逻辑是 ResourceExtractor 的初始化逻辑，主要作用是在 Debug 和 JIT 模式下提取 assets 目录下的资源文件到内部存储中，这是因为以上两种模式中 Flutter SDK 和业务代码将被构建成 Kernel 格式的二进制文件，Engine 将通过文件内存映射的方式进行加载，而 assets 本质上还是 zip 压缩包的一部分，没有自己的物理路径，因而要在 Engine 的初始化逻辑之前完成相关资源的提取并返回真实的物理路径，具体的提取复制逻辑还会做一些时间戳的校验，在此不再赘述。以上文件资源的使用将在代码清单 4-68 中详细分析。

4.1.3　FlutterEngine 初始化

FlutterEngine 指 Flutter Embedder 中的 Java 类，Flutter Engine 指 libflutter.so 所对应

的逻辑，是相对于 Flutter Embedder 和 Flutter Framework 而言的。

接下来，主线程会进入 FlutterActivity 的生命周期回调，首先是 onCreate，具体逻辑如代码清单 4-6 所示。

代码清单 4-6　engine/shell/platform/android/io/flutter/embedding/android/FlutterActivity.java

```
protected void onCreate(@Nullable Bundle savedInstanceState) {
  switchLaunchThemeForNormalTheme(); // 主题切换
  super.onCreate(savedInstanceState);
  delegate = new FlutterActivityAndFragmentDelegate(this);
  delegate.onAttach(this); // 创建 FlutterEngine
  delegate.onRestoreInstanceState(savedInstanceState); // 状态存储入口
  lifecycle.handleLifecycleEvent(Lifecycle.Event.ON_CREATE); // 生命周期
  configureWindowForTransparency(); // 配置窗口
  setContentView(createFlutterView()); // 创建 FlutterView，并设为根 View，见代码清单 4-12
  configureStatusBarForFullscreenFlutterExperience(); // 全屏状态栏
}
```

以上逻辑中，switchLaunchThemeForNormalTheme 方法负责从闪屏页的主题切换到主页面的主题，然后新建一个 Delegate 对象，FlutterActivity 将自身的大多数逻辑都委托给该对象，onAttach 方法将完成 FlutterEngine 的初始化。configureWindowForTransparency 方法负责配置透明主题，createFlutterView 方法将调用 FlutterActivityAndFragmentDelegate 的 onCreateView 方法，并返回 Flutter 实际进行绘制的 View 作为 Activity 的根 View，后面将详细分析这部分内容。

首先分析 onAttach 方法，如代码清单 4-7 所示。

代码清单 4-7　engine/shell/platform/android/io/flutter/embedding/android/FlutterActivityAndFragmentDelegate.java

```
void onAttach(@NonNull Context context) {
  ensureAlive();
  if (flutterEngine == null) {
    setupFlutterEngine(); // 初始化 FlutterEngine，见代码清单 4-8
  }
  if (host.shouldAttachEngineToActivity()) { // 通知 Activity Attach 完成
    flutterEngine.getActivityControlSurface()
        .attachToActivity(this, host.getLifecycle());
  }
  // PlatformPlugin 会提供宿主基础的原生能力，如剪贴板
  platformPlugin = host.providePlatformPlugin(host.getActivity(), flutterEngine);
  // 为 Host 提供一个感知 FlutterEngine 初始化完成的时机
  host.configureFlutterEngine(flutterEngine); // 开发者一般在此进行 Platform Channel
                                              // 注册等操作
}
```

以上逻辑负责初始化 FlutterEngine，其在 Embedder 中表现为实例化一个 FlutterEngine 对象并完成其相关成员变量的配置，后面内容将详细分析。接着会完成 PlatformPlugin 的创建，FlutterActivity 提供了默认的实现。然后通过 attachToActivity 方法告知所有实现了 ActivityControlSurface 接口的插件，其所注册的 FlutterEngine 已经完成和宿主 Activity 的绑定

（Attach）。最后通过 configureFlutterEngine 方法给 FlutterActivity 提供一个回调，开发者通常需要在该回调中完成涉及 FlutterEngine 的初始化工作，比如 Platform View、Platform Channel 的注册。

接下来深入分析 FlutterEngine 的创建过程，即 setupFlutterEngine 方法的逻辑，如代码清单 4-8 所示。

代码清单 4-8 engine/shell/platform/android/io/flutter/embedding/android/FlutterActivityAndFragmentDelegate.java

```
void setupFlutterEngine() {
  String cachedEngineId = host.getCachedEngineId();
  if (cachedEngineId != null) { // 第 1 步，如果指明使用缓存，则尝试获取
    flutterEngine = FlutterEngineCache.getInstance().get(cachedEngineId);
    isFlutterEngineFromHost = true;
    if (flutterEngine == null) { throw new IllegalStateException .....}
                                                    // 找不到缓存，抛出异常
    return;
  }
  flutterEngine = host.provideFlutterEngine(host.getContext());
  if (flutterEngine != null) { // 第 2 步，如果 Host 提供了 Engine，则直接使用
    isFlutterEngineFromHost = true;
    return;
  }
  flutterEngine = new FlutterEngine( // 第 3 步，新建一个 FlutterEngine 实例
      host.getContext(),
      host.getFlutterShellArgs().toArray(), // 外部参数
      /*automaticallyRegisterPlugins=*/ false,
      host.shouldRestoreAndSaveState());
  isFlutterEngineFromHost = false;
}
```

以上逻辑分 3 种情况完成 FlutterEngine 的初始化。第 1 种情况，对于提供了缓存 id 的 Host，会查找 id 对应的 FlutterEngine，如果没有则抛出异常，而不是继续后面的兜底逻辑。第 2 种情况，对于 Host 自己提供 FlutterEngine 实例的情况，直接使用即可。第 3 种情况，如果以上两种情况都不满足则会新建一个 FlutterEngine 实例。由于前两种情况 FlutterEngine 的具体实例都可以由 Host 控制（通过实现 getCachedEngineId 或者 provideFlutterEngine），因此其 isFlutterEngineFromHost 字段为 true。

对于提供了 CachedEngineId 却获取 FlutterEngine 失败的场景，如果不抛出异常，继续下面的逻辑，虽然可以保证一定可以成功设置一个 FlutterEngine 实例，但是使用者的逻辑可能依赖于缓存的 FlutterEngine 对象的一些特有功能，因此不抛出异常而进行兜底实际上是隐藏了风险（使用者期望获得和实际返回的 Engine 不一致），增加了后续排查问题的难度，所以这里直接抛出了异常。

一般情况下，默认逻辑是新建一个 FlutterEngine 实例，其最终将触发的构造函数如代码清单 4-9 所示。

代码清单 4-9　engine/shell/platform/android/io/flutter/embedding/engine/FlutterEngine.java

```
public FlutterEngine( ...... ) {
  AssetManager assetManager;
  try { // 优先使用一个独立的 AssetManager
    assetManager = context.createPackageContext(context.getPackageName(), 0).
        getAssets();
  } catch (NameNotFoundException e) {
    assetManager = context.getAssets(); // 若失败则使用当前的
  } // 第 1 步，DartExecutor 创建，负责 Embedder 和 Framework 的通信
  this.dartExecutor = new DartExecutor(flutterJNI, assetManager);
  // 设置 FlutterJNI 中处理 Framework 消息的 PlatformMessageHandler
  this.dartExecutor.onAttachedToJNI();
  DeferredComponentManager deferredComponentManager =
          FlutterInjector.instance().deferredComponentManager();
  // 第 2 步，提供给 Framework 的平台能力的封装
  accessibilityChannel = new AccessibilityChannel(dartExecutor, flutterJNI);
  deferredComponentChannel = new DeferredComponentChannel(dartExecutor);
  // SKIP
  this.localizationPlugin = new LocalizationPlugin(context, localizationChannel);
  this.flutterJNI = flutterJNI;
  if (flutterLoader == null) {
    flutterLoader = FlutterInjector.instance().flutterLoader();
  }
  if (!flutterJNI.isAttached()) { // 第 3 步，FlutterEngine 的启动逻辑
    flutterLoader.startInitialization(context.getApplicationContext());
                                                            // 见代码清单 4-2
    flutterLoader.ensureInitializationComplete(context, dartVmArgs);
                                                           // 见代码清单 4-10
  } // 第 4 步，设置 FlutterJNI 的关键成员字段
  flutterJNI.addEngineLifecycleListener(engineLifecycleListener);
  flutterJNI.setPlatformViewsController(platformViewsController);
  flutterJNI.setLocalizationPlugin(localizationPlugin);
  flutterJNI.setDeferredComponentManager(
      FlutterInjector.instance().deferredComponentManager());
  if (!flutterJNI.isAttached()) { // 至此，Embedder 侧完全准备好和 Engine 交互
    attachToJni(); // 建立 Embedder 和 Engine 的连接，见代码清单 4-24
  } // 第 5 步，Engine 绘制相关能力的初始化
  this.renderer = new FlutterRenderer(flutterJNI); // 该类代表了 Engine 绘制相关的能力
  this.platformViewsController = platformViewsController; // 9.2 节将详细分析
  this.platformViewsController.onAttachedToJNI();
  this.pluginRegistry = new FlutterEngineConnectionRegistry( // 9.3 节将详细分析
              context.getApplicationContext(), this, flutterLoader);
  if (automaticallyRegisterPlugins) {
    registerPlugins(); // 自动完成插件的注册
  }
}
```

以上逻辑中，第 1 步会完成 DartExecutor 的创建，该对象将负责 Embedder 和 Framework 的通信，第 9 章将详细分析。第 2 步会完成诸多平台功能封装类的初始化，它们大多是

Platform Channel 的二次封装，在此不再赘述。第 3 步会通过 ensureInitializationComplete 方法完成 FlutterEngine 的初始化参数的配置，注意，此时 FlutterEngine 中大部分关键类都尚未开始创建，因为 Embedder 的 FlutterJNI 还没有完成初始化。第 4 步会对 FlutterJNI 对象的相关成员进行初始化，并调用 attachJni 方法完成 Embedder 和 Engine 的绑定，Engine 的大部分逻辑由 attachJni 方法触发，后面将详细分析这部分内容。第 5 步会完成 FlutterRenderer 的初始化以及 Platform View 和 Plugin 的相关初始化工作，相关内容将在第 9 章详细分析。

下面继续分析 FlutterEngine 的初始化工作，如代码清单 4-10 所示。

代码清单 4-10 engine/shell/platform/android/io/flutter/embedding/engine/loader/FlutterLoader.java

```
public void ensureInitializationComplete(
    @NonNull Context applicationContext, @Nullable String[] args) {
  if (initialized) { return; } // 已经完成
  if (Looper.myLooper() != Looper.getMainLooper()) { ...... }
  if (settings == null) { ...... } // 没有调用 startInitialization，退出
  try {
    InitResult result = initResultFuture.get(); // 阻塞至代码清单 4-4 完成
    List<String> shellArgs = new ArrayList<>(); // 开始拼接各种启动参数
    // SKIP
    if (args != null) { Collections.addAll(shellArgs, args); } // 透传外部参数
    String kernelPath = null;
    if (BuildConfig.DEBUG || BuildConfig.JIT_RELEASE) {
      // SKIP Kernel Snapshot 的名称及位置
    } else { // Release 模式，so 文件的名称，默认为 libapp.so
      shellArgs.add("--" + AOT_SHARED_LIBRARY_NAME
                    + "=" + flutterApplicationInfo.aotSharedLibraryName);
      shellArgs.add("--" + AOT_SHARED_LIBRARY_NAME // 兜底逻辑，传入完整路径
               + "=" + flutterApplicationInfo.nativeLibraryDir
               + File.separator + flutterApplicationInfo.aotSharedLibraryName);
    }
    // SKIP 其他各种参数
    long initTimeMillis = SystemClock.uptimeMillis() - initStartTimestampMillis;
    flutterJNI.init(applicationContext, shellArgs.toArray(new String[0]),
                                                               // 见代码清单 4-23
        kernelPath, result.appStoragePath, result.engineCachesPath,
        initTimeMillis); // Embedder 初始化至此的耗时
    initialized = true; // FlutterLoader 初始化完成
  } catch (Exception e) { ...... }
}
```

以上逻辑中，主要是初始化一系列参数，并通过 JNI 调用传递给 Engine。其中，需要关注的是 Framework 和相关 Dart 业务代码的加载情况。在 Debug 模式下会加载 3 个字段，其具体值及作用如下。

- SNAPSHOT_ASSET_PATH_KEY（snapshot-asset-path）：默认值为 flutter_assets，表示下面两个资源的所在路径。
- VM_SNAPSHOT_DATA_KEY（vm-snapshot-data）：默认值为 vm_snapshot_data，表示 vm isolate 的数据段和代码段。

- ISOLATE_SNAPSHOT_DATA_KEY(isolate-snapshot-data)：默认值为 isolate_snapshot_data，表示主 isolate（业务代码及其所依赖的 Framework）的数据段和代码段。

而在 Release 模式下则只会加载 AOT_SHARED_LIBRARY_NAME，其默认值为 libapp.so，其相当于 vm_snapshot_data 和 isolate_snapshot_data 的和，只是前者是 Release 模式的 AOT 产物，而后两者则是 Debug 模式下 Kernel 文件序列化的产物，libapp.so 的本质是一个 elf 格式的文件，因而可以通过相关工具查看其内容，如代码清单 4-11 所示。

代码清单 4-11　app.so 文件的内部结构

```
$ greadelf -s --wide libapp.so
Symbol table '.dynsym' contains 6 entries:
   Num:     Value  Size     Type    Bind    Vis      Ndx Name
   0: 00000000 0        NOTYPE LOCAL  DEFAULT UND
   1: 00001000 12       FUNC   GLOBAL DEFAULT 1 _kDartBSSData
   2: 00002000 9616     FUNC   GLOBAL DEFAULT 2 _kDartVmSnapshotInstructions
   3: 00005000 24400    FUNC   GLOBAL DEFAULT 3 _kDartVmSnapshotData
   4: 0000b000 0x1ed9d8 FUNC   GLOBAL DEFAULT 4 _kDartIsolateSnapshotInstructions
   5: 001f9000 0x175860 FUNC   GLOBAL DEFAULT 5 _kDartIsolateSnapshotData
```

以上信息中，_kDartIsolateSnapshotInstructions 中包含了大部分的逻辑信息；_kDartIsolateSnapshotData 中包含了大部分的数据信息，这部分内容将在 4.4 节做详细而彻底的流程分析。

总的来说，在 FlutterEngine 初始化过程中会触发 FlutterJNI 中的两个关键 Engine 调用——nativeInit 方法和 nativeAttach 方法，这两个方法将在 4.2 节详细分析。

4.1.4　FlutterView 初始化

在完成 FlutterEngine 的初始化之后会进行 FlutterView 的初始化，如代码清单 4-12 所示。

代码清单 4-12　engine/shell/platform/android/io/flutter/embedding/android/FlutterActivityAndFragmentDelegate.java

```
View onCreateView(LayoutInflater inflater,
    @Nullable ViewGroup container, @Nullable Bundle savedInstanceState) {
    ensureAlive();
    if (host.getRenderMode() == RenderMode.surface) {
                                        // 第 1 步，判断 Host 所提供的 RenderMode
    FlutterSurfaceView flutterSurfaceView = new FlutterSurfaceView( // 见代码清单 4-13
      host.getActivity(), host.getTransparencyMode() == TransparencyMode.transparent);
    // 为 Host 预留一个接口，用于在 FlutterSurfaceView 创建完成后提供自定义配置入口
    host.onFlutterSurfaceViewCreated(flutterSurfaceView);
    flutterView = new FlutterView(host.getActivity(), flutterSurfaceView);
  } else { ...... } // SKIP FlutterTextureView 逻辑类似
  // 第 2 步，间接为 Host 提供首帧渲染 / 停止渲染的回调
  flutterView.addOnFirstFrameRenderedListener(flutterUiDisplayListener);
  flutterSplashView = new FlutterSplashView(host.getContext());
                                                        // 第 3 步，闪屏相关逻辑
  if (Build.VERSION.SDK_INT >= Build.VERSION_CODES.JELLY_BEAN_MR1) {
    flutterSplashView.setId(View.generateViewId());
  } else {
```

```
        flutterSplashView.setId(486947586);
    } // 开始渲染首帧，见代码清单 4-15
    flutterSplashView.displayFlutterViewWithSplash(flutterView, host.provide
        SplashScreen());
    // 注意，FlutterEngine 和 FlutterView 建立连接，这是后面能够渲染的基础
    flutterView.attachToFlutterEngine(flutterEngine); // 第 4 步，见代码清单 4-17
    return flutterSplashView;
}
```

以上逻辑可大致分为4步。第1步判断Host所提供的RenderMode，一般默认是Surface，因而会初始化一个FlutterSurfaceView的实例，并以此为参数初始化FlutterView。该过程的核心逻辑如代码清单4-13和代码清单4-14所示。第2步向FlutterView注册一个flutterUiDisplayListener对象，用于向Host提供首帧渲染以及停止渲染的回调，相关调用链读者可自行分析。第3步完成闪屏的初始化，并调用displayFlutterViewWithSplash方法用于从闪屏到首帧的过渡，相关逻辑如代码清单4-15所示。第4步中FlutterView会调用attachToFlutterEngine方法完成最后的初始化工作，相关逻辑如代码清单4-17所示。

接下来依次分析前面内容提及的4个步骤。首先是FlutterSurfaceView的初始化，其最终会调用init方法，如代码清单4-13所示。

代码清单 4-13　engine/shell/platform/android/io/flutter/embedding/android/FlutterSurfaceView.java

```
private void init() {
  if (renderTransparently) { // 透明
    getHolder().setFormat(PixelFormat.TRANSPARENT);
    setZOrderOnTop(true);
  } // 监听 Embedder 中 Surface 的状态变化，在回调中调用 Engine 对应的处理逻辑
  getHolder().addCallback(surfaceCallback);
  setAlpha(0.0f); // 保持透明，防止黑屏
}
private final SurfaceHolder.Callback surfaceCallback =
  new SurfaceHolder.Callback() {
    @Override // Embedder 中，在 Surface 完成创建之后触发
    public void surfaceCreated(@NonNull SurfaceHolder holder) {
      isSurfaceAvailableForRendering = true;
      if (isAttachedToFlutterRenderer) {
        connectSurfaceToRenderer(); // 通过本回调通知 Engine 开始渲染 UI，见代码清单 4-18
      }
    }
    @Override public void surfaceChanged( ...... ) { ...... }
    @Override public void surfaceDestroyed( ...... ) { ...... }
};
```

以上逻辑会为当前Surface添加一个回调，用于在Surface创建完成后触发和FlutterRender的绑定，其中isAttachedToFlutterRenderer字段表示RederSurface是否绑定到FlutterRender，默认为false，设置为true的时机将在代码清单4-18中介绍。connectSurfaceToRenderer方法也将在后面内容详细分析。

以上是FlutterSurfaceView的初始化逻辑。接着分析FlutterView的初始化逻辑，核心逻辑也在自身的init方法中，如代码清单4-14所示。

代码清单 4-14　flutter/shell/platform/android/io/flutter/embedding/android/FlutterView.java

```
private void init() {
  if (flutterSurfaceView != null) { // 默认情况下用于一个完整独立的 Flutter UI
    addView(flutterSurfaceView);
  } else if (flutterTextureView != null) { // Flutter UI 作为原生 UI 的一部分时
    addView(flutterTextureView);
  } else { // Flutter UI 作为宿主，Platform View 作为其一部分，详见第 9 章
    addView(flutterImageView);
  }
  setFocusable(true);
  setFocusableInTouchMode(true);
  if (Build.VERSION.SDK_INT >= Build.VERSION_CODES.O) {
    setImportantForAutofill(View.IMPORTANT_FOR_AUTOFILL_YES_EXCLUDE_DESCENDANTS);
  }
}
```

以上是 FlutterView 的初始化逻辑，FlutterView 是 FrameLayout 的子类，它会选择 RenderSurface 的具体实现之一作为自己的子 View，并设置焦点、自动填充等属性。FlutterView 初始化完成后，将会执行其展示逻辑，如代码清单 4-15 所示。

代码清单 4-15　engine/shell/platform/android/io/flutter/embedding/android/FlutterSplashView.java

```
public void displayFlutterViewWithSplash(@NonNull FlutterView flutterView,
    @Nullable SplashScreen splashScreen) {
  if (this.flutterView != null) { // 清理之前的 FlutterView
    this.flutterView.removeOnFirstFrameRenderedListener(flutterUiDisplayListener);
    removeView(this.flutterView);
  }
  if (splashScreenView != null) { // 清理之前的闪屏
    removeView(splashScreenView);
  }
  this.flutterView = flutterView;
  addView(flutterView); // 显示 FlutterView
  this.splashScreen = splashScreen;
  if (splashScreen != null) { // 存在闪屏资源
    if (isSplashScreenNeededNow()) { // 立即显示闪屏，并通过 Listener 触发切换
      splashScreenView = splashScreen.createSplashView(getContext(),
          splashScreenState);
      addView(this.splashScreenView); // 加入 View Tree
      flutterView.addOnFirstFrameRenderedListener(flutterUiDisplayListener);
                                                              // 见代码清单 4-16
    } else if (isSplashScreenTransitionNeededNow()) {
                                          // 立即进入：从闪屏切换到 FlutterView 状态
      splashScreenView = splashScreen.createSplashView(getContext(),
          splashScreenState);
      addView(splashScreenView); // 显示闪屏
      transitionToFlutter(); // 然后立即开始切换到 FlutterView
    } else if (!flutterView.isAttachedToFlutterEngine()) { // 见代码清单 4-16
       // 若当前 FlutterView 尚未与 FlutterEngine 绑定，则监听其绑定状态，完成绑定时触发回调
      flutterView.addFlutterEngineAttachmentListener(flutterEngineAttachmentListener);
    }
  } // 若不存在闪屏资源，则一直显示 FlutterView
```

```
  }
  private void transitionToFlutter() {
    transitioningIsolateId = flutterView.getAttachedFlutterEngine().
        getDartExecutor().getIsolateServiceId();
   splashScreen.transitionToFlutter(onTransitionComplete);
  }
```

以上逻辑中，FlutterView 表示最终将显示 UI 的 View，splashScreenView 表示首帧渲染前显示的闪屏 UI，其也继承自 FrameLayout。displayFlutterViewWithSplash 方法首先会完成两者的清理工作，其次将 FlutterView 添加到布局中。如果存在闪屏资源，则会分成如下 3 种情况进行处理。

- 当前需要展示闪屏：将 splashScreenView 添加到布局中，并注册 flutterUiDisplayListener 用于在首帧渲染后触发切换，具体逻辑如代码清单 4-16 所示。
- 当前需要从闪屏切换到首帧：将 splashScreenView 添加到布局中，并立即触发切换到首帧的动画。
- FlutterView 暂时还没有绑定（attached）到 FlutterEngine：为 FlutterView 注册一个 flutterEngineAttachmentListener 监听器，用于 FlutterView 调用 attachToFlutterEngine 方法时触发，这部分内容将在代码清单 4-17 中详细介绍。

flutterUiDisplayListener 和 flutterEngineAttachmentListener 的具体逻辑见代码清单 4-16。

代码清单 4-16 engine/shell/platform/android/io/flutter/embedding/android/FlutterSplashView.java

```
@NonNull private final FlutterView.FlutterEngineAttachmentListener
  flutterEngineAttachmentListener = new FlutterView.FlutterEngineAttachmentListener() {
    @Override // FlutterView 和 FlutterEngine 绑定成功后触发
    public void onFlutterEngineAttachedToFlutterView(@NonNull FlutterEngine engine) {
      flutterView.removeFlutterEngineAttachmentListener(this);
      displayFlutterViewWithSplash(flutterView, splashScreen); // 见代码清单 4-15
    }
    @Override
    public void onFlutterEngineDetachedFromFlutterView() {}
  };
@NonNull private final FlutterUiDisplayListener flutterUiDisplayListener =
    new FlutterUiDisplayListener() {
      @Override // FlutterView 开始渲染时触发
      public void onFlutterUiDisplayed() {
        if (splashScreen != null) {
          transitionToFlutter(); // Flutter UI 开始渲染时从闪屏开始变换
        }
      }
      @Override public void onFlutterUiNoLongerDisplayed() {  }
    };
```

以上逻辑中，onFlutterUiDisplayed 即首帧完成渲染的时机，该回调中会触发前面内容提到的 transitionToFlutter，用于触发从闪屏到首帧的过渡动画。onFlutterEngineAttachedToFlutterView 即 FlutterView 和 FlutterEngine 完成绑定的时机，该回调中将会再次触发 displayFlutterViewWithSplash 的逻辑。

下面分析 FlutterView 和 FlutterEngine 的绑定过程，其发起点位于代码清单 4-12 的第 4 步，即 attachToFlutterEngine 方法，其逻辑如代码清单 4-17 所示。

代码清单 4-17　engine/shell/platform/android/io/flutter/embedding/android/FlutterView.java

```
public void attachToFlutterEngine(@NonNull FlutterEngine flutterEngine) {
  Log.v(TAG, "Attaching to a FlutterEngine: " + flutterEngine);
  if (isAttachedToFlutterEngine()) {
    if (flutterEngine == this.flutterEngine) { return; }
    detachFromFlutterEngine(); // 解除绑定
  }
  this.flutterEngine = flutterEngine;
  // 获取 FlutterEngine 对于 FlutterEngine 绘制能力的封装：FlutterRender
  FlutterRenderer flutterRenderer = this.flutterEngine.getRenderer();
  isFlutterUiDisplayed = flutterRenderer.isDisplayingFlutterUi();
  // FlutterView 和 FlutterEngine 进行绑定的本质是 RenderSurface 与 FlutterRender 的 attach
  renderSurface.attachToRenderer(flutterRenderer); // 见代码清单 4-18
  flutterRenderer.addIsDisplayingFlutterUiListener(flutterUiDisplayListener);
                                                                   // 对外通知
  // SKIP 创建和初始化各种与 UI 相关的桥接功能类
  sendUserSettingsToFlutter(); // 发送与屏幕相关的配置给 Engine
  localizationPlugin.sendLocalesToFlutter(getResources().getConfiguration());
  sendViewportMetricsToFlutter(); // 发送窗口大小、设备分辨率等信息
  flutterEngine.getPlatformViewsController().attachToView(this);
  for (FlutterEngineAttachmentListener listener : flutterEngineAttachmentListeners) {
    listener.onFlutterEngineAttachedToFlutterView(flutterEngine); // 通知绑定完成
  }
  if (isFlutterUiDisplayed) { // 如果已经在展示 Flutter UI，则直接触发回调
    flutterUiDisplayListener.onFlutterUiDisplayed();
  }
}
```

由代码清单 4-12 可知，attachToFlutterEngine 方法在 displayFlutterViewWithSplash 逻辑之后。因此，存在闪屏时通常会先触发代码清单 4-15 中的第 3 种情况，然后触发第 1 种情况。下面开始分析 attachToFlutterEngine 方法自身的逻辑。

以上逻辑主要是 FlutterView 和 FlutterEngine 的绑定，共分为 3 步。第 1 步是 FlutterView 中各成员的赋值。第 2 步是 RenderSurface 和 FlutterRender 的绑定，具体如代码清单 4-18 所示，这部分内容将在后面详细分析。第 3 步会完成各种平台能力、Platform View 的初始化，sendUserSettingsToFlutter 和 sendViewportMetricsToFlutter 会将平台属性等信息通过 FlutterJNI 打包发送给 Engine，在此不再赘述。最后将会触发绑定完成的通知，用于前面内容的闪屏逻辑触发等操作。

下面详细分析 RenderSurface 和 FlutterRender 的绑定。这里以 FlutterSurfaceView 为例，如代码清单 4-18 所示。

代码清单 4-18　engine/shell/platform/android/io/flutter/embedding/android/FlutterSurfaceView.java

```
public void attachToRenderer(@NonNull FlutterRenderer flutterRenderer) {
  Log.v(TAG, "Attaching to FlutterRenderer.");
```

```
    if (this.flutterRenderer != null) {
      this.flutterRenderer.stopRenderingToSurface();
      this.flutterRenderer.removeIsDisplayingFlutterUiListener(flutterUiDisplayListener);
    }
    this.flutterRenderer = flutterRenderer;
    isAttachedToFlutterRenderer = true; // 开始监听 FlutterRender 何时渲染出首帧
    this.flutterRenderer.addIsDisplayingFlutterUiListener(flutterUiDisplayListener);
    if (isSurfaceAvailableForRendering) { // Surface 已经可用，一般这里为 false
      connectSurfaceToRenderer(); // 通常由代码清单 4-13 的 surfaceCallback 触发
    }
  }
  private final FlutterUiDisplayListener flutterUiDisplayListener =
      new FlutterUiDisplayListener() {
        @Override // Engine 渲染首帧时通过 FlutterJNI 的 onFirstFrame 方法触发
        public void onFlutterUiDisplayed() {
          setAlpha(1.0f); // Engine 开始完全接管当前 Surface 的渲染
          if (flutterRenderer != null) {
            flutterRenderer.removeIsDisplayingFlutterUiListener(this);
          }
        }
        @Override public void onFlutterUiNoLongerDisplayed() {  }
      };
  private void connectSurfaceToRenderer() {
    if (flutterRenderer == null || getHolder() == null) {
      throw new IllegalStateException(" ...... ");
    } // 告知 Engine 可以开始渲染
    flutterRenderer.startRenderingToSurface(getHolder().getSurface());
  }
```

以上逻辑和 FlutterView 的 attachToFlutterEngine 方法类似，而 FlutterSurfaceView 是 FlutterView 中实际负责渲染的类，FlutterRender 是 FlutterEngine 中对底层渲染能力的抽象封装，因此这里的逻辑主要是与渲染相关的。对 Flutter 的渲染而言，有两个重要时机：一个是 Embedder 的 Surface 创建完成（由 Embedder 决定）；另一个是 Engine 的首帧数据准备好（由 Engine 决定）。flutterUiDisplayListener 负责监听 Engine 的首帧数据准备完成时机，并在此时将自身透明度设置为 1，表明自身将完全接管当前 Surface 的渲染。isSurfaceAvailableForRendering 方法用于判断 Surface 是否准备完成，通常这里为 false。connectSurfaceToRenderer 通常在 Surface 的创建回调中触发，即在代码清单 4-13 所示的逻辑中，其自身逻辑最终会调用 nativeSurfaceCreated 方法，用于通知 Engine 侧：Embedder 中的 Surface 已经准备完毕，可以进行首帧渲染。

需要注意的是，以上大部分逻辑实际上是基于回调触发的，有以下两个关键节点。

（1）Embedder 创建 Surface，在创建完成的回调中告知 Engine 开始渲染。

（2）Engine 基于 Surface 开始渲染，并在首帧完成时通过 FlutterJNI 告知 Embedder 首帧数据已经绘制在 Surface 上。

Engine 对于 UI 的绘制实际上是由 Framework 驱动的，故以上逻辑其实不是线性的，即 Embedder 只负责 Surface 的创建和通知，具体何时完成渲染取决于 Engine，而 Engine 的渲染取决于 Framework，Framework 的启动其实又是由 Embedder 所驱动的，下面开始分析 Framework 的启动。

4.1.5 Framework 启动

至此，Embedder 已经完成 FlutterEngine 和 FlutterView 的初始化，Framework 的运行环境也已经准备完毕，可以开始执行 Framework 的逻辑了，其触发时机位于 FlutterActivity 的 onStart 中，该方法最终将调用 Delegate 的 doInitialFlutterViewRun 方法，如代码清单 4-19 所示。

代码清单 4-19 engine/shell/platform/android/io/flutter/embedding/android/FlutterActivityAndFragmentDelegate.java

```
private void doInitialFlutterViewRun() {
  if (host.getCachedEngineId() != null) { return; }
                                              // 预加载的 Engine 无法通过本方法启动
  if (flutterEngine.getDartExecutor().isExecutingDart()) { return; } // 已经在运行
  String initialRoute = host.getInitialRoute(); // 获取初始路由
  if (initialRoute == null) { // 8.7 节将详细介绍 Flutter 的路由体系
    initialRoute = maybeGetInitialRouteFromIntent(host.getActivity().getIntent());
    if (initialRoute == null) { initialRoute = DEFAULT_INITIAL_ROUTE; }
                                                                      // 默认路由
  flutterEngine.getNavigationChannel().setInitialRoute(initialRoute);
  String appBundlePathOverride = host.getAppBundlePath();
  if (appBundlePathOverride == null || appBundlePathOverride.isEmpty()) {
    appBundlePathOverride = FlutterInjector.instance().flutterLoader().
        findAppBundlePath();
  } // 自定义 assets 资源地址，默认为 flutter_assets
  DartExecutor.DartEntrypoint entrypoint = new DartExecutor.DartEntrypoint(
              appBundlePathOverride, host.getDartEntrypointFunctionName());
  flutterEngine.getDartExecutor().executeDartEntrypoint(entrypoint);
}
```

以上逻辑中，首先会进行相关检查工作。appBundlePathOverride 字段用于向开发者提供一个自定义资源加载路径的接口，默认为 flutter_assets。以上逻辑最终会构造一个 DartExecutor.DartEntrypoint 对象，并调用 FlutterJNI 的 nativeRunBundleAndSnapshotFromLibrary 方法完成 Framework 的启动，这部分内容后面将详细分析。

4.1.6 Engine 入口整理

经过前面 5 节的分析，我们已经熟悉了 Embedder 的启动流程，如图 4-2 所示。

在启动流程中，通过 API 回调或者 JNI 主动调用，Embedder 已经多处调用了 Engine 的逻辑，其中有 5 处逻辑对于 Engine 的初始化至关重要，整理如下。

- JNI_OnLoad：在 System.loadLibrary 时触发，将完成 Engine 接口和 Embedder 接口的绑定注册。
- nativeInit：FlutterLoader 主动调用，在相关资源准备完成后调用，主要负责向 Engine 传递必要的初始化参数。
- nativeAttach：Embedder 的 FlutterEngine 对象在完成必要的初始化后调用，将触发 Engine 中关键类的初始化逻辑。

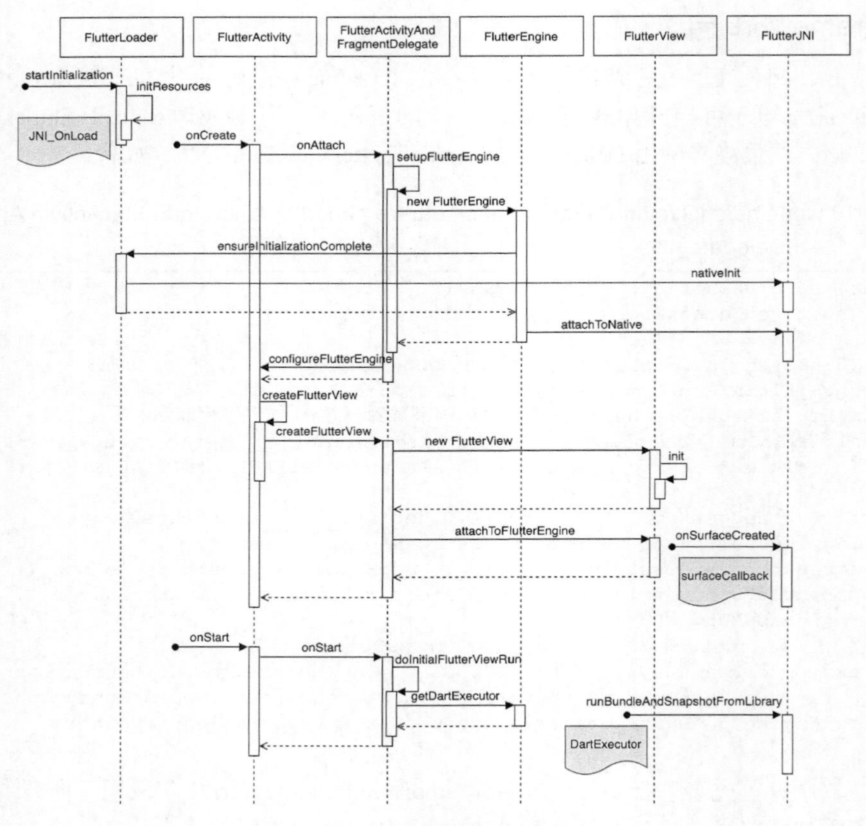

图 4-2　Embedder 启动流程

- nativeSurfaceCreated：Java 侧的 Surface 对象（SurfaceView）准备完成后调用，将触发 Engine 中有关绘制的逻辑的初始化。
- nativeRunBundleAndSnapshotFromLibrary：FlutterEngine 和 FlutterView 均初始化完成后，在 Host 的 onStart 生命周期中主动调用，用于触发 Framework 的相关初始化工作。

接下来以这 5 个入口为切入点，详细分析 Engine 的启动流程。4.2 节分析 Engine 中关键类的初始化，主要对应 nativeAttach 方法的逻辑；4.3 节分析 Engine 中 Surface 关键类的初始化，主要对应 nativeSurfaceCreated 方法的逻辑；4.4 节分析 Dart Runtime 的初始化，它属于 nativeAttach 方法和 nativeRunBundleAndSnapshotFromLibrary 方法的流程，但因为逻辑过于庞大，所以单独作为一节分析；4.5 节分析 Framework 的启动流程，主要由 nativeRunBundleAndSnapshotFromLibrary 方法触发。

4.2　Engine 启动流程

本节介绍 Engine 的启动流程。Engine 在 Flutter 框架中扮演的角色是驱动者与连接者。一方面，Engine 负责创建和管理 Dart Runtime，保证 Framework 及时响应用户操作并源源不断地产生绘制指令；另一方面，Engine 需要负责 Framework 和 Embedder 的通信，让 Embedder 的系统消息到达 Framework，同时也让 Framework 的 UI 数据到达 Embedder 的 Surface。此外，Flutter 作为一个跨平台框架，需要兼容适配不同平台的差异，例如不同平台的绘制渲染机制必然是不同的。

接下来，首先分析 Engine 中的关键类及其结构，然后基于 Embedder 的触发顺序一一分析 Engine 中关键类的初始化逻辑。

4.2.1　Engine 关键类分析

Engine 中的关键类及其关系如图 4-3 所示。

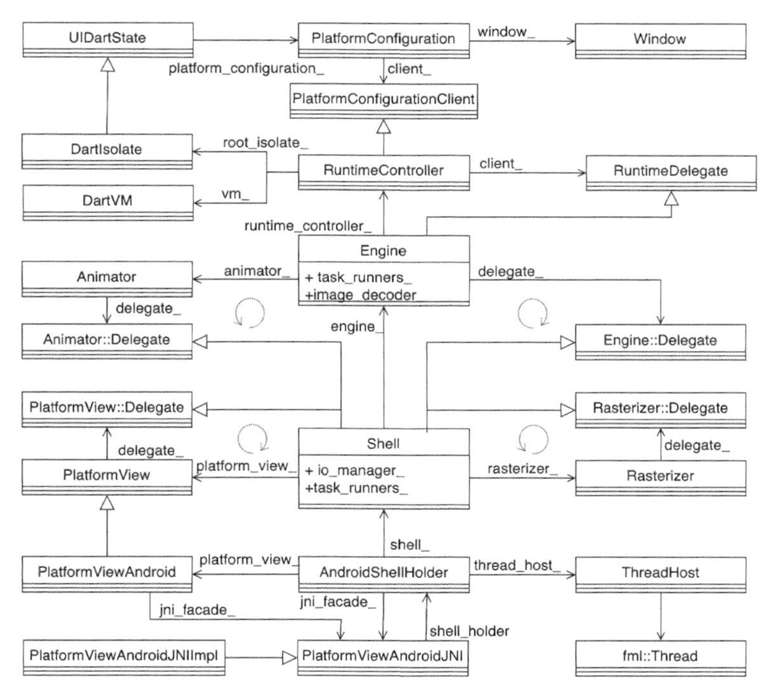

图 4-3　Engine 中的关键类及其关系

在图 4-3 中，Engine 最底层的 PlatformViewAndroidJNI 抽象了与 Embedder 进行交互的接口，最上层的 PlatformConfiguration 则抽象了与 Framework 进行交互的接口。在 Flutter 中，基于 Dart VM 的 Framework 能够和基于 Java VM 的 Embedder 相互配合，正是得益于连接着 PlatformViewAndroidJNI 和 PlatformConfiguration 的这条“伟大航路”。在本书后续的诸多内容中，我们将一次又一次地通过这条航路完成 Framework 和 Embedder 的协作，例如第 5 章中 Vsync 信号的注册与响应，以及第 9 章中 Platform Channel 的运行。要彻底理解 Engine 的运行原理，就要从两个角度理解图 4-3 所体现的类结构。

第 1 个角度是从 Embedder 出发，转发到 Framework。在图 4-3 中，Embedder 的入口是 PlatformViewAndroidJNI，它通过 shell_holder 持有 AndroidShellHolder，AndroidShellHolder 又通过 shell_ 字段持有 Shell。Shell 是 Engine 的枢纽，它可以通过 platform_view_ 字段转发逻辑到 PlatformView，可以通过 rasterizer_ 字段转发逻辑到 Rasterizer，可以通过 engine_ 字段转发逻辑到 Engine。Engine 是 Flutter Framework 在 Flutter Engine 中的抽象封装，Engine 通过 runtime_controller_ 字段持有 RuntimeController，顾名思义，RuntimeController 就是 Flutter Framework 运行时的控制者。具体来说，RuntimeController 通过 vm_ 字段持有 DartVM，又通过 root_isolate_ 字段持有 DartIsolate，而后者的父类 UIDartState 通过 platform_configuration_ 字段持有 PlatformConfiguration。PlatformConfiguration 是和 Flutter Framework 直接进行交互的类，经过以上路径，一个 Embedder 的逻辑可以转发到 Framework。

第 2 个角度是从 Framework 出发，转发到 Embedder。这就涉及 Flutter Engine 中代理模式（主要是图 4-3 中 Delegate 或者 Client 结尾的类）的巧妙运用。具体来说，Flutter Framework 的逻辑将转发到 PlatformConfiguration，该类通过 client_ 字段持有 PlatformConfigurationClient，其正是 RuntimeController 的父类，因此 PlatformConfiguration 通过代理持有 RuntimeController，而 RuntimeController 又通过 RuntimeDelegate 持有 Engine，Engine 又通过 Engine::Delegate 持有 Shell。Shell 是 Flutter Engine 的枢纽，它通过 platform_view_ 字段持有 PlatformView，而 PlatformView 的子类 PlatformViewAndroid 又通过 jni_facade_ 字段持有 PlatformViewAndroidJNI，该类正是和 Embedder 进行交互的类。经过以上路径，一个 Framework 逻辑可以转发到 Embedder。

事实上，以上只是 UI 线程和 Platform 线程的交互，Flutter Engine 可以通过 Shell 完成 UI 线程、Platform 线程、I/O 线程和 Raster 线程的相互转发，这部分内容后面将详细介绍，读者也应该时刻体会该设计对 Flutter Engine 的代码流程的影响。

4.2.2 JNI 接口绑定

本节分析 Embedder 触发的第 1 个 Engine 逻辑，即 JNI_OnLoad 方法，其逻辑如代码清单 4-20 所示。

代码清单 4-20 engine/shell/platform/android/library_loader.cc

```
JNIEXPORT jint JNI_OnLoad(JavaVM* vm, void* reserved) {
  fml::jni::InitJavaVM(vm);
  JNIEnv* env = fml::jni::AttachCurrentThread(); // 见代码清单 4-21
  bool result = false;
  result = flutter::FlutterMain::Register(env);
  result = flutter::PlatformViewAndroid::Register(env);
  result = flutter::VsyncWaiterAndroid::Register(env); // 见代码清单 4-22
  return JNI_VERSION_1_4;
}
```

以上逻辑是 Engine 将会执行的第一段代码，在 libflutter.so 加载后由系统调用。在详细分析后续逻辑之前，先回顾一下 JNI 编程中两个重要的数据结构：JavaVM 和 JNIEnv。JavaVM 的全称是 Java Virtual Machine，是对 Java 虚拟机在 C/C++ 代码中的抽象表示。在 Android 的

JNI 中，每个进程仅允许存在一个 JavaVM，并且在该进程的所有线程中共享。JNIEnv 的全称是 Java Native Interface Environment，它提供了大部分 JNI 函数，如果要将一个 C/C++ 方法和 Java 方法绑定，必须调用 JNIEnv 的 RegisterNatives 方法。

对于 Java 中新建的线程，其 JNIEnv 对象会自动完成绑定，而对于 C/C++ 中新建的线程，则需要通过 AttachCurrentThread 方法手动完成绑定。以上逻辑中首先会通过 fml::jni::AttachCurrentThread 完成 JNIEnv 的初始化，接着会进行 C++ 方法和 Java 方法的绑定。其中 JNIEnv 初始化逻辑如代码清单 4-21 所示。

代码清单 4-21 engine/fml/platform/android/jni_util.cc

```
JNIEnv* AttachCurrentThread() {
  JNIEnv* env = nullptr;
  JavaVMAttachArgs args;
  args.version = JNI_VERSION_1_4;
  args.group = nullptr;
  char thread_name[16];
  int err = prctl(PR_GET_NAME, thread_name);
  if (err < 0) {
    args.name = nullptr;
  } else {
    args.name = thread_name;
  }
  jint ret = g_jvm->AttachCurrentThread(&env, &args);
  return env;
}
```

以上逻辑中，首先会构造一个 JavaVMAttachArgs 对象用于 JavaVM 的 AttachCurrentThread 方法的调用，主要通过 prctl 接口获取线程名，接着便会成功获取 JNIEnv 对象，用于后续方法的绑定。

需要注意的一个细节是，由代码清单 4-4 可知，libflutter.so 的加载并非在主线程，因而 JNI_OnLoad 的调用也不在主线程。因此，后续的方法所绑定的 JNIEnv 对象也不是主线程所对应的 JNIEnv，但是 JNIEnv 本身就是 JavaVM 的一部分，而 JavaVM 是线程共享的，所以可以在 A 线程绑定 Java 方法，然后在 B 线程调用。

接下来便是一系列方法的绑定。对于通过 Java 调用 C++ 的情况，需要声明 Java 方法的名称、签名和所在类，然后通过 JNIEnv 的 RegisterNatives 方法注册；而对于 C++ 调用 Java 的情况，同样需要声明以上信息，然后通过 GetStaticMethodID 获得目标 Java 方法的 jmethodID 用于后续调用。如代码清单 4-22 所示，nativeOnVsync 是一个 Java 调用 C++ 的方法，对应的 C++ 方法为 OnNativeVsync；asyncWaitForVsync 是一个 Java 方法，C++ 则可以通过 g_async_wait_for_vsync_method_ 对象进行调用。

代码清单 4-22 engine/shell/platform/android/vsync_waiter_android.cc

```
bool VsyncWaiterAndroid::Register(JNIEnv* env) {
  static const JNINativeMethod methods[] = {{ // Embedder 中目标函数的签名
      .name = "nativeOnVsync", // 被绑定的 Java 函数
```

```
        .signature = "(JJJ)V",
        .fnPtr = reinterpret_cast<void*>(&OnNativeVsync), // 与目标函数绑定的 C++ 函数
    }};
    jclass clazz = env->FindClass("io/flutter/embedding/engine/FlutterJNI");
                                                                      // 方法所在类
    if (clazz == nullptr) { return false; }
    g_vsync_waiter_class = new fml::jni::ScopedJavaGlobalRef<jclass>(env, clazz);
    FML_CHECK(!g_vsync_waiter_class->is_null());
    g_async_wait_for_vsync_method_ = env->GetStaticMethodID( // 绑定一个 Java 函数
        g_vsync_waiter_class->obj(), "asyncWaitForVsync", "(J)V");
    FML_CHECK(g_async_wait_for_vsync_method_ != nullptr);
                                                        // 后面可以通过本字段调用上述函数
    return env->RegisterNatives(clazz, methods, fml::size(methods)) == 0;
                                                                  // 完成 C++ 函数的注册
}
```

以上便是 JNI_OnLoadd 的主要逻辑，FlutterMain::Register 方法和 PlatformViewAndroid::Register 方法中的逻辑和代码清单 4-22 大同小异，在此不再赘述。

4.2.3 Settings 解析

接下来是 nativeInit 方法，主要负责解析处理 Embedder 传入的相关参数，Embedder 相关逻辑位于代码清单 4-10 中，而 nativeInit 方法对应的 FlutterMain::Init 方法如代码清单 4-23 所示。

代码清单 4-23 engine/shell/platform/android/flutter_main.cc

```
void FlutterMain::Init(JNIEnv* env, ......) {
  std::vector<std::string> args; // 第 1 步，参数解析，并转译为 Settings 对象
  args.push_back("flutter");
  for (auto& arg : fml::jni::StringArrayToVector(env, jargs)) {
    args.push_back(std::move(arg)); // 存储 Embedder 传入的参数
  } // 开始将参数解析成 Settings 对象
  auto command_line = fml::CommandLineFromIterators(args.begin(), args.end());
  auto settings = SettingsFromCommandLine(command_line);
  // 第 2 步，计算真实的启动时间
  int64_t init_time_micros = initTimeMillis * 1000;
  settings.engine_start_timestamp = // 当前时间减去 Embedder 启动耗时得到 Flutter 启动的时间
      std::chrono::microseconds(Dart_TimelineGetMicros() - init_time_micros);
  // 第 3 步，缓存相关
  flutter::DartCallbackCache::SetCachePath(
      fml::jni::JavaStringToString(env, appStoragePath));
  fml::paths::InitializeAndroidCachesPath(
      fml::jni::JavaStringToString(env, engineCachesPath));
  flutter::DartCallbackCache::LoadCacheFromDisk();
  // 第 4 步，在 Debug 模式下设置 Kernel 文件位置
  if (!flutter::DartVM::IsRunningPrecompiledCode() && kernelPath) {
    auto application_kernel_path =
        fml::jni::JavaStringToString(env, kernelPath);
    if (fml::IsFile(application_kernel_path)) {
      settings.application_kernel_asset = application_kernel_path;
    }
```

```
  }
  // 第 5 步，设置消息循环的观察者的添加与移除逻辑
  settings.task_observer_add = [](intptr_t key, fml::closure callback) {
    fml::MessageLoop::GetCurrent().AddTaskObserver(key, std::move(callback));
  };
  settings.task_observer_remove = [](intptr_t key) {
    fml::MessageLoop::GetCurrent().RemoveTaskObserver(key);
  };
  // 第 6 步，Debug 模式下的文件映射逻辑
#if FLUTTER_RUNTIME_MODE == FLUTTER_RUNTIME_MODE_DEBUG
  auto make_mapping_callback = [](const uint8_t* mapping, size_t size) {
    return [mapping, size]() {
      return std::make_unique<fml::NonOwnedMapping>(mapping, size);
    };
  };
  settings.dart_library_sources_kernel =
      make_mapping_callback(kPlatformStrongDill, kPlatformStrongDillSize);
#endif  // FLUTTER_RUNTIME_MODE == FLUTTER_RUNTIME_MODE_DEBUG
  // 第 7 步，创建并设置 FlutterMain 实例
  g_flutter_main.reset(new FlutterMain(std::move(settings)));
  g_flutter_main->SetupObservatoryUriCallback(env);
}
```

以上逻辑比较直白，在代码中均已做简要注释，在此不再赘述。

4.2.4 关键类初始化

接下来是 nativeAttach 方法对应的逻辑，其触发的 Engine 逻辑为 AttachJNI 方法，如代码清单 4-24 所示。

代码清单 4-24　engine/shell/platform/android/platform_view_android_jni_impl.cc

```
static jlong AttachJNI(JNIEnv* env, jclass clazz,
            jobject flutterJNI, jboolean is_background_view) {
  fml::jni::JavaObjectWeakGlobalRef java_object(env, flutterJNI); // 负责调用的 Java 对象
  // 封装 Embedder 的 flutterJNI 实例，后续 Engine 将通过 jni_facade 调用 Embedder
  std::shared_ptr<PlatformViewAndroidJNI> jni_facade =
       std::make_shared<PlatformViewAndroidJNIImpl>(java_object);
  auto shell_holder = std::make_unique<AndroidShellHolder>(
                                              // 创建并初始化 AndroidShellHolder
      FlutterMain::Get().GetSettings(), jni_facade, is_background_view);
  if (shell_holder->IsValid()) {
    return reinterpret_cast<jlong>(shell_holder.release());
  } else { // 返回 AndroidShellHolder 对象的指针，保证 Embedder 在后续逻辑中调用的是同一个实例
    return 0;
  }
}
```

以上逻辑首先对 Java 的 flutterJNI 对象进行了处理，主要是保存为一个全局的弱引用，方便 Engine 中的逻辑调用 Embedder 的方法。接着会新建一个 AndroidShellHolder 对象，该对象将触发一系列初始化逻辑，这部分内容后面将详细分析。注意，这里 AndroidShellHolder 对象被封装成一个智能指针，并会通过 release 方法返回其指针地址，Embedder 的 FlutterJNI

将会以成员变量 nativePlatformViewId 保存该地址，并在后续 Engine 的方法调用中携带该地址，用于调用 AndroidShellHolder 对象的方法。此外，应注意 release 方法只会造成 shell_holder 的引用释放，并不会导致 AndroidShellHolder 对象的销毁。

由以上逻辑可知，Embedder 和 Engine 的交互，本质是 FlutterJNI 实例和 AndroidShellHolder 实例的互相调用。

接下来详细分析 AndroidShellHolder 的初始化过程，如代码清单 4-25 所示。

代码清单 4-25 engine/shell/platform/android/android_shell_holder.cc

```
AndroidShellHolder::AndroidShellHolder(
    flutter::Settings settings, // 代码清单 4-23 中创建的 Settings 对象
    std::shared_ptr<PlatformViewAndroidJNI> jni_facade, // Embedder 的句柄
    bool is_background_view) : settings_(std::move(settings)), jni_facade_(jni_
        facade) {
  static size_t thread_host_count = 1; // 第 1 步，创建线程
  auto thread_label = std::to_string(thread_host_count++);
  thread_host_ = std::make_shared<ThreadHost>();
  if (is_background_view) { ...... } else { // 额外创建 3 个线程
    *thread_host_ = {thread_label, ThreadHost::Type::UI
        | ThreadHost::Type::RASTER | ThreadHost::Type::IO};
  }
  // 第 2 步，定义创建 PlatformViewAndroid 和 Rasterizer 的回调
  fml::WeakPtr<PlatformViewAndroid> weak_platform_view;//
  Shell::CreateCallback<PlatformView> on_create_platform_view =
      [is_background_view, &jni_facade, &weak_platform_view](Shell& shell) {
        std::unique_ptr<PlatformViewAndroid> platform_view_android;
        if (is_background_view) { ...... } else {
          platform_view_android = std::make_unique<PlatformViewAndroid>(
              shell,  shell.GetTaskRunners(), jni_facade,
              shell.GetSettings().enable_software_rendering);
        }
        weak_platform_view = platform_view_android->GetWeakPtr();
        auto display = Display(jni_facade->GetDisplayRefreshRate());
        shell.OnDisplayUpdates(DisplayUpdateType::kStartup, {display});
        return platform_view_android;
      };
  Shell::CreateCallback<Rasterizer> on_create_rasterizer = [](Shell& shell) {
    return std::make_unique<Rasterizer>(shell);
  };
  // 第 3 步，TaskRunner 创建与初始化
  fml::MessageLoop::EnsureInitializedForCurrentThread(); // 当前线程确保完成初始化
  fml::RefPtr<fml::TaskRunner> raster_runner;
  fml::RefPtr<fml::TaskRunner> ui_runner;
  fml::RefPtr<fml::TaskRunner> io_runner;
  fml::RefPtr<fml::TaskRunner> platform_runner = // Platform 线程的 TaskRunner 已经初始化
      fml::MessageLoop::GetCurrent().GetTaskRunner();
  if (is_background_view) { ...... } else {
    raster_runner = thread_host_->raster_thread->GetTaskRunner();
    ui_runner = thread_host_->ui_thread->GetTaskRunner();
    io_runner = thread_host_->io_thread->GetTaskRunner();
  }
  flutter::TaskRunners task_runners(thread_label,
```

```
            platform_runner, raster_runner,ui_runner,io_runner);
    // 第 4 步，设置线程的优先级
    task_runners.GetRasterTaskRunner()->PostTask([]() {
      if (::setpriority(PRIO_PROCESS, gettid(), -5) != 0) { // 尽可能设置高优先级
        if (::setpriority(PRIO_PROCESS, gettid(), -2) != 0) { FML_LOG(ERROR) <<
            "......"; }
      }
    });
    task_runners.GetUITaskRunner()->PostTask([]() {
      if (::setpriority(PRIO_PROCESS, gettid(), -1) != 0) { FML_LOG(ERROR) <<
          "......"; }
    });
    // 第 5 步，Shell 对象的创建
    shell_ = Shell::Create(task_runners,             // task runners
                      GetDefaultPlatformData(),  // window data
                      settings_,                 // settings
                      on_create_platform_view,   // platform view create callback
                      on_create_rasterizer       // rasterizer create callback
        );
    platform_view_ = weak_platform_view;
    is_valid_ = shell_ != nullptr;
}
```

以上逻辑较为冗长，为了方便分析，一共拆分成 6 步。第 1 步，根据是否为 background_view 完成线程和消息循环（MessageLoop）的创建，这部分内容后面将详细分析。一般来说，is_background_view 参数的值为 false，后面内容也将基于这种情况分析。第 2 步，定义 PlatformView Android 和 Rasterizer 的创建逻辑，并会作为参数向下传递，待到所依赖的参数初始化完成后再调用，这部分内容后面将详细分析。第 3 步，根据第 1 步中初始化完成的 thread_host，进一步完成 Task Runner 的创建与初始化。第 4 步，设置线程的优先级，Android 中线程的最高优先级为 –20，最低优先级为 19。–8 是负责 UI 渲染和处理输入事件的线程所能设置的最高优先级，Raster 线程会先尝试设置成 –5，如果被系统拒绝再设置成 –2。UI 线程则会设置成 –1。第 5 步，执行 Shell 的创建逻辑，这部分内容后面将详细分析。

以上逻辑中有很多关于线程的逻辑。下面详细分析线程的创建以及 Flutter 中的线程模型。ThreadHost 的创建逻辑如代码清单 4-26 所示。

代码清单 4-26 engine/shell/common/thread_host.cc

```
ThreadHost::ThreadHost(std::string name_prefix_arg, uint64_t mask)
    : name_prefix(name_prefix_arg) {
  if (mask & ThreadHost::Type::Platform) {
    platform_thread = std::make_unique<fml::Thread>(name_prefix + ".platform");
  }
  if (mask & ThreadHost::Type::UI) {
    ui_thread = std::make_unique<fml::Thread>(name_prefix + ".ui");
  }
  if (mask & ThreadHost::Type::RASTER) {
    raster_thread = std::make_unique<fml::Thread>(name_prefix + ".raster");
  }
  if (mask & ThreadHost::Type::IO) {
    io_thread = std::make_unique<fml::Thread>(name_prefix + ".io");
```

```
  }
  if (mask & ThreadHost::Type::Profiler) {
    profiler_thread = std::make_unique<fml::Thread>(name_prefix + ".profiler");
  }
}
```

以上逻辑主要是根据初始化参数构造不同的 Thread 对象，逻辑十分清晰，但在分析 Thread 对象的创建之前，需要先了解 Flutter 的线程模型。

对 Android 平台而言，AndroidShellHolder 通常会创建和管理 4 个线程，分别是 Platform 线程、UI 线程、Raster 线程和 I/O 线程。Platform 线程即 Android 的主线程，Engine 不会在此线程执行特别的任务，主要用于和 Embedder 的交互和通信，如 Platform Channel、Vsync 监听。UI 线程是 Framework 逻辑所在的线程，UI 相关的操作（如 3 棵树的更新、动画等）都是在 UI 线程中完成的。Raster 线程负责将 UI 线程生成的数据做进一步处理并通过 GPU 上屏，之所以设置单独一个线程是为了提升性能。I/O 线程负责处理一些繁重的、阻塞性的任务，如图片的解码、资源的存取。总的来说，Platform 线程和 UI 线程与开发者的关系最为密切，比如 Platform Channel 在 Embedder 中必须通过主线程（Platform 线程）发送，否则会失败。

需要注意的是，线程的创建和管理由 Engine 的宿主（如前面内容的 AndroidShellHolder）决定，对 Engine 中的 Engine 类而言，它所持有的只是 4 个 TaskRunner 对象，至于这 4 个 TaskRunner 对象是来自同一个线程还是 4 个独立的线程，Engine 类是无感知的。

下面继续分析 Thread 类的创建逻辑，如代码清单 4-27 所示。

代码清单 4-27　engine/fml/thread.cc

```
Thread::Thread(const std::string& name) : joined_(false) {
  fml::AutoResetWaitableEvent latch;
  fml::RefPtr<fml::TaskRunner> runner;
  thread_ = std::make_unique<std::thread>([&latch, &runner, name]() -> void {
    SetCurrentThreadName(name);
    fml::MessageLoop::EnsureInitializedForCurrentThread(); // 见代码清单 10-1
    auto& loop = MessageLoop::GetCurrent(); // 见代码清单 10-1
    runner = loop.GetTaskRunner();
    latch.Signal(); // 释放锁
    loop.Run(); // 启动消息循环
  });
  latch.Wait(); // 等待锁释放
  task_runner_ = runner;
}
```

以上逻辑中，主要通过 std::thread 完成一个新线程的创建。创建回调中，首先会设置线程的名字，然后进行消息循环的初始化检查，本书将在第 10 章详细分析消息循环的机制，在此不再赘述。其次会从当前消息循环获取 TaskerRunner 对象，该对象将赋值给 Thread 对象的 task_runner_ 字段，接着启动该线程的消息循环。

需要注意的是 latch 的作用，其底层是基于 std::scoped_lock 和 std::mutex 实现的互斥锁，以代码清单 4-27 为例，进入该方法后会新建一个线程并在该线程中完成 runner 的初始化，而原线程则会因为 latch.Wait 方法处于阻塞状态，直到 latch.Signal 方法释放锁（此时 runner 变量已经被赋值）之后，才会将 runner 赋值给 task_runner_ 字段。

下面继续分析 Shell 的创建逻辑，如代码清单 4-28 所示。

代码清单 4-28　engine/shell/common/shell.cc

```
std::unique_ptr<Engine> CreateEngine( ...... ) {
  return std::make_unique<Engine>( ...... );
}
std::unique_ptr<Shell> Shell::Create( ...... ) {
  PerformInitializationTasks(settings);
  PersistentCache::SetCacheSkSL(settings.cache_sksl);
  TRACE_EVENT0("flutter", "Shell::Create"); // Timeline 统计
  auto vm = DartVMRef::Create(settings); // 创建 Dart VM，见代码清单 4-53
  auto vm_data = vm->GetVMData();
  return Shell::Create(std::move(task_runners),
                       std::move(platform_data),        // Platform 的配置
                       std::move(settings),             // 设置
                       vm_data->GetIsolateSnapshot(),   // isolate snapshot
                       on_create_platform_view,         // 创建 PlatformView 的回调
                       on_create_rasterizer,            // 创建 Rasterizer 的回调
                       std::move(vm),                   // Dart VM
                       CreateEngine);                   // 创建 Engine 的回调
}
```

以上逻辑主要是 DartVM 的初始化，其逻辑比较复杂，我们将在 4.3 节详细分析。接着会继续进行 Shell 的创建，如代码清单 4-29 所示。

代码清单 4-29　engine/shell/common/shell.cc

```
std::unique_ptr<Shell> Shell::Create( ...... ) {
  PerformInitializationTasks(settings);
  PersistentCache::SetCacheSkSL(settings.cache_sksl);
  TRACE_EVENT0("flutter", "Shell::CreateWithSnapshots");
  if (!task_runners.IsValid() ||
    !on_create_platform_view || !on_create_rasterizer) { return nullptr; }
  fml::AutoResetWaitableEvent latch;
  std::unique_ptr<Shell> shell;
  fml::TaskRunner::RunNowOrPostTask(
      task_runners.GetPlatformTaskRunner(), // 注意，在 Platform 线程进行创建
      fml::MakeCopyable([ ...... ]() mutable {
        auto isolate_snapshot = vm->GetVMData()->GetIsolateSnapshot();
        shell = CreateShellOnPlatformThread( ...... ); // 参数透传
        latch.Signal();
      }));
  latch.Wait(); // 等待 Shell 创建完成
  return shell;
}
```

以上逻辑首先进行相关参数的检查，然后在 Platform 线程调用 CreateShellOnPlatformThread 方法完成真正的创建逻辑，这里之所以要通过 TaskRunner 来执行，主要是因为发起 Shell 创建的线程是不可预测的，而 Shell、Engine 等一系列关键类都需要运行在各自对应的线程。继续分析 CreateShellOnPlatformThread 方法的逻辑，如代码清单 4-30 所示。

代码清单 4-30 engine/shell/common/shell.cc

```
std::unique_ptr<Shell> Shell::CreateShellOnPlatformThread( ...... ) {
  if (!task_runners.IsValid()) { return nullptr; }
  // 第 1 步，Shell 实例创建（Platform 线程）
  auto shell = std::unique_ptr<Shell>(new Shell(......));
  // 第 2 步，Rasterizer 实例创建（Raster 线程）
  std::promise<std::unique_ptr<Rasterizer>> rasterizer_promise;
  auto rasterizer_future = rasterizer_promise.get_future();
  std::promise<fml::WeakPtr<SnapshotDelegate>> snapshot_delegate_promise;
  auto snapshot_delegate_future = snapshot_delegate_promise.get_future();
  fml::TaskRunner::RunNowOrPostTask(
      task_runners.GetRasterTaskRunner(), [ ...... ]() {
        TRACE_EVENT0("flutter", "ShellSetupGPUSubsystem");
        std::unique_ptr<Rasterizer> rasterizer(on_create_rasterizer(*shell));
        snapshot_delegate_promise.set_value(rasterizer->GetSnapshotDelegate());
        rasterizer_promise.set_value(std::move(rasterizer));
      });
  // 第 3 步，PlatformView 实例创建（Platform 线程），创建 VSyncWaiter 实例
  auto platform_view = on_create_platform_view(*shell.get());
  if (!platform_view || !platform_view->GetWeakPtr()) { return nullptr; }
  auto vsync_waiter = platform_view->CreateVSyncWaiter();
  if (!vsync_waiter) { return nullptr; }
  // SKIP 第 4 步，ShellIOManager 实例创建（I/O 线程）
  auto dispatcher_maker = platform_view->GetDispatcherMaker();
  // 第 5 步，Engine 和 Animator 实例创建（UI 线程）
  std::promise<std::unique_ptr<Engine>> engine_promise;
  auto engine_future = engine_promise.get_future();
  fml::TaskRunner::RunNowOrPostTask(
      shell->GetTaskRunners().GetUITaskRunner(),
      fml::MakeCopyable([ ...... ]() mutable { // 参数复制
        TRACE_EVENT0("flutter", "ShellSetupUISubsystem");
        const auto& task_runners = shell->GetTaskRunners();
        // 注意，animator 在 UI 线程，vsync_waiter 在 Platform 线程
        auto animator = std::make_unique<Animator>(
            *shell, task_runners, std::move(vsync_waiter));
        engine_promise.set_value(on_create_engine());
      }));
  // 第 6 步，设置 Shell，见代码清单 4-34
  if (!shell->Setup(std::move(platform_view),
                    engine_future.get(),
                    rasterizer_future.get(),
                    io_manager_future.get())
  ) { return nullptr; }
  return shell;
}
```

以上逻辑完成了大部分关键类的初始化，为了便于描述，共分成6步。第1步，在Platform线程完成Shell创建，其构造函数将进行成员变量的赋值和ServiceProtocol的处理方法的注册。第2步，在Raster线程完成Rasterizer的创建，由于是在Raster线程，因此使用了std::promise接口，以保证当前线程阻塞直到目标任务完成，后面ShellIOManager的创建也是类似的过程。Rasterizer的创建回调在代码清单4-25的on_create_rasterizer变量

中，主要是以第 1 步中创建的 Shell 为参数调用构造函数。第 3 步，在 Platform 线程完成 PlatfomView（Engine 中表示用于 Flutter 渲染的类，注意与第 9 章的 Platform View 进行区分）的创建，其创建回调在代码清单 4-25 的 on_create_platform_view 变量中，主要是调用 PlatformViewAndroid 的构造函数，此处将涉及一系列 Android 图形系统相关对象的初始化，这部分内容后面将详细分析。第 4 步，在 I/O 线程完成 ShellIOManager 的创建，主要是调用其构造函数，在此不再赘述。第 5 步，在 UI 线程完成 Engine 和 Animator 的创建，主要是调用两者的构造函数，其中，Animator 相关逻辑将在第 5 章详细分析。第 6 步，完成 Shell 的设置。

以上创建的对象中，值得重点分析的是 Platform 线程的 PlatformView 类和 UI 线程 Engine 类，前者负责图形数据的显示，对应 Embedder 的 FlutterView，后者负责 Dart 逻辑的执行，对应 Embedder 的 FlutterEngine。

首先分析 PlatfromViewAndroid（PlatformView 在 Android 平台的实现）的构造函数，如代码清单 4-31 所示。

代码清单 4-31 engine/shell/platform/android/platform_view_android.cc

```
PlatformViewAndroid::PlatformViewAndroid( ...... )
    : PlatformView(delegate, std::move(task_runners)), // 父类初始化
      jni_facade_(jni_facade),
      platform_view_android_delegate_(jni_facade) {
  if (use_software_rendering) { // 软绘，基于 CPU 渲染
    android_context_ =
        std::make_shared<AndroidContext>(AndroidRenderingAPI::kSoftware);
  } else {
#if SHELL_ENABLE_VULKAN // Android 上一般不使用
    android_context_ =
        std::make_shared<AndroidContext>(AndroidRenderingAPI::kVulkan);
#else // 默认逻辑，使用 OpenGL
    android_context_ = std::make_unique<AndroidContextGL>(
                                              // 见代码清单 4-35 和代码清单 4-36
        AndroidRenderingAPI::kOpenGLES, fml::MakeRefCounted<AndroidEnvironmentGL>());
#endif
  } // 下面实际生成 AndroidSurfaceFactoryImpl 实例
  surface_factory_ = MakeSurfaceFactory(android_context_, *jni_facade_);
  android_surface_ = MakeSurface(surface_factory_); // 见代码清单 4-32
}
```

以上逻辑主要是 AndroidContext 和 AndroidSurface 两个对象的创建。一般情况下，use_software_rendering 为 false，即使用 GPU 渲染，且目前仍然是使用 OpenGL ES 作为底层的图形 API，因此最终会触发 AndroidContextGL 的创建。最后基于 android_context_ 字段创建 android_surface_ 字段，其逻辑如代码清单 4-32 所示。

代码清单 4-32 engine/shell/platform/android/platform_view_android.cc

```
std::unique_ptr<AndroidSurface> AndroidSurfaceFactoryImpl::CreateSurface() {
  switch (android_context_->RenderingApi()) {
    case AndroidRenderingAPI::kSoftware: // 软绘，性能不佳，默认不会使用
      return std::make_unique<AndroidSurfaceSoftware>(android_context_,jni_facade_);
    case AndroidRenderingAPI::kOpenGLES: // 默认类型，见代码清单 4-38
```

```
        return std::make_unique<AndroidSurfaceGL>(android_context_, jni_facade_);
      case AndroidRenderingAPI::kVulkan:
#if SHELL_ENABLE_VULKAN // 构建时已经确定了是否支持 Vulkan，默认不支持
        return std::make_unique<AndroidSurfaceVulkan>(android_context_, jni_facade_);
#endif  // SHELL_ENABLE_VULKAN
      default: return nullptr;
    }
    return nullptr;
}
```

前面内容中提到RenderingApi方法返回的类型应该是kOpenGLES，故会触发AndroidSurfaceGL的构造函数。至此，PlatformView的创建已经完成。下面继续分析Engine的创建，Engine主要是完成一些成员字段的赋值，并会触发创建RuntimeController，如代码清单4-33所示。

代码清单 4-33　engine/shell/common/engine.cc

```
Engine::Engine( ...... ) : Engine( ...... ) {
  runtime_controller_ = std::make_unique<RuntimeController>(*this, &vm, ...... );
}
// engine/runtime/runtime_controller.cc
RuntimeController::RuntimeController( ...... )
    : client_(p_client),
      vm_(p_vm),
    // SKIP 各种字段的赋值
}
```

至此，我们已经完成了图4-3中所有关键类的创建与初始化，最后将相关实例设置到Shell的对应字段，方便后续的功能调用，如代码清单4-34所示。

代码清单 4-34　engine/shell/common/shell.cc

```
bool Shell::Setup(std::unique_ptr<PlatformView> platform_view,
                  std::unique_ptr<Engine> engine,
                  std::unique_ptr<Rasterizer> rasterizer,
                  std::unique_ptr<ShellIOManager> io_manager) {
  if (is_setup_) { return false; }
  if (!platform_view || !engine || !rasterizer || !io_manager) {
    return false; // 必须全部正常完成创建
  } // 开始字段赋值，4个线程的关键类完成初始化，在此统一记录在Shell对象中
  platform_view_ = std::move(platform_view);
  engine_ = std::move(engine);
  rasterizer_ = std::move(rasterizer);
  io_manager_ = std::move(io_manager);
  // 设置 view_embedder，第 9 章将详细分析
  auto view_embedder = platform_view_->CreateExternalViewEmbedder();
  rasterizer_->SetExternalViewEmbedder(view_embedder);
  weak_engine_ = engine_->GetWeakPtr();
  weak_rasterizer_ = rasterizer_->GetWeakPtr();
  weak_platform_view_ = platform_view_->GetWeakPtr();
  fml::TaskRunner::RunNowOrPostTask(task_runners_.GetUITaskRunner(),
        [engine = weak_engine_] {
            if (engine) { engine->SetupDefaultFontManager(); }
```

```
        }); // 耗时操作，在关键类创建完成后立即执行
  is_setup_ = true; // 开始处理缓存相关逻辑
  PersistentCache::GetCacheForProcess()->AddWorkerTaskRunner(
      task_runners_.GetIOTaskRunner());
  PersistentCache::GetCacheForProcess()->SetIsDumpingSkp(
      settings_.dump_skp_on_shader_compilation);
  if (settings_.purge_persistent_cache) {
    PersistentCache::GetCacheForProcess()->Purge();
  }
  return true;
}
```

由以上 Shell::Setup 的参数可知，每个线程在 Shell 中都有一个代表其核心功能的类，不难猜测 Shell 在 Flutter Engine 中是一个跨线程调用的枢纽，在第 5 章及第 9 章的相关源码分析中，读者将有更加深刻的体会。

为了方便理解及记忆 Engine 启动流程中的核心逻辑，作者整理了前面内容提及的关键方法，如图 4-4 所示。

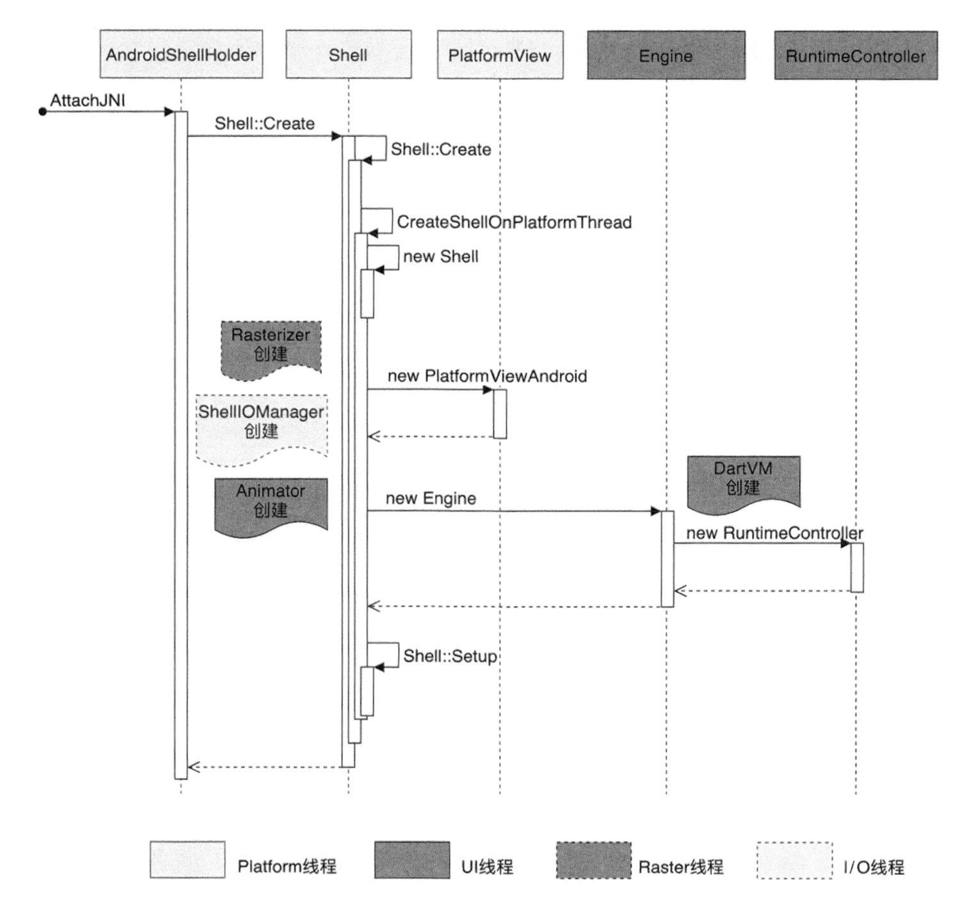

图 4-4　Engine 关键类初始化流程

4.3 Surface 启动流程

前面曾经提到，Embedder 会创建一个 Surface，并提供给 Engine 用于渲染，那么这一流程的底层是如何实现的？ Surface 位于 Platform 线程，UI 数据位于 UI 线程，而最终的渲染在 Raster 线程，Flutter 又是如何协调这一流程的呢？本节将初步分析 Engine 的相关关键类及其架构，并在第 5 章完整地讨论渲染管道。

4.3.1 Flutter 绘制体系介绍

GUI（Graphical User Interface，图形用户界面）系统历史非常久远，现代 GUI 系统都有一套成熟的绘制体系和渲染管道。以作者的经验来看，移动端绘制体系可以分为 7 层，如图 4-5 所示。为了保证足够的扩展性和可移植性，移动端绘制体系在架构上也保持了充分的正交性。

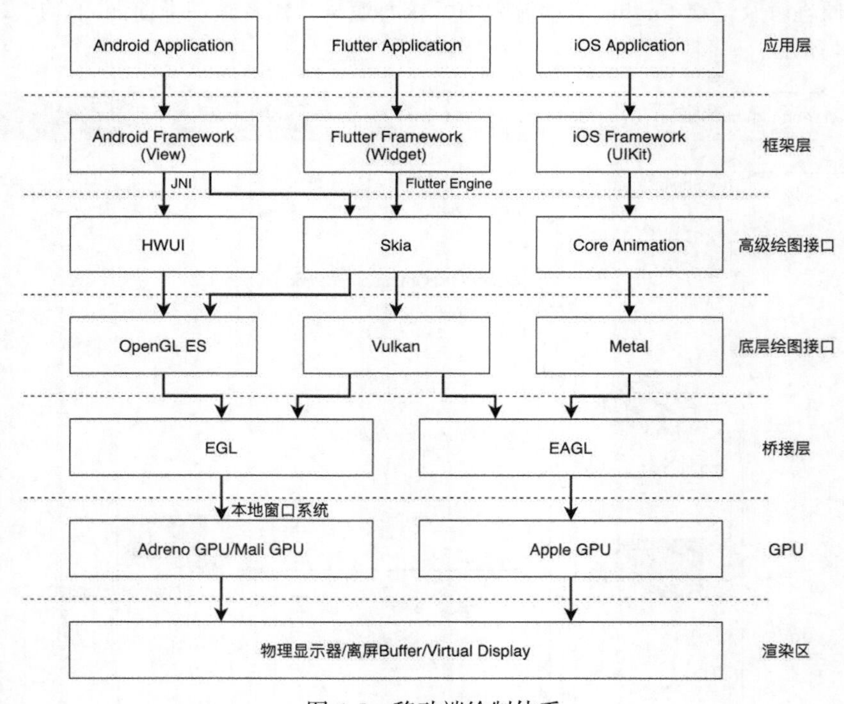

图 4-5 移动端绘制体系

图 4-5 中，由上至下共分为 7 层。第 1 层是应用层，即开发者编码实现的各种 UI 界面，供用户进行交互，即使在不同平台，用户仍然可以获得使用上几乎一致的体验。第 2 层是框架层，是开发者进行 UI 开发的基本单位，比如 Android 中的 View 和 Flutter 中的 Widget，框架层的特点是为开发者屏蔽了底层的绘制细节，提供了可复用的最小单元。第 3 层是高级绘图接口（比如 Skia），它们是框架层的基石，也可以基于高级绘图接口进行 UI 开发，但是需要处理的细节更多，框架层可以认为是高级绘图接口的语义化封装。第 4 层是底层绘图接

口，需要注意的是，这里的底层是相对 Skia 等高级绘图接口而言的。底层绘图接口提供了更接近图形学领域的 API，还提供了绘制相关的最小单元的指令和属性。对底层绘图接口而言，最大的挑战就是需要处理不同硬件的兼容性问题，即不同厂商提供的硬件接口可能是不一样的，作为软件层，底层绘图接口需要处理。第 5 层是桥接层，EGL 的全称是 Embedded Graphics Library，它是厂商提供的、符合统一规范的 API，用以解决第 4 层在直接操作硬件接口时可能遇到的兼容性问题。第 6 层是 GPU，它比 CPU 拥有更多的计算单元和更少的存储单元，因而非常适合并发计算的场景。通常来说，通过 CPU 进行绘制被称为软绘，通过 GPU 进行绘制被称为硬绘，现代移动设备大多采用硬绘，因为硬绘的性能更佳。第 7 层是渲染区，最典型的就是物理显示器，此外还有一些虚拟的渲染区，比如离屏 Buffer、Virtual Display（Android）。应用层的 UI 实际要经过中间 5 层的处理，才能最终到达渲染区，完成 UI 的显示。

需要注意的是，以上分层并不是绝对的，即框架层也可能会直接调用底层绘图接口，底层绘图接口也可能直接操作渲染区，但以上分层是大多数 UI 框架会遵循和追求达到的架构。

对 Flutter Engine 来说，其绘制相关的关键类如图 4-6 所示。

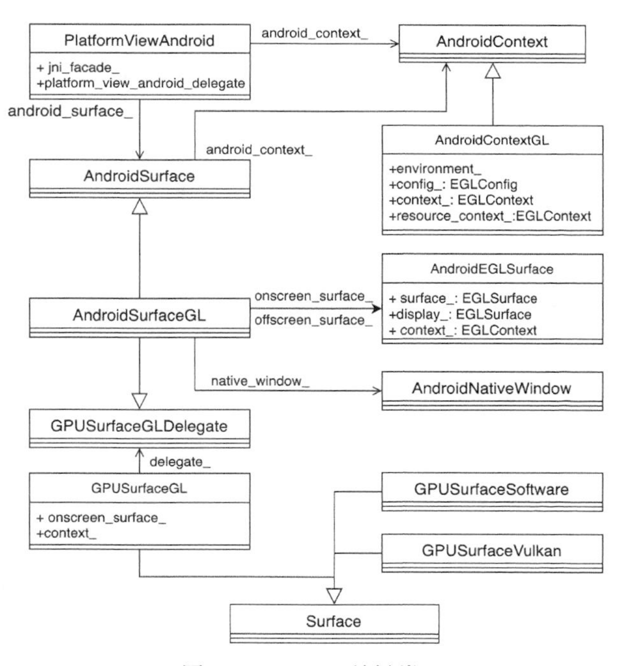

图 4-6 Surface 关键类

图 4-6 中，PlatformViewAndroid 是 Flutter Engine 中负责渲染的关键类，它持有两个关键对象，即通过 android_context_ 字段持有 AndroidContext，通过 android_surface_ 字段持有 AndroidSurface。AndroidContext 提供了绘制相关的上下文，对于 OpenGL 模式（Android 平台默认的模式，下同），其具体子类为 AndroidContextGL。AndroidContextGL 通过 EGLContext、EGLConfig 等对象为 Flutter Engine 的渲染提供上下文环境。AndroidSurface 提供渲染的输出，

是帧数据的消费者，对于 OpenGL 模式，其具体子类为 AndroidSurfaceGL，该类通过 onscreen_surface_ 字段和 offscreen_surface_ 字段持有两个 AndroidEGLSurface 对象。AndroidEGLSurface 是 Flutter Engine 对于 EGL API 的封装，其内部持有 EGLSurface、EGLDisplay、EGLContext 等关键实例，它们将负责真正的渲染逻辑。此外，AndroidNativeWindow 是 Embedder 中创建的 Surface 在 Engine 中的等价表示，AndroidSurfaceGL 通过 native_window_ 字段持有该类，用于 onscreen_surface_ 实例的创建。

上述类都位于 Platform 线程，而 Flutter Engine 的渲染实际发生在 Raster 线程，为此，Raster 线程中的 GPUSurfaceGL 将通过 delegate_ 字段持有一个 GPUSurfaceGLDelegate，其具体实现正是 AndroidSurfaceGL，如此，Raster 线程便可以操作 AndroidEGLSurface 了。

在 Flutter Engine 的 Surface 的启动流程中，将多次调用 EGL API，虽然它们分散在各段代码中，但其调用顺序仍然会严格遵循图 4-7 所体现的流程规范。

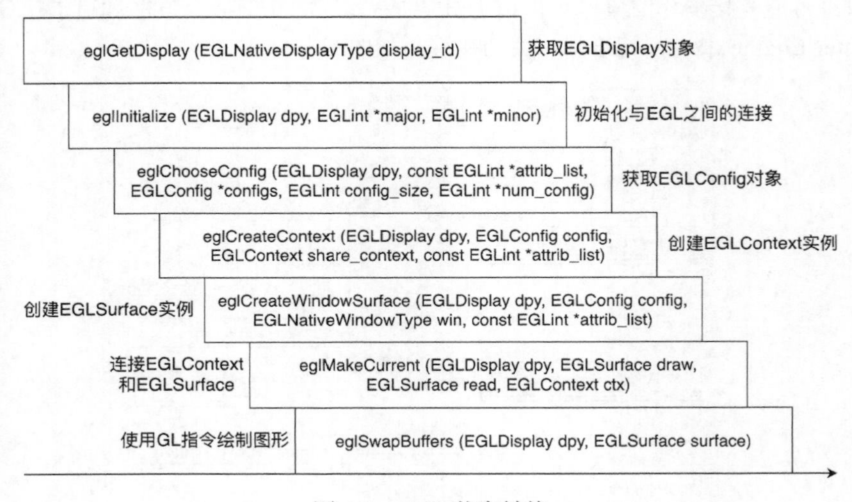

图 4-7　EGL 状态转换

图 4-7 展示了 Flutter Engine 中从 Surface 准备到 UI 最终上屏所经历的 7 个关键 EGL API 调用，具体作用已在图中注明，它们在后面内容中的具体调用点如下：代码清单 4-35 中将调用 eglGetDisplay 完成显示句柄（EGLDisplay）的获取，然后调用 eglInitialize 完成 EGLDisplay 的初始化；代码清单 4-37 中将调用 eglChooseConfig 完成 EGLDisplay 的配置，然后调用 eglCreateContext 创建 EGLContext；代码清单 4-43 中将调用 eglCreateWindowSurface 完成渲染输出 EGLSurface 的创建；代码清单 4-49 中将调用 eglMakeCurrent 完成 EGLContext 和 EGLSurface 的绑定；具体渲染细节将在第 5 章介绍，代码清单 5-105 中将调用 eglSwapBuffers 完成最终的上屏操作。

4.3.2　PlatformViewAndroid 初始化

代码清单 4-31 中粗略介绍了 PlatformViewAndroid 的构造函数，而 android_context_ 字

段和 android_surface_ 字段内部的初始化逻辑则没有具体分析，里面是否有更多的细节有待挖掘。接下来详细分析该过程。

首先会触发 AndroidEnvironmentGL 的构造函数，如代码清单 4-35 所示。

代码清单 4-35　engine/shell/platform/android/android_environment_gl.cc

```
AndroidEnvironmentGL::AndroidEnvironmentGL()
    : display_(EGL_NO_DISPLAY), valid_(false) {
  display_ = eglGetDisplay(EGL_DEFAULT_DISPLAY); // 创建显示句柄
  if (display_ == EGL_NO_DISPLAY) { return; } // 创建失败
  if (eglInitialize(display_, nullptr, nullptr) != EGL_TRUE) {
    return; // 初始化 display_
  }
  valid_ = true;
}
```

以上逻辑主要获取窗口句柄，并对其进行初始化，通过调用 EGL API 实现。接下来是 AndroidContextGL 的构造函数，如代码清单 4-36 所示。

代码清单 4-36　engine/shell/platform/android/android_context_gl.cc

```
AndroidContextGL::AndroidContextGL( ...... )
    : AndroidContext(AndroidRenderingAPI::kOpenGLES), // 父类初始化
      environment_(environment),
      config_(nullptr) {
  if (!environment_->IsValid()) { return; }
  bool success = false; // 配置 Display，见代码清单 4-37
  std::tie(success, config_) = ChooseEGLConfiguration(environment_->Display());
  if (!success) { LogLastEGLError(); return; } // 初始化流程发生异常，退出，下同
  std::tie(success, context_) = // 初始化一个 EGLContext，见代码清单 4-37
      CreateContext(environment_->Display(), config_, EGL_NO_CONTEXT);
  if (!success) { LogLastEGLError(); return; }
  std::tie(success, resource_context_) =
      CreateContext(environment_->Display(), config_, context_);
  if (!success) { LogLastEGLError(); return; }
  valid_ = true;
}
```

以上逻辑主要是 config_、context_ 和 resource_context_3 个字段的初始化。相关创建函数如代码清单 4-37 所示。

代码清单 4-37　engine/shell/platform/android/android_context_gl.cc

```
static EGLResult<EGLConfig> ChooseEGLConfiguration(EGLDisplay display) {
  EGLint attributes[] = {// clang-format off
      EGL_RENDERABLE_TYPE, EGL_OPENGL_ES2_BIT,
      EGL_SURFACE_TYPE,    EGL_WINDOW_BIT,
      EGL_RED_SIZE,        8,
      EGL_GREEN_SIZE,      8,
      EGL_BLUE_SIZE,       8,
      EGL_ALPHA_SIZE,      8, // 8 位，ARGB 4 通道
      EGL_DEPTH_SIZE,      0,
```

```
    EGL_STENCIL_SIZE,     0,
    EGL_NONE,             // termination sentinel
  }; // clang-format on
  EGLint config_count = 0;
  EGLConfig egl_config = nullptr; // 配置 display
  if (eglChooseConfig(display, attributes, &egl_config, 1, &config_count) != EGL_TRUE) {
    return {false, nullptr};
  }
  bool success = config_count > 0 && egl_config != nullptr;
  return {success, success ? egl_config : nullptr};
}
static EGLResult<EGLContext> CreateContext(EGLDisplay display, EGLConfig config,
    EGLContext share = EGL_NO_CONTEXT) {
  EGLint attributes[] = {EGL_CONTEXT_CLIENT_VERSION, 2, EGL_NONE};
  EGLContext context = eglCreateContext(display, config, share, attributes);
  return {context != EGL_NO_CONTEXT, context};
}
```

至此，AndroidContextGL 已经完成了创建，该对象是对 AndroidSurfaceGL 绘制上下文的封装，内部其实是 EGL API 相关字段。接下来分析代码清单 4-32 中 AndroidSurfaceGL 的创建，如代码清单 4-38 所示。

代码清单 4-38 engine/shell/platform/android/android_surface_gl.cc

```
AndroidSurfaceGL::AndroidSurfaceGL(
    const std::shared_ptr<AndroidContext>& android_context,
    std::shared_ptr<PlatformViewAndroidJNI> jni_facade)
    : AndroidSurface(android_context),
      native_window_(nullptr),       // 本地窗口系统
      onscreen_surface_(nullptr),    // 用于显示的 Surface
      offscreen_surface_(nullptr) { // 用于离屏渲染，I/O 线程
  // 创建离屏渲染区，见代码清单 4-39
  offscreen_surface_ = GLContextPtr()->CreateOffscreenSurface();
  // 离屏渲染不依赖 native_window_，直接在此进行创建并检查
  if (!offscreen_surface_->IsValid()) { offscreen_surface_ = nullptr; }
} // onscreen_surface_ 将在本地窗口系统准备好后进行创建，见代码清单 4-43
```

以上逻辑主要是 offscreen_surface_ 字段的创建，该 Surface 将用于 I/O 线程的纹理解析等工作，其逻辑如代码清单 4-39 所示。

代码清单 4-39 engine/shell/platform/android/android_context_gl.cc

```
std::unique_ptr<AndroidEGLSurface> AndroidContextGL::CreateOffscreenSurface()
    const {
  EGLDisplay display = environment_->Display();
  const EGLint attribs[] = {EGL_WIDTH, 1, EGL_HEIGHT, 1, EGL_NONE};
  EGLSurface surface = eglCreatePbufferSurface(display, config_, attribs);
                                                          // 通过 EGL API 创建
  return std::make_unique<AndroidEGLSurface>(surface, display, resource_context_);
}
```

至此，PlatformViewAndroid 的初始化工作完成。不要忘了，该过程的触发点是 Embedder 的 nativeAttach 方法。此时，FlutterView 的 Surface 尚未初始化完成，故目前只初始化了 offscreen_ surface_ 字段。下面从 nativeSurfaceCreated 方法开始，继续分析真正用于显示的 Surface 的初始化流程。

4.3.3 Surface 初始化

nativeSurfaceCreated 方法对应的 Engine 方法如代码清单 4-40 所示。

代码清单 4-40 engine/shell/platform/android/platform_view_android_jni_impl.cc

```
static void SurfaceCreated(JNIEnv* env,
                           jobject jcaller,
                           jlong shell_holder, // Shell 对象的引用
                           jobject jsurface) { // Embedder 中创建完成的 Surface 实例
  fml::jni::ScopedJavaLocalFrame scoped_local_reference_frame(env);
  auto window = fml::MakeRefCounted<AndroidNativeWindow>(
      ANativeWindow_fromSurface(env, jsurface)); // 基于 jsurface 创建等价的实例
  ANDROID_SHELL_HOLDER->GetPlatformView()->NotifyCreated(std::move(window));
} // 通过 Shell 跳转到 PlatformViewAndroid，继续 Surface 的创建，见代码清单 4-41
```

需要明确的是，Embedder 中的 Surface 实例（jobject 类型）等价于 Engine 中的 window 实例（AndroidNativeWindow 类型），而 Engine 中的 Surface 则是基于 window 的抽象封装，注意在此不要混淆。下面继续分析 NotifyCreated 方法的逻辑，如代码清单 4-41 所示。

代码清单 4-41 engine/shell/platform/android/platform_view_android.cc

```
void PlatformViewAndroid::NotifyCreated(
    fml::RefPtr<AndroidNativeWindow> native_window) {
  if (android_surface_) { // 已经初始化完成，见代码清单 4-38
    InstallFirstFrameCallback(); // 注册首帧渲染完成的回调，见代码清单 4-42
    fml::AutoResetWaitableEvent latch;
    fml::TaskRunner::RunNowOrPostTask(
      task_runners_.GetRasterTaskRunner(), // Raster 线程，因为数据最终在该线程消费掉
      [&latch, surface = android_surface_.get(),
                                        // 代码清单 4-38 中，在 Platform 线程中创建
       native_window = std::move(native_window)]() {
                                        // 代码清单 4-13 中，在 Platform 线程中创建
        // 在 Raster 线程中设置 native_window_ 等字段
        surface->SetNativeWindow(native_window); // 见代码清单 4-43
        latch.Signal();
      });
    latch.Wait(); // Raster 线程完成初始化后才执行
  } // if
  PlatformView::NotifyCreated(); // Platform 线程，见代码清单 4-44
}
```

以上逻辑主要是将代表当前绘制窗口的 native_window 实例传到 Raster 线程，继续初始化，然后再通知 Platform 线程。这里安装了首帧渲染完成的回调，用于代码清单 4-16 和代码清单 4-18 中 onFlutterUiDisplayed 回调的触发，以完成透明度的重置和闪屏的切换，注册逻辑如代码清单 4-42 所示。

代码清单 4-42 engine/shell/platform/android/platform_view_android.cc

```
void PlatformViewAndroid::InstallFirstFrameCallback() { // Platform 线程
  SetNextFrameCallback( // 该方法将通过 Shell 切换到 Raster 线程进行注册
    [platform_view = GetWeakPtr(),
     platform_task_runner = task_runners_.GetPlatformTaskRunner()]() {
                                                          // 见代码清单 5-101
      platform_task_runner->PostTask([platform_view]() {
                                            // 从 Raster 线程切换到 Platform 线程
        if (platform_view) {
          reinterpret_cast<PlatformViewAndroid*>(platform_view.get())
              ->FireFirstFrameCallback();
        }
      });
    }
  );
} // InstallFirstFrameCallback
void PlatformViewAndroid::FireFirstFrameCallback() {
  jni_facade_->FlutterViewOnFirstFrame(); // 调用 Embedder 的通知：onFirstFrame
}
```

SetNextFrameCallback 最终将赋值给 Rasterizer 实例的 next_frame_callback_ 字段，并在 DrawToSurface 中通过 FireNextFrameCallbackIfPresent 方法触发，具体逻辑在代码清单 5-101 中，在此不再赘述。下面分析 Raster 线程的 AndroidSurfaceGL 对象是如何初始化其用于渲染的 Surface 的，如代码清单 4-43 所示。

代码清单 4-43 engine/shell/platform/android/android_surface_gl.cc

```
bool AndroidSurfaceGL::SetNativeWindow(fml::RefPtr<AndroidNativeWindow> window) {
  FML_DCHECK(IsValid());
  FML_DCHECK(window);
  native_window_ = window; // 本质是 Embedder 中的 Surface
  onscreen_surface_ = nullptr;
  onscreen_surface_ = GLContextPtr()->CreateOnscreenSurface(window);
  if (!onscreen_surface_->IsValid()) { return false; }
  return true;
}
// engine/shell/platform/android/android_context_gl.cc
std::unique_ptr<AndroidEGLSurface> AndroidContextGL::CreateOnscreenSurface(
    fml::RefPtr<AndroidNativeWindow> window) const {
  EGLDisplay display = environment_->Display(); // 在代码清单 4-35 中创建完成
  const EGLint attribs[] = {EGL_NONE};
  // 注意与代码清单 4-39 中使用的 eglCreatePbufferSurface 接口进行区别
  EGLSurface surface = eglCreateWindowSurface( // 创建用于屏幕渲染的底层 EGLSurface 实例
    display, config_, reinterpret_cast<EGLNativeWindowType>(window->handle()),
        attribs);
  return std::make_unique<AndroidEGLSurface>(surface, display, context_);
} // AndroidEGLSurface 进一步封装 EGLSurface
```

以上逻辑中，SetNativeWindow 方法主要负责相关成员变量的赋值，并基于 native_window_ 字段开始 onscreen_surface_ 字段的初始化，具体逻辑如 CreateOnscreenSurface 方法所示。

CreateOnscreenSurface 方法中创建了一个 EGLSurface 对象，它实际上就是一个 FrameBuffer

的实例，是渲染的最终目的地。至此，通过 EGL API 完成 Raster 线程的 Surface 的创建。

下面分析 Platform 线程的后续初始化工作，如代码清单 4-44 所示。

代码清单 4-44　engine/shell/common/platform_view.cc

```
void PlatformView::NotifyCreated() {
  std::unique_ptr<Surface> surface;
  auto* platform_view = this;
  fml::ManualResetWaitableEvent latch;
  fml::TaskRunner::RunNowOrPostTask(
      task_runners_.GetRasterTaskRunner(), // Raster 线程
      [platform_view, &surface, &latch]() {
        surface = platform_view->CreateRenderingSurface(); // 见代码清单 4-45
        if (surface && !surface->IsValid()) { surface.reset(); } // 如果无效，则重置
        latch.Signal(); // 创建完成
      });
  latch.Wait(); // 等待 Raster 线程创建 Surface
  if (!surface) { return; } // Surface 创建失败（null）
  delegate_.OnPlatformViewCreated(std::move(surface)); // 见代码清单 4-51
}
```

需要区分的是，代码清单 4-43 中创建的是 AndroidEGLSurface 对象，代码清单 4-38 中创建的是 AndroidSurfaceGL 对象，而这里创建的则是 GPUSurfaceGL 对象。由图 4-6 可知，它们依次持有前者的实例，使用在不同线程、不同场景下，但本质上都是持有 EGLSurface 的实例。

代码清单 4-44 中的逻辑分为 2 步。第 1 步，通过 CreateRenderingSurface 方法创建一个 Surface，如代码清单 4-45 所示。

代码清单 4-45　engine/shell/platform/android/platform_view_android.cc

```
std::unique_ptr<Surface> PlatformViewAndroid::CreateRenderingSurface() {
  if (!android_surface_) { return nullptr; }
  return android_surface_->CreateGPUSurface( // 见代码清单 4-46
      android_context_->GetMainSkiaContext().get()); // 获取 Skia Context
}
```

以上逻辑中，实际创建的是 AndroidSurfaceGL 对象，具体创建逻辑在 CreateGPUSurface 方法中，如代码清单 4-46 所示。

代码清单 4-46　engine/shell/platform/android/android_surface_gl.cc

```
std::unique_ptr<Surface> AndroidSurfaceGL::CreateGPUSurface(
    GrDirectContext* gr_context) {
  if (gr_context) { // 分支 1
    return std::make_unique<GPUSurfaceGL>(sk_ref_sp(gr_context), this, true);
  } else { // 分支 2
    sk_sp<GrDirectContext> main_skia_context =
        GLContextPtr()->GetMainSkiaContext();
    if (!main_skia_context) {
      main_skia_context = GPUSurfaceGL::MakeGLContext(this);
      GLContextPtr()->SetMainSkiaContext(main_skia_context);
```

```
    }
    return std::make_unique<GPUSurfaceGL>(main_skia_context, this, true);
  }
}
```

这里无论选择哪个分支都会触发 GPUSurfaceGL 实例的创建，其构造函数如代码清单 4-47 所示。一般就首次调用而言，需要通过 MakeGLContext 方法完成 GrDirectContext 对象，即 Skia 的渲染上下文的创建。

代码清单 4-47 engine/shell/gpu/gpu_surface_gl.cc

```
sk_sp<GrDirectContext> GPUSurfaceGL::MakeGLContext(
    GPUSurfaceGLDelegate* delegate) {
  auto context_switch = delegate->GLContextMakeCurrent();
  if (!context_switch->GetResult()) { return nullptr; } // EGL 的 Context
  GrContextOptions options;
  // SKIP 缓存等配置信息填充到 options
  auto context = GrDirectContext::MakeGL( // 调用 API
        delegate->GetGLInterface(), options); // delegate 负责提供和 OpenGL 绑定的接口
  if (!context) { // 创建失败
    FML_LOG(ERROR) << "Failed to setup Skia Gr context.";
    return nullptr;
  }
  // SKIP 缓存、预初始化等逻辑
  return context;
}
```

以上逻辑主要是调用了 Skia 的 API 方法 MakeGL，以创建一个渲染上下文，并在参数中完成底层绘图接口的绑定。

GrDirectContext 初始化完成后，就会执行 GPUSurfaceGL 的创建，如代码清单 4-48 所示。

代码清单 4-48 engine/shell/gpu/gpu_surface_gl.cc

```
GPUSurfaceGL::GPUSurfaceGL(sk_sp<GrDirectContext> gr_context,
                           GPUSurfaceGLDelegate* delegate,
                           bool render_to_surface)
    : delegate_(delegate), // AndroidSurfaceGL,
      context_(gr_context), // 见代码清单 4-47
      context_owner_(false),
      render_to_surface_(render_to_surface),
      weak_factory_(this) {
  auto context_switch = delegate_->GLContextMakeCurrent(); // 见代码清单 4-49
  if (!context_switch->GetResult()) { // AndroidEGLSurface::MakeCurrent 的返回值
    return;                           // context_switch 一般为 GLContextDefaultResult
  }
  delegate_->GLContextClearCurrent(); // 见代码清单 4-50
  valid_ = gr_context != nullptr;
}
```

以上逻辑中，首先会调用 AndroidSurfaceGL 对象的 GLContextMakeCurrent 方法，该方法将调用 onscreen_surface_ 的 MakeCurrent 方法，如代码清单 4-49 所示。

代码清单 4-49　engine/shell/platform/android/android_context_gl.cc

```
bool AndroidEGLSurface::MakeCurrent() const {
  if (eglMakeCurrent(display_, surface_, surface_, context_) != EGL_TRUE) {
    FML_LOG(ERROR) << "Could not make the context current";
    LogLastEGLError();
    return false;
  }
  return true;
}
```

以上逻辑中，核心是调用了 eglMakeCurrent 这个 EGL API，调用之后，surface_ 将作为 display_ 的显示前端，context_ 将作为当前绘制的上下文。这 3 个变量中，display_ 在代码清单 4-35 中完成初始化，surface_ 在代码清单 4-43 中完成初始化，context_ 则在代码清单 4-36 中完成初始化。eglMakeCurrent 方法执行完后，context_ 的绘制将作用于 surface_，并最终渲染到 display_，详细流程将在 5.7 节详细分析。

以上逻辑中，调用 eglMakeCurrent 方法的目的主要是对 context_ 进行初始化，完成后将调用 ClearCurrent 清理 display_ 所绑定的信息，当真正需要绘制时会再次调用，详见代码清单 5-102。ClearCurrent 方法逻辑如代码清单 4-50 所示。

代码清单 4-50　engine/shell/platform/android/android_context_gl.cc

```
bool AndroidContextGL::ClearCurrent() const {
  if (eglGetCurrentContext() != context_) { // 当前绘制上下文不一致
    return true;
  }
  if (eglMakeCurrent(environment_->Display(), EGL_NO_SURFACE,
                                                // 清理 display_ 的显示前端
      EGL_NO_SURFACE, EGL_NO_CONTEXT) != EGL_TRUE) {
    FML_LOG(ERROR) << "Could not clear the current context";
    LogLastEGLError();
    return false;
  }
  return true;
}
```

至此 Raster 线程的初始化基本结束。代码清单 4-44 的逻辑的第 2 步，调用 OnPlatformView Created 方法，该方法将通过 Shell“广播”Surface 初始化完成的消息，以驱动其他线程的相关依赖在此时开始初始化，如代码清单 4-51 所示。

代码清单 4-51　engine/shell/common/shell.cc

```
void Shell::OnPlatformViewCreated(std::unique_ptr<Surface> surface) {
  TRACE_EVENT0("flutter", "Shell::OnPlatformViewCreated");
  rasterizer_->DisableThreadMergerIfNeeded();
  const bool should_post_raster_task =
      !task_runners_.GetRasterTaskRunner()->RunsTasksOnCurrentThread();
  fml::AutoResetWaitableEvent latch;
  auto raster_task = fml::MakeCopyable([ ..... ]() mutable { // 第 3 步
    if (rasterizer) {
```

```
            rasterizer->EnableThreadMergerIfNeeded(); // 见代码清单 10-20
            rasterizer->Setup(std::move(surface));
        }
        waiting_for_first_frame.store(true);
        latch.Signal();
    });
    auto ui_task = [ ...... ] { // 第 2 步
        if (engine) {
            engine->OnOutputSurfaceCreated(); // 见代码清单 4-52
        }
        if (should_post_raster_task) { // Raster 在独立线程中，触发第 3 步
            fml::TaskRunner::RunNowOrPostTask(raster_task_runner, raster_task);
        } else { // 不在独立线程中，直接结束，后续会同步执行 raster_task
            latch.Signal();
        }
    };
    auto* platform_view = platform_view_.get();
    FML_DCHECK(platform_view);
    auto io_task = [ ...... ] { // 第 1 步
        if (io_manager && !io_manager->GetResourceContext()) {
            sk_sp<GrDirectContext> resource_context;
            if (shared_resource_context) {
                resource_context = shared_resource_context;
            } else {
                resource_context = platform_view->CreateResourceContext();
            }
            io_manager->NotifyResourceContextAvailable(resource_context);
        }
        fml::TaskRunner::RunNowOrPostTask(ui_task_runner, ui_task);
    };
    fml::TaskRunner::RunNowOrPostTask( // 触发第 1 步
        task_runners_.GetIOTaskRunner(), io_task);
    latch.Wait(); // 等待第 1~3 步完成
    if (!should_post_raster_task) {
        raster_task(); // 说明 Platform 和 Raster 在同一线程，直接执行即可
    }
}
```

以上逻辑涉及动态线程合并，相关细节将在 10.2 节介绍。除此之外，需要注意的是，初始化的顺序是有严格先后关系的，其中 Platform 线程将触发 OnOutputSurfaceCreated 方法，如代码清单 4-52 所示。

代码清单 4-52 engine/shell/common/engine.cc

```
void Engine::OnOutputSurfaceCreated() {
    have_surface_ = true;
    StartAnimatorIfPossible();
    ScheduleFrame();
}
```

以上逻辑主要是请求渲染一帧，详细流程将在第 5 章分析。至此，Flutter 绘制相关的工作已经初始化完毕。为了方便读者理解，整理其流程如图 4-8 所示。

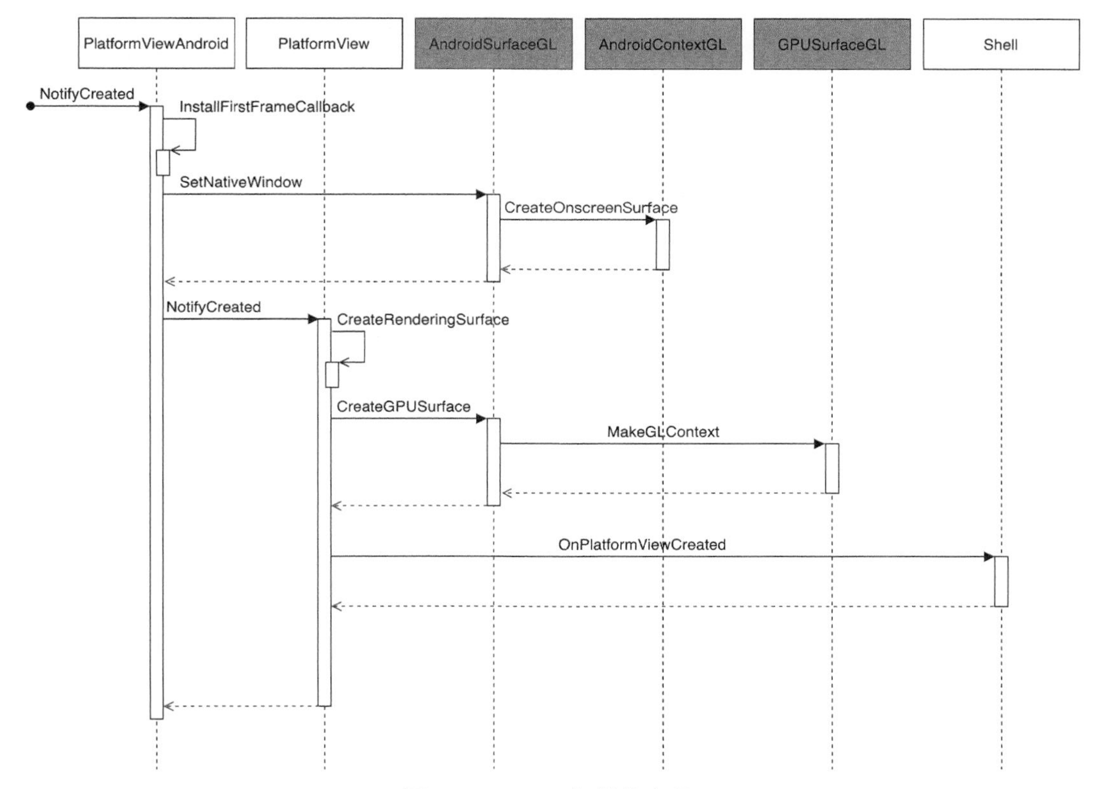

图 4-8　Surface 初始化流程

4.4　Dart Runtime 启动流程

在 4.2 节分析 Engine 启动流程中曾提到，UI 线程初始化了两个关键类——Engine 和 Animator，前者负责逻辑执行，后者负责帧数据渲染。由于 Flutter 是基于 Dart 开发的，因此 Engine 类的本质是 Dart 运行环境，即 Dart Runtime，本节将详细剖析 Flutter Engine 中 Dart Runtime 在 Debug 和 Release 模式下的启动流程。

4.4.1　Dart Runtime 介绍

Dart Runtime 涉及的关键类及其关系如图 4-9 所示。

在图 4-9 中，Shell 是我们已经非常熟悉的类，它通过持有 DartVMRef 对象，进而持有真正的 Dart VM。但从全局来看，真正持有 Dart VM 的其实是 RuntimeController。首先分析图 4-9 的右半部分，DartVM 在创建前会先执行 DartVMData 的创建，该类包括两个关键字段——vm_snapshot_ 和 isolate_snapshot_，这两个字段记录了 vm-service Isolate 和主 Isolate 进行启动所需要的 Snapshot 数据（通过 DartSnapshot 表示）。DartSnapshot 的 data_ 字段和

instructions_ 字段分别持有当前 DartIsolate 启动所需要的数据序列和指令序列。DartSnapshot 的底层表示其实是 Mapping 的子类，比如文件内存映射（FileMapping，Debug 模式下），又或者动态链接库的符号映射（SymbolMapping，Release 模式下）。再分析图 4-9 的左半部分，RuntimeController 通过 isolate_snapshot_ 字段持有 DartSnapshot，进而可以基于该对象进行 DartIsolate 的初始化，DartIsolate 继承自 UIDartState，是 Engine 对于 Dart_Isolate（Dart VM 的 API 接口）的抽象表示。总的来说，Isolate 的启动就是加载并运行对应的 Snapshot（so 文件或者 Kernel 文件）。

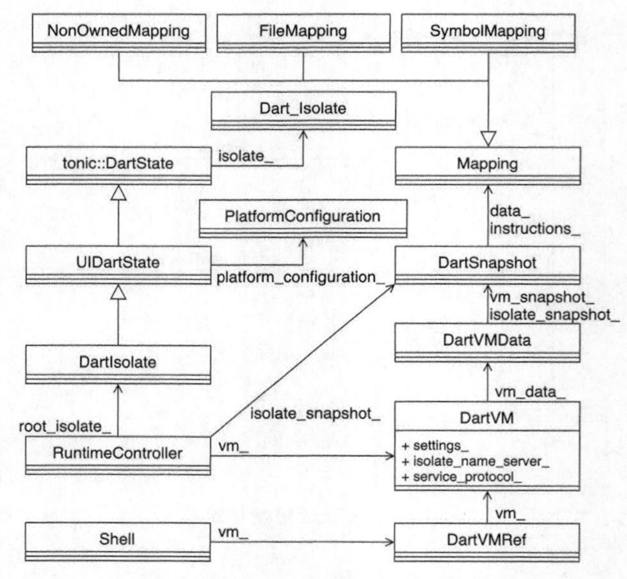

图 4-9　Dart Runtime 涉及的关键类及其关系

4.4.2　Dart VM 创建流程

Dart VM（虚拟机）创建于代码清单 4-28 中的 DartVMRef::Create 方法，其逻辑如代码清单 4-53 所示。

代码清单 4-53　engine/runtime/dart_vm_lifecycle.cc

```
DartVMRef DartVMRef::Create(Settings settings,
                            fml::RefPtr<DartSnapshot> vm_snapshot,
                            fml::RefPtr<DartSnapshot> isolate_snapshot) {
  std::scoped_lock lifecycle_lock(gVMMutex);
  if (!settings.leak_vm) { FML_CHECK(!gVMLeak) << ""; }
  if (auto vm = gVM.lock()) { // 之前已经创建过
    return DartVMRef{std::move(vm)};
  }
  std::scoped_lock dependents_lock(gVMDependentsMutex);
  gVMData.reset(); // 相关字段重置
```

```
    gVMServiceProtocol.reset();
    gVMIsolateNameServer.reset();
    gVM.reset();
    auto isolate_name_server = std::make_shared<IsolateNameServer>();
    auto vm = DartVM::Create(std::move(settings),   // 配置信息
                  std::move(vm_snapshot),           // Dart VM 的数据和指令
                  std::move(isolate_snapshot),      // Main Isolate 的数据和指令
                  isolate_name_server);
    if (!vm) { return {nullptr}; } // 创建失败
    gVMData = vm->GetVMData(); // 相关字段初始化
    gVMServiceProtocol = vm->GetServiceProtocol();
    gVMIsolateNameServer = isolate_name_server;
    gVM = vm;
    if (settings.leak_vm) { // 允许共享 VM
      gVMLeak = new std::shared_ptr<DartVM>(vm);
    }
    return DartVMRef{std::move(vm)};
  }
```

真正的创建逻辑在 DartVM::Create 方法中，如代码清单 4-54 所示。具体参数中 vm_snapshot 和 isolate_snapshot 为 null，它们将在创建过程中完成初始化。

代码清单 4-54　engine/runtime/dart_vm.cc

```
std::shared_ptr<DartVM> DartVM::Create( ...... ) {
  auto vm_data = DartVMData::Create(settings, // 见代码清单 4-55
                std::move(vm_snapshot), std::move(isolate_snapshot));
  if (!vm_data) { return {}; } // DartVMData 创建失败
  return std::shared_ptr<DartVM>( // 见代码清单 4-61
      new DartVM(std::move(vm_data), std::move(isolate_name_server)));
}
```

以上逻辑的核心在于 DartVMData 的创建和 DartVM 的实例构造，DartVMData 对象将作为 DartVM 构造函数的参数。首先分析 DartVMData::Create 方法，如代码清单 4-55 所示。

代码清单 4-55　engine/runtime/dart_vm_data.cc

```
std::shared_ptr<const DartVMData> DartVMData::Create( ...... ) {
  if (!vm_snapshot || !vm_snapshot->IsValid()) {
    vm_snapshot = DartSnapshot::VMSnapshotFromSettings(settings); // 见代码清单 4-56
    if (!vm_snapshot) { return {} }
  }
  if (!isolate_snapshot || !isolate_snapshot->IsValid()) {
    isolate_snapshot = DartSnapshot::IsolateSnapshotFromSettings(settings);
    if (!isolate_snapshot) { return {}; }
  }
  return std::shared_ptr<const DartVMData>(new DartVMData(
      std::move(settings), std::move(vm_snapshot), std::move(isolate_snapshot) ));
}
```

以上逻辑将调用 VMSnapshotFromSettings 方法和 IsolateSnapshotFromSettings 方法分别完成 vm_snapshot 和 isolate_snapshot 参数的初始化，这两个参数组成了最终将返回的 DartVMData 对象。下面以 VMSnapshotFromSettings 方法为例进行分析，如代码清单 4-56 所示。

代码清单 4-56　engine/runtime/dart_snapshot.cc

```
fml::RefPtr<DartSnapshot> DartSnapshot::VMSnapshotFromSettings(
    const Settings& settings) {
  TRACE_EVENT0("flutter", "DartSnapshot::VMSnapshotFromSettings");
  auto snapshot =
      fml::MakeRefCounted<DartSnapshot>(ResolveVMData(settings),
                                        ResolveVMInstructions(settings)); // 见代码清单 4-57
  if (snapshot->IsValid()) { return snapshot; } // 返回有效结果
  return nullptr;
}
```

由以上逻辑可知，DartSnapshot 由 VMData 和 VMInstructions 组成，它们分别表示 Dart VM 的数据段和指令段，相关信息在代码清单 4-11 中已经详述过，在此不再赘述。

下面以 ResolveVMInstructions 方法为例分析，如代码清单 4-57 所示。

代码清单 4-57　engine/runtime/dart_snapshot.cc

```
#define DART_SNAPSHOT_STATIC_LINK \ // 编译期根据产物类型确定是否使用静态链接
  ((OS_WIN || OS_ANDROID) && FLUTTER_JIT_RUNTIME)
static std::shared_ptr<const fml::Mapping> ResolveVMInstructions( const Settings&
    settings) {
#if DART_SNAPSHOT_STATIC_LINK // 一般是 Debug 模式
  return std::make_unique<fml::NonOwnedMapping>(kDartVmSnapshotInstructions, 0);
#else   // DART_SNAPSHOT_STATIC_LINK // Release 模式，加载产物是预编译后的机器码
  return SearchMapping( // 见代码清单 4-58
      settings.vm_snapshot_instr,            // embedder_mapping_callback
      settings.vm_snapshot_instr_path,       // file_path
      settings.application_library_path,     // native_library_path
      DartSnapshot::kVMInstructionsSymbol,   // native_library_symbol_name
      true);                                 // is_executable
#endif  // DART_SNAPSHOT_STATIC_LINK
}
```

对于 Release 模式，以上逻辑将调用 SearchMapping 方法，从参数提供的诸多路径中依次寻找可用的 snapshot 文件用于加载，如代码清单 4-58 所示。

代码清单 4-58　engine/runtime/dart_snapshot.cc

```
static std::shared_ptr<const fml::Mapping> SearchMapping( ...... ) {
  if (embedder_mapping_callback) { // 第 1 种情况，通过外部回调进行处理
    return embedder_mapping_callback();
  }
  if (file_path.size() > 0) { // 第 2 种情况，通过文件映射进行加载
    if (auto file_mapping = GetFileMapping(file_path, is_executable)) {
      return file_mapping;
    }
  } // 第 3 种情况，通过动态链接库（so 文件）进行加载
  for (const std::string& path : native_library_path) {
    auto native_library = fml::NativeLibrary::Create(path.c_str()); // 见代码清单 4-59
    auto symbol_mapping = std::make_unique<const fml::SymbolMapping>(
        native_library, native_library_symbol_name); // 见代码清单 4-60
    if (symbol_mapping->GetMapping() != nullptr) {
      return symbol_mapping;
```

```
      }
    }
    { // 第 4 种情况，通过已加载的动态链接进行加载
      auto loaded_process = fml::NativeLibrary::CreateForCurrentProcess();
      auto symbol_mapping = std::make_unique<const fml::SymbolMapping>(
          loaded_process, native_library_symbol_name);
      if (symbol_mapping->GetMapping() != nullptr) {
        return symbol_mapping;
      }
    }
    return nullptr;
  }
```

以上逻辑已在代码中做了详尽注释，对 Release 而言，通常会进入第 3 种情况。调用 SearchMapping 方法时传入的 native_library_path 参数，正是在代码清单 4-23 中通过在调用 SettingsFromCommandLine 方法时完成存储，而 Embedder 的设置逻辑则在代码清单 4-10 中。下面分析 so 文件（即 libapp.so，是 Dart 代码 AOT 编译后的产物）的加载逻辑，如代码清单 4-59 所示。

代码清单 4-59　engine/fml/platform/posix/native_library_posix.cc

```
fml::RefPtr<NativeLibrary> NativeLibrary::Create(const char* path) {
  auto library = fml::AdoptRef(new NativeLibrary(path)); // 触发构造函数
  return library->GetHandle() != nullptr ? library : nullptr;
}
NativeLibrary::NativeLibrary(const char* path) {
  ::dlerror(); // 当动态链接库操作函数执行失败时，返回出错信息
  handle_ = ::dlopen(path, RTLD_NOW); // 打开指定的动态链接库，并返回一个句柄给调用进程
  if (handle_ == nullptr) { FML_DLOG(ERROR) << "Could not open library ......"; }
}
const uint8_t* NativeLibrary::ResolveSymbol(const char* symbol) {
                                                              // 来自代码清单 4-60
  // dlsym 接口通过句柄和链接符名称获取函数名或者变量名
  auto* resolved_symbol = static_cast<const uint8_t*>(::dlsym(handle_, symbol));
  if (resolved_symbol == nullptr) {
    FML_DLOG(INFO) << "Could not resolve symbol in library: " << symbol;
  }
  return resolved_symbol;
}
```

以上逻辑主要是通过底层 API 接口 dlopen 得到 so 文件的句柄，具体的符号映射逻辑如代码清单 4-60 所示。

代码清单 4-60　engine/fml/mapping.cc

```
SymbolMapping::SymbolMapping(fml::RefPtr<fml::NativeLibrary> native_library,
                             const char* symbol_name)
    : native_library_(std::move(native_library)) {
  if (native_library_ && symbol_name != nullptr) {
    mapping_ = native_library_->ResolveSymbol(symbol_name); // 见代码清单 4-59
    if (mapping_ == nullptr) { ...... } // SKIP 兜底逻辑
  }
}
```

以上逻辑中，symbol_name 对应代码清单 4-11 中的 4 个数据段 / 指令段，具体的调用逻辑由 ResolveSymbol 方法执行，如代码清单 4-59 所示，主要是通过系统 API 接口 dlsym 得到目标位置的指针。

其他 vm_snapshot 和 isolate_snapshot 的 data 和 instruction 将依次完成以上流程，至此，Release 模式下的 Snapshot 就加载完成了，而 Debug 模式下的加载则会推迟到启动流程中。下面开始分析 DartVM 的创建，如代码清单 4-61 所示。

代码清单 4-61　engine/runtime/dart_vm.cc

```
DartVM::DartVM(std::shared_ptr<const DartVMData> vm_data, // 见代码清单 4-54
               std::shared_ptr<IsolateNameServer> isolate_name_server)
    : settings_(vm_data->GetSettings()),
      concurrent_message_loop_(fml::ConcurrentMessageLoop::Create()),
      // SKIP DartVM 对象的成员变量赋值
  TRACE_EVENT0("flutter", "DartVMInitializer");
  gVMLaunchCount++;
  SkExecutor::SetDefault(&skia_concurrent_executor_);
  {
    TRACE_EVENT0("flutter", "dart::bin::BootstrapDartIo");
    dart::bin::BootstrapDartIo();
    if (!settings_.temp_directory_path.empty()) {
      dart::bin::SetSystemTempDirectory(settings_.temp_directory_path.c_str());
    }
  } // 第 1 步，解析和配置各种初始化参数
  std::vector<const char*> args;
  args.push_back("--ignore-unrecognized-flags");
  // SKIP 向 args 填充各种标记（包括从 Embedder 传入的）
  char* flags_error = Dart_SetVMFlags(args.size(), args.data());
                                                          // 通过 Dart API 进行设置
  if (flags_error) { ::free(flags_error); }
  DartUI::InitForGlobal(); // 第 2 步，准备阶段的初始化工作，见代码清单 4-62
  { // 第 3 步，设置启动参数（注意与上面的初始化参数进行区分）
    TRACE_EVENT0("flutter", "Dart_Initialize");
    Dart_InitializeParams params = {}; // 启动参数，注意和前面的 args 进行区分
params.version = DART_INITIALIZE_PARAMS_CURRENT_VERSION;
// VM Snapshot 的数据已经加载完成，在此可以传入。create_group 回调也会因此触发
    params.vm_snapshot_data = vm_data_->GetVMSnapshot().GetDataMapping();
    params.vm_snapshot_instructions =
        vm_data_->GetVMSnapshot().GetInstructionsMapping();
    params.create_group = reinterpret_cast<decltype(params.create_group)>(
      DartIsolate::DartIsolateGroupCreateCallback); // 创建 vm-service，代码清单 4-64
    // SKIP 其他字段设置，如 initialize_isolate/shutdown_isolate/cleanup_isolate 等
    params.entropy_source = dart::bin::GetEntropy;
    char* init_error = Dart_Initialize(&params); // 初始化 Dart 运行时，API 调用
    if (init_error) { ::free(init_error); }
    // SKIP 耗时统计
  }
  // SKIP 绑定回调，如 FileModifiedCallback/ServiceStreamCallbacks
  if (settings_.dart_library_sources_kernel != nullptr) {
    std::unique_ptr<fml::Mapping> dart_library_sources =
    Dart_SetDartLibrarySourcesKernel(dart_library_sources->GetMapping(),
```

```
                dart_library_sources->GetSize());
  }
}
```

以上逻辑是 Dart VM 的真正启动逻辑，主要分为 3 步。第 1 步，解析和配置各种初始化参数，通过 args 设置启动参数，比如是否允许 assert 等基本配置信息。第 2 步，调用 InitForGlobal 方法，主要是完成 Dart 函数和 Native（C++）函数的绑定，如代码清单 4-62 所示。第 3 步，设置 params 参数，并调用 Dart API 接口 Dart_Initialize 进行最终的创建。params 的参数至关重要，可以看出其携带了 vm_snapshot 的相关数据，故 create_group 对应的创建回调将立即被触发，该逻辑将创建 vm-service 这个特殊的 Isolate，如代码清单 4-64 所示。而真正用于运行用户逻辑的主 Isolate 将在后续由 Embedder 触发。

首先分析函数绑定的相关逻辑，如代码清单 4-62 所示。

代码清单 4-62 engine/lib/ui/dart_ui.cc

```
void DartUI::InitForGlobal() {
  if (!g_natives) {
    g_natives = new tonic::DartLibraryNatives();
    Canvas::RegisterNatives(g_natives);
    // SKIP 各个模块的 Dart - C++ 绑定
    PlatformConfiguration::RegisterNatives(g_natives); // 见代码清单 4-63
#if defined(LEGACY_FUCHSIA_EMBEDDER)
    SceneHost::RegisterNatives(g_natives);
#endif
  }
}
```

以上逻辑将触发各模块的函数绑定逻辑，在此仅以 PlatformConfiguration 为例，分析函数绑定的具体流程，如代码清单 4-63 所示。

代码清单 4-63 engine/lib/ui/window/platform_configuration.cc

```
void PlatformConfiguration::RegisterNatives(
    tonic::DartLibraryNatives* natives) {
  natives->Register({
      {"PlatformConfiguration_defaultRouteName", DefaultRouteName, 1, true},
      {"PlatformConfiguration_scheduleFrame", ScheduleFrame, 1, true},
                                                          // 见代码清单 5-20
      {"PlatformConfiguration_sendPlatformMessage", _SendPlatformMessage, 4, true},
      {"PlatformConfiguration_respondToPlatformMessage",
       _RespondToPlatformMessage, 3, true},
      {"PlatformConfiguration_render", Render, 3, true}, // 见代码清单 5-95
      // SKIP 其他函数绑定
  });
}
```

PlatformConfiguration 是连接 Framework 和 Engine 的重要桥梁，以上逻辑中的 DartLibraryNatives 最终将通过 Dart API 接口完成函数的绑定。其中，ScheduleFrame 方法、Render 方法将在第 5 章使用到，而 _SendPlatformMessage 方法将在第 9 章使用到。

下面开始分析 vm-service 的创建。由前面内容的分析可知，Dart VM 创建完成后，其对应的回调 create_group 将被触发，如代码清单 4-64 所示。

代码清单 4-64 engine/runtime/dart_isolate.cc

```
Dart_Isolate DartIsolate::DartIsolateGroupCreateCallback( ...... ) {
  TRACE_EVENT0("flutter", "DartIsolate::DartIsolateGroupCreateCallback");
  if (parent_isolate_data == nullptr && // 后者是 Dart API 常量——vm-service
      strcmp(advisory_script_uri, DART_VM_SERVICE_ISOLATE_NAME) == 0) {
    return DartCreateAndStartServiceIsolate( // 见代码清单 4-65
            package_root, package_config, flags, error);
  }
  // SKIP 一般不会执行后面的逻辑，直接在以上 if 分支中返回
}
```

以上逻辑中，由于 vm-service 是第一个被创建的 Isolate，因此 parent_isolate_data 为 null，故会进入 if 分支的流程，完成创建后直接返回，具体逻辑如代码清单 4-65 所示。

代码清单 4-65 engine/runtime/dart_isolate.cc

```
Dart_Isolate DartIsolate::DartCreateAndStartServiceIsolate( ...... ) {
  auto vm_data = DartVMRef::GetVMData();
  if (!vm_data) {
    *error = fml::strdup( ...... );
    return nullptr;
  }
  const auto& settings = vm_data->GetSettings();
  if (!settings.enable_observatory) {
    return nullptr; // 由于 vm-service 的主要作用是提供观察入口，如果禁用本参数
  } // 那么无须创建，直接返回 null 即可
  TaskRunners null_task_runners("io.flutter." DART_VM_SERVICE_ISOLATE_NAME,
                  nullptr, nullptr, nullptr, nullptr); // 独立线程
  flags->load_vmservice_library = true; // 配置相关参数
#if (FLUTTER_RUNTIME_MODE != FLUTTER_RUNTIME_MODE_DEBUG)
  flags->null_safety = vm_data->GetIsolateSnapshot()->IsNullSafetyEnabled(nullptr);
#endif
  std::weak_ptr<DartIsolate> weak_service_isolate = // 第 1 步，创建 Isolate
      DartIsolate::CreateRootIsolate( ...... ); // SKIP 参数省略，见代码清单 4-73
  std::shared_ptr<DartIsolate> service_isolate = weak_service_isolate.lock();
  if (!service_isolate) { // 创建失败
    *error = fml::strdup("Could not create the service isolate.");
    FML_DLOG(ERROR) << *error;
    return nullptr;
  }
  tonic::DartState::Scope scope(service_isolate);
  if (!DartServiceIsolate::Startup( ...... )) { // 第 2 步，启动 Isolate，见代码清单 4-66
    FML_DLOG(ERROR) << *error;
    return nullptr;
  }
  if (auto callback = vm_data->GetSettings().service_isolate_create_callback) {
    callback(); // vm-service 创建完成后通知外界
  } // 配置 ServiceProtocol，用于第 3 章的 flutter attach
  if (auto service_protocol = DartVMRef::GetServiceProtocol()) {
```

```
    service_protocol->ToggleHooks(true);
  } else { FML_DLOG(ERROR) << " ...... "; }
  return service_isolate->isolate(); // 创建完成
}
```

以上逻辑主要分为2步。第1步，通过CreateRootIsolate方法创建vm-service的Isolate，这里暂不介绍，待后面内容介绍主Isolate创建时一并分析。第2步，假设Isolate已经创建成功，将调用Startup方法启动该Isolate，如代码清单4-66所示。

代码清单4-66 engine/runtime/dart_service_isolate.cc

```
bool DartServiceIsolate::Startup( ...... ) {
  Dart_Isolate isolate = Dart_CurrentIsolate();
  FML_CHECK(isolate);
  g_embedder_tag_handler = embedder_tag_handler;
  FML_CHECK(g_embedder_tag_handler);
  if (!g_natives) { // 如果没有绑定Native相关的函数，则须在此绑定最基础的函数
    g_natives = new tonic::DartLibraryNatives();
    g_natives->Register({
        {"VMServiceIO_NotifyServerState", NotifyServerState, 1, true},
        {"VMServiceIO_Shutdown", Shutdown, 0, true},
    });
  } // 寻找到vm-service的库
  Dart_Handle uri = Dart_NewStringFromCString("dart:vmservice_io");
  Dart_Handle library = Dart_LookupLibrary(uri);
  SHUTDOWN_ON_ERROR(library); // 确认能查询到该库
  Dart_Handle result = Dart_SetRootLibrary(library); // 设置为当前Isolate的启动库
  SHUTDOWN_ON_ERROR(result);
  result = Dart_SetNativeResolver(library, GetNativeFunction, GetSymbol);
  SHUTDOWN_ON_ERROR(result);
  Dart_ExitScope();
  Dart_ExitIsolate();
  *error = Dart_IsolateMakeRunnable(isolate); // 设置为可运行状态
  if (*error) {
    Dart_EnterIsolate(isolate);
    Dart_ShutdownIsolate();
    return false;
  }
  Dart_EnterIsolate(isolate);
  Dart_EnterScope();
  library = Dart_RootLibrary();
  SHUTDOWN_ON_ERROR(library);
  result = Dart_SetField(library, Dart_NewStringFromCString("_ip"), // 配置IP信息
                         Dart_NewStringFromCString(server_ip.c_str()));
  SHUTDOWN_ON_ERROR(result);
  bool auto_start = server_port >= 0; // 配置端口信息，最终会输出如图3-6所示的信息
  if (server_port < 0) { server_port = 0; }
  result = Dart_SetField(library, Dart_NewStringFromCString("_port"),
                         Dart_NewInteger(server_port));
  SHUTDOWN_ON_ERROR(result);
  // SKIP 各种字段设置
  return true;
}
```

以上逻辑主要是调用 Dart API 的各种接口，均在代码中注明，在此不再赘述。

至此，Dart VM 的创建流程就完成了，主要是 VM 实例的创建和 vm-service 的创建与启动，但是承载真正逻辑的主 Isolate 此时尚未启动，下面开始详细分析。

4.4.3 Isolate 启动流程

4.1 节曾经分析过，Embedder 最终会调用 FlutterJNI 的 nativeRunBundleAndSnapshotFromLibrary 方法完成 Framework 的启动，其对应的 Engine 逻辑如代码清单 4-67 所示。

代码清单 4-67　engine/shell/platform/android/platform_view_android_jni_impl.cc

```
static void RunBundleAndSnapshotFromLibrary( ...... ) {
  auto asset_manager = std::make_shared<flutter::AssetManager>();
  asset_manager->PushBack(std::make_unique<flutter::APKAssetProvider>(
      env, // 第 1 步，存储 AssetManager 实例，便于 Flutter 使用本地资源
      jAssetManager, // 来自 Embedder
      fml::jni::JavaStringToString(env, jBundlePath))  // 资源位置
  ); // 第 2 步，根据其 Debug 模式还是 Release 模式创建 IsolateConfiguration 实例，用于后续启动
  std::unique_ptr<IsolateConfiguration> isolate_configuration;
  if (flutter::DartVM::IsRunningPrecompiledCode()) { // Release 模式，使用 AOT Snapshot
    isolate_configuration = IsolateConfiguration::CreateForAppSnapshot();
  } else { // Debug 模式，使用 Kernel 文件，需要通过文件映射加载
    std::unique_ptr<fml::Mapping> kernel_blob = // 创建文件映射
        fml::FileMapping::CreateReadOnly( // 见代码清单 4-68
            ANDROID_SHELL_HOLDER->GetSettings().application_kernel_asset);
    if (!kernel_blob) { return; } // 加载失败
    isolate_configuration = IsolateConfiguration::CreateForKernel(std::move(kernel_blob));
  } // 第 3 步，最终的启动配置。第 1 个参数是逻辑信息；第 2 个参数是资源信息
  RunConfiguration config(std::move(isolate_configuration), std::move(asset_manager));
  { // 启动入口配置
    auto entrypoint = fml::jni::JavaStringToString(env, jEntrypoint);
    auto libraryUrl = fml::jni::JavaStringToString(env, jLibraryUrl);
    if ((entrypoint.size() > 0) && (libraryUrl.size() > 0)) {
      config.SetEntrypointAndLibrary(std::move(entrypoint), std::move(libraryUrl));
    } else if (entrypoint.size() > 0) {
      config.SetEntrypoint(std::move(entrypoint));
    }
  }
  ANDROID_SHELL_HOLDER->Launch(std::move(config)); // 代码清单 4-70
}
```

对 Release 模式而言，其 Snapshot 数据加载在代码清单 4-58 的阶段已经完成，而对 Debug 模式而言，其 Snapshot 数据将在此时加载，具体逻辑如代码清单 4-68 所示。

代码清单 4-68　engine/fml/mapping.cc

```
std::unique_ptr<FileMapping> FileMapping::CreateReadOnly(const std::string& path) {
  return CreateReadOnly(OpenFile(path.c_str(), false, FilePermission::kRead), "");
}
std::unique_ptr<FileMapping> FileMapping::CreateReadOnly(
    const fml::UniqueFD& base_fd,
```

```
    const std::string& sub_path) {
  if (sub_path.size() != 0) { // 处理子路径
    return CreateReadOnly(OpenFile(
        base_fd, sub_path.c_str(), false, FilePermission::kRead), "");
  }
  auto mapping = std::make_unique<FileMapping>( // 见代码清单 4-69
      base_fd, std::initializer_list<Protection>{Protection::kRead});
  if (!mapping->IsValid()) { return nullptr; }
  return mapping;
}
```

在代码清单 4-5 中从 assets 目录复制的资源将在此时发挥作用，代码清单 4-68 的主要加载逻辑在 FileMapping 的构造函数中，如代码清单 4-69 所示。

代码清单 4-69　engine/fml/platform/posix/mapping_posix.cc

```
FileMapping::FileMapping(const fml::UniqueFD& handle, std::initializer_list<Protection>
    protection)
    : size_(0), mapping_(nullptr) {
  if (!handle.is_valid()) { return; } // 文件打开失败，句柄无效
  struct stat stat_buffer = {};        // 获取文件状态
  if (::fstat(handle.get(), &stat_buffer) != 0) { return; }
  if (stat_buffer.st_size == 0) { valid_ = true; return; } // 文件大小为 0
  const auto is_writable = IsWritable(protection);
  auto* mapping = ::mmap(nullptr, stat_buffer.st_size, ToPosixProtectionFlags(protection),
            is_writable ? MAP_SHARED : MAP_PRIVATE, handle.get(), 0);
  if (mapping == MAP_FAILED) { return; }
  mapping_ = static_cast<uint8_t*>(mapping); // 更新相关字段
  size_ = stat_buffer.st_size;
  valid_ = true;
  if (is_writable) { mutable_mapping_ = mapping_; }
}
```

以上逻辑主要调用系统接口 mmap，将目标文件映射到内存。mmap 的第 1 个参数指向欲映射的内存起始地址，通常设为 null，代表让系统自动选定地址，映射成功后返回该地址；第 2 个参数代表将文件中多大部分的内容映射到内存，通常是整个文件的大小；第 3 个参数代表映射区域的保护方式；第 4 个参数指定映射区域的各种特性，MAP_SHARED 表示对映射区域的写入数据会复制回文件内，而且允许其他映射该文件的进程共享，MAP_PRIVATE 对映射区域的写入操作会产生一个映射文件的复制，即私人的“写入时复制”（copy on write），对此区域进行的任何修改都不会写回原来的文件内容；第 5 个参数指定要映射到内存中的文件的句柄；第 6 个参数代表文件映射的偏移量，通常设置为 0，代表从文件最前方开始，该参数必须是分页大小的整数倍。

至此，无论是 Debug 模式还是 Release 模式，其 Snapshot 数据都已经完成了加载，下面可以正式启动主 Isolate（也就是 Framework）了，代码清单 4-67 中的 Launch 方法最终将调用 Engine 的 Run 方法，如代码清单 4-70 所示。

代码清单 4-70　engine/shell/common/engine.cc

```
Engine::RunStatus Engine::Run(RunConfiguration configuration) {
```

```
  if (!configuration.IsValid()) { return RunStatus::Failure; }
                                                    // 无效配置，比如 Snapshot 加载失败
  last_entry_point_ = configuration.GetEntrypoint(); // 主 Isolate 的执行入口
  last_entry_point_library_ = configuration.GetEntrypointLibrary();
  UpdateAssetManager(configuration.GetAssetManager());
  if (runtime_controller_->IsRootIsolateRunning()) {
    return RunStatus::FailureAlreadyRunning; // 已经在运行
  }
  if (!runtime_controller_->LaunchRootIsolate( ..... )) { // 见代码清单 4-71
    return RunStatus::Failure;
  }
  auto service_id = runtime_controller_->GetRootIsolateServiceID();
  // SKIP 通知 Embedder RootIsolate 的 ServiceID
  return Engine::RunStatus::Success;
}
```

以上逻辑主要将调用 LaunchRootIsolate 方法，完成 Isolate 的启动，如代码清单 4-71 所示。

代码清单 4-71 engine/runtime/runtime_controller.cc

```
bool RuntimeController::LaunchRootIsolate(
    const Settings& settings,
    std::optional<std::string> dart_entrypoint, // 入口函数
    std::optional<std::string> dart_entrypoint_library,
    std::unique_ptr<IsolateConfiguration> isolate_configuration) {
  if (root_isolate_.lock()) { return false; }
  auto strong_root_isolate = // 创建 Isolate，见代码清单 4-72
      DartIsolate::CreateRunningRootIsolate( ...... ).lock();
  if (!strong_root_isolate) { return false; } // 创建失败
  root_isolate_ = strong_root_isolate;
  strong_root_isolate->SetReturnCodeCallback(
      [this](uint32_t code) { root_isolate_return_code_ = code; });
  if (auto* platform_configuration = GetPlatformConfigurationIfAvailable()) {
    tonic::DartState::Scope scope(strong_root_isolate);
    platform_configuration->DidCreateIsolate(); // 完成对 dart:ui 的配置与绑定
    if (!FlushRuntimeStateToIsolate()) { // 见代码清单 4-83
      FML_DLOG(ERROR) << "Could not setup initial isolate state.";
    }
  } else { // PlatformConfiguration 通常会在创建过程中完成绑定
    FML_DCHECK(false) << "RuntimeController created without window binding.";
  }
  FML_DCHECK(Dart_CurrentIsolate() == nullptr);
  client_.OnRootIsolateCreated(); // 通知 Shell 对象
  return true;
}
```

以上逻辑的核心在于 CreateRunningRootIsolate 方法，如代码清单 4-72 所示。

代码清单 4-72 engine/runtime/dart_isolate.cc

```
std::weak_ptr<DartIsolate> DartIsolate::CreateRunningRootIsolate( ..... ) {
  if (!isolate_snapshot) { return {}; }
  if (!isolate_configration) { return {}; }
  isolate_flags.SetNullSafetyEnabled(
      isolate_configration->IsNullSafetyEnabled(*isolate_snapshot));
```

```
  auto isolate = CreateRootIsolate( ...... ).lock();
                                        // 第 1 步，创建 Isolate，见代码清单 4-73
  if (!isolate) { return {}; }
  fml::ScopedCleanupClosure shutdown_on_error([isolate]() {
                                                // 关闭 Isolate 将触发的回调
    if (!isolate->Shutdown()) { FML_DLOG(ERROR) << "Could not shutdown transient
        isolate."; }
  });
  if (isolate->GetPhase() != DartIsolate::Phase::LibrariesSetup) {
    return {}; // 检查前置状态，正常情况下在代码清单 4-76 中已完成更新
  } // 第 2 步，准备启动 Isolate，见代码清单 4-77 和代码清单 4-78
  if (!isolate_configration->PrepareIsolate(*isolate.get())) { return {}; }
  if (isolate->GetPhase() != DartIsolate::Phase::Ready) { return {}; }
  if (settings.root_isolate_create_callback) {
    tonic::DartState::Scope scope(isolate.get());
    settings.root_isolate_create_callback(*isolate.get());
  }
  if (!isolate->RunFromLibrary( // 第 3 步，见代码清单 4-81
          dart_entrypoint_library, dart_entrypoint, settings.dart_entrypoint_args))
  {
    FML_LOG(ERROR) << "Could not run the run main Dart entrypoint.";
    return {};
  }
  if (settings.root_isolate_shutdown_callback) { // 注册回调，监听 Isolate 关闭
    isolate->AddIsolateShutdownCallback(settings.root_isolate_shutdown_callback);
  }
  shutdown_on_error.Release();
  return isolate;
}
```

以上逻辑主要分为 3 步：第 1 步通过 CreateRootIsolate 方法完成创建、库加载等工作；第 2 步通过 PrepareIsolate 方法开始 Isolate 启动的准备工作；第 3 步通过 RunFromLibrary 方法完成 Isolate（Framework）的启动。至此，CreateRootIsolate 方法的两个调用点终于出现。

在正式开始分析之前，需要介绍 Isolate 在 Engine 中可能存在的各种状态，如图 4-10 所示。

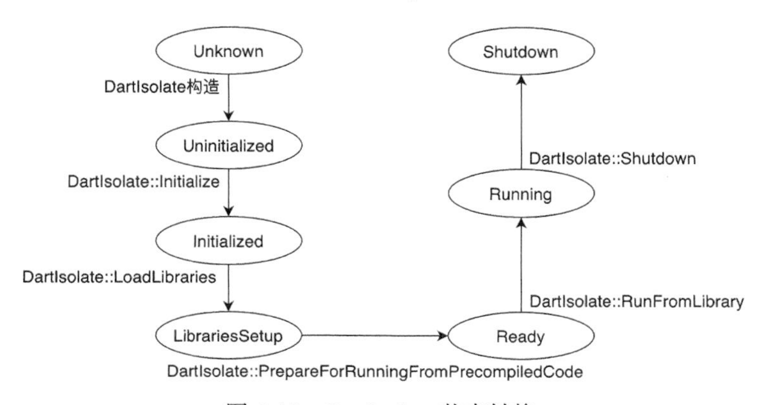

图 4-10　DartIsolate 状态转换

在图 4-10 中，DartIsolate 的 phase_ 字段默认为 Unknown，该字段在自身的构造函

数（见代码清单 4-73）中更新为 Uninitialized。首先，通过 DartIsolate::Initialize 方法（见代码清单 4-75），phase_ 字段更新为 Initialized，此时已经完成初始化。其次，Engine 会调用 DartIsolate::LoadLibraries 方法（见代码清单 4-76），配置与 Framework 相关的库，phase_ 字段更新为 LibrariesSetup。再次，Engine 会调用 DartIsolate::PrepareForRunningFromPrecompiledCode 方法（见代码清单 4-77 或代码清单 4-78），完成最后的准备工作，phase_ 字段更新为 Ready。最后，Engine 会调用 DartIsolate::RunFromLibrary 方法（见代码清单 4-81），启动 Dart 中的逻辑，phase_ 字段更新为 Running。至此，一个 Isolate 终于运行起来了。当需要关闭 Isolate 时，调用 DartIsolate::Shutdown 方法即可，phase_ 字段将更新为 Shutdown。

下面开始分析 Isolate 的创建逻辑，如代码清单 4-73 所示。

代码清单 4-73 engine/runtime/dart_isolate.cc

```
std::weak_ptr<DartIsolate> DartIsolate::CreateRootIsolate( ...... ) {
  TRACE_EVENT0("flutter", "DartIsolate::CreateRootIsolate");
  auto isolate_group_data = std::make_unique<std::shared_ptr<DartIsolateGroupData>>(
      std::shared_ptr<DartIsolateGroupData>(new DartIsolateGroupData( ...... )));
  auto isolate_data = // 第 1 步，触发构造函数，新建一个 DartIsolate 对象
    std::make_unique<std::shared_ptr<DartIsolate>>( // 状态更新：Unknown → Uninitialized
      std::shared_ptr<DartIsolate>(new DartIsolate( ...... )));
  DartErrorString error;
  Dart_Isolate vm_isolate = nullptr;
  auto isolate_flags = flags.Get();
  IsolateMaker isolate_maker;
  if (spawning_isolate && DartVM::IsRunningPrecompiledCode()) {
    isolate_maker = [spawning_isolate] ...... // SKIP ，从已有 Isolate 中创建
  } else { // 第 3 步，对 Root Isolate 而言，进入本分支，调用 Dart API，完成创建
    isolate_maker = []( ...... ) { return Dart_CreateIsolateGroup(.....); };
  }
  vm_isolate = CreateDartIsolateGroup(std::move(isolate_group_data),
                    std::move(isolate_data), &isolate_flags,
                    error.error(), isolate_maker); // 第 2 步，见代码清单 4-74
  if (error) { FML_LOG(ERROR) << "CreateRootIsolate failed: " << error.str(); }
  if (vm_isolate == nullptr) { return {}; }
  std::shared_ptr<DartIsolate>* root_isolate_data =
             // 第 4 步，将 Dart-IsolateData 类型的数据强制转换为 DartIsolate 类型的指针
      static_cast<std::shared_ptr<DartIsolate>*>(Dart_IsolateData(vm_isolate));
  (*root_isolate_data)->SetPlatformConfiguration(std::move(platform_configuration));
  return (*root_isolate_data)->GetWeakIsolatePtr();
}
```

以上逻辑主要分为 4 步。第 1 步，新建一个 DartIsolate 对象，在构造函数中将 DartIsolate 的状态更新为 Uninitialized。第 2 步，通过调用 CreateDartIsolateGroup 方法，完成 Dart_Isolate 的创建，如代码清单 4-74 所示。第 3 步，CreateDartIsolateGroup 方法的参数 isolate_maker 调用 Dart API，完成 Dart_Isolate 的创建。第 4 步是一个比较容易令人迷惑的逻辑，本质上是将 Dart_IsolateData 类型的数据强制转换为 DartIsolate 类型的指针，作为返回值，可以简单地认为 Dart_Isolate（Dart VM 的 Isolate 表示）和 DartIsolate（Engine 的 Isolate 表示）是等同的。

接下来详细分析 Dart_Isolate 的创建，如代码清单 4-74 所示。

代码清单 4-74　engine/runtime/dart_isolate.cc

```
Dart_Isolate DartIsolate::CreateDartIsolateGroup( ...... ) {
  TRACE_EVENT0("flutter", "DartIsolate::CreateDartIsolateGroup");
  Dart_Isolate isolate = // 第 1 步，见代码清单 4-73 中的第 3 步
      make_isolate(isolate_group_data.get(), isolate_data.get(), flags, error);
  if (isolate == nullptr) {  return nullptr; }
  std::shared_ptr<DartIsolate> embedder_isolate(*isolate_data);
  isolate_group_data.release();
  isolate_data.release(); // 第 2 步，初始化
  if (!InitializeIsolate(std::move(embedder_isolate), isolate, error)) {  return
      nullptr; }
  return isolate;
}
bool DartIsolate::InitializeIsolate( ...... ) {
  TRACE_EVENT0("flutter", "DartIsolate::InitializeIsolate");
  if (!embedder_isolate->Initialize(isolate)) { // 见代码清单 4-75
    *error = fml::strdup("Embedder could not initialize the Dart isolate.");
    FML_DLOG(ERROR) << *error;
    return false;
  }
  if (!embedder_isolate->LoadLibraries()) { // 见代码清单 4-76
    *error = fml::strdup("Embedder could not load libraries in the new Dart
        isolate.");
    FML_DLOG(ERROR) << *error;
    return false;
  }
  if (!embedder_isolate->IsRootIsolate()) { ...... } // SKIP 非 Root Isolate 的情况
  return true;
}
```

CreateDartIsolateGroup 方法的逻辑主要分为 2 步：第 1 步通过前面内容提到的 Dart_CreateIsolateGroup 完成 Dart_Isolate 实例的创建；第 2 步调用 InitializeIsolate 方法开始进行初始化操作。InitializeIsolate 方法的逻辑主要由 Initialize 和 LoadLibraries 两个方法完成。首先分析 Initialize，如代码清单 4-75 所示。

代码清单 4-75　engine/runtime/dart_isolate.cc

```
bool DartIsolate::Initialize(Dart_Isolate dart_isolate) {
  TRACE_EVENT0("flutter", "DartIsolate::Initialize");
  if (phase_ != Phase::Uninitialized) { return false; } // 前置状态检查
  if (dart_isolate == nullptr) { return false; }
  if (Dart_CurrentIsolate() != dart_isolate) {  return false; }
  SetIsolate(dart_isolate);
  Dart_ExitIsolate();
  tonic::DartIsolateScope scope(isolate()); // 设置 Isolate 运行在 UI 线程
  SetMessageHandlingTaskRunner(GetTaskRunners().GetUITaskRunner());
  if (tonic::LogIfError( // 完成关键字段的配置
     Dart_SetLibraryTagHandler(tonic::DartState::HandleLibraryTag))) { return
         false; }
  if (tonic::LogIfError(Dart_SetDeferredLoadHandler(OnDartLoadLibrary))) { return
      false; }
  if (!UpdateThreadPoolNames()) { return false; }
```

```
    phase_ = Phase::Initialized; // 状态更新：Uninitialized→Initialized
    return true;
}
```

以上逻辑主要完成 Isolate 的基本配置，并将 Engine 中的状态更新为 Initialized。其次分析 LoadLibraries 方法的逻辑，如代码清单 4-76 所示。

代码清单 4-76 engine/runtime/dart_isolate.cc

```
bool DartIsolate::LoadLibraries() {
  TRACE_EVENT0("flutter", "DartIsolate::LoadLibraries");
  if (phase_ != Phase::Initialized) { return false; } // 前置状态检查
  tonic::DartState::Scope scope(this);
  DartIO::InitForIsolate(may_insecurely_connect_to_all_domains_, domain_network_
      policy_);
  DartUI::InitForIsolate();
  const bool is_service_isolate = Dart_IsServiceIsolate(isolate());
  DartRuntimeHooks::Install(IsRootIsolate() && !is_service_isolate, GetAdvisory
      ScriptURI());
  if (!is_service_isolate) { // 非 vm-service 才需要
    class_library().add_provider("ui", std::make_unique<tonic::DartClassProvider>
        (this, "dart:ui"));
  }
  phase_ = Phase::LibrariesSetup; // 状态更新：Initialized→LibrariesSetup
  return true;
}
```

以上逻辑主要进行 library 加载，并将状态更新为 LibrariesSetup。至此，DartIsolate 的初始化工作已经全部完成，即代码清单 4-72 中的 CreateRootIsolate 方法执行完毕。

接下来会调用 PrepareIsolate 方法做最后的准备，该方法在 Release 和 Debug 模式下将分别触发 PrepareForRunningFromPrecompiledCode 方法和 PrepareForRunningFromKernel 方法，前者对应 AOT Snapshot（libapp.so），后者对应 Kernel 文件。首先分析 Release 模式下的准备工作，如代码清单 4-77 所示。

代码清单 4-77 engine/runtime/dart_isolate.cc

```
bool DartIsolate::PrepareForRunningFromPrecompiledCode() {
  TRACE_EVENT0("flutter", "DartIsolate::PrepareForRunningFromPrecompiledCode");
  if (phase_ != Phase::LibrariesSetup) { return false; }
  tonic::DartState::Scope scope(this);
  if (Dart_IsNull(Dart_RootLibrary())) { return false; }
  if (!MarkIsolateRunnable()) { return false; } // 见代码清单 4-80
  if (GetIsolateGroupData().GetChildIsolatePreparer() == nullptr) {
    GetIsolateGroupData().SetChildIsolatePreparer([](DartIsolate* isolate) {
      return isolate->PrepareForRunningFromPrecompiledCode();
    }); // 从当前 Isolate 中创建新的 Isolate
  }
  const fml::closure& isolate_create_callback = GetIsolateGroupData().GetIsolate
      CreateCallback();
  if (isolate_create_callback) { isolate_create_callback(); } // 触发回调
  phase_ = Phase::Ready; // 状态更新：Initialized→Ready
```

```
  return true;
}
```

对 Release 模式而言，主要是调用 MarkIsolateRunnable 方法，如代码清单 4-80 所示。下面分析 Debug 模式下的 Isolate 准备工作，如代码清单 4-78 所示。

代码清单 4-78　engine/runtime/dart_isolate.cc

```
[[nodiscard]] bool DartIsolate::PrepareForRunningFromKernel(
    std::shared_ptr<const fml::Mapping> mapping, // Kernel 文件的内存映射
    bool last_piece) { // 默认为 true
  TRACE_EVENT0("flutter", "DartIsolate::PrepareForRunningFromKernel");
  if (phase_ != Phase::LibrariesSetup) { return false; } // 前置状态检查
  if (DartVM::IsRunningPrecompiledCode()) { return false;  }
  if (!mapping || mapping->GetSize() == 0) { return false; }
  tonic::DartState::Scope scope(this);
  Dart_SetRootLibrary(Dart_Null());  // 开始加载前面内容映射到内存的文件
  if (!LoadKernel(mapping, last_piece)) { return false; } // 见代码清单 4-79
  if (!last_piece) { return true; }
  if (Dart_IsNull(Dart_RootLibrary())) { return false; }
  if (!MarkIsolateRunnable()) { return false; } // 见代码清单 4-80
  // SKIP 配置子 Isolate 创建时所触发的逻辑
  if (GetIsolateGroupData().GetChildIsolatePreparer() == nullptr) { ...... }
  const fml::closure& isolate_create_callback = GetIsolateGroupData().GetIsolate
      CreateCallback();
  if (isolate_create_callback) { isolate_create_callback(); }
  phase_ = Phase::Ready;  // 状态更新：Initialized→Ready
  return true;
}
```

不同于 Release 模式下的 libapp.so（可执行的二进制机器码），Debug 模式下，即使 Kernel 文件已经加载到内存中，仍要主动调用 Dart API 接口进行加载，如代码清单 4-79 所示。

代码清单 4-79　engine/runtime/dart_isolate.cc

```
bool DartIsolate::LoadKernel(std::shared_ptr<const fml::Mapping> mapping, bool
    last_piece) {
  if (!Dart_IsKernel(mapping->GetMapping(), mapping->GetSize())) {
    return false; // 检查文件格式
  }
  kernel_buffers_.push_back(mapping);
  Dart_Handle library = // 调用 Dart API 接口，进行加载
      Dart_LoadLibraryFromKernel(mapping->GetMapping(), mapping->GetSize());
  if (tonic::LogIfError(library)) { return false; }
  if (!last_piece) { return true; }
  Dart_SetRootLibrary(library);
  if (tonic::LogIfError(Dart_FinalizeLoading(false))) { return false; }
  return true;
}
```

以上逻辑主要调用 Dart_LoadLibraryFromKernel 接口进行加载，并进行相应检查。此外，MarkIsolateRunnable 方法在前面内容中多次出现，其逻辑如代码清单 4-80 所示。

代码清单 4-80 engine/runtime/dart_isolate.cc

```
bool DartIsolate::MarkIsolateRunnable() {
  TRACE_EVENT0("flutter", "DartIsolate::MarkIsolateRunnable");
  if (phase_ != Phase::LibrariesSetup) { return false; }
  if (Dart_CurrentIsolate() != isolate()) { return false; }
  Dart_ExitIsolate();
  char* error = Dart_IsolateMakeRunnable(isolate());
  if (error) {
    FML_DLOG(ERROR) << error;
    ::free(error);
    Dart_EnterIsolate(isolate());
    return false;
  }
  Dart_EnterIsolate(isolate());
  return true;
}
```

以上逻辑首先调用Dart_IsolateMakeRunnable设置Isolate处于可运行状态，然后调用Dart_EnterIsolate将当前处理的Isolate设置为参数传入的Isolate。

下面分析代码清单4-72中的第3步，Isolate的启动逻辑如代码清单4-81所示。

代码清单 4-81 engine/runtime/dart_isolate.cc

```
bool DartIsolate::RunFromLibrary(std::optional<std::string> library_name,
                                 std::optional<std::string> entrypoint,
                                 const std::vector<std::string>& args) {
  TRACE_EVENT0("flutter", "DartIsolate::RunFromLibrary");
  if (phase_ != Phase::Ready) {  return false; } // 前置状态检查
  tonic::DartState::Scope scope(this);
  auto library_handle = library_name.has_value() && !library_name.value().empty()
        ? ::Dart_LookupLibrary(tonic::ToDart(library_name.value().c_str()))
        : ::Dart_RootLibrary(); // 查询目标库
  auto entrypoint_handle = entrypoint.has_value() && !entrypoint.value().empty()
                             ? tonic::ToDart(entrypoint.value().c_str())
                             : tonic::ToDart("main"); // 查询入口函数
  auto entrypoint_args = tonic::ToDart(args); // 参数
  auto user_entrypoint_function = ::Dart_GetField(library_handle, entrypoint_handle);
  auto plugin_registrant_function =
      ::Dart_GetField(library_handle, tonic::ToDart("_registerPlugins"));
  if (Dart_IsError(plugin_registrant_function)) { plugin_registrant_function =
     Dart_Null(); }
  if (!InvokeMainEntrypoint(user_entrypoint_function, // 见代码清单 4-82
                  plugin_registrant_function, entrypoint_args)) { return false; }
  phase_ = Phase::Running; // 状态更新: Ready → Running
  return true;
}
```

以上逻辑便是Isolate最后的启动逻辑，通过InvokeMainEntrypoint方法启动指定库的指定方法（通常是main），具体逻辑如代码清单4-82所示。

代码清单 4-82 engine/runtime/dart_isolate.cc

```
[[nodiscard]] static bool InvokeMainEntrypoint( ...... ) {
```

```
  if (tonic::LogIfError(user_entrypoint_function)) { return false; }
  Dart_Handle start_main_isolate_function = tonic::DartInvokeField(
        Dart_LookupLibrary(tonic::ToDart("dart:isolate")),
        "_getStartMainIsolateFunction", {});
  if (tonic::LogIfError(start_main_isolate_function)) { return false; }
  if (tonic::LogIfError(tonic::DartInvokeField( // 调用 Dart 库的方法，完成目标函数的启动
          Dart_LookupLibrary(tonic::ToDart("dart:ui")), "_runMainZoned",
          {start_main_isolate_function, plugin_registrant_function,
           user_entrypoint_function, args}))) {
    return false;
  }
  return true;
}
```

以上逻辑最终将通过 _runMainZoned 方法完成 C++ 到 Dart 的调用，在 Dart 中通过断点查看入口函数的调用栈也可以印证以上逻辑，如图 4-11 所示。

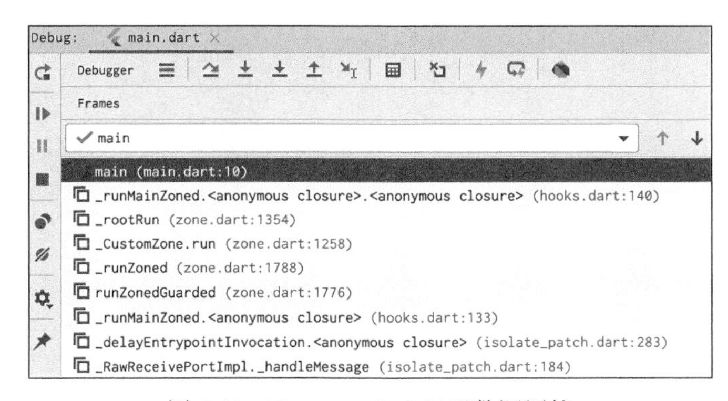

图 4-11　Framework 入口函数调用栈

代码清单 4-71 还调用了 FlushRuntimeStateToIsolate 方法，如代码清单 4-83 所示。

代码清单 4-83　engine/runtime/runtime_controller.cc

```
bool RuntimeController::FlushRuntimeStateToIsolate() {
  return SetViewportMetrics(platform_data_.viewport_metrics) &&
         SetLocales(platform_data_.locale_data) &&
         SetSemanticsEnabled(platform_data_.semantics_enabled) &&
         SetAccessibilityFeatures(
             platform_data_.accessibility_feature_flags_) &&
         SetUserSettingsData(platform_data_.user_settings_data) &&
         SetLifecycleState(platform_data_.lifecycle_state);
}
```

以上方法会将 Embedder 在启动阶段存储的平台信息（如屏幕大小、地区语言设置等）同步到 Framework 中。

至此，Dart Runtime 的启动全部完成，相较于 4.1 节 ~ 4.3 节的内容，Dart Runtime 的启动由于涉及与 Dart VM 的交互和绑定，需要调用大量 API 接口，因此会显得稍微烦琐复杂。

为了方便读者理解记忆，作者整理了 Dart Runtime 启动过程中的关键流程，如图 4-12 所示。

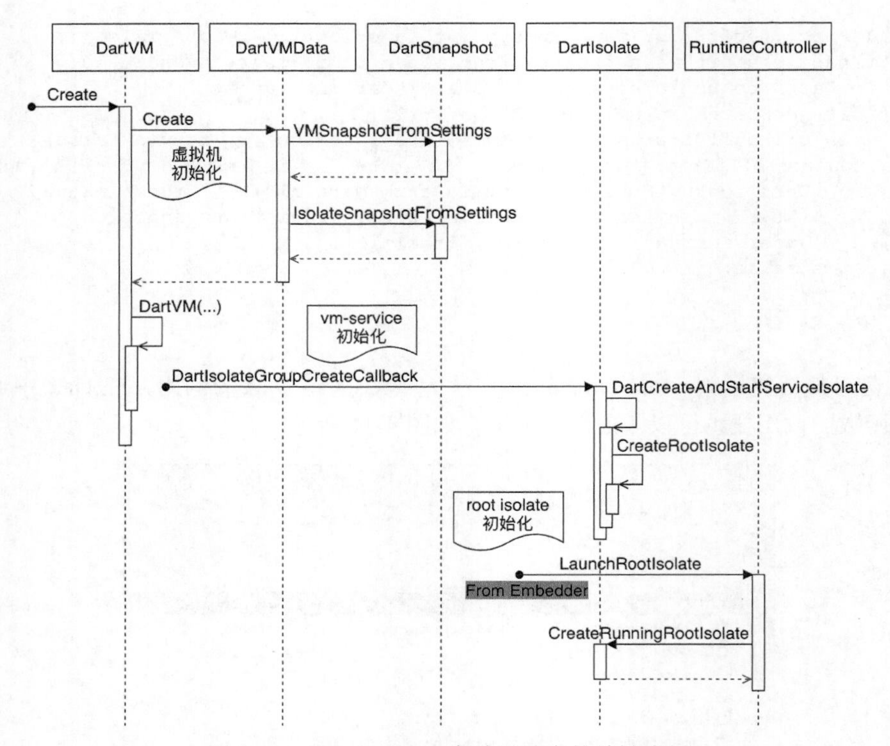

图 4-12 Dart Runtime 启动过程中的关键流程

4.5 Framework 启动流程

至此，Embedder 和 Engine 的所有启动逻辑均已介绍完毕，本节将分析 Framework 的启动流程。首先将介绍 Framework 的关键类，它们通过 mixin 形成的继承关系，对最终的启动流程将产生直接影响。

4.5.1 Framework 关键类分析

Framework 关键类如图 4-13 所示，WidgetsFlutterBinding 继承自 BindingBase，同时通过 mixin 的方式继承 GestureBinding 等的能力，所以其启动时将按照 mixin 的顺序依次触发构造函数，4.5.2 节将详细分析。

图 4-13 中，WidgetsFlutterBinding 的本质就是 WidgetsBinding，自身并没有特殊逻辑。WidgetsBinding 负责 Flutter 3 棵树的管理，持有 BuilderOwner 对象，相关流程将在第 5 章详细分析。RendererBinding 负责 Render Tree 的最终渲染，持有 PipelineOwner 对象。SemanticsBinding 负责提供无障碍能力，本书不会涉及。PaintingBinding 负责绘制相关的逻辑，将在第 5 章介绍。ServicesBinding 负责提供平台相关能力，将在第 8 章和第 9 章介绍。SchedulerBinding 负责渲

染流程中各种回调的管理，将在第 5 章介绍。GestureBinding 负责手势的处理，将在第 8 章详细介绍。图 4-13 右侧相关的类是 Flutter 在 Framework 层进行渲染的重要参与者，这部分内容将在第 5 章详细分析。

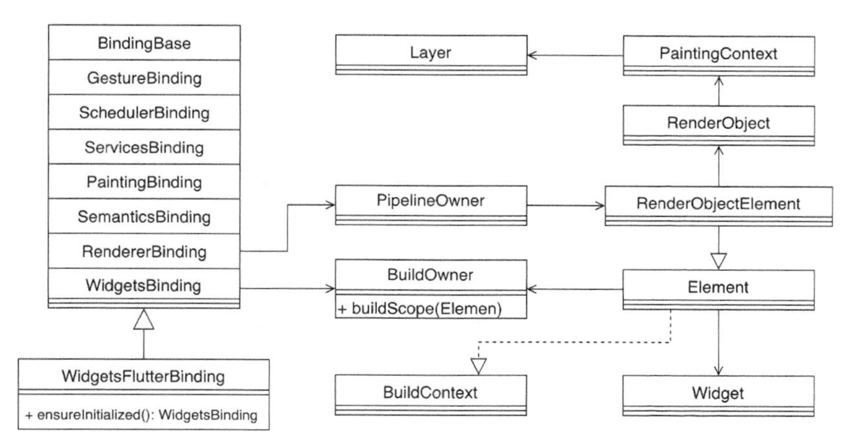

图 4-13 Framework 关键类

4.5.2 Binding 启动流程

通常来说，开发者会在 main 方法中调用 runApp 方法，如代码清单 4-84 所示。

代码清单 4-84 常见的 Flutter 启动方式

```
void runApp(Widget app) {
  WidgetsFlutterBinding.ensureInitialized() // 见代码清单 4-85
    ..scheduleAttachRootWidget(app) // 见代码清单 5-1
    ..scheduleWarmUpFrame(); // 见代码清单 5-21
}
```

以上逻辑首先会通过 ensureInitialized 方法完成 Flutter 中各 Binding 类的初始化，如代码清单 4-85 所示。scheduleAttachRootWidget 和 scheduleWarmUpFrame 将驱动首帧的渲染，详细逻辑将在第 5 章中分析，在此不再赘述。

代码清单 4-85 flutter/packages/flutter/lib/src/widgets/binding.dart

```
class WidgetsFlutterBinding extends BindingBase with GestureBinding, SchedulerBinding,
    ServicesBinding, PaintingBinding, SemanticsBinding, RendererBinding, WidgetsBinding {
  static WidgetsBinding ensureInitialized() {
    if (WidgetsBinding.instance == null) WidgetsFlutterBinding();
    return WidgetsBinding.instance!;
  }
}
```

考虑到图 4-13 所示的继承关系，以上逻辑将触发各 Binding 类从左到右依次执行构造函数，通过在 BindingBase 的构造函数内设置断点，也可验证此初始化顺序，如图 4-14 所示。

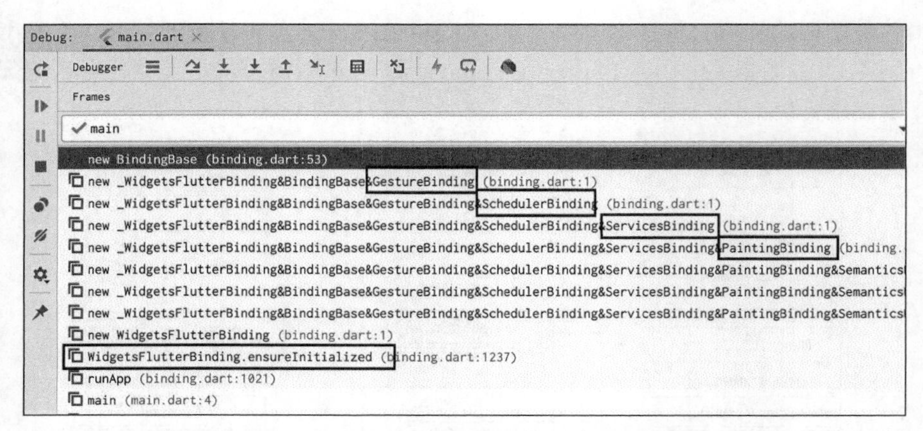

图 4-14　BindingBase 构造函数的调用栈

由于 GestureBinding 等类并没有自身的构造函数，因此会直接执行到 BindingBase 的构造函数，如代码清单 4-86 所示。

代码清单 4-86　flutter/packages/flutter/lib/src/foundation/binding.dart

```
BindingBase() {
  developer.Timeline.startSync('Framework initialization');
  initInstances(); // 子类实现，初始化逻辑
  initServiceExtensions(); // 注册 service extension
  developer.postEvent('Flutter.FrameworkInitialization', <String, String>{});
  developer.Timeline.finishSync();
}
```

以上构造函数中没有具体逻辑，主要是触发 initInstances 方法和 initServiceExtensions 方法。前者由各个子类实现，负责各自的初始化逻辑；后者负责注册 service extension，这是 Dart VM 提供的一种机制，可以让 PC 端的调试工具通过 RPC 调用的方式控制 Flutter APP，例如绘制布局边界、热重载后的页面刷新等行为都是通过 service extension 触发的，在此不再赘述。

以下主要分析 initInstances 方法的逻辑，由于每个 initInstances 方法会在自身的第一句执行 super.initInstances()，因此实际上是最先执行 GestureBinding 的 initInstances 方法，如代码清单 4-87 所示。

代码清单 4-87　flutter/packages/flutter/lib/src/gestures/binding.dart

```
void initInstances() { // GestureBinding
  super.initInstances();
  _instance = this;
  window.onPointerDataPacket = _handlePointerDataPacket;
}
```

以上逻辑主要是绑定 Engine 中负责分发手势的函数，_handlePointerDataPacket 方法将被 Engine 调用，作为 Framework 侧的手势事件的分发者，手势解析的逻辑将在 8.5 节详细分析。

对于 SchedulerBinding 和 SemanticsBinding 的逻辑，本书不再赘述。下面分析 ServicesBinding 的逻辑，如代码清单 4-88 所示。

代码清单 4-88 flutter/packages/flutter/lib/src/services/binding.dart

```
void initInstances() { // ServicesBinding
  super.initInstances();
  _instance = this;
  _defaultBinaryMessenger = createBinaryMessenger(); // 与 Embedder 进行通信
  _restorationManager = createRestorationManager();
  window.onPlatformMessage = defaultBinaryMessenger.handlePlatformMessage;
  initLicenses();
  SystemChannels.system.setMessageHandler(
    (dynamic message) => handleSystemMessage(message as Object));
  SystemChannels.lifecycle.setMessageHandler(_handleLifecycleMessage);
  readInitialLifecycleStateFromNativeWindow();
}
```

以上逻辑主要负责初始化和 Embedder 通信相关的类，_defaultBinaryMessenger 将用于第 9 章的 Platform Channel 相关逻辑，handleSystemMessage 方法负责处理 Embedder 侧的各种消息，_handleLifecycleMessage 方法负责处理宿主页面前后台切换等生命周期通知。

接下来分析 PaintingBinding 的初始化逻辑，如代码清单 4-89 所示。

代码清单 4-89 flutter/packages/flutter/lib/src/painting/binding.dart

```
void initInstances() { // PaintingBinding
  super.initInstances();
  _instance = this;
  _imageCache = createImageCache();
  shaderWarmUp?.execute();
}
```

以上逻辑主要是图片缓存的初始化和 Shader 的准备工作，Image 组件的原理将在 8.6 节详细分析。

接下来分析 RendererBinding 的初始化逻辑，如代码清单 4-90 所示。

代码清单 4-90 flutter/packages/flutter/lib/src/rendering/binding.dart

```
void initInstances() { // RendererBinding
  super.initInstances();
  _instance = this;
  _pipelineOwner = PipelineOwner(
    onNeedVisualUpdate: ensureVisualUpdate,
    onSemanticsOwnerCreated: _handleSemanticsOwnerCreated,
    onSemanticsOwnerDisposed: _handleSemanticsOwnerDisposed,);
  window // 响应屏幕的变化
    ..onMetricsChanged = handleMetricsChanged
    ..onTextScaleFactorChanged = handleTextScaleFactorChanged
    ..onPlatformBrightnessChanged = handlePlatformBrightnessChanged
    ..onSemanticsEnabledChanged = _handleSemanticsEnabledChanged
    ..onSemanticsAction = _handleSemanticsAction;
```

```
  initRenderView(); // 初始化 Render Tree 的根节点
  _handleSemanticsEnabledChanged();
  addPersistentFrameCallback(_handlePersistentFrameCallback);
  initMouseTracker();
  if (kIsWeb) { addPostFrameCallback(_handleWebFirstFrame); }
}
```

以上逻辑将初始化 PipelineOwner 对象，它将作为整个渲染管道的重要驱动者。RenderView 也将在以上逻辑中完成创建，它是 Render Tree 的根节点，详细逻辑将在第 5 章进行分析。此外，以上逻辑还将绑定一系列响应 Embedder 中 UI 变化的函数，在此不再赘述。

最后是 WidgetsBinding 的初始化，如代码清单 4-91 所示。

代码清单 4-91　flutter/packages/flutter/lib/src/widgets/binding.dart

```
void initInstances() {
  super.initInstances();
  _instance = this;
  _buildOwner = BuildOwner();
  buildOwner!.onBuildScheduled = _handleBuildScheduled;
  window.onLocaleChanged = handleLocaleChanged;
  window.onAccessibilityFeaturesChanged = handleAccessibilityFeaturesChanged;
  SystemChannels.navigation.setMethodCallHandler(_handleNavigationInvocation);
  FlutterErrorDetails.propertiesTransformers.add(transformDebugCreator);
}
```

以上逻辑将完成 BuildOwner 的创建，它是 3 棵树创建和更新的主要驱动者，相关逻辑将在第 5 章详细分析。此外，以上逻辑还将绑定一系列 Engine 中的函数，用于响应页面路由、配置改变等消息。

至此，Framework 的初始化已经完成，至于其他功能，本书将在后续几章深入剖析。

4.6　本章小结

本章详细介绍了 Flutter 的启动流程，从 Embedder 到 Engine，再到 Framework，Flutter 庞大的源码已初步显现出时间上的顺序和空间上的结构，接下来本书将展开更深入的分析。

第 5 章　渲染管道

在第 4 章中，我们详细分析了 Flutter 的启动流程，拨开代码的迷雾，已经初步认识到 Flutter 中最核心的两个部分——用于渲染的 Surface 和用于执行逻辑的 Dart VM。那么，Flutter 最终是如何将 Dart VM 中执行的逻辑转换为 Surface 中渲染的像素数据呢？本章将回答这个问题。

需要注意的是，在图形学中，渲染管道通常是指从底层的图形 API（如 OpenGL）生成最终的像素数据的过程，但对应用层的开发者来说，这些内容过于深奥，因而只会在 5.6 节稍作介绍，主要的篇幅将专注于从 Widget 到像素数据的整体流程。

5.1　首帧渲染

第 4 章已经分析了 Framework 的启动流程，runApp 方法在执行完 ensureInitialized 方法所触发的初始化流程后，将触发 scheduleAttachRootWidget 和 scheduleWarmUpFrame 两个方法，前者负责 Render Tree 的生成，后者负责首帧渲染的触发。但在开始源码分析之前，我们需要深入了解 Widget、Element 和 RenderObject 3 个关键类的层次关系，只有如此，才能在后面内容的源码剖析中游刃有余。

5.1.1　Widget、Element 与 RenderObject

Widget 关键类及其子类如图 5-1 所示，其中，Widget 是 Widget Tree 所有节点的基类。Widget 的子类主要分为 3 类。第 1 类是 RenderObjectWidget 的子类，具体来说又分为 SingleChildRenderObjectWidget（单子节点容器）、LeafRenderObjectWidget（叶子节点）、MultiChildRenderObjectWidget(多子节点容器)，它们的共同特点是都对应了一个 RenderObject 的子类，可以进行 Layout、Paint 等逻辑。第 2 类是 StatelessWidget 和 StatefulWidget，它们是开发者最常用的 Widget，自身不具备绘制能力（即不对应 Render Object)，但是可以组织和配置 RenderObjectWidget 类型的 Widget。第 3 类是 ProxyWidget，具体来说又分为 ParentDataWidget 和 InheritedWidget，它们的特点是为其子节点提供额外的数据，例如 InheritedWidget，这部分内容将在第 8 章详细分析。

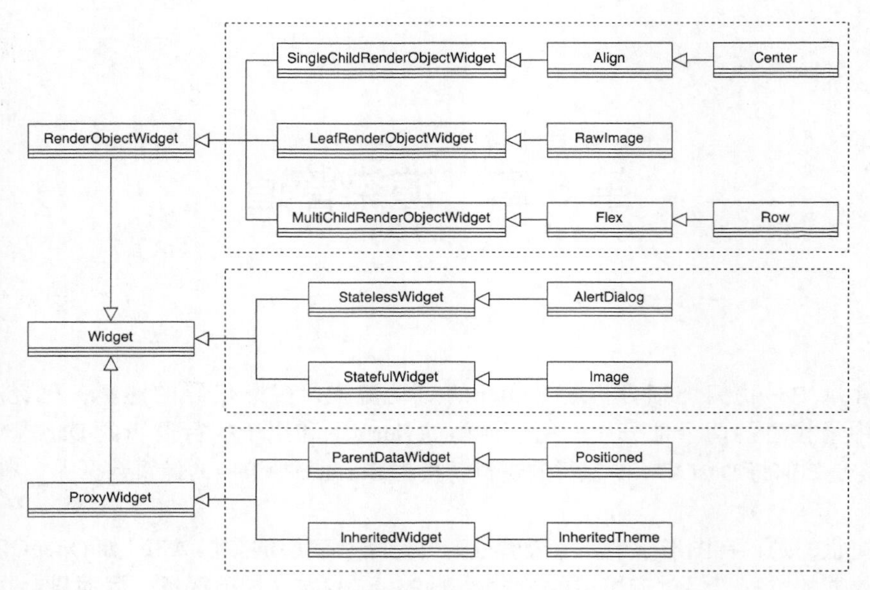

图 5-1 Widget 关键类及其子类

Element 关键类及其子类如图 5-2 所示。结合图 5-1 可知，每个 Element 都有一个对应的 Widget，反过来也成立，即源码中的 createElement 方法。在 5.3 节中，本书将会详细分析 Element Tree 是如何驱动 Widget Tree 进行更新的。此外，需要注意的是，Element 实现了 BuildContext，即在开发中经常遇到的 build 方法中的 BuildContext 参数，其本质是一个 Element 类型的对象。

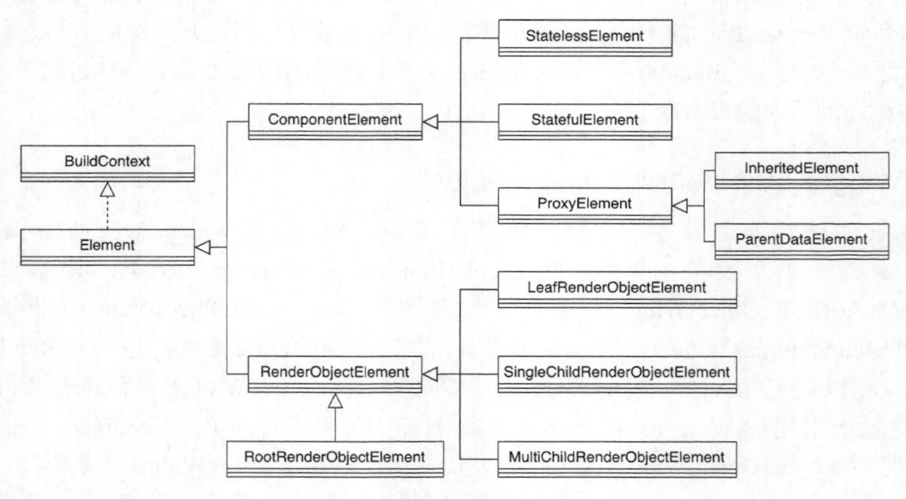

图 5-2 Element 关键类及其子类

RenderObject 关键类及其子类如图 5-3 所示，其每个子类都对应了一个 RenderObjectWidget

类型的 Widget 节点。RenderView 是一个特殊的 RenderObject，是整个 Render Tree 的根节点。另外一个特殊的 RenderObject 是 RenderAbstractViewport，它是一个抽象类。RenderViewport 会实现其接口，并间接继承自 RenderBox。RenderBox 和 RenderSliver 是 Flutter 中最常见的 RenderObject，RenderBox 负责行、列等常规布局，第 6 章将详细分析；RenderSliver 负责列表内每个 Item 的布局，第 7 章将详细分析。

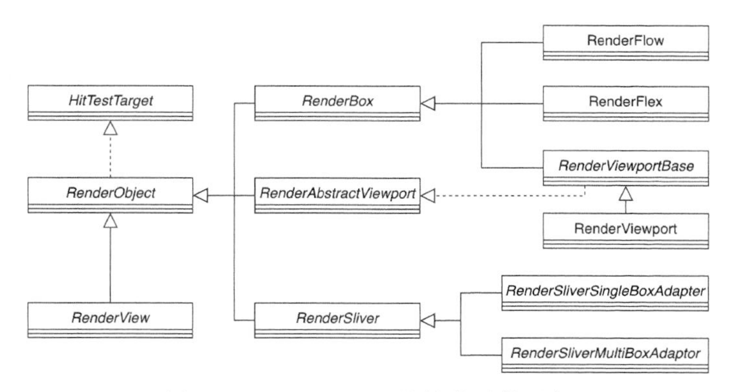

图 5-3　RenderObject 关键类及其子类

5.1.2　根节点构建流程

从空间结构上了解了 3 棵树各自的组成后，下面开始正式分析首帧的渲染流程，即代码中的 Widget 如何生成最终的 Render Tree。

首先分析 scheduleAttachRootWidget 方法的源码，如代码清单 5-1 所示。

代码清单 5-1　flutter/packages/flutter/lib/src/widgets/binding.dart

```
void scheduleAttachRootWidget(Widget rootWidget) { // 见代码清单 4-84
  Timer.run(() { attachRootWidget(rootWidget); }); // 注意，不是立即执行
}
void attachRootWidget(Widget rootWidget) {
  _readyToProduceFrames = true; // 开始生成 Element Tree
  _renderViewElement = RenderObjectToWidgetAdapter<RenderBox>(
    container: renderView, // Render Tree 的根节点
    debugShortDescription: '[root]',
    child: rootWidget, // 开发者通过 runApp 传入 Widget Tree 的根节点
  ).attachToRenderTree(buildOwner!,
        renderViewElement as RenderObjectToWidgetElement<RenderBox>?);
}
```

以上逻辑正是驱动 Element Tree 和 Render Tree 进行创建的入口，需要注意的是，attachRootWidget 是通过 Timer.run 启动的，这是为了保证所有逻辑都处于消息循环的管理中。本书将在第 10 章详细分析 Flutter 的消息循环。

attachToRenderTree 方法将驱动 Element Tree 的构建，并返回其根节点，逻辑如代码清单 5-2 所示。

代码清单 5-2　flutter/packages/flutter/lib/src/widgets/binding.dart

```
RenderObjectToWidgetElement<T> attachToRenderTree(
    BuildOwner owner, [ RenderObjectToWidgetElement<T>? element ]) {
  if (element == null) { // 首帧构建，element 参数为空
    owner.lockState(() {
      element = createElement(); // 创建 Widget 对应的 Element
      element!.assignOwner(owner); // 绑定 BuildOwner
    });
    owner.buildScope(element!, () { // 开始子节点的解析与挂载，见代码清单 5-46
      element!.mount(null, null); // 见代码清单 5-3
    });
    SchedulerBinding.instance!.ensureVisualUpdate(); // 请求渲染，见代码清单 5-19
  } else { // 如热重载等场景
    element._newWidget = this;
    element.markNeedsBuild();
  }
  return element!;
}
```

由于首帧的 element 参数为 null，因此首先通过 createElement 方法完成创建，然后和 BuildOwner 的实例绑定，该对象将在后面驱动 Element Tree 的更新，这里暂不介绍。其次调用 BuildOwner 的 buildScope 方法，该方法在后面内容将详细分析。对首帧来说，buildScope 方法只会执行传入的回调，即 mount 方法。虽然当前 element 是 RenderObjectToWidgetElement 类的实例，但是 mount 方法会先调用父类的方法，所以需要从祖先类 Element 开始分析，如代码清单 5-3 所示。

代码清单 5-3　flutter/packages/flutter/lib/src/widgets/framework.dart

```
@mustCallSuper // Element
void mount(Element? parent, dynamic newSlot) {
  _parent = parent; // 对根节点而言，parent 为 null
  _slot = newSlot;
  _lifecycleState = _ElementLifecycle.active; // 更新状态
  _depth = _parent != null ? _parent!.depth + 1 : 1; // 树的深度
  if (parent != null) _owner = parent.owner; // 绑定 BuildOwner
  final Key? key = widget.key;  // Global Key 注册，详见第 8 章
  if (key is GlobalKey) { key._register(this); } // 见代码清单 8-15
  _updateInheritance(); // 见代码清单 8-14
}
```

以上逻辑为每个 Element 节点挂载都将执行的逻辑，主要是一些通用属性的更新，下面分析父类 RenderObjectElement 的挂载逻辑，如代码清单 5-4 所示。

代码清单 5-4　flutter/packages/flutter/lib/src/widgets/framework.dart

```
@override // RenderObjectElement
void mount(Element? parent, dynamic newSlot) {
  super.mount(parent, newSlot); // 见代码清单 5-3
  _renderObject = widget.createRenderObject(this); // 创建 Widget 对应的 RenderObject
  attachRenderObject(newSlot);
  _dirty = false;
```

```
}
@override
void attachRenderObject(dynamic newSlot) {
  _slot = newSlot;
  _ancestorRenderObjectElement = _findAncestorRenderObjectElement();
  _ancestorRenderObjectElement?.insertRenderObjectChild(renderObject, newSlot);
                                                          // 见代码清单 5-16
  final ParentDataElement<ParentData>? parentDataElement =
      _findAncestorParentDataElement();
  if (parentDataElement != null) _updateParentData(parentDataElement.widget);
}
```

以上逻辑中，首先，找到当前 Element 最近的 RenderObjectElement 类型的祖先节点，其次，通过 insertRenderObjectChild 方法将当前 RenderObject 加入 Render Tree。不同的子类有不同的实现，这部分内容后面将详细介绍。最后，通过 _findAncestorParentDataElement 方法找到 ParentDataElement 类型的祖先，并更新其数据。对 Element Tree 的根节点而言，由于以上逻辑返回值均为 null，因此不会执行。

RootRenderObjectElement 的 mount 方法只是简单调用父类的 mount 方法，RenderObjectToWidgetElement 的 mount 方法如代码清单 5-5 所示。

代码清单 5-5　flutter/packages/flutter/lib/src/widgets/binding.dart

```
@override // RenderObjectToWidgetElement
void mount(Element? parent, dynamic newSlot) {
  super.mount(parent, newSlot); // 见代码清单 5-4
  _rebuild();
}
void _rebuild() {
  try { // widget 即代码清单 5-1 中的 rootWidget，下面开始 Widget Tree 的解析
    _child = updateChild(_child, widget.child, _rootChildSlot); // 见代码清单 5-7
    assert(_child != null);
  } catch (exception, stack) { ...... }
}
```

Element Tree 的根节点自身没有什么与构建相关的逻辑，其会基于 widget.child（即 runApp 方法传入的参数）继续 3 棵树的构建，下面以一个具体案例的形式进行分析。

5.1.3　案例分析

为了便于分析，下面基于代码清单 5-6 所示的程序进行分析，具体效果是屏幕中部先后显示一行文字和一张图片（由于图片需要加载，因此不会和文字同帧渲染，详见 8.6 节）。

代码清单 5-6　图 5-4 对应的 Flutter 代码

```
void main() {
  var imageUrl = " ...... "; // 图片 url
  var direct = TextDirection.ltr;
  var style = TextStyle(color: Colors.black);
  runApp(Container( // Container 对应一个 ComponentElement，没有渲染能力
      color: Colors.white, // 该属性将导致产生一个 RenderObjectWidget
```

```
        child: Row(textDirection: direct, // MultiChildRenderObjectWidget
        children: [
        Image.network(imageUrl, width: 100, excludeFromSemantics: true,),
        Text(" 测试 ", textDirection: direct, style: style,)
      ],
    ),
  ));
}
```

以上代码所对应 3 棵树的最终形态如图 5-4 所示，经过前面的分析，图中阶段 1 所对应的 3 棵树的根节点均已创建。

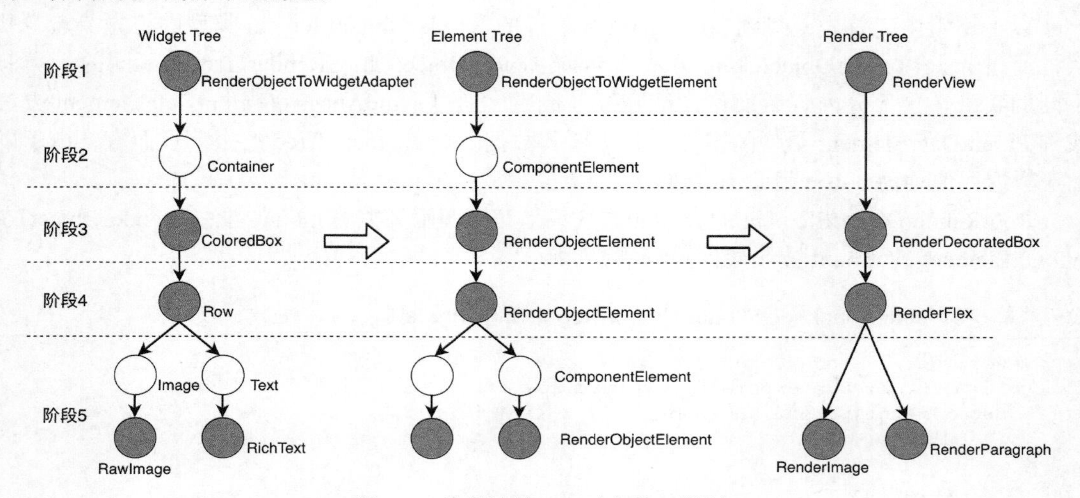

图 5-4　代码清单 5-6 对应的 3 棵树

此时 widget.child 所对应的 Widget 为 Container，而 updateChild 的逻辑如代码清单 5-7 所示。

代码清单 5-7　flutter/packages/flutter/lib/src/widgets/framework.dart

```
@protected // Element
Element? updateChild(Element? child, Widget? newWidget, dynamic newSlot) {
  if (newWidget == null) {
    if (child != null) deactivateChild(child); // 卸载 Element Tree 的节点
    return null;
  }
  final Element newChild;
  if (child != null) { // 3 棵树的更新，详见 5.3 节
    // SKIP 见代码清单 5-47
  } else { // 3 棵树的创建，通常由首帧渲染触发
    newChild = inflateWidget(newWidget, newSlot); // 见代码清单 5-8
  }
  return newChild;
}
```

updateChild 的参数 child 表示将被挂载到 Element Tree 中的 Element 实例，对首次创建来说一般是 null，newWidget 表示将被挂载到 Widget Tree 中的 Widget 实例。

由于是首次创建，因此会触发 inflateWidget 方法，即将 Widget 配置渲染成 Element，Android 中也有 LayoutInflater 等类似命名。inflateWidget 方法的逻辑如代码清单 5-8 所示。

代码清单 5-8　flutter/packages/flutter/lib/src/widgets/framework.dart

```
Element inflateWidget(Widget newWidget, dynamic newSlot) {
  final Key? key = newWidget.key;
  if (key is GlobalKey) { ...... } // 见代码清单 8-16
  final Element newChild = newWidget.createElement(); // 创建对应的 Element
  newChild.mount(this, newSlot); // 由对应的 Element 实例继续子节点的挂载
  return newChild;
}
```

对 Container 而言，其对应 Element 类型的是 StatelessElement，此即 newChild 的类型，至此，图 5-4 中的阶段 2 已经完成。

StatelessElement 的 mount 方法继承自父类 ComponentElement。在执行其逻辑前，首先会执行代码清单 5-3 中 Element 的 mount 方法，完成相关属性的配置，然后执行自身的 mount 方法，如代码清单 5-9 所示。

代码清单 5-9　flutter/packages/flutter/lib/src/widgets/framework.dart

```
@override // ComponentElement
void mount(Element? parent, dynamic newSlot) {
  super.mount(parent, newSlot); // 见代码清单 5-3
  _firstBuild();
}
void _firstBuild() { // ComponentElement
  rebuild();
}
void rebuild() { // Element
  if (_lifecycleState != _ElementLifecycle.active || !_dirty)
    return; // 以上情况无须构建
  performRebuild();
}
```

由此可见，对 ComponentElement 类型的 Element 而言，它不会像代码清单 5-4 中的 RenderObjectElement 那样直接操纵 Render Tree，那么它的作用是什么呢？下面继续分析。

由以上逻辑可知，最终将执行 performRebuild 方法，该方法由不同的子类实现，对 ComponentElement 而言，其逻辑如代码清单 5-10 所示。

代码清单 5-10　flutter/packages/flutter/lib/src/widgets/framework.dart

```
void performRebuild() {
  Widget? built;
  try { // 第 1 步，生成当前 Element 节点对应的 Widget 节点的子节点
    built = build(); // 见代码清单 5-11
  } catch (e, stack) { ...... } finally {
    _dirty = false; // 构建完成后，更新标记
  }
  try { // 第 2 步，继续 Element Tree 子树的创建
    _child = updateChild(_child, built, slot);
```

```
    } catch (e, stack) { ...... }
  }
```

ComponentElement 的 build 方法由具体子类实现，如代码清单 5-11 所示。

代码清单 5-11 flutter/packages/flutter/lib/src/widgets/framework.dart

```
class StatelessElement extends ComponentElement {
  @override
  Widget build() => widget.build(this);
}
class StatefulElement extends ComponentElement {
  @override
  Widget build() => state.build(this); // 注意，这个实现 build 方法时得到的是 BuildContext 参数
}
```

以上逻辑中，StatelessElement 的 build 方法将直接调用 Widget 的 build 方法，而 StatefulElement 的 build 方法将调用 State 的 build 方法，这也和我们使用对应的 Widget 时所需要重写的方法是一致的。特别值得注意的是，build 方法的参数对实现 Widget 或者 State 的子类而言是 BuildContext 类型，但由此处可知，其本质是 Element 的子类，即图 5-2 中 BuildContext 的实现者。

对本例而言，Widget 此时即 Container，其 build 方法如代码清单 5-12 所示。

代码清单 5-12 flutter/packages/flutter/lib/src/widgets/container.dart

```
@override
Widget build(BuildContext context) { // Container
  Widget? current = child;
  // SKIP 其他属性产生的 Widget
  if (color != null) current = ColoredBox(color: color!, child: current);
  return current!;
}
```

由此可见，updateChild 将以 ColoredBox 为 newWidget 继续创建，ColoredBox 对应的 Element 为 SingleChildRenderObjectElement。由代码清单 5-8 可知，它将按照类的继承顺序，先后触发 Element、RenderObjectElement、SingleChildRenderObjectElement 的 mount 方法。

Element 的 mount 方法前面已经介绍过，主要是相关属性的设置，RenderObjectElement 的 mount 方法如代码清单 5-4 所示，此时最近的 RenderObjectElement 节点即阶段 1 中生成的 RenderObjectToWidgetElement，其挂载 Render Tree 子节点的逻辑如代码清单 5-13 所示。

代码清单 5-13 flutter/packages/flutter/lib/src/widgets/binding.dart

```
@override // RenderObjectToWidgetElement
void insertRenderObjectChild(RenderObject child, dynamic slot) {
  assert(slot == _rootChildSlot);
  renderObject.child = child as T;
}
```

作为 Element Tree 的根节点，首先，检查当前将被挂载的 SingleChildRenderObjectElement（对应 ColoredBox）的 slo 和 _rootChildSlott 是否一致。由代码清单 5-10 可知，ComponentElement

在挂载子节点时会透传自己的 slot。其次，由代码清单 5-5 可知，ComponentElement 自身的 slot 即 _rootChildSlot，因此这里的 assert（断言）会检查通过。

最后，将当前 RenderObject 设置为 RenderView 的子节点。至此，图 5-4 的阶段 3 完成。下面继续分析 SingleChildRenderObjectElement 的 mount 方法，如代码清单 5-14 所示。

代码清单 5-14　flutter/packages/flutter/lib/src/widgets/framework.dart

```
@override // SingleChildRenderObjectElement
void mount(Element? parent, dynamic newSlot) {
  super.mount(parent, newSlot); // 见代码清单 5-4
  _child = updateChild(_child, widget.child, null); // 见代码清单 5-7
}
```

以上逻辑主要是挂载子节点，注意子节点的 slot 将为 null，这是因为 SingleChildRender-ObjectElement 只有一个子节点，无须通过 slot 做额外的区分。

此时 widget.child 的值为 Row，updateChild 方法最终将调用 inflateWidget 方法，如代码清单 5-8 所示。Row 所对应的 Element 为 MultiChildRenderObjectElement，因此将依次调用 Element、RenderObjectElement、MultiChildRenderObjectElement 的 mount 方法，前面内容均有分析，此时由代码清单 5-4 可知，首先创建对应的 RenderObject 节点——RenderFlex（Row 对应的 RenderObject）。其次调用 SingleChildRenderObjectElement 的 insertRenderObjectChild 方法，主要是赋值 RenderObject 的 child 属性。最后调用 MultiChildRenderObjectElement 自身的 mount 方法，如代码清单 5-15 所示。至此，图 5-4 的阶段 4 已经完成。

代码清单 5-15　flutter/packages/flutter/lib/src/widgets/framework.dart

```
@override // MultiChildRenderObjectElement
void mount(Element? parent, dynamic newSlot) {
  super.mount(parent, newSlot); // 见代码清单 5-4
  final List<Element> children = List<Element>.filled(
    widget.children.length, _NullElement.instance, growable: false);
  Element? previousChild;
  for (int i = 0; i < children.length; i += 1) {
    final Element newChild = // 挂载每个子节点
        inflateWidget(widget.children[i], IndexedSlot<Element?>(i, previousChild));
    children[i] = newChild;
    previousChild = newChild;
  }
  _children = children;
}
```

以上逻辑主要负责挂载 Row 下面的每个子节点。首先，Image 对应的 Element 为 Stateful-Element，其祖先类 Element 和 ComponentElement 的 mount 方法在前面内容已介绍过。其自身的 build 逻辑如代码清单 5-11 所示。其次 State 最终返回的 Widget 为 RawImage，其对应的 Element 为 LeafRenderObjectElement，其 mount 逻辑将依次调用 Element、RenderObjectElement 的 mount 方法，此时将先触发 MultiChildRenderObjectElement 的 insertRenderObjectChild 方法，如代码清单 5-16 所示。

代码清单 5-16 flutter/packages/flutter/lib/src/widgets/framework.dart

```
@override // MultiChildRenderObjectElement
void insertRenderObjectChild(RenderObject child, IndexedSlot<Element?> slot) {
  final ContainerRenderObjectMixin<RenderObject,
      ContainerParentDataMixin<RenderObject>> renderObject = this.renderObject;
  renderObject.insert(child, after: slot.value?.renderObject); // 见代码清单 5-17
}
```

ContainerRenderObjectMixin 是所有拥有多个子节点的 Element 的父类（通过 mixin 方式引入），其 insert 逻辑如代码清单 5-17 所示。

代码清单 5-17 flutter/packages/flutter/lib/src/rendering/object.dart

```
void insert(ChildType child, { ChildType? after }) { // ContainerRenderObjectMixin
  adoptChild(child);
  _insertIntoChildList(child, after: after); // 见代码清单 5-18
}
@override // RenderObject
void adoptChild(RenderObject child) {
  setupParentData(child);
  markNeedsLayout(); // 需要 Layout、Paint 等标记，这部分内容后面将详细分析
  markNeedsCompositingBitsUpdate();
  markNeedsSemanticsUpdate();
  super.adoptChild(child);
}
@protected
@mustCallSuper // AbstractNode
void adoptChild(covariant AbstractNode child) {
  child._parent = this; // 基础属性更新
  if (attached)  child.attach(_owner!);
  redepthChild(child);
}
```

对 insert 方法而言，adoptChild 方法将调用 RenderObject 的一系列方法，用于标记当前节点需要 Layout、Paint 等行为。_insertIntoChildList 方法则负责将当前 RenderObject 节点加入 Render Tree，其逻辑如代码清单 5-18 所示。

代码清单 5-18 flutter/packages/flutter/lib/src/rendering/object.dart

```
void _insertIntoChildList(ChildType child, { ChildType? after }) {
  final ParentDataType childParentData = child.parentData! as ParentDataType;
  _childCount += 1;
  if (after == null) { // 分支 1，不在任一子节点尾部插入，即插入列表头部
    childParentData.nextSibling = _firstChild;
    if (_firstChild != null) { // 分支 2，列表不为空，更新原第 1 个节点的信息
      final ParentDataType _firstChildParentData = _firstChild!.parentData! as
          ParentDataType;
      _firstChildParentData.previousSibling = child;
    }
    _firstChild = child;
    _lastChild ??= child;
  } else { // 插入特定节点后面
    final ParentDataType afterParentData = after.parentData! as ParentDataType;
```

```
    if (afterParentData.nextSibling == null) { // 分支 3，插入列表尾部
      childParentData.previousSibling = after;
      afterParentData.nextSibling = child;
      _lastChild = child;
    } else { // 分支 4，插入列表中部，开始更新受影响的字段
      childParentData.nextSibling = afterParentData.nextSibling;
      childParentData.previousSibling = after;
      final ParentDataType childPreviousSiblingParentData =
            childParentData.previousSibling!.parentData! as ParentDataType;
      final ParentDataType childNextSiblingParentData =
            childParentData.nextSibling!.parentData! as ParentDataType;
      childPreviousSiblingParentData.nextSibling = child;
      childNextSiblingParentData.previousSibling = child;
      assert(afterParentData.nextSibling == child);
    }
  }
}
```

要弄明白以上逻辑，首先理解 Render Tree 的数据结构表示。不同于 Element Tree 只需要记录单纯的父子节点关系，Render Tree 需要更灵活地操作其节点。因此，Element Tree 中只有 parent、child、children 等属性，而 Render Tree 对于多子节点的情况采用了一种双向链表的结构，其关键类如图 5-5 所示。

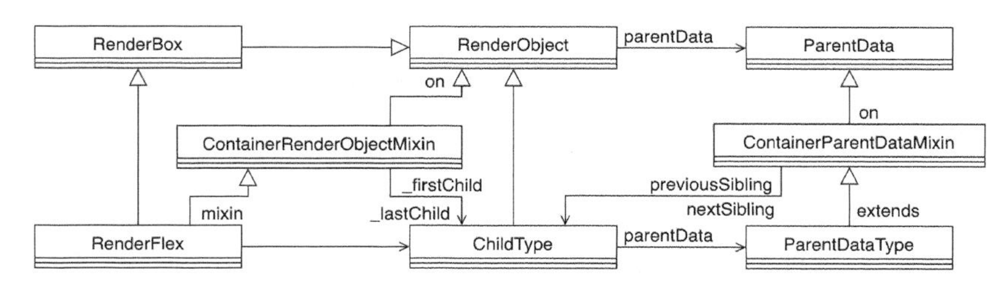

图 5-5　ContainerRenderObjectMixin 关键类

图 5-5 中，拥有多个子节点的 RenderFlex（对开发者来说是 Row 或者 Column）继承自 RenderBox，而 RenderBox 又继承自 RenderObject。RenderObject 持有一个 parentData 字段，对应的类型为 ParentData，表示当前节点可供父节点使用的数据。对 RenderFlex 的子节点来说，每个子节点都可以通过 ChildType（通过泛型指定）来表示，而 RenderFlex 又通过 mixin 的方式继承了 ContainerRenderObjectMixin，故其可以通过 _firstChild 字段和 _lastChild 字段持有第 1 个和最后一个子节点。而对于中间的子节点，ChildType 可以自行索引。具体来说，ChildType 作为 RenderObject 的子类，其 parentData 字段的具体类型为 ContainerParentDataMixin（通过 mixin 方式继承自 ParentData），而 ContainerParentDataMixin 中的 previousSibling 字段和 nextSibling 字段可以分别持有当前节点的前后索引。综上，便形成了一个可以双向索引的树形结构。

下面正式进入 _insertIntoChildList 逻辑的分析。对于第 1 个 RenderObject，其 after 为 null，_firstChild 也为 null，因而进入分支 1，执行完成后的关键字段如图 5-6 的阶段 1 所示。

由代码清单 5-15 可知，此时将继续 Text 的挂载，Text 是一个 StatelessWidget，其 mount

逻辑前面已经分析过，其 build 返回的是 RichText，其对应的 Element 为 MultiChildRender-ObjectElement，这里重点关注其对应的 RenderObject 节点 RenderParagraph 是如何以第 2 个子节点的身份加入 Render Tree 的。注意，代码清单 5-15 中 IndexedSlot 的第 2 个参数为 previousChild，此值即代码清单 5-16 中的 slot.value，因此代码清单 5-18 中的 after 参数此时就是前面内容挂载成功的 RawImage 节点，此时由于没有后续节点，将进入分支 3，逻辑执行完后的关键字段如图 5-6 的阶段 2 所示。

分支 4 的逻辑和分支 3 的逻辑也很相似，即在树的同一层级的子节点中间插入一个节点，假设现在继续以前面内容的 RawImage 对象为 after 参数进行挂载，即会进入分支 4，挂载完成后的关键字段如图 5-6 的阶段 3 所示。

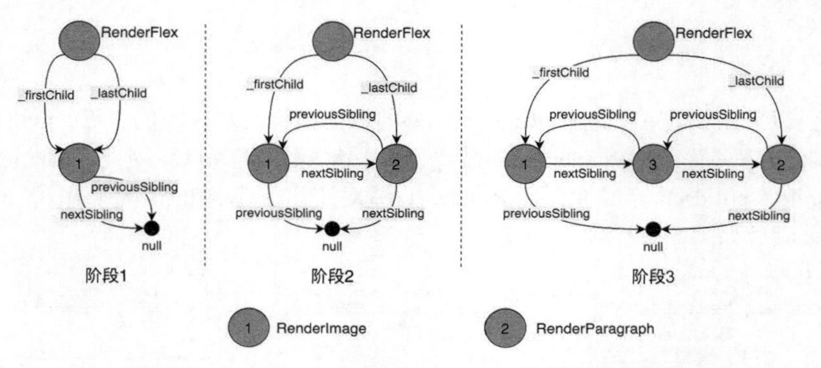

图 5-6　ContainerRenderObjectMixin 子节点插入流程

至此，图 5-4 的阶段 5 构建完成。我们从分层的视角分析了 3 棵树的构建，可以看到其核心是 Element Tree，其 mount 方法启动了自身及 Widget Tree 和 Render Tree 的构建。

图 5-7 展示了 3 棵树构建的核心调用及其顺序。

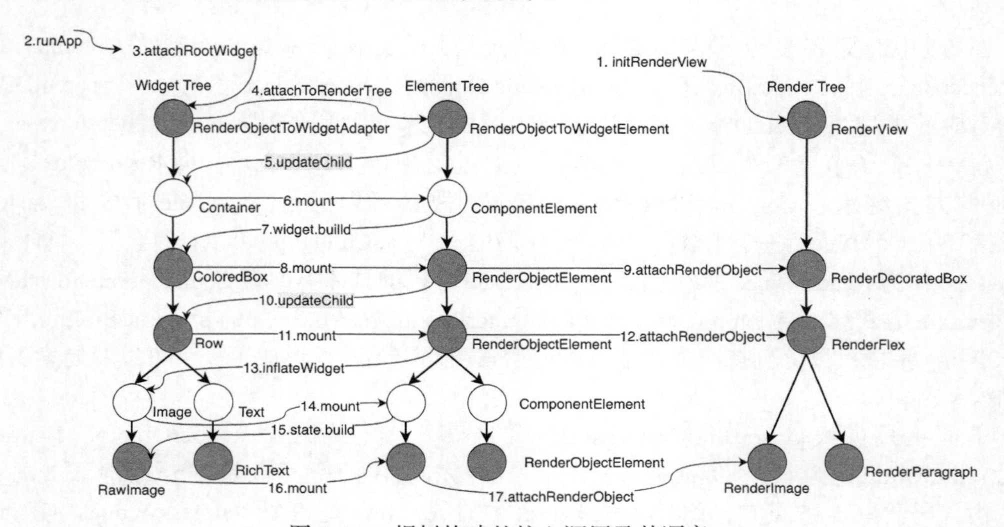

图 5-7　3 棵树构建的核心调用及其顺序

5.1.4　请求渲染

在完成 3 棵树的构建之后，会触发代码清单 5-2 中的 ensureVisualUpdate 的逻辑，如代码清单 5-19 所示。

代码清单 5-19　flutter/packages/flutter/lib/src/scheduler/binding.dart

```
void ensureVisualUpdate() {
  switch (schedulerPhase) {
    case SchedulerPhase.idle: // 闲置阶段，没有需要渲染的帧
    // 计算注册到本次帧渲染的一次性高优先级回调，通常是与动画相关的计算
    case SchedulerPhase.postFrameCallbacks:
      scheduleFrame(); // 见代码清单 5-20
      return;
    case SchedulerPhase.transientCallbacks: // 处理 Dart 中的微任务
    // 计算待渲染帧的数据，包括 Build、Layout、Paint 等流程，这部分内容后面将详细介绍
    case SchedulerPhase.midFrameMicrotasks:
    // 帧渲染的逻辑结束，处理注册到本次帧渲染的一次性低优先级回调
    case SchedulerPhase.persistentCallbacks:
      return;
  }
}
```

以上逻辑将根据当前所处的阶段判断是否需要发起一次帧渲染，每个阶段的状态转换如图 5-8 所示。

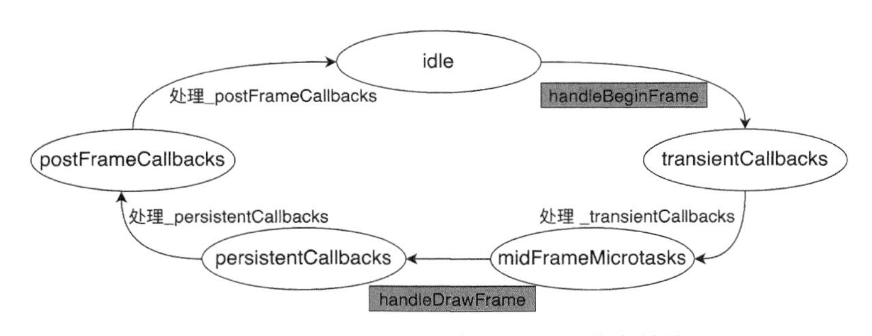

图 5-8　SchedulerPhase 每个阶段的状态转换

在图 5-8 中，首先，如果没有外部（如 setState 方法）和内部（如动画心跳、图片加载完成的监听器）的驱动，Framework 将默认处于 idle 状态。如果有新的帧数据请求渲染，Framework 将在 Engine 的驱动下，在 handleBeginFrame 方法中进入 transientCallbacks 状态，主要是处理高优先级的一次性回调，比如动画计算。完成以上逻辑后，Framework 会将自身状态更新为 midFrameMicrotasks，具体的微任务处理由 Engine 驱动。其次，Engine 会调用 handleDrawFrame 方法，Framework 在此时将状态更新为 persistentCallbacks，表示自身将处理每帧必须执行的逻辑，主要是与渲染管道相关的内容。完成 Framework 中与渲染管道相关的逻辑后，Framework 会将自身状态更新为 postFrameCallbacks，并处理低优先级的一次性回调（通常是由开发者或者上层逻辑注册）。最后，Framework 将状态重置为 idle。idle 是

Framework 的最终状态，只有在需要帧渲染时才会开始一次状态循环。

scheduleFrame 方法的逻辑如代码清单 5-20 所示，它将通过 window.scheduleFrame 接口向 Engine 发起请求，要求在下一个 Vsync 信号到达的时候进行渲染，具体细节将在 5.2 节详细分析。

代码清单 5-20 flutter/packages/flutter/lib/src/scheduler/binding.dart

```
void scheduleFrame() {
  if (_hasScheduledFrame || !framesEnabled) return;
  ensureFrameCallbacksRegistered(); // 见代码清单 5-25
  window.scheduleFrame(); // 见代码清单 5-26
  _hasScheduledFrame = true;
}
```

接下来分析 runApp 的最后一个逻辑——scheduleWarmUpFrame 方法，如代码清单 5-21 所示。

代码清单 5-21 flutter/packages/flutter/lib/src/scheduler/binding.dart

```
void scheduleWarmUpFrame() { // 见代码清单 4-84
  if (_warmUpFrame || schedulerPhase != SchedulerPhase.idle) return;
                                                    // 已发送帧渲染请求
  _warmUpFrame = true;
  Timeline.startSync('Warm-up frame');
  final bool hadScheduledFrame = _hasScheduledFrame;
  Timer.run(() { // 第 1 步，动画等相关逻辑
     handleBeginFrame(null);
  });
  Timer.run(() { // 第 2 步，立即渲染一帧（通常是首帧）
    handleDrawFrame();
    resetEpoch();
    _warmUpFrame = false; // 首帧渲染完成
    if (hadScheduledFrame) scheduleFrame();
  });
  lockEvents(() async { // 第 3 步，首帧渲染前不消费手势
    await endOfFrame;
    Timeline.finishSync();
  });
}
```

以上逻辑主要分为 3 步，但需要注意的是第 3 步是最先执行的，因为前两步是在 Timer.run 方法中启动的。handleBeginFrame 方法将触发动画相关的逻辑，这部分内容将在 8.4 节详细分析；handleDrawFrame 方法将触发 3 棵树的更新以及 Render Tree 的 Layout 和 Paint 等渲染逻辑，这部分内容将在后面详细分析。正常来说，这两个逻辑是 Engine 通过监听 Vsync 信号驱动的，这里之所以直接执行是为了保证首帧尽快渲染，因为不管 Vsync 信号何时到来，首帧都是必须渲染的。

下面分析 lockEvents 方法的逻辑，如代码清单 5-22 所示。事实上，因为前面 attachRootWidget、handleBeginFrame 和 handleDrawFrame 都是在 Timer.run 方法中执行的，所以 lockEvents 方法的执行时机非常靠前。

代码清单 5-22　flutter/packages/flutter/lib/src/foundation/binding.dart

```
@protected
Future<void> lockEvents(Future<void> callback()) {
  developer.Timeline.startSync('Lock events');
  _lockCount += 1;
  final Future<void> future = callback();
  future.whenComplete(() { // 见代码清单 5-23
    _lockCount -= 1;
    if (!locked) {
      developer.Timeline.finishSync();
      unlocked();
    }
  });
  return future;
}
@protected
@mustCallSuper // 见代码清单 5-24
void unlocked() {
  assert(!locked);
}
```

由以上逻辑可知，lockEvents 要求传入一个 Future，并将在其结束时执行 unlocked 方法。endOfFrame 的逻辑如代码清单 5-23 所示，其作为参数传入 lockEvents 方法中，可以保证首帧渲染之前不响应触摸等手势行为。

代码清单 5-23　flutter/packages/flutter/lib/src/scheduler/binding.dart

```
Future<void> get endOfFrame {
  if (_nextFrameCompleter == null) {
    if (schedulerPhase == SchedulerPhase.idle) scheduleFrame(); // 请求渲染
    _nextFrameCompleter = Completer<void>();
    addPostFrameCallback((Duration timeStamp) { // 一帧渲染结束时触发
      _nextFrameCompleter!.complete(); // 导致代码清单 5-21 中的第 3 步完成
      _nextFrameCompleter = null;
    });
  }
  return _nextFrameCompleter!.future;
}
```

由以上逻辑可知，endOfFrame 方法的主要逻辑是在图 5-8 的 postFrameCallback 阶段注册了一个 callback，用于通知 lockEvents 触发 unlocked，其具体逻辑在子类中实现，如代码清单 5-24 所示。

代码清单 5-24　flutter/packages/flutter/lib/src/gestures/binding.dart

```
@override // GestureBinding
void unlocked() {
  super.unlocked();
  _flushPointerEventQueue();
}
void _flushPointerEventQueue() {
  while (_pendingPointerEvents.isNotEmpty) // 处理之前阻塞的事件
```

```
    handlePointerEvent(_pendingPointerEvents.removeFirst());
}
```

以上逻辑主要是将手势事件从等待队列中取出，并依次进行处理，由前面内容分析可知，该逻辑将在首帧渲染完成之后触发，与手势相关的逻辑将在 8.5 节详细分析。

5.2 Vsync 机制分析

在分析首帧渲染的过程中，可以发现 Render Tree 的渲染逻辑（handleDrawFrame 方法）是直接执行的，但是后续每一帧的渲染都是 Framework 的主动调用导致的吗？实际上并非如此，也不能如此。试想一下，如果由 Framework 层控制每一帧的渲染，那么可能某一帧还没渲染完成，屏幕就开始刷新了，因为屏幕是按照自己的固有频率刷新的，而不会考虑具体的软件逻辑。此时，可能用于渲染的 Buffer 中，一半是当前帧的数据，一半是上一帧的数据，这就是所谓的“撕裂”(Tearing)，如图 5-9 所示。

图 5-9　屏幕的撕裂（图片来自维基百科）

为了避免撕裂，大部分 UI 框架都会引入 Vsync 机制，Vsync 是垂直同步（Vertical Synchronization）的简称，其基本的思路是同步帧的渲染和显示器的刷新率。下面开始分析 Flutter 的 Vsync 机制。

5.2.1 Vsync 准备阶段

当 UI 需要更新一帧（通常是由于动画、手势或者直接调用 setState 导致 Element Tree 中出现脏节点）时，会调用 ensureVisualUpdate 方法，其逻辑如代码清单 5-19 所示，如果没有处于渲染状态，将调用 scheduleFrame 方法，其逻辑如代码清单 5-20 所示。其中 ensureFrame-CallbacksRegistered 方法如代码清代 5-25 所示。window.scheduleFrame 将调用 Engine 对应的

C++ 方法，这部分内容后面将详细分析。

代码清单 5-25 flutter/packages/flutter/lib/src/scheduler/binding.dart

```
@protected
void ensureFrameCallbacksRegistered() {
  window.onBeginFrame ??= _handleBeginFrame; // 由代码清单 5-35 调用
  window.onDrawFrame ??= _handleDrawFrame;   // 由代码清单 5-35 调用
}
void _handleBeginFrame(Duration rawTimeStamp) {
  if (_warmUpFrame) { // 首帧仍在渲染，见代码清单 5-21
    _rescheduleAfterWarmUpFrame = true;
    return;
  }
  handleBeginFrame(rawTimeStamp); // 见代码清单 5-36
}
void _handleDrawFrame() {
  if (_rescheduleAfterWarmUpFrame) { // 首帧预渲染导致的调用
    _rescheduleAfterWarmUpFrame = false;
    addPostFrameCallback((Duration timeStamp) {
      _hasScheduledFrame = false;
      scheduleFrame(); // 见代码清单 5-20
    });
    return;
  }
  handleDrawFrame(); // 见代码清单 5-37
}
```

window.onBeginFrame 和 window.onDrawFrame 将在注册的 Vsync 信号到达后调用，这部分内容后面将详细分析，其对应的接口分别调用了 handleBeginFrame 方法和 handleDrawFrame 方法，这也是代码清单 5-21 中所调用的逻辑，后面将详细分析其逻辑。

需要注意的是，如果 _warmUpFrame 字段为 true，即通过 Vsync 驱动的渲染开始时发现首帧渲染仍在进行，则将 _rescheduleAfterWarmUpFrame 标记为 true，并在 _handleDrawFrame 中注册一个回调后退出，该回调将在首帧渲染后请求再次渲染一帧，而这一帧将是通过 Vsync 信号驱动的。

下面分析 window.scheduleFrame 接口的逻辑，其对应的是一个 Engine 方法，如代码清单 5-26 所示。

代码清单 5-26 engine/lib/ui/window/platform_configuration.cc

```
void ScheduleFrame(Dart_NativeArguments args) {
  UIDartState::ThrowIfUIOperationsProhibited(); // 确保在 UI 线程中
  UIDartState::Current()->platform_configuration()->client()->ScheduleFrame();
                                                            // 见代码清单 5-27
} // RuntimeController 是 client 的具体实现类
```

以上逻辑主要检查当前是否处于 UI 线程，然后调用 RuntimeController 的 ScheduleFrame 方法，最终会调用 Animator 的 RequestFrame 方法，如代码清单 5-27 所示。

代码清单 5-27　engine/shell/common/animator.cc

```
void Animator::RequestFrame(bool regenerate_layer_tree) {
  if (regenerate_layer_tree) { // 仅有 Platform View 更新，复用上一帧的 Layer Tree
    regenerate_layer_tree_ = true;
  } // 如果 Animator 已停止，则返回，但是如果屏幕配置发生改变（即第 2 个字段为 true）
  if (paused_ && !dimension_change_pending_) { return; } // 仍会请求 Vsync 信号
  if (!pending_frame_semaphore_.TryWait()) { return; } // 已经有正在渲染的帧，返回
                                                        // 见代码清单 5-34
  task_runners_.GetUITaskRunner()->PostTask([ ...... ]() {
    if (!self) { return; }
    self->AwaitVSync(); // 见代码清单 5-28
  });
  frame_scheduled_ = true; // 注意，比上一句逻辑先执行
}
```

以上逻辑中，regenerate_layer_tree 用于表示是否重新生成 Flutter 的渲染数据，一般情况下为 true，仅当 UI 中存在 Platform View 且只有该部分需要更新时才为 false。接着检查当前是否可以注册 Vsync，并通过 AwaitVSync 发起注册。由于是 PostTask 方式，因此 frame_scheduled 会在此之前标记为 true，表示当前正在计划渲染一帧。AwaitVSync 方法的逻辑如代码清单 5-28 所示。

代码清单 5-28　engine/shell/common/animator.cc

```
void Animator::AwaitVSync() {
  waiter_->AsyncWaitForVsync( // Vsync 信号到达后将触发的逻辑
      [self = weak_factory_.GetWeakPtr()](fml::TimePoint vsync_start_time,
                                                              // Vsync 信号到达的时间
                 fml::TimePoint frame_target_time) {
                                          // 根据帧率计算的一帧绘制完成的最晚的时间点
        if (self) { // 见代码清单 5-33
          if (self->CanReuseLastLayerTree()) { // 可以复用上一帧的 Layer Tree
            self->DrawLastLayerTree();
          } else { // 开始渲染新的一帧
            self->BeginFrame(vsync_start_time, frame_target_time);
          }
        }
      }); // 通知 Dart VM：当前处于等待 Vsync 的空闲状态，非常适合进行 GC 等行为
  delegate_.OnAnimatorNotifyIdle(dart_frame_deadline_);
}
```

以上逻辑中，OnAnimatorNotifyIdle 方法将通知 Dart VM 当前处于空闲状态，用于驱动 GC（Garbage Collection，垃圾回收）等逻辑的执行，因为当前将要注册 Vsync 并等待其信号，所以肯定不会更新 UI，非常适合进行 GC 等行为。AsyncWaitForVsync 方法负责 Vsync 监听的注册，下面进行分析。

5.2.2　Vsync 注册阶段

代码清单 5-28 中，AsyncWaitForVsync 方法将继续 Vsync 信号的注册，其逻辑如代码清单 5-29 所示。

代码清单 5-29　engine/shell/common/vsync_waiter.cc

```
void VsyncWaiter::AsyncWaitForVsync(const Callback& callback) {
  if (!callback) {
    return; // 若没有设置回调，则监听没有意义，直接返回
  }
  TRACE_EVENT0("flutter", "AsyncWaitForVsync");
  {
    std::scoped_lock lock(callback_mutex_);
    if (callback_) { return; } // 说明有其他逻辑注册过，直接返回
        callback_ = std::move(callback); // 赋值
    if (secondary_callback_) { return; } // 说明有其他逻辑注册过，无须再次注册，返回
  }
  AwaitVSync(); // 具体的实现由平台决定，Android 平台的实现见代码清单 5-30
}
```

以上逻辑中，callback 是必须携带的参数，因为没有回调的注册没有意义。接着，会检查 callback_ 字段是否已经被设置，如果有则说明其他逻辑已经注册过了，直接返回；如果为 null，则赋值为当前参数。注意，这里会接着检查 secondary_callback_ 是否有值，其一般由触摸事件触发，其赋值时会触发 AwaitVSync，所以此时 callback_ 只需要完成赋值即可，而无须重复注册 Vsync 信号。以上两个回调会在后面 Vsync 信号到达时一并处理。

完成以上逻辑后，将调用 AwaitVSync 方法开始正式注册 Vsync 信号，如代码清单 5-30 所示。

代码清单 5-30　engine/shell/platform/android/vsync_waiter_android.cc

```
void VsyncWaiterAndroid::AwaitVSync() {
  auto* weak_this = new std::weak_ptr<VsyncWaiter>(shared_from_this());
  jlong java_baton = reinterpret_cast<jlong>(weak_this); // 将当前实例变成 long 类型的 id
  task_runners_.GetPlatformTaskRunner()->PostTask([java_baton]() { // 切换线程
    JNIEnv* env = fml::jni::AttachCurrentThread(); // 确保 JNIEnv 已准备完毕
    env->CallStaticVoidMethod(g_vsync_waiter_class->obj(),
                                                      // Embedder 中的 FlutterJNI 实例
                          g_async_wait_for_vsync_method_,  // 对应的 Embedder 方法
                          java_baton);  // Vsync 到达后通过该参数调用本对象
  });
}
```

以上逻辑将在 Java 侧调用（在 Platform 线程中），这是因为 NDK 中没有监听硬件信号 Vsync 的 API，而 Android SDK 中有。注意，java_baton 是当前对象的弱引用指针，将用于 Vsync 信号到达时触发对应的回调。

该逻辑将调用 Java 侧的 FlutterJNI 对象的 asyncWaitForVsync 方法，最终将调用 AsyncWaitForVsyncDelegate 的 asyncWaitForVsync 方法。由代码清单 4-3 可知，该对象在启动时已经完成注册，具体逻辑如代码清单 5-31 所示。

代码清单 5-31　engine/shell/platform/android/io/flutter/view/VsyncWaiter.java

```
private final FlutterJNI.AsyncWaitForVsyncDelegate asyncWaitForVsyncDelegate =
  new FlutterJNI.AsyncWaitForVsyncDelegate() {
```

```
    @Override
    public void asyncWaitForVsync(long cookie) { // cookie 即代码清单 5-30 中的 java_baton
      Choreographer.getInstance().postFrameCallback( // 为下一个 Vsync 信号注册回调
        new Choreographer.FrameCallback() {
          @Override
          public void doFrame(long frameTimeNanos) { // Vsync 到达时触发
            float fps = windowManager.getDefaultDisplay().getRefreshRate();
                                                                  // 设备帧率
            long refreshPeriodNanos = (long) (1000000000.0 / fps);
                                                                  // 渲染一帧的最大耗时
            FlutterJNI.nativeOnVsync( // 调用 Engine 的方法，见代码清单 5-32
                frameTimeNanos, frameTimeNanos + refreshPeriodNanos, cookie);
          }
        }
      );
    }
  };
```

以上逻辑主要是调用系统 API，该 API 将在下一个 Vsync 信号到达时调用 doFrame 方法，其中，由 frameTimeNanos 表示的 Vsync 信号到达的时间会稍稍早于该回调发生的时间，因为从 Vsync 信号到达到 doFrame 被调用，中间必然有一些逻辑耗时。接着通过系统 API 获取当前设备的帧率，并计算绘制一帧所需要的时间，对 FPS 为 60 的设备而言，绘制一帧需要 16.6ms。最后将通过 FlutterJNI 调用 Native 方法，开始进行 Vsync 的响应，其中，第 1 个参数是 Vsync 信号到达时间；第 2 个参数表示当前帧最晚完成绘制的时间，它将贯穿整个渲染流程；第 3 个参数表示 Flutter Engine 中响应该信号的对象的指针。

5.2.3 Vsync 响应阶段

下面开始分析 nativeOnVsync 方法对应的 Engine 中的逻辑，如代码清单 5-32 所示。

代码清单 5-32 engine/shell/platform/android/vsync_waiter_android.cc

```
void VsyncWaiterAndroid::OnNativeVsync( ...... ) {
  TRACE_EVENT0("flutter", "VSYNC");
  auto frame_time = fml::TimePoint::FromEpochDelta( // 时间格式转换
      fml::TimeDelta::FromNanoseconds(frameTimeNanos));
  auto target_time = fml::TimePoint::FromEpochDelta(
      fml::TimeDelta::FromNanoseconds(frameTargetTimeNanos));
  ConsumePendingCallback(java_baton, frame_time, target_time);
}

void VsyncWaiterAndroid::ConsumePendingCallback( ...... ) {
  auto* weak_this = reinterpret_cast<std::weak_ptr<VsyncWaiter>*>(java_baton);
  auto shared_this = weak_this->lock(); // 获取代码清单 5-30 中发起监听的 VsyncWaiter 实例
  delete weak_this;
  if (shared_this) { // 触发回调，以上由具体平台实现，以下是 VsyncWaiter 通用逻辑
    shared_this->FireCallback(frame_start_time, frame_target_time);
  }
}
```

以上逻辑首先提取 frame_time 和 target_time，其含义前面内容已解释过。其次调用 Consume-

PendingCallback，将 java_baton 还原成进行注册的实例，并调用其 Callback，具体逻辑如代码清单 5-33 所示。

代码清单 5-33　engine/shell/common/vsync_waiter.cc

```
void VsyncWaiter::FireCallback( ...... ) {
  Callback callback;
  fml::closure secondary_callback;
  {
    std::scoped_lock lock(callback_mutex_);
    callback = std::move(callback_); // callback_ 的赋值逻辑位于代码清单 5-29
    secondary_callback = std::move(secondary_callback_);
  }
  if (!callback && !secondary_callback) { return; } // 没有回调，返回
  if (callback) {
    auto flow_identifier = fml::tracing::TraceNonce();
    task_runners_.GetUITaskRunner()->PostTaskForTime([ ...... ]() {
          callback(frame_start_time, frame_target_time); // 触发：见代码清单 5-28
        }, frame_start_time);
  }
  if (secondary_callback) {
    task_runners_.GetUITaskRunner()->PostTaskForTime(
          std::move(secondary_callback), frame_start_time);
  }
}
```

以上逻辑提取 callback_ 和 secondary_callback_，如果都为 null 则说明没有任何响应逻辑；如果有回调则在 UI 线程依次调用。对 callback_ 字段而言，其赋值在代码清单 5-28 中，其 BeginFrame 方法如代码清单 5-34 所示。

代码清单 5-34　engine/shell/common/animator.cc

```
void Animator::BeginFrame( ...... ) {
  // SKIP 第 1 步，Trace & Timeline 存储
  frame_scheduled_ = false; // 当前不处于等待 Vsync 信号的状态
  notify_idle_task_id_++; // idle（空闲状态）的计数 id，每帧递增，作用见后面内容
  regenerate_layer_tree_ = false; // 默认不重新生产 layer_tree
  pending_frame_semaphore_.Signal();
                            // 释放信号，允许接收新的 Vsync 信号请求，见代码清单 5-27
  if (!producer_continuation_) { // 第 2 步，产生一个待渲染帧，详见 5.2.5 节
    producer_continuation_ = layer_tree_pipeline_->Produce(); // 见代码清单 5-40
    if (!producer_continuation_) { // 当前待渲染帧的队列已满
      RequestFrame(); // 重新注册 Vsync，在下一帧尝试加入队列，见代码清单 5-27
      return;
    }
  } // 第 3 步，重要属性的存储
  last_frame_begin_time_ = fml::TimePoint::Now(); // 帧渲染实际开始时间
  last_vsync_start_time_ = vsync_start_time; // Vsync 信号通知的开始时间
  last_frame_target_time_ = frame_target_time; // 当前帧完成渲染的最晚时间
  dart_frame_deadline_ = FxlToDartOrEarlier(frame_target_time);
                                                          // Dart VM 的当前时间戳
  { // 第 4 步，开始渲染
```

```
      delegate_.OnAnimatorBeginFrame(frame_target_time); // 见代码清单 5-35
    }
    if (!frame_scheduled_) {
                 // 第 5 步，在 UI 线程注册任务，用于通知 Dart VM 当前空闲，可以进行 GC 等操作
      task_runners_.GetUITaskRunner()->PostDelayedTask([ ...... ]() {
        if (!self) { return; }
        if (notify_idle_task_id == self->notify_idle_task_id_ && // 没有正在渲染的帧
            !self->frame_scheduled_) { // 不等待 Vsync 信号（准备渲染）
          self->delegate_.OnAnimatorNotifyIdle(Dart_TimelineGetMicros() + 100000);
        } // 以上判断的核心是保证当前确实处于空闲状态
      }, kNotifyIdleTaskWaitTime);
    }
  }
```

以上逻辑相对来说比较复杂，主要分为 5 步。第 1 步和第 3 步主要是一些重要属性的存储，代码中已有说明。第 2 步涉及一个复杂的设计，将在 5.2.5 节单独分析。第 4 步将触发 Framework 的渲染逻辑，这部分内容会在后面详细分析。第 5 步将在当前帧的渲染完成之后，在 UI 线程注册一个任务，同样是用于通知 Dart VM 当前处于空闲状态，可以进行 GC 等操作。这是非常有必要的，因为一帧绘制完成后 Framework 层会有大量对象的创建与销毁，5.3 节 ~ 5.6 节将详细分析 Framework 在渲染流程中的种种逻辑。该任务发出后能够执行的条件是当前没有新的帧待渲染（即保证渲染的优先级始终高于 GC），具体表现为代码中的两个条件。

- notify_idle_task_id == self->notify_idle_task_id_ ：说明当前没有正在渲染的帧，否则后者会自增。
- !self->frame_scheduled_：说明没有正在等待 Vsync 信号的帧，否则该属性为 true。

下面开始分析渲染的逻辑。OnAnimatorBeginFrame 方法将经由 Shell、Engine、RuntimeController 最终调用 PlatformConfiguration 的 BeginFrame 方法，如代码清单 5-35 所示。

代码清单 5-35　engine/lib/ui/window/platform_configuration.cc

```
void PlatformConfiguration::BeginFrame(fml::TimePoint frameTime) {
                                                              // 完成渲染的最晚时间
  std::shared_ptr<tonic::DartState> dart_state = begin_frame_.dart_state().lock();
  if (!dart_state) { return; }
  tonic::DartState::Scope scope(dart_state);
  int64_t microseconds = (frameTime - fml::TimePoint()).ToMicroseconds();
  tonic::LogIfError( tonic::DartInvoke(begin_frame_.Get(), // 见代码清单 5-25
        { Dart_NewInteger(microseconds),})
  );
  UIDartState::Current()->FlushMicrotasksNow(); // 处理微任务
  tonic::LogIfError(tonic::DartInvokeVoid(draw_frame_.Get())); // 见代码清单 5-25
}
```

以上逻辑将调用 Framework 的 window.onBeginFrame 和 window.onDrawFrame 方法，并在中间调用 FlushMicrotasksNow 方法以处理 Dart VM 的微任务。由此可以推断，帧渲染的逻辑将主要由 Framework 执行，下面开始详细分析。

5.2.4 Framework 响应阶段

由代码清单 5-25 可知，window.onBeginFrame 和 window.onDrawFrame 接口所绑定的 Dart 函数分别是 handleBeginFrame 方法和 handleDrawFrame 方法。前者逻辑如代码清单 5-36 所示。

代码清单 5-36 flutter/packages/flutter/lib/src/scheduler/binding.dart

```
void handleBeginFrame(Duration? rawTimeStamp) {
  Timeline.startSync('Frame', arguments: ......);
  // 与时间戳相关字段的更新
  try {
     Timeline.startSync('Animate', arguments: ......); // Timeline 事件
    _schedulerPhase = SchedulerPhase.transientCallbacks; // 更新状态
    final Map<int, _FrameCallbackEntry> callbacks = _transientCallbacks;
                                                           // 见代码清单 8-36
    _transientCallbacks = <int, _FrameCallbackEntry>{}; // 处理高优先级的一次性回调
    callbacks.forEach((int id, _FrameCallbackEntry callbackEntry) {
      if (!_removedIds.contains(id))
        _invokeFrameCallback(callbackEntry.callback, _currentFrameTimeStamp!,
            callbackEntry.debugStack);
    });
    _removedIds.clear();
  } finally { // 更新状态，代码清单 5-35 中触发微任务消费
    _schedulerPhase = SchedulerPhase.midFrameMicrotasks;
  }
}
```

以上逻辑主要处理 _transientCallbacks 字段中注册的回调，一般由动画注册，所以 Timeline 的第一个参数为'Animate'，然后将 _schedulerPhase 字段标记为 midFrameMicrotasks。由代码清单 5-35 可知，handleBeginFrame 方法执行完后确实会先处理完微任务（Micro Task），再触发 handleDrawFrame 方法的执行，如代码清单 5-37 所示。

代码清单 5-37 flutter/packages/flutter/lib/src/scheduler/binding.dart

```
void handleDrawFrame() {
  Timeline.finishSync(); // 结束 Animate 阶段的统计
  try {
    _schedulerPhase = SchedulerPhase.persistentCallbacks; // 开始处理永久性回调
    for (final FrameCallback callback in _persistentCallbacks) // 一般是 3 棵树的更新
      _invokeFrameCallback(callback, _currentFrameTimeStamp!);
    _schedulerPhase = SchedulerPhase.postFrameCallbacks; // 处理低优先级的一次性回调
    final List<FrameCallback> localPostFrameCallbacks = // 当前帧渲染完成后触发
       List<FrameCallback>.from(_postFrameCallbacks);
    _postFrameCallbacks.clear();
    for (final FrameCallback callback in localPostFrameCallbacks)
      _invokeFrameCallback(callback, _currentFrameTimeStamp!);
  } finally {
    _schedulerPhase = SchedulerPhase.idle; // Framework 的帧渲染工作完成，当前进入空闲状态
    Timeline.finishSync(); // 结束帧，需要注意的是 Raster 线程仍将继续帧渲染工作
    _currentFrameTimeStamp = null;
  }
}
```

以上逻辑将依次处理 _persistentCallbacks 字段和 _postFrameCallbacks 字段中注册的回调，前者在启动过程中由 Framework 注册，执行后不会清除；后者一般由用户注册，每帧执行完之后都会清除。由第 4 章可知，drawFrame 方法为 _persistentCallbacks 字段中的主要逻辑，由于继承关系，将首先执行 WidgetsBinding 的逻辑，如代码清单 5-38 所示。

代码清单 5-38　flutter/packages/flutter/lib/src/widgets/binding.dart

```
@override // WidgetsBinding
void drawFrame() {
  // SKIP 首帧耗时统计相关
  try { // 开始更新 3 棵树，
    if (renderViewElement != null) // Element Tree 的根节点
      buildOwner!.buildScope(renderViewElement!); // 见代码清单 5-46
    super.drawFrame(); // 见代码清单 5-39
    buildOwner!.finalizeTree(); // 见代码清单 5-52
  } finally { ...... }
  // SKIP 首帧耗时统计相关
}
```

以上逻辑将执行 buildScope 方法，其主要工作是更新 Element Tree 的脏节点，并同步更新 Render Tree，5.3 节将详细分析。super.drawFrame 方法则会根据 Render Tree 的信息完成 Layout、Paint 等工作，具体逻辑如代码清单 5-39 所示，5.4 节 ~ 5.7 节将详细分析。finalizeTree 则会在 UI 线程的帧渲染工作结束后执行，主要负责清理 Element Tree 的无用节点，相关逻辑将在后面详细分析。

代码清单 5-39　flutter/packages/flutter/lib/src/rendering/binding.dart

```
@protected // RendererBinding
void drawFrame() {
  pipelineOwner.flushLayout(); // 见代码清单 5-55
  pipelineOwner.flushCompositingBits(); // 见代码清单 5-63
  pipelineOwner.flushPaint(); // 见代码清单 5-67
  if (sendFramesToEngine) {
    renderView.compositeFrame(); // 见代码清单 5-83
    pipelineOwner.flushSemantics();
    _firstFrameSent = true;
  }
}
```

以上逻辑中，flushLayout 方法负责更新 Render Tree 中每个节点的大小（Size）和位置（Offset）信息，这部分内容将在 5.4 节分析；flushPaint 方法负责遍历 Render Tree，执行每个节点的 Paint 逻辑，并生成 Layer Tree，这部分内容将在 5.5 节分析。compositeFrame 方法负责从 Layer Tree 构建 Scene 对象，并将通过 Engine 完成帧数据的最终渲染逻辑，这部分内容将在 5.6 节和 5.7 节介绍。

以上就是 Flutter 的 Vsync 机制：通过 Framework 发出请求，Engine 将请求注册到 Embedder 的 API 中，并在 Vsync 信号到达时通过 Engine 回调到 Framework，期间将先从 UI 线程切换到 Platform 线程，再从 Platform 线程切换回 UI 线程。

5.2.5 Continuation 设计分析

在代码清单 5-34 中，有一个非常晦涩的逻辑没有分析，即 producer_continuation_，因为它并不是能够简单地通过该方法的上下文可以理解的。从 Vsync 信号到达之后，一帧的数据经过 Build、Layout、Paint 等各个阶段，到真正开始渲染时，该对象都会一直存在，如果分散解读，很有可能因为忽略了这个对象而无法窥见渲染管道的全貌，因此本节将单独分析。

代码清单 5-34 中的 layer_tree_pipeline_ 对象在 Animator 的构造函数中完成初始化，并在开始渲染前调用 Produce 方法，其逻辑如代码清单 5-40 所示。

代码清单 5-40　engine/shell/common/pipeline.h

```
explicit Pipeline(uint32_t depth) // 该参数默认为 2
  : depth_(depth), empty_(depth), available_(0), inflight_(0) {}
ProducerContinuation Produce() {
  if (!empty_.TryWait()) { // 尝试产生一个待渲染帧，非阻塞式等待
    return {}; // empty_ 初始值为 2，每次生产一帧计数减 1，故最多能生产 2 帧
  }
  ++inflight_; // 待渲染帧数量加 1
  return ProducerContinuation{ // 当前待渲染帧尚无数据，故在此绑定提交数据的函数
            std::bind(&Pipeline::ProducerCommit, // 见代码清单 5-41
            this, std::placeholders::_1, std::placeholders::_2),  // 参数占位符
            GetNextPipelineTraceID()};
}
```

由于渲染管道涉及多个线程，因此通过信号量 empty_ 控制待渲染帧的数量，以上命名中的 Continuation 表示当前渲染一帧的任务存在但尚未完成。因为 Vsync 信号到达之后就已经确定要渲染一帧了，所以这里立刻通过 Produce 过程完成这个标记，这样的好处是将 Vsync 信号和最终的帧渲染一一对应。由于信号量的存在，将不会存在一个 Vsync 信号导致多帧渲染的情况，因为生产者和消费者是一一对应的。

在完成 5.3 节 ~ 5.6 节的 Framework 层的渲染逻辑后，一帧的数据至此才算完全准备好，此时可以告知代码清单 5-34 中产生的 producer_continuation_ 对象了，准确来说是提交待渲染的数据。具体的提交逻辑在代码清单 5-97 中，其调用的方法即前面内容绑定的 ProducerCommit 函数，如代码清单 5-41 所示。

代码清单 5-41　engine/shell/common/pipeline.h

```
bool ProducerCommit(ResourcePtr resource, size_t trace_id) { // 见代码清单 5-97
  {
    std::scoped_lock lock(queue_mutex_);
    queue_.emplace_back(std::move(resource), trace_id); // 将当前数据加入待渲染队列
  }
  available_.Signal(); // 计数 1，新增一帧可用于渲染的资源
  return true;
}
```

注意，以上逻辑只是将待渲染数据（resource）提交到 layer_tree_pipeline_ 对象的待渲染帧队列中，这里为什么不直接渲染呢？一是当前还是 UI 线程，无法渲染；二是渲染前的准备

工作尚未完成，因此通过队列暂存。这里 available_ 字段的作用和 empty_ 字段相似，都是控制待渲染帧的数量。

在渲染相关的工作完全准备好之后，Rasterizer 的 Draw 方法将对队列中的待渲染帧的数据进行消费，如代码清单 5-42 所示。

代码清单 5-42　engine/shell/common/pipeline.h

```
[[nodiscard]] PipelineConsumeResult Consume(const Consumer& consumer) {
                                                          // 见代码清单 5-99
  if (consumer == nullptr) { return PipelineConsumeResult::NoneAvailable; }
                                                                // 没有消费者
  if (!available_.TryWait()) { // 没有可消费的帧数据
    return PipelineConsumeResult::NoneAvailable;
  }
  ResourcePtr resource;
  size_t trace_id = 0;
  size_t items_count = 0;
  { // 取出第 1 个资源，进行处理
    std::scoped_lock lock(queue_mutex_);
    std::tie(resource, trace_id) = std::move(queue_.front()); // 提取数据
    queue_.pop_front(); // 移除队列的第 1 个待渲染帧数据
    items_count = queue_.size();
  }
  {
    TRACE_EVENT0("flutter", "PipelineConsume");
    consumer(std::move(resource)); // 一般将执行 Rasterizer 的 DoDraw 方法，见代码清单 5-99
  }
  empty_.Signal(); // 释放资源，计数加 1，可以响应新的渲染请求，见代码清单 5-40
  --inflight_; // 标记当前待渲染的帧数量减 1
  return items_count > 0 ? PipelineConsumeResult::MoreAvailable // 仍有待渲染的帧
                         : PipelineConsumeResult::Done; // 剩余 0 帧待渲染，完成
}
```

由于渲染是在 Raster 线程中进行，因此这里的锁是十分有必要的，以上逻辑的核心是取出 layer_tree_pipeline_ 对象的待渲染帧队列中的第一个数据，并通过 consumer 函数进行真正的消费，5.7 节将详细介绍这部分内容。

总的来说，Continuation 的存在解决了以下两个问题。

- Vsync 信号与待渲染帧一一对应的问题（信号量）。
- UI 线程数据生产与 Raster 线程数据消费的时序问题（锁）。

此外，Continuation 还通过 trace_id 为每一帧的渲染提供了追踪能力。虽然 producer_continuation_ 的调用点十分分散，但是从设计上来说，Continuation 保证了功能的解耦。如图 5-10 所示，Vsync 信号到达后，Animator 产生一个 Continuation 实例，Framework 和 Engine 在 UI 线程完成一帧数据的合成并通过 Continuation 对象提交给 layer_tree_pipeline_ 字段，Rasterizer 在真正渲染时再进行读取，流程和层次都十分清晰。

图 5-10 中，pipeline 所扮演的角色其实就是 Android 中的 BufferQueue，即连接渲染数据的生产者（Framework）和消费者（Rasterizer）。

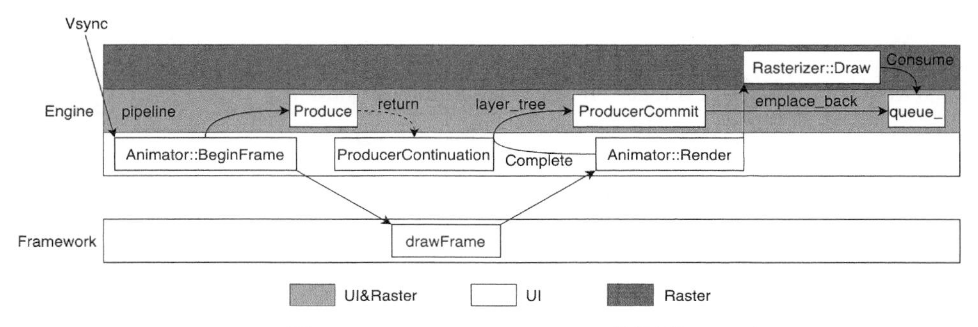

图 5-10 ProducerContinuation 的原理

5.3 Build 流程分析

Flutter 的 Build、Layout 等后续流程都使用了 GC 算法中的标记 - 清除（Mark-Sweep）思想，其本质是通过空间换取时间，达到 UI 的局部更新和渲染数据的高效生成。在 Flutter 中，标记阶段被称为 Mark，清除阶段被称为 Flush。因此，本节及后续几节都将按照这两个阶段进行源码的剖析。

5.3.1 Mark 阶段

在开发中，最常见的就是通过 setState 方法触发 UI 的更新，其逻辑如代码清单 5-43 所示。

代码清单 5-43 flutter/packages/flutter/lib/src/widgets/framework.dart

```
@protected // State
void setState(VoidCallback fn) {
  final dynamic result = fn() as dynamic; // 执行用户逻辑，完成数据更新
  _element!.markNeedsBuild(); // 见代码清单 5-44
}
```

以上逻辑主要是执行传入该方法的函数参数，然后将当前阶段标记为需要 Build 流程，其逻辑如代码清单 5-44 所示。

代码清单 5-44 flutter/packages/flutter/lib/src/widgets/framework.dart

```
void markNeedsBuild() { // Element
  if (_lifecycleState != _ElementLifecycle.active) return;
  if (dirty) return; // 已经标记过
  _dirty = true;
  owner!.scheduleBuildFor(this); // 在 BuildOwner 中进一步标记，见代码清单 5-45
}
```

以上逻辑首先检查当前 Element 节点是否处于 active 状态，若不是则返回，然后检查当前节点是否已经被标记为脏节点，如果已经标记则返回。最后，将当前节点的 _dirty 字段标记为 true，并调用 BuildOwner 的 scheduleBuildFor 方法，参数是当前的脏 Element 对象，其

逻辑如代码清单 5-45 所示。

代码清单 5-45 flutter/packages/flutter/lib/src/widgets/framework.dart

```
void scheduleBuildFor(Element element) { // BuildOwner
  if (element._inDirtyList) { // 已经在脏节点列表中，重排
    _dirtyElementsNeedsResorting = true;
    return;
  }
  if (!_scheduledFlushDirtyElements && onBuildScheduled != null) {
    _scheduledFlushDirtyElements = true;
    onBuildScheduled!(); // 将调用 ensureVisualUpdate 方法，见代码清单 5-19
  }
  _dirtyElements.add(element); // 加入脏节点列表
  element._inDirtyList = true;
}
```

以上逻辑首先判断需要 Build 流程的 Element 节点是否已经在 BuildOwner 的脏节点列表中，如果在则将 _dirtyElementsNeedsResorting 字段标记为 true，然后直接返回。该字段用于处理一种特殊情况，即在 Flush 阶段该节点被再次标记。_scheduledFlushDirtyElements 字段表示当前是否处于计划更新 Element Tree 中的脏节点的状态。

5.3.2 Flush 阶段

代码清单 5-45 中的 onBuildScheduled 是一个方法，在启动阶段完成初始化，它最终将调用 ensureVisualUpdate，其逻辑如代码清单 5-19 所示，它将触发 Vsync 信号的监听。

最后，将当前 Element 对象加入 _dirtyElements 列表，并将 Element 节点的 _inDirtyList 字段标记为 true。由 5.2 节的分析可知，Vsync 信号到达后将触发 buildScope 方法，如代码清单 5-46 所示。

代码清单 5-46 flutter/packages/flutter/lib/src/widgets/framework.dart

```
void buildScope(Element context, [ VoidCallback? callback ]) {
  if (callback == null && _dirtyElements.isEmpty) return; // 第 1 步，无须执行任何逻辑
  Timeline.startSync('Build', arguments: ......); // Timeline 统计，进入 Build 流程
  try { // 第 2 步，callback 参数的调用
    _scheduledFlushDirtyElements = true;
    if (callback != null) { // 通过 WidgetsBinding 的 drawFrame 方法调用时为 null
      _dirtyElementsNeedsResorting = false;
      try {
        callback(); // 一般用于首帧 3 棵树的创建
      } finally { ...... }
    } // if
    _dirtyElements.sort(Element._sort); // 第 3 步，对脏节点进行排序
    _dirtyElementsNeedsResorting = false;
    int dirtyCount = _dirtyElements.length;
    int index = 0;
    while (index < dirtyCount) { // 开始遍历脏节点
      try {
        _dirtyElements[index].rebuild(); // 第 4 步，重新构建
```

```
      } catch (e, stack) { ...... }
      index += 1; // 第 5 步，遍历下一个
      if (dirtyCount < _dirtyElements.length || _dirtyElementsNeedsResorting!) {
        _dirtyElements.sort(Element._sort); // 异常情况，需要重新排序
        _dirtyElementsNeedsResorting = false;
        dirtyCount = _dirtyElements.length; // 重置索引到第 1 个非脏节点
        while (index > 0 && _dirtyElements[index - 1].dirty) { index -= 1; }
      } // if
    } // while
  } finally { // 第 6 步，清理各种标记
    for (final Element element in _dirtyElements) { element._inDirtyList = false; }
    _dirtyElements.clear();
    _scheduledFlushDirtyElements = false;
    _dirtyElementsNeedsResorting = null;
    Timeline.finishSync(); // Build 流程耗时统计结束
  }
}
```

以上逻辑主要分为 6 步。第 1 步检查参数，并标记当前进入 Build 流程。第 2 步主要是 callback 参数的调用，一般用于首帧渲染时 3 棵树的创建，更新阶段该参数一般为 null。第 3 阶段主要进行脏节点的排序，Element Tree 中深度（depth）较小的节点将排在前面，因为深度较小的节点往往是深度较大节点的父节点，如果子节点优先更新，那么父节点更新时子节点可能需要再次更新，而 Build 流程往往是一个比较耗时的过程，因此优先更新父节点可以保证效率最大化。第 4 步，按照顺序遍历每个脏节点，并执行其 rebuild 方法，该方法会调用 performRebuild 方法，具体实现由不同类型的 Element 节点决定。在 5.1 节首帧渲染的分析中已经介绍过主要类型 Element 子类的 performRebuild 方法，在此不再赘述。

第 5 步，首先将 index 自增，其次检查当前是否满足以下两种状态之一。

- dirtyCount < _dirtyElements.length：即在处理 Element 脏节点的过程中又有新的节点标记为脏。
- _dirtyElementsNeedsResorting：通常由 GlobalKey 的复用导致，在代码清单 5-45 中，如果当前节点已在列表中，则会将该字段设置为 true，而 scheduleBuildFor 的调用点除了 markNeedsBuild 方法（setState 导致）就是 activate 方法（由 inflateWidget 方法中 GlobalKey 的复用导致）。

如果满足以上任一条件，则会将 BuildOwner 的 _dirtyElements 列表重新排序，然后将 index 重置到最近一个非脏节点，并继续从该 Element 节点的索引继续进行 rebuild 方法。

第 6 步，将 _dirtyElements 列表中每个节点的 _inDirtyList 字段重置为 false，然后清空列表，并重置相关字段。

至此，还有一个问题没解决：代码清单 5-44 中每个被标记的 Element 节点的 _dirty 字段被标记为 true，那么它们何时重置呢？

其答案就隐藏在 rebuild 方法中，对 StatefulElement 来说，其 rebuild 方法最终将触发 ComponentElement 的 performRebuild 方法，在代码清单 5-10 中，此时 _dirty 被重置为 false，并调用 updateChild 完成子节点的更新，updateChild 的逻辑在代码清单 5-7 中已有部分展示，对节点更新来说其完整逻辑如代码清单 5-47 所示。

代码清单 5-47　flutter/packages/flutter/lib/src/widgets/framework.dart

```
@protected // Element
Element? updateChild(Element? child, Widget? newWidget, dynamic newSlot) {
  if (newWidget == null) { // 分支 1
    if (child != null)  deactivateChild(child);  // 分支 2，卸载对应 Element 节点
    return null;
  }
  final Element newChild;
  if (child != null) { // 分支 3
    bool hasSameSuperclass = true;
    if (hasSameSuperclass && child.widget == newWidget) { // 第 1 种情况
      if (child.slot != newSlot) updateSlotForChild(child, newSlot); // 更新 slot
      newChild = child; // 复用 Element
    } else if (hasSameSuperclass && Widget.canUpdate(child.widget, newWidget))
    { // 第 2 种情况
      if (child.slot != newSlot) updateSlotForChild(child, newSlot);  // 更新 slot
      child.update(newWidget); // 复用 Element，见代码清单 5-49
      newChild = child;
    } else { // 第 3 种情况
      deactivateChild(child); // 见代码清单 5-50
      newChild = inflateWidget(newWidget, newSlot); // 重建 Element 节点
    }
  } else { // 分支 4
    newChild = inflateWidget(newWidget, newSlot);
  }
  return newChild;
}
```

在上述逻辑中，对子节点更新来说，通常会进入逻辑分支 3，具体也分为 3 种情况。

第 1 种情况：Widget 节点相同，直接同步 slot，并复用现有的 Element 节点。

第 2 种情况：可直接基于新的 Widget 节点更新，通常是因为 runtimeType 相同，canUpdate 的逻辑如代码清单 5-48 所示。此时仍然只需要同步 slot，复用并更新现有的 Element 节点即可，update 方法的逻辑对于不同子类有不同实现，如代码清单 5-49 所示。

代码清单 5-48　flutter/packages/flutter/lib/src/widgets/framework.dart

```
static bool canUpdate(Widget oldWidget, Widget newWidget) {
  return oldWidget.runtimeType == newWidget.runtimeType && oldWidget.key ==
      newWidget.key;
}
```

以上逻辑表示可用 newWidget 更新 oldWidget 的条件，要求 runtimeType 和 key 相同，前者很容易理解，关于 key 的作用，将在第 8 章详细分析。

代码清单 5-49　flutter/packages/flutter/lib/src/widgets/framework.dart

```
abstract class Element extends DiagnosticableTree implements BuildContext {
  @mustCallSuper void update(covariant Widget newWidget) {
    _widget = newWidget; // 基础逻辑，更新 _widget，即 Element 节点的配置信息
  }
}
```

```
class StatelessElement extends ComponentElement {
  @override  void update(StatelessWidget newWidget) {
    super.update(newWidget);
    _dirty = true; // 标记为脏
    rebuild();
  }
}
abstract class RenderObjectElement extends Element {
  @override void update(covariant RenderObjectWidget newWidget) {
    super.update(newWidget);
    widget.updateRenderObject(this, renderObject); // 具体子类实现
    _dirty = false;
  }
}
```

不同类型的 Element 节点会重写 update 方法，比如 StatelessElement 会触发自身的 rebuild 方法，即新的 StatelessWidget 的 build 方法，而 RenderObjectElement 则会直接基于新的 RenderObjectWidget 更新对应的 RenderObject，注意，此时 Render Tree 的节点也是复用的。

第 3 种情况：当前 Widget Tree 的子节点完全不一样，则需要移除原有的 Element 节点，并新建 Element 节点进行挂载。inflateWidget 方法的逻辑如代码清单 5-8 所示，deactivateChild 方法的逻辑如代码清单 5-50 所示，展示了 Element 节点的卸载。

代码清单 5-50　flutter/packages/flutter/lib/src/widgets/framework.dart

```
@protected // Element
void deactivateChild(Element child) {
  assert(child._parent == this);
  child._parent = null;
  child.detachRenderObject(); // 见代码清单 5-51
  owner!._inactiveElements.add(child); // 进行标记，但暂不处理，可能被复用
}
class _InactiveElements {
  void add(Element element) {
    if (element._lifecycleState == _ElementLifecycle.active)
      _deactivateRecursively(element); // 处理所有子节点
    _elements.add(element); // 真正的存储字段
  }
  static void _deactivateRecursively(Element element) {
    element.deactivate(); // 见代码清单 8-6
    element.visitChildren(_deactivateRecursively);
  }
}
```

由以上逻辑可知，deactivateChild 会将当前的 Element 节点的 parent 设置为 null，同时完成 Render Tree 对应节点的处理，然后将当前节点记录到 _InactiveElements 实例，该实例的 _elements 字段保存了所有 inactive 的节点，并将调用每个节点的 deactivate 方法。

以上逻辑中，RenderObjectElement 的 detachRenderObject 方法如代码清单 5-51 所示。

代码清单 5-51　flutter/packages/flutter/lib/src/widgets/framework.dart

```
@override
void detachRenderObject() {
```

```
    if (_ancestorRenderObjectElement != null) {
      _ancestorRenderObjectElement!.removeRenderObjectChild(renderObject, slot);
      _ancestorRenderObjectElement = null;
    }
    _slot = null;
  }
```

以上逻辑主要是找到当前节点的 RenderObjectElement 类型的祖先节点，调用其 removeRenderObjectChild 方法，其中 renderObject 即当前 Element 节点对应的 RenderObject 节点。removeRenderObjectChild 由不同的子类实现，对 SingleChildRenderObjectElement 来说，只需要设置 child 属性为 null 即可，而对 MultiChildRenderObjectElement 来说，则相当于从图 5-6 的树结构中移除一个节点，在此不再赘述。

5.3.3 清理阶段

在 Build 流程中，对于执行了 deactivate 方法的节点，其 _lifecycleState 字段的属性为 inactive，当 Build、Layout、Paint、Composition 在 UI 线程的工作结束后，如代码清单 5-38 所示，会调用 finalizeTree 方法进行最后的处理，该方法将调用 _inactiveElements 字段的 _unmount 方法，具体逻辑如代码清单 5-52 所示。

代码清单 5-52 flutter/packages/flutter/lib/src/widgets/framework.dart

```
void _unmountAll() {
  _locked = true;
  final List<Element> elements = _elements.toList()..sort(Element._sort); // 排序
  _elements.clear();
  try {
    elements.reversed.forEach(_unmount); // 遍历每个节点并卸载，注意是逆序
  } finally {
    _locked = false;
  }
}
void _unmount(Element element) {
  element.visitChildren((Element child) { _unmount(child); }); // 先处理所有子节点
  element.unmount(); // 处理自己
}
@mustCallSuper
void unmount() { // 真正的卸载逻辑
  final Key? key = _widget.key;
  if (key is GlobalKey) { key._unregister(this); } // 移除注册
  _lifecycleState = _ElementLifecycle.defunct;      // 更新状态
}
```

以上逻辑是对每个处于 inactive 状态的节点进行清理，主要是从 key 列表中解除注册并将 _lifecycleState 属性标记为 defunct。

对于一个 Element 节点，其在 UI 更新中的状态如图 5-11 所示。key 的特性会让部分 Element 在进入 inactive 之后重新回到 active 状态，达到复用的效果，将在第 8 章详细介绍。

在图 5-11 中，一个 Element 对象将在被创建时初始化 initial 状态，并在通过 mount 方

法（见代码清单 5-3）加入 Element Tree 后变为 active 状态；当该节点对应的 Widget 失效后，其自身会通过 deactivate 方法（见代码清单 8-6）进入 inactive 状态。如果在当前帧的 Build 过程中，有其他 Element 节点通过 key 复用了该节点，则会通过 activate 方法（见代码清单 8-20）使得该节点再次进入 active 状态；如果当前帧结束后该节点仍不在 Element Tree 中，则会通过 unmount 方法（见代码清单 5-52）进行卸载，并进入 defunct 状态，等待后续逻辑的销毁。

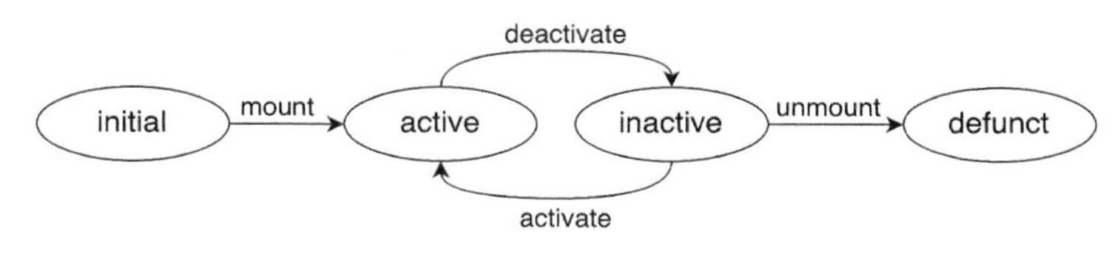

图 5-11 Element 状态转换

5.4 Layout 流程分析

本节分析 Layout 的实现。Layout 开始于代码清单 5-39 的 flushLayout 方法。需要注意的是，Flutter 在一帧的渲染中并没有对 Render Tree 中的每一个节点执行 Layout，和 Build 流程一样，Flutter 会标记那些需要 Layout 的 RenderObject 节点，并进行 Layout。

5.4.1 Mark 阶段

RenderObject 的 markNeedsLayout 方法会将当前节点标记为需要 Layout，但和 Build 流程不同的是，Layout 的 mark 入口十分离散，markNeedsBuild 方法通常是由开发者通过 setState 主动调用而导致的，因而调用点十分清晰。

Layout 过程是相对 Render Tree 而言的，因为 RenderObject 中保存了 Layout 相关的信息。虽然无法枚举全部 markNeedsLayout 的调用点，但是可以推测。例如，当一个表示图片的 RenderObject 大小改变时，其必然需要 Layout，如代码清单 5-53 所示。

代码清单 5-53 flutter/packages/flutter/lib/src/rendering/image.dart

```
double? get width => _width;
double? _width;
set width(double? value) {
  if (value == _width) return; // 宽度未改变，即使内容改变了，也无须 Layout
  _width = value;
  markNeedsLayout();
}
```

以上逻辑是 RenderImage 的 width 属性更新时的逻辑，它将会调用自身的 markNeedsLayout 方法，具体逻辑如代码清单 5-54 所示。

代码清单 5-54　flutter/packages/flutter/lib/src/rendering/object.dart

```
void markNeedsLayout() { // RenderObject
  if (_needsLayout) { return; } // 已经标记过，直接返回
  if (_relayoutBoundary != this) { // 当前节点不是布局边界：父节点受此影响，也需要被标记
    markParentNeedsLayout();
  } else { // 当前节点是布局边界：仅标记到当前节点，父节点不受影响
    _needsLayout = true;
    if (owner != null) { // 登记到 PipelineOwner 的 _nodesNeedingLayout 字段中
      owner!._nodesNeedingLayout.add(this);
      owner!.requestVisualUpdate(); // 请求刷新
    }
  }
}
@protected
void markParentNeedsLayout() {
  _needsLayout = true;
  final RenderObject parent = this.parent! as RenderObject;
  if (!_doingThisLayoutWithCallback) { // 通常会进入本分支
    parent.markNeedsLayout(); // 继续标记
  } else { // 无须处理
    assert(parent._debugDoingThisLayout);
  }
}
```

以上逻辑首先判断 _needsLayout 字段是否为 true，若为 true 则说明已经标记过，直接返回，否则会判断当前 RenderObject 是否为 Layout 的边界节点，每个 RenderObject 都有一个 _relayoutBoundary 字段，表示包括其自身在内的祖先节点中最近的“布局边界”。所谓布局边界，是指该节点的 Layout 不会对父节点产生影响，那么该节点及其子节点的 Layout 所产生的副作用就不会继续向祖先节点传递。Flutter 正是通过记录、存储和更新边界节点实现局部 Layout，以最大限度降低冗余无效的 Layout 计算。

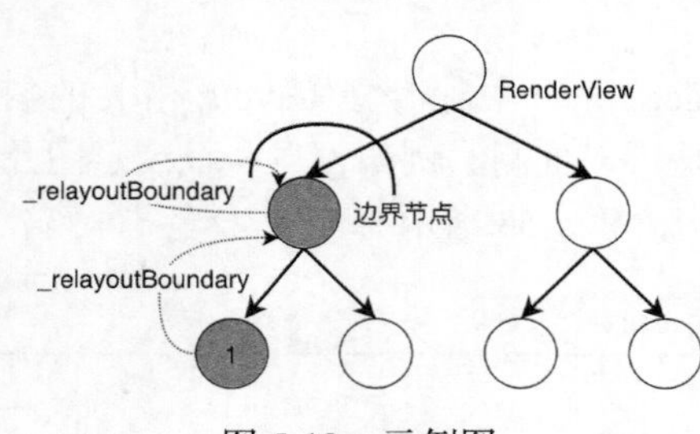

图 5-12　示例图

对于以上逻辑，以图 5-12 为例，如果当前节点不是布局边界则会调用祖先节点的 markNeedsLayout 方法，直到当前节点是一个布局边界。此时，将该节点加入 PipelineOwner 对象的 _nodesNeedingLayout 列表，并会通过 requestVisualUpdate 方法请求帧渲染，但是后者一般都在 Build 流程的 mark 阶段完成了。以上过程会将经过的每个节点的 _needsLayout 属性标记为 true。

通常情况下，markNeedsLayout 方法是在 Vsync 信号到达后、Build 流程的 Flush 阶段，伴随着 Render Tree 的更新而触发的。

5.4.2 Flush 阶段

下面进入 Layout 流程的 Flush 阶段，即 flushLayout 方法，具体逻辑如代码清单 5-55 所示。

代码清单 5-55 flutter/packages/flutter/lib/src/rendering/object.dart

```
void flushLayout() { // 见代码清单 5-39
  if (!kReleaseMode) { Timeline.startSync('Layout', arguments: ......); }
                                                        // Layout 阶段开始
  try {
    while (_nodesNeedingLayout.isNotEmpty) { // 存在需要更新 Layout 信息的节点
      final List<RenderObject> dirtyNodes = _nodesNeedingLayout;
      _nodesNeedingLayout = <RenderObject>[];
      for (final RenderObject node in dirtyNodes..sort( // 先进行排序，优先处理祖先节点
           (RenderObject a, RenderObject b) => a.depth - b.depth)) {
        if (node._needsLayout && node.owner == this)
          node._layoutWithoutResize(); // 真正的 Layout 逻辑
      }
    }
  } finally {
    if (!kReleaseMode) { Timeline.finishSync(); } // Layout 阶段结束
  }
}
```

以上逻辑将 _nodesNeedingLayout 字段中需要 Layout 的 RenderObject 节点按照深度进行排序，优先对深度较小的节点进行 Layout，这些节点通常是祖先节点。之所以要按照深度进行排序，主要是因为祖先节点 Layout 过程是按照深度优先进行树遍历的，那么每个子节点也会完成自身的 Layout。但是，如果优先对子节点进行 Layout，那么执行到祖先节点的 Layout 时，子节点可能因为祖先节点的影响而需要重新 Layout，导致之前的 Layout 变成了一次无效计算。

对于需要执行 Layout 的节点，将会触发该 RenderObject 节点的 _layoutWithoutResize 方法，因为每个加入的节点都是边界节点，所以这里的方法名以 WithoutResize 结尾。对非布局边界节点而言，如果一个 RenderObject 节点在 Layout 时改变大小了，其相对于父节点的 Layout 信息就变了。_layoutWithoutResize 方法的逻辑如代码清单 5-56 所示。

代码清单 5-56 flutter/packages/flutter/lib/src/rendering/object.dart

```
void _layoutWithoutResize() { // RenderObject
  try {
    performLayout();
    markNeedsSemanticsUpdate();
  } catch (e, stack) { ...... }
  _needsLayout = false;
  markNeedsPaint(); // 见代码清单 5-66
}
@protected
void performLayout(); // 由 RenderObject 的子类负责实现
```

以上逻辑将执行当前节点的 performLayout 方法，用于开始具体的 Layout 逻辑，然后将当前节点标记为需要 Paint 流程，相关逻辑将在 5.5 节详细分析。

Layout 是渲染管道中对开发者而言比较重要的一个流程，我们在进行 UI 开发时大部分工作其实就是通过 Widget 来布局内部的 RenderObject 节点，使用的大部分 Widget 其实也是封装了不同的布局，比如 Row、Colum、Stack、Center 等。开发者也经常会在日常开发中因

为实现一些复杂的布局效果而头疼，第 6 章和第 7 章将详细分析 Flutter 的两种布局模型——Box 和 Sliver。

简单来说，Layout 过程的本质是从布局边界节点开始的深度优先遍历，进入节点时携带父节点的 constraints 信息（通过设置 RenderObject 的 _constraints 字段获得），对 Box 布局模型而言，子节点完成 performLayout 后返回代表大小的 Size 信息和代表位置的 Offset 信息（通过设置 _size 字段和 offset 字段），详细流程将在第 6 章和第 7 章展开讨论。

5.4.3 Layout 实例分析

下面以 RenderView 的 performLayout 方法为入口进行分析，如代码清单 5-57 所示。

代码清单 5-57 flutter/packages/flutter/lib/src/rendering/view.dart

```
@override // RenderView
void performLayout() {
  assert(_rootTransform != null);
  _size = configuration.size; // Embedder 负责配置 size 信息
  assert(_size.isFinite); // 必须是有限大小
  if (child != null) child!.layout(BoxConstraints.tight(_size)); // 见代码清单 5-58
}
```

以上逻辑首先更新 _size 字段，表示 Embedder 所提供的 FlutterView 的大小，一般为屏幕的大小，然后将调用子节点的 layout 方法，如代码清单 5-58 所示。

代码清单 5-58 flutter/packages/flutter/lib/src/rendering/object.dart

```
void layout(Constraints constraints, { bool parentUsesSize = false }) {
  RenderObject? relayoutBoundary; // 更新布局边界
  if (!parentUsesSize || sizedByParent || constraints.isTight ||
      parent is! RenderObject) { // 第 1 步，当前 RenderObject 是布局边界
    relayoutBoundary = this;
  } else { // 否则使用父类的布局边界
    relayoutBoundary = (parent! as RenderObject)._relayoutBoundary;
  }
  if (!_needsLayout && constraints == _constraints &&
      relayoutBoundary == _relayoutBoundary) { // 第 2 步，无须重新 Layout
    return;
  }
  _constraints = constraints; // 第 3 步，更新约束信息
  if (_relayoutBoundary != null && relayoutBoundary != _relayoutBoundary) {
    visitChildren(_cleanChildRelayoutBoundary);
  }
  _relayoutBoundary = relayoutBoundary; // 更新布局边界
  if (sizedByParent) {// 第 4 步，子节点大小完全取决于父节点
    try {
      performResize();
    } catch (e, stack) { ...... }
  }
  try {
    performLayout(); // 第 5 步，子节点自身实现布局逻辑
```

```
    markNeedsSemanticsUpdate();
  } catch (e, stack) { ...... }
  _needsLayout = false; // 当前节点的 Layout 流程完成
  markNeedsPaint(); // 标记当前节点需要重绘，见代码清单 5-66
}
```

以上逻辑主要分为 5 步。第 1 步，判断当前 RenderObject 节点是否为一个布局边界节点。需要满足以下任一条件。

- !parentUsesSize：父节点不使用自身的 size 信息，比如 RenderView 在调用 layout 方法时使用了默认参数，所以它是一个布局边界节点。
- sizedByParent：当前 RenderObject 节点的大小完全由父节点控制，而不受子节点影响，比如 RenderAndroidView、RenderOffstage，由于子节点的 Layout 止步于此节点，因此也是布局边界节点。
- constraints.isTight：SliverConstraints 的 isTight 字段恒为 false，BoxConstraints 在最小宽高大于或等于最大宽高时为 true。该指标为 true 同样也说明当前 RenderObject 节点的大小是固定的，因而其子节点无论如何 Layout，其副作用都不会超出当前节点。
- parent is! RenderObject：即根节点。

以上 4 个条件的本质都是子节点的 **Layout 所产生的副作用不会发散出当前节点**，即可认为当前节点为边界节点。否则，当前节点会继承父节点的布局边界。

第 2 步，判断是否可以直接返回，条件是自身的 _needsLayout 为 true，父节点传递的布局约束（Constraints）和之前一样，布局边界节点和之前一样，这 3 个条件可以保证当前布局不会相对上一帧发生改变。

第 3 步，更新当前 RenderObject 节点的约束信息。并且，如果布局边界改变，则要清理子节点的布局边界信息，如代码清单 5-59 所示。

第 4 步，如果 sizedByParent 属性为 true，则调用 performResize 方法，具体实现取决于 RenderObject 的子类，一般此类 RenderObject 节点不会再实现 performLayout 方法。

第 5 步，执行 performLayout 方法，最后将 _needsLayout 字段标记为 true，并将当前节点标记为需要 Paint 流程。

代码清单 5-59　flutter/packages/flutter/lib/src/rendering/object.dart

```
void _cleanRelayoutBoundary() {
  if (_relayoutBoundary != this) { // 自身不是布局边界，则需要清理
    _relayoutBoundary = null;
    _needsLayout = true; // 需要重新布局
    visitChildren(_cleanChildRelayoutBoundary); // 遍历并处理所有子节点
  }
}
static void _cleanChildRelayoutBoundary(RenderObject child) {
  child._cleanRelayoutBoundary();
}
```

以上逻辑将清除 RenderObject 节点的 _relayoutBoundary 信息，并标记当前节点为需要 Layout。注意，这里由于该节点的祖先节点已经在 Layout 过程中，它一定会被 Layout，因此

该节点无须再加入待 Layout 的队列。此外，当子节点本身是一个布局边界节点时，无须继续清理其子节点。布局边界节点就像一个结界，隔离了祖先节点和子节点的相互作用，从而使局部 Layout 成为可能。

5.5 Paint 流程分析

经过 Build 流程，Render Tree 中绘制相关的基础信息（作为 Layout 流程的输入）已经完成更新；经过 Layout 流程，Render Tree 中每个节点的大小和位置完成计算与存储，接下来进入 Paint 流程：基于 Layout 的信息生成绘制指令。Compositing-State 是一个与 Paint 过程息息相关的概念，用于 Paint 阶段图层的复用。

针对代码清单 5-6 中的例子，稍作修改，如代码清单 5-60 所示。

代码清单 5-60 图 5-13 对应的 Flutter 代码

```
void main() {
  var imageUrl = " ...... ";
  var direct = TextDirection.ltr;
  runApp(Container(
    child: Row(textDirection: direct,
      children: [
        RepaintBoundary(
          child: Image.network(imageUrl, width: 100, excludeFromSemantics: true,)),
        Opacity(opacity: 0.5,
          child: Image.network(imageUrl, width: 100, excludeFromSemantics: true,))
      ],),),));
  Timer.run(() { // 输出 Widget Tree/Render Tree/Layer Tree 的信息
    debugDumpApp();
    debugDumpRenderTree();
    debugDumpLayerTree();
  });
}
```

以上代码所对应的 Render Tree 及 Layer Tree 如图 5-13 所示。

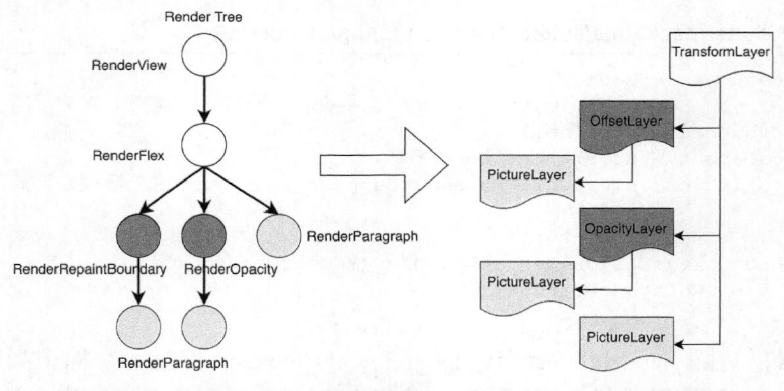

图 5-13 代码清单 5-60 所对应的 Render Tree 和 Layer Tree

使用 Layer Tree 的好处是可以做 Paint 流程的局部更新（没错，Flutter 中局部更新的思想无处不在），比如视频播放时其上面的“播放”按钮、进度条等控件没有必要每一帧都进行 Paint。此外，Flutter 的列表正是借助 Layer Tree 实现高效滑动：Flutter 的列表中，每个 Item 拥有一个独立的 Layer，这样在滑动的时候只需要更新 Layer 的位置信息，而不需要重新绘制内容。

Render Tree 中，每个 RenderObject 对象都拥有一个 needsCompositing 属性，用于判断自身及其子节点是否有一个要去合成的图层（若为 true 则说明自身拥有一个独立的图层），同时还有一个 _needsCompositingBitsUpdate 字段用于标记该属性是否需要更新。Flutter 在 Paint 开始前首先会完成 needsCompositing 属性的更新，然后开始正式绘制。

Paint 阶段涉及的关键类及其关系如图 5-14 所示，不同类型的 RenderObject 会对应不同类型的 Layer。

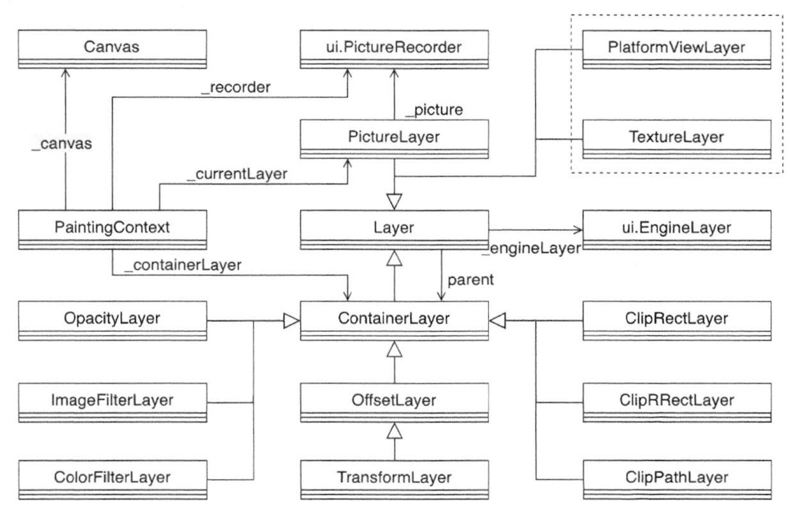

图 5-14　Layer 关键类及其关系

在图 5-14 中，Layer 是 Layer Tree 中所有节点的基类，其子类主要分为 3 种。第 1 种是 ContainerLayer，顾名思义就是其他 Layer 节点的容器，比如 OpacityLayer 为子节点增加一个透明度的效果，ClipRectLayer 对子节点进行裁剪。第 2 种是 PictureLayer，该 Layer 是负责执行实际绘制的节点，该节点通过 _picture 字段持有一个 ui.PictureRecorder 对象，用于 Engine 进行对应绘制指令的记录。第 3 种是 TextureLayer 和 PlatformViewLayer，它们的渲染源将由外部提供，并通过 Layer 纳入 Flutter 的帧渲染中。除此之外，PaintingContext 是 Layer 进行绘制的上下文，提供进行最终绘制的 Canvas 对象。ui.EngineLayer 则是 Flutter Framework 中的 Layer 在 Engine 中的表示，其结构和 Framework 中的 Layer 结构（即图 5-14）几乎一致，在此不再赘述。

5.5.1　Compositing-State Mark 阶段

当 Render Tree 需要挂载（Mount）或者卸载（Unmount）一个子节点时，就会调用 markNeeds-CompositingBitsUpdate 方法，如代码清单 5-61 所示。

代码清单 5-61 flutter/packages/flutter/lib/src/rendering/object.dart

```
void markNeedsCompositingBitsUpdate() { // RenderObject
  if (_needsCompositingBitsUpdate) return; // 已经标记过需要更新
  _needsCompositingBitsUpdate = true; // 标记 needsCompositing 字段需要更新
  if (parent is RenderObject) { // 处理父节点
    final RenderObject parent = this.parent! as RenderObject;
    if (parent._needsCompositingBitsUpdate)  return; // 如果父节点标记过，无须再标记
    if (!isRepaintBoundary && !parent.isRepaintBoundary) {
      parent.markNeedsCompositingBitsUpdate(); // 非绘制边界才需要标记父节点
      return;
    }
  }
}
```

以上逻辑主要是更新 RenderObject 的 _needsCompositingBitsUpdate 字段，首先，该字段用于判断当前 RenderObject 节点绘制在独立图层（Layer）上的字段 _needsCompositing 是否需要更新。如果已经标记则直接返回，否则标记为 true。其次，判断父节点是否需要更新，如果父节点的 _needsCompositingBitsUpdate 字段已经标记为 true 则直接返回。如果当前节点及其父节点均不是绘制边界（RepaintBoundary，注意区别于 5.4 节的布局边界），则调用父节点的 markNeedsCompositingBitsUpdate 方法递归进行标记。如果当前节点是绘制边界，说明其子节点的 Paint 行为不会影响祖先节点，故无须标记父节点。

对于一些特殊节点，其也会主动调用 markNeedsCompositingBitsUpdate 方法，比如 RenderOpacity，其透明度属性 opacity 的设置方法如代码清单 5-62 所示。

代码清单 5-62 flutter/packages/flutter/lib/src/rendering/proxy_box.dart

```
@override // 当全透明或者完全不透明时，不需要单独的半透明图层
bool get alwaysNeedsCompositing => child != null && (_alpha != 0 && _alpha != 255);
set opacity(double value) {
  if (_opacity == value) return; // 透明度未改变，则无须重绘，直接返回
  final bool didNeedCompositing = alwaysNeedsCompositing;
  final bool wasVisible = _alpha != 0;
  _opacity = value;
  _alpha = ui.Color.getAlphaFromOpacity(_opacity);
  // 如果透明度发生了本质改变，比如由半透明变成透明
  if (didNeedCompositing != alwaysNeedsCompositing)
    markNeedsCompositingBitsUpdate(); // 标记 needsCompositing 属性需要更新
  markNeedsPaint(); // 标记需要重绘
  if (wasVisible != (_alpha != 0) && !alwaysIncludeSemantics)
    markNeedsSemanticsUpdate();
}
```

由以上逻辑可知，当透明度为 0 或者 1 时不需要单独一个图层，因为对于全透明的情况相当于该节点不存在；对于不透明的情况，只用把 RenderOpacity 当作一个普通节点进行绘制即可，无须关心其子节点。

5.5.2 Compositing-State Flush 阶段

Layout 完成之后将调用 flushCompositingBits 方法，如代码清单 5-63 所示。

代码清单 5-63　flutter/packages/flutter/lib/src/rendering/object.dart

```
void flushCompositingBits() { // 见代码清单 5-39
  if (!kReleaseMode) { Timeline.startSync('Compositing bits'); } // 开始更新图层
                                                                  // 合成标志位
  _nodesNeedingCompositingBitsUpdate.sort( // 排序，优先遍历祖先节点
      (RenderObject a, RenderObject b) => a.depth - b.depth);
  for (final RenderObject node in _nodesNeedingCompositingBitsUpdate) {
    if (node._needsCompositingBitsUpdate && node.owner == this) // 标记了需要更新
      node._updateCompositingBits(); // 见代码清单 5-64
  }
  _nodesNeedingCompositingBitsUpdate.clear();
  if (!kReleaseMode) { Timeline.finishSync(); } // 结束
}
```

以上逻辑将按照深度顺序，由浅至深，更新 Render Tree 中需要更新 needsCompositing 属性的节点，最后清理 _nodesNeedingCompositingBitsUpdate 列表。关键更新逻辑如代码清单 5-64 所示。

代码清单 5-64　flutter/packages/flutter/lib/src/rendering/object.dart

```
void _updateCompositingBits() {
  if (!_needsCompositingBitsUpdate) return; // 第 1 步，若无须更新则直接返回
  final bool oldNeedsCompositing = _needsCompositing;
  _needsCompositing = false; // 默认不需要合成，即单独使用一个图层
  visitChildren((RenderObject child) { // 第 2 步，遍历每个子节点
    child._updateCompositingBits(); // 深度优先遍历
    // 如果子节点需要合成图层，那么父节点也需要，直到遇到绘制边界
if (child.needsCompositing) _needsCompositing = true;
  });
  // 第 3 步，判断是否需要合成，即是否是一个独立图层
  if (isRepaintBoundary || alwaysNeedsCompositing) _needsCompositing = true;
  if (oldNeedsCompositing != _needsCompositing) // 第 4 步，判断 _needsCompositing
                                                 // 属性是否发生了变化
    markNeedsPaint(); // 图层结构发生改变，需要重绘
  _needsCompositingBitsUpdate = false; // 第 5 步，更新完成
}
```

以上逻辑分为 5 步。第 1 步，判断当前节点的 _needsCompositing 字段是否需要更新，若需要则存储原来的信息，并将该字段设为默认值 false；若不需要则直接返回。

第 2 步，开始遍历子节点，如果子节点的 _needsCompositing 属性为 true，则其所有祖先节点的 _needsCompositing 属性也为 true。因此，对当前节点而言，只要有任意一个子节点包含独立图层，其自身就认为是需要合成（Composite）的 Render 节点。

第 3 步，开始正式判断当前 RenderObject 节点是否是一个独立的 Layer，条件为以下任意一个。

- isRepaintBoundary：是绘制边界，通常是 RenderRepaintBoundary 节点，在 Flutter 列

表中会频繁使用该节点。

- alwaysNeedsCompositing：是一个需要组合的图层，RenderAndroidView 等有独立渲染源的 RenderObject 节点会将该属性重写为 true。

第 4 步，判断 needsCompositing 属性是否发生了变化，如果发生了变化则需要重新绘制。

第 5 步，重置 _needsCompositingBitsUpdate 字段为 false，表示当前节点已经更新完信息。

5.5.3 Paint Mark 阶段

Paint 和 Layout 的脏节点标记逻辑比较类似，RenderObject 中对绘制有影响的属性更新了就会进行标记，比如 RenderImage 的 image 属性，如代码清单 5-65 所示。

代码清单 5-65 flutter/packages/flutter/lib/src/rendering/image.dart

```
set image(ui.Image? value) {
  if (value == _image) { return; } // 没有改变
  if (value != null && _image != null && value.isCloneOf(_image!)) {
    value.dispose(); // 无须更新，图片信息本质是一样的
    return;
  }
  _image?.dispose(); // 释放原图资源
  _image = value;
  markNeedsPaint(); // 标记需要更新，如果宽或高不为空则需要重新布局
  if (_width == null || _height == null) markNeedsLayout();
}
```

由以上逻辑可知，_image 更新时就会触发 markNeedsPaint 方法，这是非常自然的事情，并且只要宽或高不为空就需要进行 Layout，因为图片的大小可能发生了改变。markNeedsPaint 方法本身的逻辑如代码清单 5-66 所示。

代码清单 5-66 flutter/packages/flutter/lib/src/rendering/object.dart

```
void markNeedsPaint() {
  if (_needsPaint) return; // 已经标记
  _needsPaint = true;
  if (isRepaintBoundary) { // 第 1 种情况，绘制边界
    assert(_layer is OffsetLayer); // 该类型的子类才有可能是绘制边界
    if (owner != null) {
      owner!._nodesNeedingPaint.add(this); // 加入需要重绘的队列
      owner!.requestVisualUpdate(); // 请求渲染
    }
  } else if (parent is RenderObject) { // 第 2 种情况，非绘制边界
    final RenderObject parent = this.parent! as RenderObject;
    parent.markNeedsPaint(); // 父节点也受影响，直接向上标记
  } else { // 第 3 种情况，非 RenderObject 节点
    if (owner != null) owner!.requestVisualUpdate();
  }
}
```

以上逻辑首先判断当前节点是否已经标记，若没有则进行标记。其次分以下 3 种情况进

行处理。

第 1 种情况：当前节点是绘制边界，将当前节点加入 PipelineOwner 实例的 _nodesNeedingPaint 列表中，并请求帧渲染。

第 2 种情况：当前节点不是绘制边界，则递归调用父类的 markNeedsPaint 方法。

第 3 种情况：一般不会发生，即当前节点不是一个 RenderObject 节点，此时直接请求帧渲染。

5.5.4　Paint Flush 阶段

下面开始分析 flushPaint 方法的逻辑，如代码清单 5-67 所示。

代码清单 5-67　flutter/packages/flutter/lib/src/rendering/object.dart

```
void flushPaint() { // 见代码清单 5-39
  if (!kReleaseMode) { Timeline.startSync('Paint', arguments: ......); }
                                                                  // 开始绘制
  try {
    final List<RenderObject> dirtyNodes = _nodesNeedingPaint;
    _nodesNeedingPaint = <RenderObject>[];
    for (final RenderObject node in dirtyNodes..sort( // 排序，优先绘制子节点
      (RenderObject a, RenderObject b) => b.depth - a.depth)) {
      if (node._needsPaint && node.owner == this) {
        if (node._layer!.attached) {
          PaintingContext.repaintCompositedChild(node); // 见代码清单 5-68
        } else {
          node._skippedPaintingOnLayer();
        }
      } // if
    } // for
  } finally {
    if (!kReleaseMode) { Timeline.finishSync(); } // 结束绘制
  }
}
```

以上逻辑按照深度顺序，从最深的节点开始依次调用 repaintCompositedChild 方法。需要注意的是，前几个阶段都是从深度最小的节点开始处理，但是 Paint 阶段要从深度最大的节点开始，因为**祖先的节点的 Paint 效果必须作用于子节点，比如一个裁剪节点，要对子节点产生裁剪效果，必须等子节点完成绘制才行**。PaintingContext 的 repaintCompositedChild 方法最终会调用 _repaintCompositedChild 方法，其逻辑如代码清单 5-68 所示。

代码清单 5-68　flutter/packages/flutter/lib/src/rendering/object.dart

```
static void _repaintCompositedChild( ...... ) { // PaintingContext
  assert(child.isRepaintBoundary);
  OffsetLayer? childLayer = child._layer as OffsetLayer?;
  if (childLayer == null) {
    child._layer = childLayer = OffsetLayer();
  } else {
    childLayer.removeAllChildren(); // 见代码清单 5-69
```

```
    }
    childContext ??= PaintingContext(child._layer!, child.paintBounds);
    child._paintWithContext(childContext, Offset.zero); // 见代码清单 5-70
    childContext.stopRecordingIfNeeded();
  }
```

首先，由于当前节点是绘制边界，因此检查其 _layer 字段是否有值，若没有则新建一个 Offsetlayer；若有则移除原有的子节点，如代码清单 5-69 所示。

其次，childContext 由参数传入，一般为 null，因此会新建一个 PaintingContext 对象用于绘制该图层，_paintWithContext 方法负责当前图层的绘制，其功能如代码清单 5-70 所示。最后，在完成所有子节点的绘制后，调用 stopRecordingIfNeeded 方法停止当前 PaintingContext 对象（即 childContext）的记录工作。Framework 负责记录各种绘制指令，真正的绘制工作在 Engine 中进行，这部分内容后面将深入分析。

首先分析移除子节点的逻辑，如代码清单 5-69 所示。

代码清单 5-69　flutter/packages/flutter/lib/src/rendering/layer.dart

```
void removeAllChildren() {
  Layer? child = firstChild;
  while (child != null) { // 遍历每个节点
    final Layer? next = child.nextSibling;
    child._previousSibling = null; // 清除每个节点对前后节点的引用
    child._nextSibling = null;
    dropChild(child);
    child = next;
  }
  _firstChild = null;
  _lastChild = null;
}
@override
void dropChild(AbstractNode child) {
  if (!alwaysNeedsAddToScene) {
    markNeedsAddToScene(); // 当前 Layer 需要重新合成
  }
  super.dropChild(child);
}
```

以上逻辑的核心其实就是操作一棵树，移除当前节点，其逻辑在图 5-6 中已经详细分析。下面分析当前图层的绘制逻辑，如代码清单 5-70 所示。

代码清单 5-70　flutter/packages/flutter/lib/src/rendering/object.dart

```
void _paintWithContext(PaintingContext context, Offset offset) {
  if (_needsLayout)  return; // 异常情况：存在 Layout 未处理完的节点
  _needsPaint = false;
  try {
    paint(context, offset); // 开始绘制
    assert(!_needsLayout);  // Layout 阶段完成
    assert(!_needsPaint);    // Paint 阶段完成
  } catch (e, stack) { ...... }
```

```
}
void paint(PaintingContext context, Offset offset) { }
```

以上逻辑中，首先将 _needsPaint 字段标记为 false，因为绘制即将开始，具体的绘制操作由 RenderObject 子类所实现的 paint 方法决定。

以 RenderView 为例，其最终将调用 paintChild 方法，如代码清单 5-71 所示。

代码清单 5-71　flutter/packages/flutter/lib/src/rendering/object.dart

```
void paintChild(RenderObject child, Offset offset) {
  if (child.isRepaintBoundary) { // 如果是绘制边界，则新建图层进行绘制
    stopRecordingIfNeeded();
    _compositeChild(child, offset); // 见代码清单 5-72
  } else { // 否则直接基于当前图层和上下文进行绘制
    child._paintWithContext(this, offset); // 见代码清单 5-70
  }
}
```

如果子节点是绘制边界，则停止当前图层的绘制，通过 _compositeChild 新建一个图层开始当前节点的绘制，如代码清单 5-72 所示；如果不是，则调用代码清单 5-70 的 paintWith-Context 方法基于当前图层开始执行 Paint 逻辑。

代码清单 5-72　flutter/packages/flutter/lib/src/rendering/object.dart

```
void _compositeChild(RenderObject child, Offset offset) {
  assert(child.isRepaintBoundary); // 目标节点是绘制边界，否则不会进入本逻辑
  if (child._needsPaint) { // 创建一个新的 Layer
    repaintCompositedChild(child, debugAlsoPaintedParent: true); // 见代码清单 5-68
  } else { ...... }
  assert(child._layer is OffsetLayer);
  final OffsetLayer childOffsetLayer = child._layer! as OffsetLayer;
  childOffsetLayer.offset = offset;
  appendLayer(child._layer!); // 加入 Layer Tree
}
@protected
void appendLayer(Layer layer) { // 向 Layer Tree 中加入一个节点
  assert(!_isRecording);
  layer.remove();
  _containerLayer.append(layer); // 见代码清单 5-73
}
```

以上逻辑首先会调用代码清单 5-68 的 repaintCompositedChild 方法新建一个图层，并同步该图层的 offset 信息，即该图层从哪里开始绘制。最后调用 appendLayer 方法将新的图层加入当前的 Layer Tree。_containerLayer 字段的 append 方法如代码清单 5-73 所示。

代码清单 5-73　packages/flutter/lib/src/rendering/layer.dart

```
void append(Layer child) { // ContainerLayer
  adoptChild(child);
  child._previousSibling = lastChild; // 树结构的操作
  if (lastChild != null) lastChild!._nextSibling = child;
  _lastChild = child;
```

```
    _firstChild ??= child;
  }
  @override
  void adoptChild(AbstractNode child) {
    if (!alwaysNeedsAddToScene) { // 如果总是需要合成，则不需要尝试标记
      markNeedsAddToScene(); // 标记需要重新合成图层
    }
    super.adoptChild(child);
  }
```

以上逻辑主要是完成子节点的挂载，和图 5-6 中 Render Tree 的逻辑比较类似，在此不再赘述。在 adoptChild 方法中，因为大部分 Layer 节点的 alwaysNeedsAddToScene 属性均为 false，故都会调用 markNeedsAddToScene 方法，表示当前节点需要加入 Scene 的构建。Scene 是 Layer Tree 合成的最终产物。

为了加深对 Paint 的理解，下面分析两个典型的 RenderObject 节点的 paint 方法，首先是 _RenderColoredBox 的 paint 方法，如代码清单 5-74 所示。

代码清单 5-74　flutter/packages/flutter/lib/src/widgets/basic.dart

```
@override // _RenderColoredBox
void paint(PaintingContext context, Offset offset) {
  if (size > Size.zero) { // 绘制底色
    context.canvas.drawRect(offset & size, Paint()..color = color); // 见代码清单 5-80
  } // 绘制子节点，子节点必须后绘制
  if (child != null) { context.paintChild(child!, offset); }
}
```

以上逻辑首先会绘制目标区域的颜色，然后绘制子节点。而 RenderOpacity 的 paint 方法则要复杂一些，如代码清单 5-75 所示。

代码清单 5-75　flutter/packages/flutter/lib/src/rendering/proxy_box.dart

```
@override
void paint(PaintingContext context, Offset offset) {
  if (child != null) {
    if (_alpha == 0) { // 全透明，相当于不存在
      layer = null;
      return; // 直接返回
    }
    if (_alpha == 255) { // 全不透明，即遮挡
      layer = null;
      context.paintChild(child!, offset); // 无需独立图层，直接绘制，相当于普通节点
      return;
    }
    assert(needsCompositing); // 新增一个半透明的 Layer 节点，见代码清单 5-76
    layer = context.pushOpacity(offset, _alpha, super.paint, oldLayer: layer as
        OpacityLayer?);
  }
}
```

RenderOpacity 只有在子节点存在时才会绘制，且全透明时直接返回，不透明时直接在当

前 PaintContext 对象中进行绘制，只有半透明时才会通过 pushOpacity 方法在一个 OpacityLayer 中进行绘制。

对于半透明的情况，最终将调用 PaintingContext 的 pushOpacity 方法，如代码清单 5-76 所示。

代码清单 5-76　flutter/packages/flutter/lib/src/rendering/object.dart

```
OpacityLayer pushOpacity(Offset offset, int alpha,
    PaintingContextCallback painter, { OpacityLayer? oldLayer }) {
  final OpacityLayer layer = oldLayer ?? OpacityLayer();
  layer // 对于透明度图层，只需要知道 Alpha 的值和绘制偏移即可
    ..alpha = alpha
    ..offset = offset;
  pushLayer(layer, painter, Offset.zero); // 见代码清单 5-77
  return layer;
}
```

以上逻辑将使用当前节点（RenderOpacity）的 Layer，如果没有则新建一个 OpacityLayer，并设置其透明度、偏移值等属性，然后将该 Layer 加入 Layer Tree，如代码清单 5-77 所示。

代码清单 5-77　flutter/packages/flutter/lib/src/rendering/object.dart

```
void pushLayer(ContainerLayer childLayer, PaintingContextCallback painter,
    Offset offset, { Rect? childPaintBounds }) {
  assert(painter != null); // 第 1 步，移除当前 Layer 的所有子节点
  if (childLayer.hasChildren) { childLayer.removeAllChildren(); } // 清空子节点
  stopRecordingIfNeeded(); // 第 2 步，停止当前 Layer 的绘制，见代码清单 5-78
  appendLayer(childLayer); // 加入 Layer Tree，见代码清单 5-73
  final PaintingContext childContext = // 第 3 步，创建新图层的 PaintingContext
        createChildContext(childLayer, childPaintBounds ?? estimatedBounds);
  painter(childContext, offset); // 开始新图层的绘制，见代码清单 5-79
  childContext.stopRecordingIfNeeded(); // 新图层绘制完成，见代码清单 5-78
}
@protected
PaintingContext createChildContext( ...... ) {
  return PaintingContext(childLayer, bounds);
}
```

以上逻辑中，第 1 步，移除当前 Layer 的所有子节点。第 2 步，停止当前 Layer 的绘制，如代码清单 5-78，然后调用 appendLayer 方法将当前 Layer 加入 Layer Tree，核心逻辑如代码清单 5-73 所示。第 3 步，创建一个新的 PaintingContext 对象用于新图层的绘制，painter 由具体的 RenderObject 节点传入，对于 RenderOpacity，其 painter 方法如代码清单 5-79 所示。最后，结束当前图层的绘制并退出。

代码清单 5-78　flutter/packages/flutter/lib/src/rendering/object.dart

```
@protected
@mustCallSuper // 重置相关变量
void stopRecordingIfNeeded() {
  if (!_isRecording) return;
  _currentLayer!.picture = _recorder!.endRecording();
```

```
    _currentLayer = null;
    _recorder = null;
    _canvas = null;
  }
```

以上逻辑用于结束一个 Layer 的绘制，主要是将相关字段设置为 null，endRecording 方法最终将调用 Engine 中的一个方法。

接下来分析 OpacityLayer 真正的绘制逻辑，如代码清单 5-79 所示。

代码清单 5-79　flutter/packages/flutter/lib/src/rendering/proxy_box.dart

```
@optionalTypeArgs
mixin RenderProxyBoxMixin<T extends RenderBox>
            on RenderBox, RenderObjectWithChildMixin<T> {
  @override
  void paint(PaintingContext context, Offset offset) {
    if (child != null) context.paintChild(child!, offset); // 见代码清单 5-71
  }
}
```

以上逻辑主要是对子节点进行绘制，paintChild 方法的逻辑在代码清单 5-71 中已介绍过。RenderOpacity 只负责提供带透明效果的 Layer，而 RenderParagraph 需要基于 Canvas 进行绘制，其 get 方法如代码清单 5-80 所示。

代码清单 5-80　flutter/packages/flutter/lib/src/rendering/object.dart

```
@override // PaintingContext
Canvas get canvas { // 见代码清单 5-74，绘制时使用
  if (_canvas == null)  _startRecording();
  return _canvas!;
}
void _startRecording() {
  assert(!_isRecording);
  _currentLayer = PictureLayer(estimatedBounds);
  _recorder = ui.PictureRecorder(); // 记录所有的绘制指令
  _canvas = Canvas(_recorder!);
  _containerLayer.append(_currentLayer!);
}
```

由以上逻辑可知，真正的绘制是在 PictureLayer 中进行的，PictureRecorder 负责保存所有的绘制指令。

需要注意的是，以上逻辑中 Canvas、PictureRecorder 等都继承自 NativeFieldWrapperClass2 类，该类是 Dart 提供的用于封装 Native（C++）对象的父类，故以上绘制操作（通过 Canvas，借由 PictureRecorder 记录）都是 Native 调用，在 5.6 节中这些调用将被合成为最终的上屏数据。

5.6　Composition 流程分析

经过 5.5 节介绍，我们知道 Render Tree 变成 Layer Tree，离最终的渲染目标又近了一步。本节分析 Layer Tree 如何合成，以变成最终的渲染数据。

5.6.1 Mark 阶段

Framework 使用 _needsAddToScene 字段标识当前图层是否需要进行合成，通常当一个 Layer 节点有子节点的变化（adoptChild、dropChild）或者 Layer 节点本身有变化时，需要将该标识设置为 true，表示当前图层发生改变，需要重新合成。以 OpacityLayer 为例，其透明度或者偏移发生变化时，图层自然也要改变，如代码清单 5-81 所示。

代码清单 5-81 flutter/packages/flutter/lib/src/rendering/layer.dart

```
set alpha(int? value) {
  if (value != _alpha) {
    _alpha = value;
    markNeedsAddToScene();
  }
}
set offset(Offset? value) {
  if (value != _offset) {
    _offset = value;
    markNeedsAddToScene();
  }
}
```

markNeedsAddToScene 本身的逻辑十分简单，即将 _needsAddToScene 字段设置为 true，如代码清单 5-82 所示。

代码清单 5-82 flutter/packages/flutter/lib/src/rendering/layer.dart

```
@protected
@visibleForTesting
void markNeedsAddToScene() {
  if (_needsAddToScene) { return; } // 已经标记过
  _needsAddToScene = true;
}
```

以上逻辑中，_needsAddToScene 字段和 Build、Layout 流程中的标记的作用是相同的，即实现 Layer Tree 的局部合成，这再一次印证了 Flutter 中局部刷新的广泛应用。

5.6.2 Flush 阶段

由代码清单 5-39 可知，Flush 阶段从 compositeFrame 方法开始，其逻辑如代码清单 5-83 所示。

代码清单 5-83 flutter/packages/flutter/lib/src/rendering/view.dart

```
void compositeFrame() { // RenderView，见代码清单 5-39
  Timeline.startSync('Compositing', arguments: ......); // 开始合成
  try {
    final ui.SceneBuilder builder = ui.SceneBuilder();
    final ui.Scene scene = layer!.buildScene(builder); // Layer Tree 合成的最终产物
    if (automaticSystemUiAdjustment) _updateSystemChrome();
```

```
    _window.render(scene); // 请求渲染，见代码清单 5-95
    scene.dispose(); // 渲染完成，释放资源
  } finally {
    Timeline.finishSync(); // 合成结束
  }
}
```

以上逻辑中，首先，创建一个 SceneBuilder 对象，该对象本质上是一个 Native 对象。其次，通过 Layer 的 buildScene 方法完成 Layer Tree 的合成，如代码清单 5-84 所示。render 是一个 Native 方法，负责 Scene 的渲染，核心流程将在 5.7 节详细分析。最后，调用 dispose 方法释放当前 Scene 对象。

代码清单 5-84　flutter/packages/flutter/lib/src/rendering/layer.dart

```
ui.Scene buildScene(ui.SceneBuilder builder) {
  updateSubtreeNeedsAddToScene(); // 第 1 步，计算哪些 Layer 需要重新合成，见代码清单 5-85
  addToScene(builder); // 第 2 步，将 Framework 的 Layer Tree 映射到 Engine，见代码清单 5-86
  _needsAddToScene = false; // 合成完成，重置标记
  final ui.Scene scene = builder.build(); // 第 3 步，真正的合成逻辑，见代码清单 5-94
  return scene;
}
```

以上逻辑主要分为 3 步。

第 1 步，更新当前 Layer Tree 所有节点的 _needsAddToScene 字段。对于叶子节点，该字段取决于当前是否标记为 true 或者 alwaysNeedsAddToScene 字段是否为 true；对于非叶子 Layer 节点，还需要依次触发每个子节点的更新，然后根据自身或者任一子节点是否需要合成，来更新 _needsAddToScene 字段，具体逻辑如代码清单 5-85 所示。

第 2 步，addToScene 方法将以当前 Layer 节点为根节点，触发 Layer Tree 在 Engine 层的合成，产物是 Engine 层的一棵 Layer Tree，这部分内容后面将详细分析。

第 3 步，基于第 2 步合成的 Engine 层的 Layer Tree 创建 Scene 对象，该对象同样是 Engine 层的，这部分内容后面将详细分析。

代码清单 5-85　flutter/packages/flutter/lib/src/rendering/layer.dart

```
class ContainerLayer extends Layer {
  @override
  void updateSubtreeNeedsAddToScene() {
    super.updateSubtreeNeedsAddToScene(); // 先执行父类逻辑，更新自身标记
    Layer? child = firstChild;
    while (child != null) { // 遍历每个子节点，完成更新
      child.updateSubtreeNeedsAddToScene();
      _needsAddToScene = _needsAddToScene || child._needsAddToScene;
      child = child.nextSibling; // 如果子节点需要合成，则父节点也需要合成
    }
  }
}
abstract class Layer extends AbstractNode with DiagnosticableTreeMixin {
  @protected @visibleForTesting
  void updateSubtreeNeedsAddToScene() { // 已经标记为 true，或者总需要合成
```

```
    _needsAddToScene = _needsAddToScene || alwaysNeedsAddToScene;
  } // 比如第 9 章涉及的 PlatformLayer，由于其特殊性，就是总需要合成的 Layer
}
```

以上逻辑主要是更新 Layer Tree 中每个节点的 _needsAddToScene 字段。接下来分析 Framework 层的 Layer Tree 是如何变成 Engine 层的 Layer Tree 的。首先分析 Framework 层的 addToScene 方法，如代码清单 5-86 所示。

代码清单 5-86　flutter/packages/flutter/lib/src/rendering/layer.dart

```
@override // ContainerLayer
void addToScene(ui.SceneBuilder builder, [ Offset layerOffset = Offset.zero ]) {
  addChildrenToScene(builder, layerOffset);
}
void addChildrenToScene(ui.SceneBuilder builder, [ Offset childOffset = Offset.zero ])
{
  Layer? child = firstChild;
  while (child != null) {
    if (childOffset == Offset.zero) { // 复用原有的 Engine Layer（后面将介绍）
      child._addToSceneWithRetainedRendering(builder);
    } else {
      child.addToScene(builder, childOffset);
    }
    child = child.nextSibling;
  }
}
```

以上是 ContainerLayer 的 addToScene 方法，对于偏移为 0 的 Layer 会尝试复用，否则调用具体 Layer 的 addToScene 方法。复用逻辑如代码清单 5-87 所示。

代码清单 5-87　flutter/packages/flutter/lib/src/rendering/layer.dart

```
void _addToSceneWithRetainedRendering(ui.SceneBuilder builder) {
  if (!_needsAddToScene && _engineLayer != null) {
    builder.addRetained(_engineLayer!);
    return;
  }
  addToScene(builder);
  _needsAddToScene = false;
}
void addToScene(ui.SceneBuilder builder, [ Offset layerOffset = Offset.zero ]);
                                                              // 见代码清单 5-89
```

以上逻辑对于可复用的条件是 _needsAddToScene 字段为 false，即当前 Layer 不需要改变当前的合成状态，而且 _engineLayer 有缓存值。addRetained 方法会调用 Engine 的 Native 方法，如代码清单 5-88 所示。

代码清单 5-88　engine/lib/ui/compositing/scene_builder.cc

```
void SceneBuilder::addRetained(fml::RefPtr<EngineLayer> retainedLayer) {
  AddLayer(retainedLayer->Layer()); // 见代码清单 5-93
}
```

对于不能复用的 Layer 节点，将调用其 addToScene 方法，不同子类实现各不相同。对叶子节点 PictureLayer 而言，如代码清单 5-89 所示，将直接以 Picture 对象为参数调用 Engine 的对应方法。

代码清单 5-89　flutter/packages/flutter/lib/src/rendering/layer.dart

```
@override // PictureLayer
void addToScene(ui.SceneBuilder builder, [ Offset layerOffset = Offset.zero ]) {
  builder.addPicture(layerOffset, picture!, isComplexHint: isComplexHint,
      willChangeHint: willChangeHint); // 见代码清单 5-90
}
```

addPicture 方法对应的 Engine 方法如代码清单 5-90 所示。

代码清单 5-90　engine/lib/ui/compositing/scene_builder.cc

```
void SceneBuilder::addPicture(double dx, double dy, Picture* picture, int hints) {
  SkPoint offset = SkPoint::Make(dx, dy);
  SkRect pictureRect = picture->picture()->cullRect();
  pictureRect.offset(offset.x(), offset.y());
  auto layer = std::make_unique<flutter::PictureLayer>(
      offset, UIDartState::CreateGPUObject(picture->picture()), !!(hints & 1),
      !!(hints & 2));
  AddLayer(std::move(layer)); // 见代码清单 5-93
}
```

以上逻辑将基于 Picture 对象，创建 Engine 的 PictureLayer，并通过 AddLayer 加入 Engine 中维护的 Layer Tree。

下面分析非叶子节点 OpacityLayer 的 addToScene 方法，如代码清单 5-91 所示。

代码清单 5-91　flutter/packages/flutter/lib/src/rendering/layer.dart

```
@override // OpacityLayer
void addToScene(ui.SceneBuilder builder, [ Offset layerOffset = Offset.zero ]) {
  assert(alpha != null);
  bool enabled = firstChild != null; // 存在子节点
  if (enabled)
    engineLayer = builder.pushOpacity( // 见代码清单 5-92
      alpha!, offset: offset! + layerOffset,
      oldLayer: _engineLayer as ui.OpacityEngineLayer?,);
  else
    engineLayer = null;
  addChildrenToScene(builder);
  if (enabled) builder.pop(); // 当前图层处理完毕，见代码清单 5-93
}
```

当存在子节点时，OpacityLayer 将调用 pushOpacity 方法新增一个 Layer，然后通过 addChildrenToScene 完成 Layer 子树的合成，最后调用 pop 方法退出当前的 Layer 节点。首先分析 pushOpacity 方法的逻辑，如代码清单 5-92 所示。

代码清单 5-92　engine/lib/ui/compositing/scene_builder.cc

```
void SceneBuilder::pushOpacity(Dart_Handle layer_handle, int alpha, double dx,
    double dy) {
  auto layer = std::make_shared<flutter::OpacityLayer>(alpha, SkPoint::Make(dx, dy));
  PushLayer(layer); // 见代码清单 5-93
  EngineLayer::MakeRetained(layer_handle, layer);
}
```

以上是 pushOpacity 对应的 Engine 方法，主要是基于透明度等信息新建一个 OpacityLayer 对象，并加入 Layer Tree。

对于前面内容中出现的 AddLayer 方法、PushLayer 方法以及代码清单 5-91 中的 pop 方法，其对应的 Engine 实现如代码清单 5-93 所示。

代码清单 5-93　engine/lib/ui/compositing/scene_builder.cc

```
void SceneBuilder::AddLayer(std::shared_ptr<Layer> layer) {
  if (!layer_stack_.empty()) { // 在栈顶 Layer 节点加入子节点
    layer_stack_.back()->Add(std::move(layer));
  }
}
void SceneBuilder::PushLayer(std::shared_ptr<ContainerLayer> layer) {
  AddLayer(layer);
  layer_stack_.push_back(std::move(layer)); // 入栈
}
void SceneBuilder::PopLayer() {
  if (layer_stack_.size() > 1) {
    layer_stack_.pop_back(); // 出栈
  }
}
```

layer_stack_ 字段的数据类型为 std::vector<std::shared_ptr<ContainerLayer>>，此外，ContainerLayer 类有一个 layers_ 字段，其类型为 std::vector<std::shared_ptr<Layer>>。Engine 正是通过这两个 vector 类型，表示了 Framework 所维护的 Layer Tree。

如图 5-15 所示，Framework 中 Layer Tree 的深度优先遍历将和 Engine 中 Stack 的操作一一对应，注意最后只有一个节点。

图 5-15 演示了一个树形结构是如何变成 layer_stack_ 字段（一个 std::vector 类型）的。第 1 阶段，节点 1 入栈（即 layer_stack_，下同），接着，节点 2（ContainerLayer 类型）加入节点 1 的 layers_ 字段，并入栈。第 2 阶段，节点 2、节点 3 加入节点 2（当前栈顶）的 layers_ 字段，然后节点 5（ContainerLayer 类型）加入节点 2 的 layers_ 字段，并入栈。第 3 阶段，节点 6、节点 7 加入节点 5（当前栈顶）的 layers_ 字段。至此节点 2 的子树遍历完成，节点 5、节点 2 依次出栈，节点 8（ContainerLayer 类型）加入节点 1（当前栈顶），并入栈。第 4 阶段和第 5 阶段的流程类似，读者可自行分析，在此不再赘述。

最后，代码清单 5-84 中 build 方法对应的 SceneBuilder::build 方法将执行，而该方法又将调用 Scene::create 方法，完成 Scene 对象的创建，如代码清单 5-94 所示。

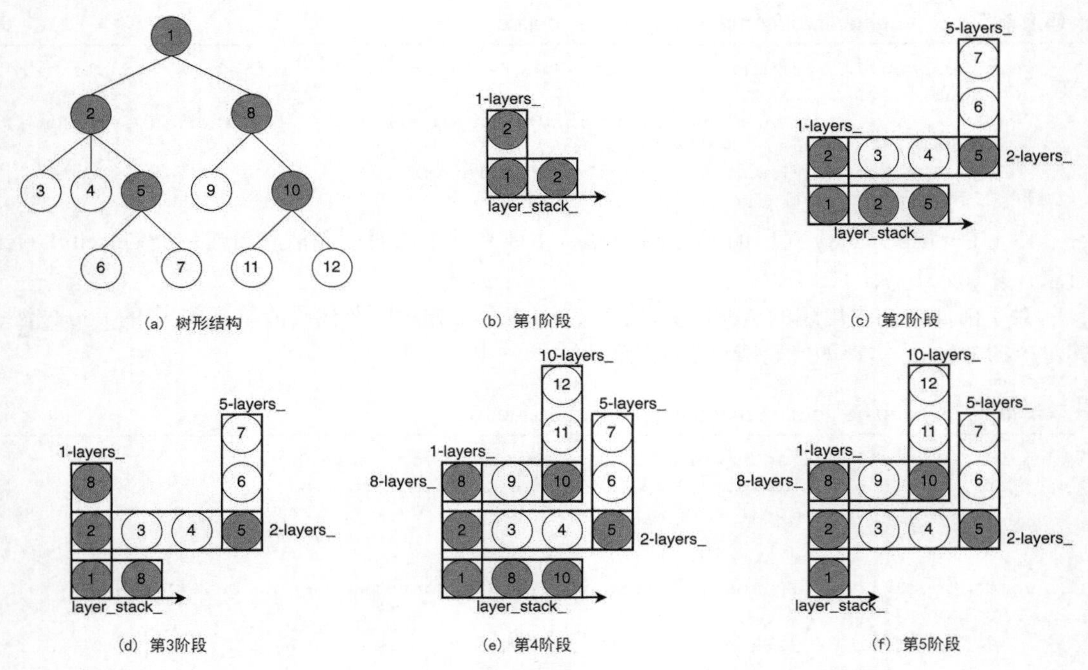

图 5-15 Engine 中 Layer Tree 的生成

代码清单 5-94 engine/lib/ui/compositing/scene.cc

```
void Scene::create( ...... ) { // 见代码清单 5-84
  auto scene = fml::MakeRefCounted<Scene>( // 新建一个 Scene 对象，触发其构造函数
      std::move(rootLayer), rasterizerTracingThreshold,
      checkerboardRasterCacheImages, checkerboardOffscreenLayers);
  scene->AssociateWithDartWrapper(scene_handle); // 返回给 Dart
}
Scene::Scene(std::shared_ptr<flutter::Layer> rootLayer, ......) {
  auto viewport_metrics = UIDartState::Current()
    ->platform_configuration()->get_window(0)->viewport_metrics();
                                                      // 屏幕配置信息，如宽、高
  layer_tree_ = std::make_unique<LayerTree>( // 新建 LayerTree 对象，触发其构造函数
      SkISize::Make(viewport_metrics.physical_width, // 窗口信息
                    viewport_metrics.physical_height),
      static_cast<float>(viewport_metrics.device_pixel_ratio));
  layer_tree_->set_root_layer(std::move(rootLayer)); // 配置 LayerTree 实例
  layer_tree_->set_rasterizer_tracing_threshold(rasterizerTracingThreshold);
  layer_tree_->set_checkerboard_raster_cache_images(
      checkerboardRasterCacheImages);
  layer_tree_->set_checkerboard_offscreen_layers(checkerboardOffscreenLayers);
}
```

以上逻辑主要构造 Engine 的 Scene 对象，该对象会持有一个 LayerTree 的实例，而 LayerTree 的 root_layer_ 字段又持有前面内容生成的 Engine 的 Layer Tree（类型为 flutter::Layer）。

至此，用于上屏的 Scene 对象终于准备好了，接下来便是最终的上屏逻辑。

5.7　Rasterize 流程分析

在代码清单 5-83 中，_window.render 将发起 Scene 对象最后的渲染工作，如代码清单 5-95 所示。

代码清单 5-95　engine/lib/ui/window/platform_configuration.cc

```
void Render(Dart_NativeArguments args) { // 见代码清单 5-83
  UIDartState::ThrowIfUIOperationsProhibited();
  Dart_Handle exception = nullptr; // 参数只有一个，即前面内容创建的 Scene 实例
  Scene* scene = tonic::DartConverter<Scene*>::FromArguments(args, 1, exception);
  if (exception) { // Scene 实例获取失败
    Dart_ThrowException(exception);
    return;
  }
  UIDartState::Current()->platform_configuration()->client()->Render(scene);
  // 见代码清单 5-96
}
```

以上逻辑将通过 Client 调用 Engine 的 Render 方法，如代码 5-96 所示。

代码清单 5-96　engine/shell/common/engine.cc

```
void Engine::Render(std::unique_ptr<flutter::LayerTree> layer_tree) {
  if (!layer_tree) { return; } // 没有 Layer Tree，无法渲染
  if (layer_tree->frame_size().isEmpty() || layer_tree->device_pixel_ratio()
<= 0.0f) {
    return; // 无效数据
  }
  animator_->Render(std::move(layer_tree));
}
```

以上逻辑在做完必要的检查后，将调用 Animator 的 Render 方法，如代码清单 5-97 所示。

代码清单 5-97　engine/shell/common/animator.cc

```
void Animator::Render(std::unique_ptr<flutter::LayerTree> layer_tree) {
  if (dimension_change_pending_ && layer_tree->frame_size() != last_layer_tree_
      size_) {
    dimension_change_pending_ = false; // 第 1 步，检查待渲染帧的大小是否发生变化
  } // 帧大小发生了改变，重置字段，作用于代码清单 5-27
  last_layer_tree_size_ = layer_tree->frame_size(); // 第 2 步，获取帧大小
  layer_tree->RecordBuildTime(last_vsync_start_time_, last_frame_begin_time_,
                              last_frame_target_time_); // 存储关键时间节点，用于统计
  // 第 3 步，向当前帧注册的任务提交数据，见代码清单 5-41
  bool result = producer_continuation_.Complete(std::move(layer_tree));
  if (!result) {
    FML_DLOG(INFO) << "No pending continuation to commit";
  } // 第 4 步，通过 Shell 跳转到 Rasterizer 进行渲染
  delegate_.OnAnimatorDraw(layer_tree_pipeline_, last_frame_target_time_);
                                                          // 见代码清单 5-98
}
```

以上逻辑可以分为 4 步。第 1 步，检查待渲染帧的大小是否发生变化，若发生变化则将 dimension_change_pending_ 字段设置为 false，表示变化已经同步完成。第 2 步，更新 last_layer_tree_size_ 字段的值为当前帧的大小，并在 layer_tree 对象中记录关键的时间节点。第 3 步，向渲染队列提交当前 Layer Tree。第 4 步，进行渲染。OnAnimatorDraw 方法的逻辑如代码清单 5-98 所示。

代码清单 5-98 engine/shell/common/shell.cc

```
void Shell::OnAnimatorDraw( fml::RefPtr<Pipeline<flutter::LayerTree>> pipeline,
    fml::TimePoint frame_target_time) { // 参数：渲染数据的管道最晚完成时间
  FML_DCHECK(is_setup_);
  // SKIP 更新 latest_frame_target_time_ 字段
  auto discard_callback = [this](flutter::LayerTree& tree) {
    std::scoped_lock<std::mutex> lock(resize_mutex_);
    return !expected_frame_size_.isEmpty() && tree.frame_size() != expected_
        frame_size_;
  }; // 忽略当前帧的条件：帧大小不为空且不符合预期
  task_runners_.GetRasterTaskRunner()->PostTask( // Raster 线程
    [ ......, rasterizer = rasterizer_->GetWeakPtr(),
        pipeline = std::move(pipeline),
        discard_callback = std::move(discard_callback)] () {
      if (rasterizer) { // 真正的渲染逻辑
        rasterizer->Draw(pipeline, std::move(discard_callback)); // 见代码清单 5-99
        if (waiting_for_first_frame.load()) {
          waiting_for_first_frame.store(false);
          waiting_for_first_frame_condition.notify_all();
        }
      }
    });
}
```

以上逻辑中，discard_callback 参数定义了忽略当前帧的条件，随后向 Raster 线程发起了最终的渲染逻辑，Draw 方法的逻辑如代码清单 5-99 所示。

代码清单 5-99 engine/shell/common/rasterizer.cc

```
void Rasterizer::Draw(fml::RefPtr<Pipeline<flutter::LayerTree>> pipeline,
          LayerTreeDiscardCallback discardCallback) { // 第 1 步，检查
  TRACE_EVENT0("flutter", "GPURasterizer::Draw"); // Rasterize（栅格化）过程正式开始
  if (raster_thread_merger_ && // 线程错误，10.2 节将详细介绍
      !raster_thread_merger_->IsOnRasterizingThread()) {
    return;
  }
  FML_DCHECK(delegate_.GetTaskRunners() // 再次检查当前是否位于 Raster 线程
             .GetRasterTaskRunner()->RunsTasksOnCurrentThread());
  RasterStatus raster_status = RasterStatus::kFailed; // Rasterize 结果
  Pipeline<flutter::LayerTree>::Consumer consumer = // 第 2 步，定义消费者
      [&](std::unique_ptr<LayerTree> layer_tree) { // 详见 5.2.5 节，见代码清单 5-42
        if (discardCallback(*layer_tree.get())) {
          raster_status = RasterStatus::kDiscarded;
        } else {
```

```
        raster_status = DoDraw(std::move(layer_tree)); // 见代码清单 5-100
      }
    };
  PipelineConsumeResult consume_result = pipeline->Consume(consumer); // 处理帧数据
  auto should_resubmit_frame = raster_status == RasterStatus::kResubmit ||
      raster_status == RasterStatus::kSkipAndRetry; // 第 3 步，处理返回的结果
  if (should_resubmit_frame) {
    auto front_continuation = pipeline->ProduceIfEmpty();
    bool result = front_continuation.Complete(std::move(resubmitted_layer_tree_));
    if (result) {
      consume_result = PipelineConsumeResult::MoreAvailable;
    }
  } else if (raster_status == RasterStatus::kEnqueuePipeline) {
    consume_result = PipelineConsumeResult::MoreAvailable;
  } // 第 4 步，存在 Platform View 时触发的逻辑，详见 9.2 节
  if (surface_ && external_view_embedder_) { // 见代码清单 9-58
    external_view_embedder_->EndFrame(should_resubmit_frame,
                                      raster_thread_merger_);
  } // 第 5 步，通过消息循环的形式继续处理后续帧
  switch (consume_result) {
    case PipelineConsumeResult::MoreAvailable: {
      delegate_.GetTaskRunners().GetRasterTaskRunner()->PostTask(
          [weak_this = weak_factory_.GetWeakPtr(), pipeline]() {
            if (weak_this) { weak_this->Draw(pipeline); }
          });
      break;
    }
    default: break;
  }
}
```

以上逻辑的核心在于第 2 步，向 pipeline 实例提交了用于处理当前帧的 consumer 函数，由代码清单 5-42 可知，Consume 逻辑将取出等待队列中的 Layer Tree 数据，调用 consumer 函数进行渲染。由以上逻辑可知，consumer 函数正常情况下会进入 DoDraw 方法的逻辑，如代码清单 5-100 所示。

代码清单 5-100　engine/shell/common/rasterizer.cc

```
RasterStatus Rasterizer::DoDraw(std::unique_ptr<flutter::LayerTree> layer_tree) {
  if (!layer_tree || !surface_) { // surface_ 的创建在 4.3 节已经分析过
    return RasterStatus::kFailed; // 输入（layer_tree）、输出（surface_）缺一不可
  }
  // SKIP 渲染耗时统计与缓存相关
  RasterStatus raster_status = DrawToSurface(*layer_tree); // 见代码清单 5-101
  if (raster_status == RasterStatus::kSuccess) { // 渲染成功
    last_layer_tree_ = std::move(layer_tree); // 记录最近的渲染帧
  } else if (raster_status == RasterStatus::kResubmit ||
             raster_status == RasterStatus::kSkipAndRetry) {
    resubmitted_layer_tree_ = std::move(layer_tree);
    return raster_status;
  }
  // SKIP 渲染耗时统计与缓存相关
  if (raster_thread_merger_) { // 详见 10.2 节
```

```
    if (raster_thread_merger_->DecrementLease() == // 见代码清单 10-24
          fml::RasterThreadStatus::kUnmergedNow) {
      return RasterStatus::kEnqueuePipeline;
    }
  }
  return raster_status;
}
```

以上逻辑有大量用于统计渲染耗时的逻辑，隐去之后其实核心逻辑十分明显，即 DrawToSurface 方法，其逻辑如代码清单 5-101 所示。

代码清单 5-101 engine/shell/common/rasterizer.cc

```
RasterStatus Rasterizer::DrawToSurface(flutter::LayerTree& layer_tree) {
  TRACE_EVENT0("flutter", "Rasterizer::DrawToSurface");
  // 正式渲染之前，记录 Build 流程所消耗的时间
  compositor_context_->ui_time().SetLapTime(layer_tree.build_time());
  SkCanvas* embedder_root_canvas = nullptr;
  if (external_view_embedder_) { // 将于 9.2 节分析
    external_view_embedder_->BeginFrame( // 见代码清单 9-38
        layer_tree.frame_size(), surface_->GetContext(),
        layer_tree.device_pixel_ratio(), raster_thread_merger_);
    embedder_root_canvas = external_view_embedder_->GetRootCanvas();
  } // resets the GL context.
  auto frame = surface_->AcquireFrame(layer_tree.frame_size()) ;// 见代码清单 5-102
  if (frame == nullptr) { return RasterStatus::kFailed; } // 无有效帧
  SkMatrix root_surface_transformation =
    embedder_root_canvas ? SkMatrix{} : surface_->GetRootTransformation();
  auto root_surface_canvas = // 正常情况下没有 Platform View，使用后者
    embedder_root_canvas ? embedder_root_canvas : frame->SkiaCanvas();
  // 封装渲染相关的对象到 compositor_frame 中，保持代码收敛
  auto compositor_frame = compositor_context_->AcquireFrame(...... );
  if (compositor_frame) { // 开始渲染，见代码清单 5-103
    RasterStatus raster_status = compositor_frame->Raster(layer_tree, false);
    if (raster_status == RasterStatus::kFailed ||
        raster_status == RasterStatus::kSkipAndRetry) {
      return raster_status;
    }
    if (shared_engine_block_thread_merging_ &&
        raster_thread_merger_ && raster_thread_merger_->IsMerged()) {
      fml::KillProcess(); // 异常情况
    }
    if (external_view_embedder_ && // 存在 Platform View 时触发，详见 9.2 节
        (!raster_thread_merger_ || raster_thread_merger_->IsMerged())) {
      FML_DCHECK(!frame->IsSubmitted());
      external_view_embedder_->SubmitFrame( // 见代码清单 9-45
          surface_->GetContext(), std::move(frame),
          delegate_.GetIsGpuDisabledSyncSwitch());
    } else { // Flutter UI 直接提交数据，后面将分析
      frame->Submit(); // 见代码清单 5-104
    }
    FireNextFrameCallbackIfPresent(); // 通知一帧渲染完成，见代码清单 4-42
    // SKIP Skia 清理
    return raster_status;
```

```
  }
  return RasterStatus::kFailed;
}
```

以上逻辑通过 AcquireFrame 方法获取一个可以渲染的帧，如代码清单 5-102 所示。

代码清单 5-102 engine/shell/gpu/gpu_surface_gl.cc

```
std::unique_ptr<SurfaceFrame> GPUSurfaceGL::AcquireFrame(const SkISize& size) {
  if (delegate_ == nullptr) { // Android 平台的实现: AndroidSurfaceGL
    return nullptr;
  } // 以下逻辑最终将调用 eglMakeCurrent 接口
  auto context_switch = delegate_->GLContextMakeCurrent(); // 见代码清单 4-49
  if (!context_switch->GetResult()) { return nullptr; } // 检查 GL Context
  if (!render_to_surface_) { // 不渲染到当前 Surface，比如 Platform View
    return std::make_unique<SurfaceFrame>(nullptr, true, /*submit_callback*/
        [](const SurfaceFrame& surface_frame, SkCanvas* canvas) {
          return true;
        });
  }
  const auto root_surface_transformation = GetRootTransformation();
  sk_sp<SkSurface> surface = // 通常返回 onscreen_surface_ 字段
       AcquireRenderSurface(size, root_surface_transformation);
  if (surface == nullptr) { return nullptr; } // 异常情况
  surface->getCanvas()->setMatrix(root_surface_transformation);
  SurfaceFrame::SubmitCallback submit_callback = // 见代码清单 5-104
      [weak = weak_factory_.GetWeakPtr()](
            const SurfaceFrame& surface_frame, SkCanvas* canvas) {
        return weak ? weak->PresentSurface(canvas) : false; // 见代码清单 5-105
      };
  return std::make_unique<SurfaceFrame>( // 创建一个 SurfaceFrame 实例
      surface, delegate_->SurfaceSupportsReadback(), submit_callback,
      std::move(context_switch)); // submit_callback 参数将执行一帧提交后的处理逻辑
}
```

以上逻辑主要是创建一个 SurfaceFrame 对象，顾名思义是表示一个用于渲染到 Surface 的帧。完成 SurfaceFrame 的获取后，DrawToSurface 方法会封装一个 ScopedFrame 对象，并调用其 Raster 方法，如代码清单 5-103 所示。

代码清单 5-103 engine/flow/compositor_context.cc

```
RasterStatus CompositorContext::ScopedFrame::Raster(
      flutter::LayerTree& layer_tree, bool ignore_raster_cache) {
  TRACE_EVENT0("flutter", "CompositorContext::ScopedFrame::Raster");
  // 遍历 Layer Tree，触发每个节点的 Preroll 方法
  bool root_needs_readback = layer_tree.Preroll(*this, ignore_raster_cache);
  bool needs_save_layer = root_needs_readback && !surface_supports_readback();
  PostPrerollResult post_preroll_result = PostPrerollResult::kSuccess;
  if (view_embedder_ && raster_thread_merger_) {
    post_preroll_result = // 9.2 节将详细分析
        view_embedder_->PostPrerollAction(raster_thread_merger_);
  } // 开始处理异常状态
  if (post_preroll_result == PostPrerollResult::kResubmitFrame) {
```

```
    return RasterStatus::kResubmit;
  }
  if (post_preroll_result == PostPrerollResult::kSkipAndRetryFrame) {
    return RasterStatus::kSkipAndRetry;
  }
  if (canvas()) {
    if (needs_save_layer) {
      SkRect bounds = SkRect::Make(layer_tree.frame_size());
      SkPaint paint;
      paint.setBlendMode(SkBlendMode::kSrc);
      canvas()->saveLayer(&bounds, &paint);
    }
    canvas()->clear(SK_ColorTRANSPARENT);
  } // 遍历 Layer Tree，触发每个节点的 Paint 方法
  layer_tree.Paint(*this, ignore_raster_cache); // 见代码清单 5-106
  if (canvas() && needs_save_layer) {
    canvas()->restore(); // 对应 saveLayer
  }
  return RasterStatus::kSuccess;
}
```

以上逻辑主要是驱动 Layer Tree 完成每个子节点的 Preroll 流程和 Paint 流程，即执行真正的绘制指令。完成以上逻辑后，将执行代码清单 5-101 的 Submit 逻辑，如代码清单 5-104 所示。

代码清单 5-104　engine/flow/surface_frame.cc

```
bool SurfaceFrame::Submit() {
  if (submitted_) { return false; } // 当前帧已经完成提交
  submitted_ = PerformSubmit(); // 执行提交
  return submitted_;
}
bool SurfaceFrame::PerformSubmit() {
  if (submit_callback_ == nullptr) { return false; }
  if (submit_callback_(*this, SkiaCanvas())) { // 见代码清单 5-102
    return true;
  }
  return false;
}
```

结合代码清单 5-102 可知，以上逻辑最终将调用 PresentSurface 方法，其逻辑如代码清单 5-105 所示。

代码清单 5-105　engine/shell/gpu/gpu_surface_gl.cc

```
bool GPUSurfaceGL::PresentSurface(SkCanvas* canvas) {
  if (delegate_ == nullptr || canvas == nullptr || context_ == nullptr) {
    return false;
  }
  { // 调用底层 API 完成 Canvas 的显示
    TRACE_EVENT0("flutter", "SkCanvas::Flush");
    onscreen_surface_->getCanvas()->flush();
  } // 以下逻辑最终将调用 eglSwapBuffers 接口
```

```
  if (!delegate_->GLContextPresent(fbo_id_)) { return false; }
  // 由于以下逻辑默认返回 false，因此通常不会执行
  if (delegate_->GLContextFBOResetAfterPresent()) { ...... } // SKIP 更新 fbo_id_ 字段
  return true;
}
```

以上逻辑的核心在于将 onscreen_surface_ 字段的 Canvas 内容输出到屏幕，相关逻辑在代码中已详细注明。Canvas 的内容由代码清单 5-103 中 layer_tree 对象的 Paint 方法完成，具体逻辑如代码清单 5-106 所示，它将遍历 Layer Tree，触发每个 Layer 节点的 Paint 方法，为 PresentSurface 方法做最后的数据准备。

代码清单 5-106 engine/flow/layers/layer_tree.cc

```
void LayerTree::Paint(CompositorContext::ScopedFrame& frame,
                      bool ignore_raster_cache) const {
  if (!root_layer_) { return; }
  SkISize canvas_size = frame.canvas()->getBaseLayerSize();
  SkNWayCanvas internal_nodes_canvas(canvas_size.width(), canvas_size.height());
  internal_nodes_canvas.addCanvas(frame.canvas());
  if (frame.view_embedder() != nullptr) { // 详见 9.2 节
    auto overlay_canvases = frame.view_embedder()->GetCurrentCanvases();
    for (size_t i = 0; i < overlay_canvases.size(); i++) {
      internal_nodes_canvas.addCanvas(overlay_canvases[i]);
    }
  }
  Layer::PaintContext context = { // 构建绘制的上下文环境，主要是收集绘制相关对象
      static_cast<SkCanvas*>(&internal_nodes_canvas),
      frame.canvas(), frame.gr_context(), // Skia 所需要的 Canvas 和 Context
      frame.view_embedder(),
      frame.context().raster_time(), frame.context().ui_time(), // 耗时
      frame.context().texture_registry(), // 用于输出帧的 texture
      ignore_raster_cache ? nullptr : &frame.context().raster_cache(),
      checkerboard_offscreen_layers_,
      device_pixel_ratio_}; // 设备分辨率
  if (root_layer_->needs_painting(context)) {
    root_layer_->Paint(context); // 遍历 Layer Tree，开始绘制
  }
}
```

至此，一帧数据从 Widget Tree 开始，已经完成它的使命，真正到达屏幕，虽然本章引用了 100 多段代码，但这一切其实发生在短短的 16.6ms 之内（当 FPS 为 60 时）。Flutter 的渲染管道环环相扣但又职责分明，是学习移动端渲染管道设计的经典案例。

5.8 本章小结

本章详细介绍了 Flutter 的渲染管道：5.1 节分析了第一帧的渲染，特别是 3 棵树的生成；5.2 节分析了 Framework 如何实现 Vsync 机制；5.3 节 ~ 5.6 节详细介绍了 Flutter 渲染管道的主流程和无处不在的复用机制；5.7 节介绍了一帧数据如何完成上屏操作。为方便读者理解，

作者整理了 Flutter 的渲染管道流程，如图 5-16 所示。

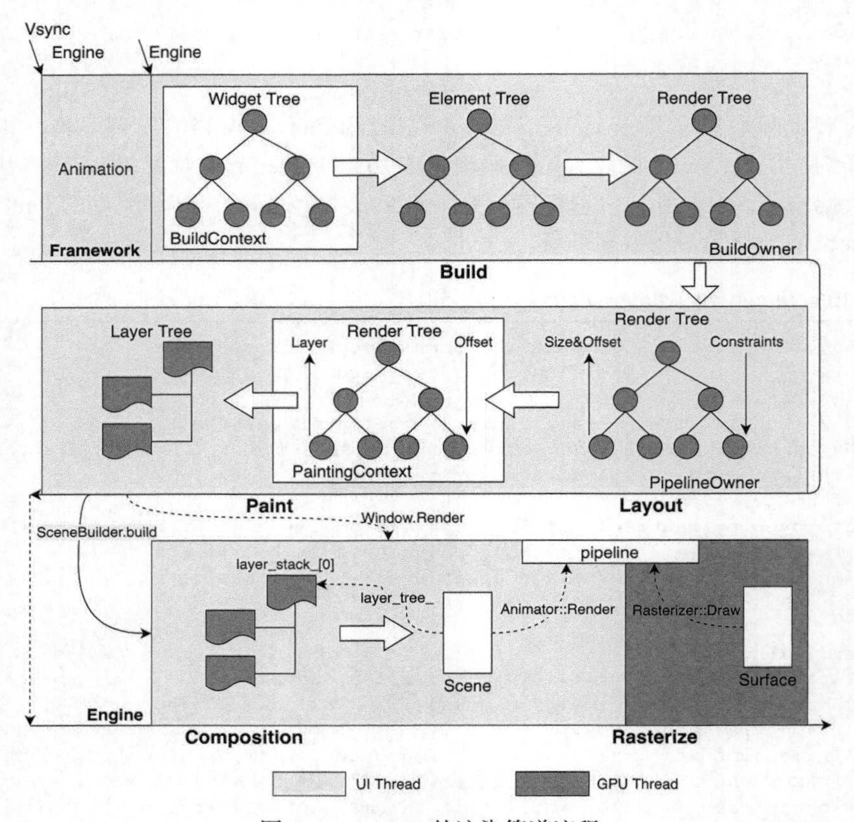

图 5-16 Flutter 的渲染管道流程

在图 5-16 中，Vsync 信号在到达 Engine 后，首先完成动画的刷新，其次在 Engine 中发起 Dart VM 中微任务的处理，最后回到 Framework 中，开始渲染管道的核心工作，主要包括 Build、Layout、Paint、Composition、Rasterize 这 5 个阶段。在 Build 阶段，将基于 Widget Tree，在 Element Tree（本质是 BuildOwner）的驱动下，完成 Render Tree 原始数据的更新；在 Layout 阶段，Render Tree 将在 PipelineOwner 的驱动下完成大小（Size）和偏移（Offset）等关键布局数据的计算；在 Paint 阶段，Render Tree 将基于 PaintingContext 遍历每个节点，更新 Framework 中的 Layer Tree；在 Composition 阶段，Engine 将以 Framework 阶段生成的 Layer Tree 为输入，合成最终的渲染数据 Scene，并提交到 pipeline；在 Rasterize 阶段，Rasterizer 将从 pipeline 中取出待渲染数据，最终绘制在目标 Surface 上，并显示给用户。

第 6 章　Box 布局模型

在 5.4 节中，我们已经从宏观上分析得出：Layout 流程的本质是父节点向子节点传递自己的布局约束 Constraints，子节点计算自身的大小（Size），父节点再根据大小信息计算偏移（Offset）。在二维空间中，根据大小和偏移可以唯一确定子节点的位置。

Flutter 中主要存在两种布局约束——Box 和 Sliver，关键类及其关系如图 6-1 所示。

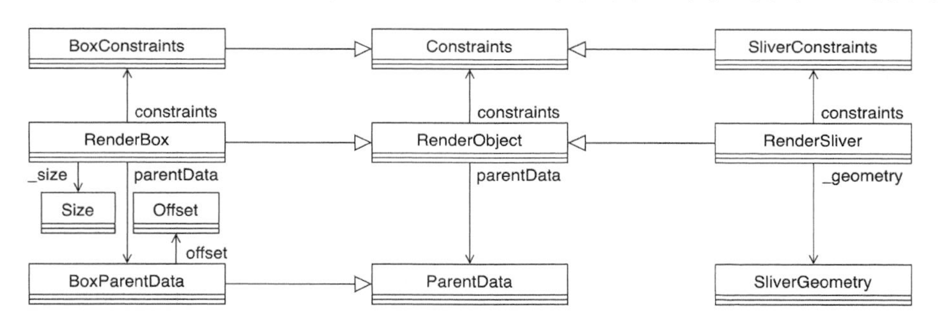

图 6-1　Layout 关键类及其关系

图 6-1 中，BoxConstraints 和 SliverConstraints 分别对应 Box 布局和 Sliver 布局模型所需要的约束条件。ParentData 是 RenderObject 所持有的一个字段，用于为父节点提供额外的信息，比如 RenderBox 通过 BoxParentData 向父节点暴露自身的偏移值，以用于 Layout 阶段更新和 Paint 阶段。Sliver 通过 SliverGeometry 描述自身的 Layout 结果，相对 Box 更加复杂。

本章将详细分析 Box 布局模型，Sliver 布局模型将在第 7 章详细分析。

6.1　Box 布局概述

Box 类型的 Constraints 布局在移动 UI 框架中非常普遍，比如 Android 的 ConstraintLayout 和 iOS 的 AutoLayout 都有其影子。Constraints 布局的特点是灵活且高效。Flutter 中 Box 布局的原理如图 6-2 所示。

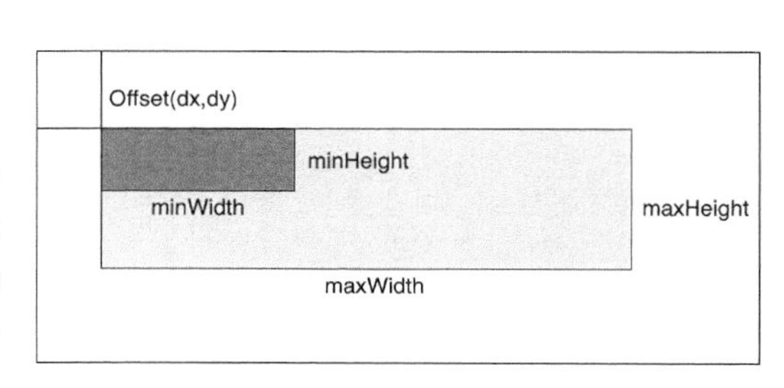

图 6-2　Flutter 中 Box 布局的原理

6.2 Align 布局流程分析

本节将分析 Box 布局中比较有代表性的 Align 布局，其关键类如图 6-3 所示。了解了 Align 的布局原理，相信读者对于其他关联的 Widget 也能够触类旁通。

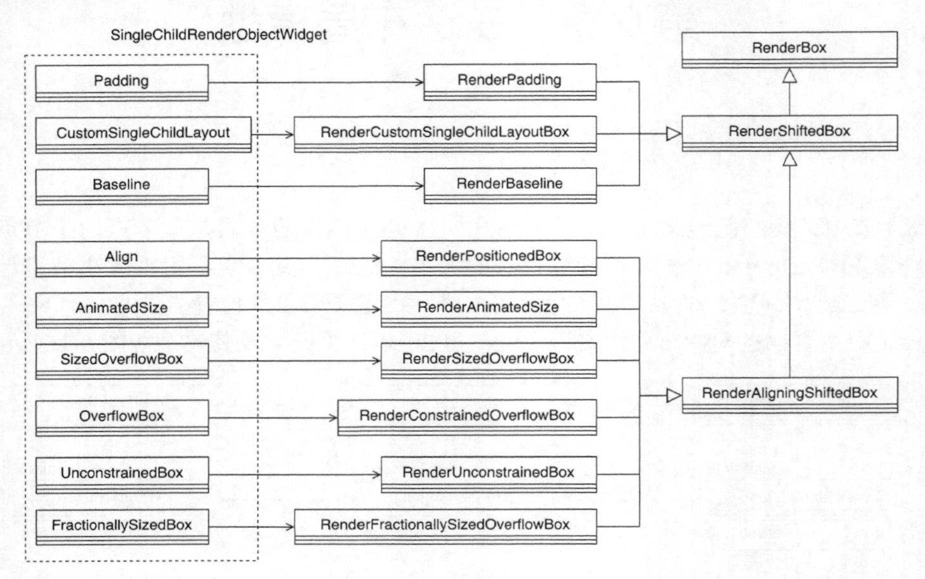

图 6-3　Align 关键类

图 6-3 中，RenderShiftedBox 表示一个可以对子节点在自身中的位置进行控制的单子节点容器，最常见的就是 Padding 和 Align，其他 Widget 读者可自行研究，每个 Widget 都对应一个实现自身布局规则的 RenderObject 子类，在此不再赘述。

下面正式分析 Align 的布局流程。Align 对应的 RenderObject 为 RenderPositionedBox，其 performLayout 方法如代码清单 6-1 所示。

代码清单 6-1　flutter/packages/flutter/lib/src/rendering/shifted_box.dart

```
void performLayout() {
  final BoxConstraints constraints = this.constraints;
  final bool shrinkWrapWidth =
                    // 即使约束为 infinity 也要处理，使之变成有限长度，否则边界无法确定
      _widthFactor != null || constraints.maxWidth == double.infinity;
  final bool shrinkWrapHeight = _heightFactor != null || constraints.maxHeight
     == double.infinity;
  if (child != null) { // 存在子节点
    child!.layout(constraints.loosen(), parentUsesSize: true); // 布局子节点
    size = constraints.constrain(Size(  // 开始布局自身，见代码清单 6-2
    shrinkWrapWidth ? child!.size.width * (_widthFactor ?? 1.0) : double.infinity,
    shrinkWrapHeight ? child!.size.height * (_heightFactor ?? 1.0) : double.
        infinity));
    alignChild(); // 计算子节点的偏移，见代码清单 6-3
```

```
  } else { // 没有子节点时，一般大小为 0，因为最大约束为 infinity 时 shrinkWrapWidth 为 true
    size = constraints.constrain(Size(shrinkWrapWidth ? 0.0 : double.infinity,
                                 shrinkWrapHeight ? 0.0 : double.infinity));
  }
}
```

以上逻辑中，shrinkWrapWidth 表示当前宽度是否需要折叠（Shrink），当 _widthFactor 被设置或者未对子 Widget 做宽度约束时需要，当子 Widget 存在时，其大小计算过程如代码清单 6-2 所示。计算完大小后会调用 alignChild 方法完成子 Widget 位置的计算。如果子 Widget 不存在，则大小默认为 0。

代码清单 6-2　flutter/packages/flutter/lib/src/rendering/box.dart

```
Size constrain(Size size) {
  Size result = Size(constrainWidth(size.width), constrainHeight(size.height));
  return result;
}
double constrainWidth([ double width = double.infinity ]) {
  return width.clamp(minWidth, maxWidth); // 返回约束内最接近自身的值
}
double constrainHeight([ double height = double.infinity ]) {
  return height.clamp(minHeight, maxHeight);
}
```

以上逻辑的核心在于 clamp 方法，以 constrainWidth 方法为例，其返回值为 minWidth 到 maxWidth 之间最接近 width 的值。以 a.clamp(b, c) 为例，将先计算 a、b 的较大值 x，再计算 x、c 的较小值，并作为最终的结果。下面分析子节点偏移值的计算，如代码清单 6-3 所示。

代码清单 6-3　flutter/packages/flutter/lib/src/rendering/shifted_box.dart

```
@protected
void alignChild() {
  _resolve(); // 计算子节点的坐标
  final BoxParentData childParentData = child!.parentData! as BoxParentData;
                                                                  // 存储位置信息
  childParentData.offset = _resolvedAlignment!.alongOffset(size - child!.size as
      Offset); // 偏移值
}
void _resolve() {
  if (_resolvedAlignment != null) return;
  _resolvedAlignment = alignment.resolve(textDirection);
}
```

以上逻辑首先会将 Alignment 解析成 _resolvedAlignment，其关系如图 6-4 所示。

图 6-4 中，RenderPositionedBox 是 Align 对应的 RenderObject 类型，其通过 _resolvedAlignment 字段持有 Alignment 的实例，Alignment 就是 Align 对子节点位置的抽象表示。Algin 实际持有的是 AlignmentGeometry，它有多个子类，例如 AlignmentDirectional、FractionalOffset，它们的主要差异在于坐标系的不同，具体可见图 6-5 和图 6-6，在布局阶段，它们将统一转换为 Alignment 的布局进行处理。

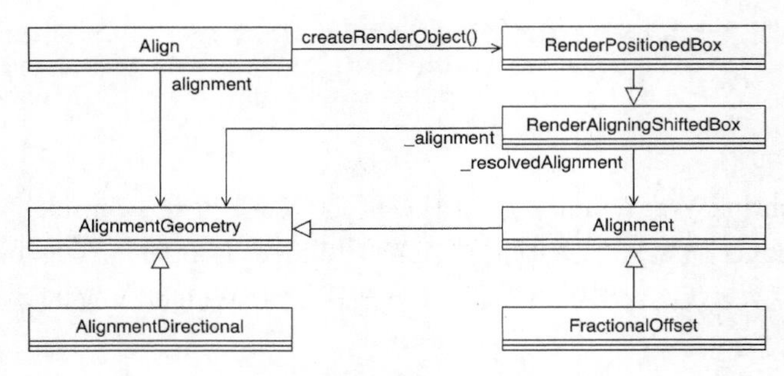

图 6-4 Alignment 关键类

这里以 Alignment 为例进行分析，其逻辑如代码清单 6-4 所示。

代码清单 6-4 flutter/packages/flutter/lib/src/painting/alignment.dart

```
@override
Alignment resolve(TextDirection? direction) => this;
```

alignChild 方法最终会调用 Alignment 的 alongOffset 方法完成子节点偏移值的计算，如代码清单 6-5 所示。

代码清单 6-5 flutter/packages/flutter/lib/src/painting/alignment.dart

```
Offset alongOffset(Offset other) {
  final double centerX = other.dx / 2.0; // 定位坐标系的原点
  final double centerY = other.dy / 2.0; // centerX、centerY 为单位距离
  return Offset(centerX + x * centerX, centerY + y * centerY);
} // 根据定位坐标系的坐标计算出在原始坐标系中对应的坐标，并作为偏移值返回
```

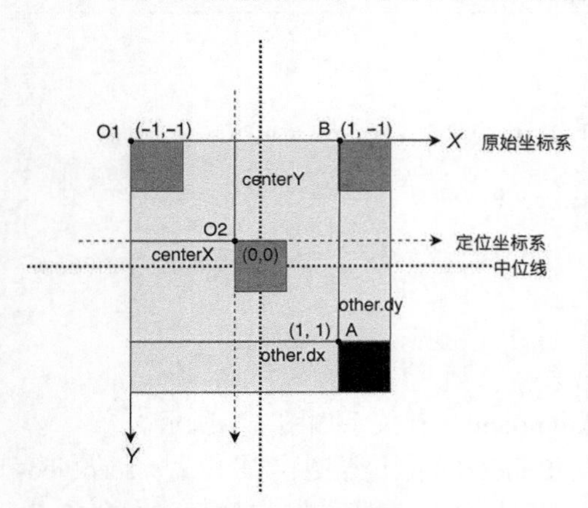

图 6-5 Align 布局模型

以上逻辑中，参数 other 表示父节点大小减去子节点后剩余的偏移值，即图 6-5 中原始坐标系的 A 点，其在原始坐标系中的坐标为（other.dx, other.dy）。由 return 语句可知，最终的定位坐标系（图 6-5 中的虚线坐标系）会在原始坐标系的基础上在 X、Y 轴上各移动 other 的一半距离。此时，定位坐标系原点在原始坐标系中的坐标为（centerX, centerY），即 O2 点，原始坐标系的原点 O1 在定位坐标系中位置为（–1，–1）。

由图 6-5 可知，O1 点（–1，–1）即父节点的左上角（topLeft），如代码清单 6-6 所示。Alignment 的常量其实都是一些特殊坐标。

代码清单 6-6 flutter/packages/flutter/lib/src/painting/alignment.dart

```
static const Alignment topLeft = Alignment(-1.0, -1.0);  // 见图 6-5，O1 点，左上角
static const Alignment topCenter = Alignment(0.0, -1.0);
```

```
static const Alignment topRight = Alignment(1.0, -1.0); // 见图 6-5，B 点，右上角
static const Alignment centerLeft = Alignment(-1.0, 0.0);
static const Alignment center = Alignment(0.0, 0.0); // 见图 6-5，O2 点，中点
static const Alignment centerRight = Alignment(1.0, 0.0);
static const Alignment bottomLeft = Alignment(-1.0, 1.0);
static const Alignment bottomCenter = Alignment(0.0, 1.0);
static const Alignment bottomRight = Alignment(1.0, 1.0); // 见图 6-5，A 点，右下角
```

以上是 Alignment 的坐标系中常用位置的坐标。FractionalOffset 和 AlignmentDirectional 的功能类似，只是坐标系相对父节点的位置不同，如图 6-6 所示。

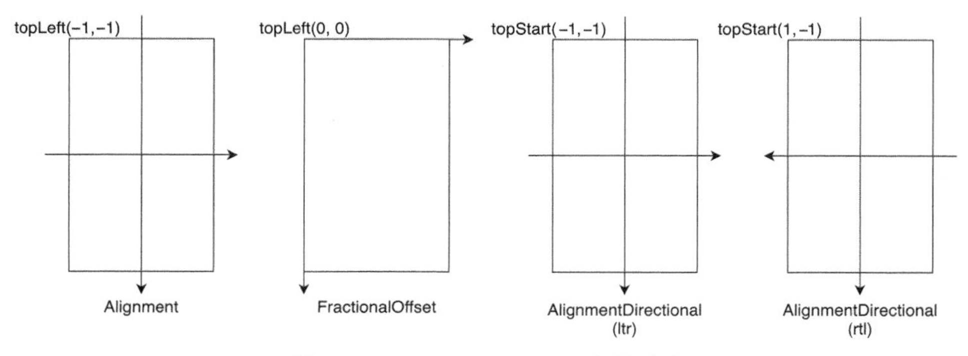

图 6-6　AlignmentGeometry 布局对比

事实上，通过坐标系就可以推断出 AlignmentGeometry 不同子类的实现细节，在此不再赘述。在实际开发中，应该根据业务场景选择合适的坐标系，而不是一味地借助 Alignment 进行 Widget 的定位。

6.3　Flex 布局流程分析

本节分析 Flex 布局。Flex 思想在前端领域由来已久，它为有限二维空间内的布局提供了一种灵活且高效的解决方案。Flex 关键类的关系如图 6-7 所示，Flex 是 Flutter 中行（Row）和列（Column）布局的基础和本质。

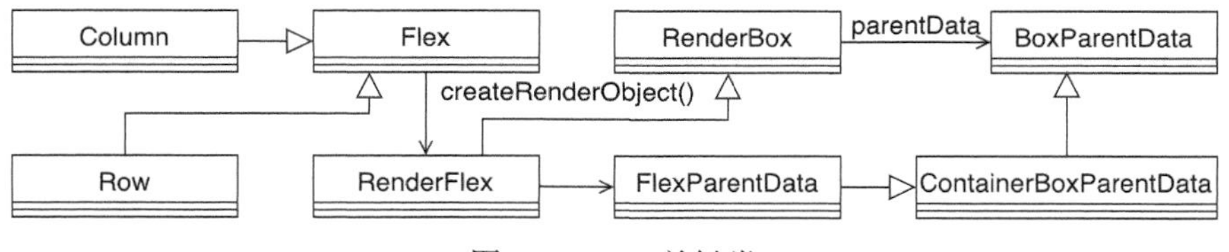

图 6-7　Flex 关键类

图 6-7 中，Column 和 Row 是常见的支持弹性布局的 Widget，它们都继承自 Flex，而 Flex 对应的 RenderObject 是 RenderFlex。RenderFlex 实现弹性布局的关键，在于其子节点的 parentData 字段的类型为 FlexParentData，其内部含有子节点的弹性系数（flex）等信息。需要

注意的是，RenderFlex 控制的是子节点的 parentData 字段的类型，而不是自身的字段，因而不是简单的重写（override）可以解决的，其类定义充分利用了 Dart 的 mixin 特性和泛型语法，远比图 6-7 所体现的关系要复杂。

由图 6-7 可知，行、列的布局的底层逻辑都将由 RenderFlex 统一完成，因此首先分析 RenderFlex 的 performLayout 方法，如代码清单 6-7 所示。

代码清单 6-7 flutter/packages/flutter/lib/src/rendering/flex.dart

```
void performLayout() {
  final BoxConstraints constraints = this.constraints;
  final _LayoutSizes sizes = _computeSizes( // 第 1 步，对子节点进行布局，见代码清单 6-8
    layoutChild: ChildLayoutHelper.layoutChild, // 子节点布局函数，即 child.layout,
                                                // 见代码清单 5-58
    constraints: constraints,); // 当前节点（RenderFlex）给子节点的约束条件
  final double allocatedSize = sizes.allocatedSize; // 所有子节点占用的空间大小
  double actualSize = sizes.mainSize;
  double crossSize = sizes.crossSize;
  // 第 2 步，交叉轴大小的校正，见代码清单 6-12
  // 第 3 步，计算每个子节点在主轴的偏移值，见代码清单 6-13
  // 第 4 步，计算每个子节点在交叉轴的偏移值，见代码清单 6-14
}
```

以上逻辑可分为 4 步。第 1 步，执行每个子节点的 Layout 流程，计算出子节点所需要占用的空间大小，即主轴方向（即行的水平方向，列的垂直方向）的大小之和。此外，还将计算出交叉轴方向（即行垂直的方向，列的水平方向）的大小，取所有子节点中交叉轴方向最大值。第 2 步，对于交叉轴方向对齐方式为 CrossAxisAlignment.baseline 的情况，重新计算交叉轴方向的大小。这种情况不能简单取交叉轴方向上的最大值，这部分内容后面将详细分析。第 3 步，根据主轴的对齐方式，确定布局的起始位置和间距。第 4 步，依次完成每个子节点的布局，即计算每个子节点的偏移值。

首先分析第 1 步，其逻辑如代码清单 6-8 所示。

代码清单 6-8 flutter/packages/flutter/lib/src/rendering/flex.dart

```
_LayoutSizes _computeSizes( ...... ) {
  int totalFlex = 0;
  final double maxMainSize = // 计算在当前约束下主轴方向的最大值
    _direction == Axis.horizontal ?  constraints.maxWidth  : constraints.maxHeight;
  final bool canFlex = maxMainSize < double.infinity; // 在约束为 infinity 的情况下，
                                                       // 弹性布局没有意义
  double crossSize = 0.0;
  double allocatedSize = 0.0; // 分配给非弹性节点（non-flexible）的总大小
  RenderBox? child = firstChild;
  RenderBox? lastFlexChild; // 最后一个 Flex 类型子节点，使用方式见代码清单 6-10
  // 计算每个非 Flex 子节点占用空间的大小和弹性系数之和，见代码清单 6-9
  // 根据剩余空间，计算每个 Flex 子节点占用空间的大小，见代码清单 6-10
  final double idealSize = canFlex && mainAxisSize == MainAxisSize.max
                                                              // 最终的 mainSize
      ? maxMainSize : allocatedSize; // 根据 MainAxisSize 类型计算主轴的实际大小
```

```
  return _LayoutSizes(mainSize: idealSize, crossSize: crossSize, allocatedSize:
      allocatedSize, );
}
```

以上逻辑中，水平方向（Axis.horizontal）即 Row 的布局，垂直方向即 Column 的布局。canFlex 表示是否可以执行弹性布局，仅当主轴大小为有限值时才可以，因为无限大（infinity）的值除以任意弹性系数，其值仍为无限大，因此此时没有意义。corssSize 表示交叉轴的大小，即 Row 的高度和 Column 的宽度。

首先计算每个非 Flex 子节点占用空间的大小，如代码清单 6-9 所示。

代码清单 6-9　flutter/packages/flutter/lib/src/rendering/flex.dart

```
while (child != null) {
  final FlexParentData childParentData = child.parentData! as FlexParentData;
  final int flex = _getFlex(child); // 第 1 步，获取当前子节点的弹性系数
  if (flex > 0) { // Flex 类型子节点
    totalFlex += flex; // 记录 flex 之和，用于后续分配对应比例的空间
    lastFlexChild = child; // 记录更新
  } else {
    final BoxConstraints innerConstraints; // 第 2 步，计算文节点对每个子节点的约束
    if (crossAxisAlignment == CrossAxisAlignment.stretch) {
      switch (_direction) { // stretch 是比较特殊的交叉轴对齐类型，需要特殊处理
        case Axis.horizontal: // 强制自身高度为最大高度，达到拉伸效果
          innerConstraints = BoxConstraints.tightFor(height: constraints.maxHeight);
          break;
        case Axis.vertical: // 同上
          innerConstraints = BoxConstraints.tightFor(width: constraints.maxWidth);
          break;
      }
    } else { // 其他情况下仅限制最大宽和高，子节点仍会按照实际宽高进行布局，见图 6-9
      switch (_direction) {
        case Axis.horizontal: // 注意，此时没有限制最大宽和度
          innerConstraints = BoxConstraints(maxHeight: constraints.maxHeight);
          break;
        case Axis.vertical:
          innerConstraints = BoxConstraints(maxWidth: constraints.maxWidth);
          break;
      }
    }
    final Size childSize = layoutChild(child, innerConstraints); // 第 3 步，布局子节点
    allocatedSize += _getMainSize(childSize); // 累计非弹性节点占用的空间
    crossSize = math.max(crossSize, _getCrossSize(childSize));
                                                         // 更新交叉轴方向的最大值
  }
  child = childParentData.nextSibling; // 第 4 步，遍历下一个节点
}
```

以上逻辑主要分为 4 步。第 1 步，获取当前子节点的弹性系数，如果大于 0 则计入 totalFlex 变量，用于后面计算每个弹性节点的大小。第 2 步，计算父节点对每个子节点的约束，如果交叉轴是拉伸对齐（CrossAxisAlignment.stretch）则会强制每个子节点交叉轴的大小为最大约束值，否则只限制交叉轴的最大值，而不会限制最小值。第 3 步，对子节点进行布

局，并获取其主轴大小进行累加（用于计算剩余空间），保存交叉轴的最大值。第 4 步，遍历下一个节点，直至完成。

完成所有非弹性节点的布局之后，这些节点所占用的主轴空间便确定了，如果还有弹性节点，那么剩余空间会用于弹性节点的布局，具体逻辑如代码清单 6-10 所示。

代码清单 6-10　flutter/packages/flutter/lib/src/rendering/flex.dart

```
final double freeSpace =  // 第 1 步，计算剩余空间，用于 Flex 类型节点的布局
math.max(0.0, (canFlex ? maxMainSize : 0.0) - allocatedSize);
double allocatedFlexSpace = 0.0;  // 已分配给 Flex 类型节点的空间，用于最后一个 Flex 类型
                                  // 节点的计算
if (totalFlex > 0) { // 存在 Flex 类型节点才需要处理
  final double spacePerFlex = canFlex ? (freeSpace / totalFlex) : double.nan;
                                                                   // 单位距离
  child = firstChild;
  while (child != null) { // 开始遍历每个子节点
    final int flex = _getFlex(child); // 第 2 步，获取弹性系数
    if (flex > 0) { // 是 Flex 节点
      final double maxChildExtent = canFlex // canFlex 计算见代码清单 6-8
        // 注意最后一个节点的计算，出于精度考虑，是求差，这也是 lastFlexChild 存在的意义
        ? (child == lastFlexChild ? (freeSpace - allocatedFlexSpace) :
            spacePerFlex * flex)
        : double.infinity; // 计算当前弹性节点所能分配的最大空间
      late final double minChildExtent; // 第 3 步，子节点主轴约束的最小值，根据 FlexFit 决定
      switch (_getFit(child)) { // 获取 FlexFit 类型
        case FlexFit.tight: // Expanded 的默认值
          minChildExtent = maxChildExtent;
                                     // 和 stretch 效果类似，强制 Flex 类型子节点填充满
          break;
        case FlexFit.loose: // Flexible 的默认值
          minChildExtent = 0.0; // 不做限制
          break;
      }
      final BoxConstraints innerConstraints; // 第 4 步，计算 Flex 类型子节点的约束
      // 计算对 Flex 类型节点的约束，见代码清单 6-11
      final Size childSize = layoutChild(child, innerConstraints);
      final double childMainSize = _getMainSize(childSize);
                                                  // 第 5 步，Flex 类型节点的空间占用
      allocatedSize += childMainSize; // 继续累计实际使用的空间
      allocatedFlexSpace += maxChildExtent; // 已经分配的弹性布局空间
      crossSize = math.max(crossSize, _getCrossSize(childSize));
                                                          // 继续更新交叉轴的最大值
    } // if
    final FlexParentData childParentData = child.parentData! as FlexParentData;
    child = childParentData.nextSibling; // 第 6 步，遍历下一个子节点
  } // while
} // if
```

以上逻辑主要分为 6 步。第 1 步，计算剩余空间的大小，通常为主轴的最大值减去已分配给非弹性节点的总大小，剩余大小除以弹性系数即 spacePerFlex。第 2 步，遍历每个弹性节点，计算其主轴上的最大长度，通常为弹性系数乘以 spacePerFlex。第 3 步，计算当前子

节点在主轴上的最小长度，对于 FlexFit.tight 类型，强制主轴大小为最大长度，否则为 0。第 4 步，计算弹性节点对其子节点的约束，具体见代码清单 6-11。第 5 步，在当前弹性节点完成布局之后，获取子节点的大小信息，做前面内容相同的计算。第 6 步，遍历下一个子节点，直至结束。

代码清单 6-11　flutter/packages/flutter/lib/src/rendering/flex.dart

```
if (crossAxisAlignment == CrossAxisAlignment.stretch) {
  switch (_direction) {
    case Axis.horizontal:
      innerConstraints = BoxConstraints(
        minWidth: minChildExtent, maxWidth: maxChildExtent, // 对主轴方向也进行约束
        minHeight: constraints.maxHeight, maxHeight: constraints.maxHeight,);
                                                                      // 强制拉伸
      break;
    case Axis.vertical: // SKIP innerConstraints 的计算
  } // switch
} else { // 注意这里与代码清单 6-9 之间的差异
  switch (_direction) {
    case Axis.horizontal: // 主轴方向的最大空间和最小空间做了限制
      innerConstraints = BoxConstraints( //  // 注意，非 Flex 类型的节点没有此约束
        minWidth: minChildExtent, maxWidth: maxChildExtent,
        maxHeight: constraints.maxHeight,);
      break;
    case Axis.vertical: // SKIP innerConstraints 的计算
  } // switch 结束
} // if 结束
```

以上逻辑主要是计算每个弹性节点对其子节点的约束，对于交叉轴拉伸的情况，会强制其在交叉轴的大小为最大值，如果无须拉伸，则最大值为父节点约束的最大值，最小值为默认值 0。主轴的最大值则由代码清单 6-10 中所计算的 minChildExtent 和 maxChildExtent 共同约束。以上逻辑和代码清单 6-9 中对于非弹性节点的计算逻辑基本一致，区别在于 Flex 类型节点的主轴的最大值和最小值都做了约束，而非 Flex 类型节点则无此约束，因而会使用默认值，即 minWidth = 0.0 而 maxWidth = double.infinity（以水平方向为例）。

当 Row 或者 Column 内存在一个主轴方向大小未知的 Widget（比如文本）时，应当用 Flexible 或者 Expanded 进行封装，否则可能会出现主轴大小溢出的错误。

经过以上流程，子节点的大小计算完成，其代码清单 6-8 中的返回值 _LayoutSizes 的 3 个字段及其作用如下。

- mainSize：主轴的大小。如果当前节点可进行弹性布局且 mainAxisSize 属性为 max 时，为布局约束的最大值，否则为实际分配的大小，即 allocatedSize。
- crossSize ：交叉轴方向的大小，为所有子节点交叉轴方向大小的最大值，后面可能需

要校正。

❑ allocatedSize：所有子节点在主轴方向所占用的空间大小，用于后面计算节点间隔等信息。

接下来进行交叉轴大小的校正逻辑，如代码清单 6-12 所示。

代码清单 6-12　flutter/packages/flutter/lib/src/rendering/flex.dart

```
double maxBaselineDistance = 0.0; // 用于计算代码清单 6-14 中子节点在交叉轴方向的偏移值
if (crossAxisAlignment == CrossAxisAlignment.baseline) { // 仅交叉轴对齐方式为
                                                          // baseline 时才计算
  RenderBox? child = firstChild;
  double maxSizeAboveBaseline = 0; // Baseline 上方空间的最大值
  double maxSizeBelowBaseline = 0; // Baseline 下方空间的最大值
  while (child != null) { // 开始遍历每个子节点
    final double? distance = child.getDistanceToBaseline(textBaseline!, onlyReal:
        true);
    if (distance != null) { // distance 是顶部相对 Baseline 的值
      maxBaselineDistance = math.max(maxBaselineDistance, distance);
                                                          // 值同下，功能不同
      maxSizeAboveBaseline = math.max( distance, maxSizeAboveBaseline,);
      maxSizeBelowBaseline = math.max(child.size.height - distance,
          maxSizeBelowBaseline,);
      crossSize = math.max(maxSizeAboveBaseline + maxSizeBelowBaseline, crossSize);
    } // 更新交叉轴的最大值，即 crossSize
    final FlexParentData childParentData = child.parentData! as FlexParentData;
    child = childParentData.nextSibling;
  } // while
} // if
```

以上逻辑主要是计算每个子元素 Baseline 上方空间的最大高度和 Baseline 下方空间的最大深度，其和即交叉轴方向的最大值。如图 6-8 所示，fl 和 ag 作为两个独立的子节点时，如果顶部对齐，则交叉轴最大值则为 4 个字母中的最大值；当对齐方式为 baseline 时，将取字母 f 的高度和字母 g 在 Baseline 下方的深度和作为最终交叉轴的大小。图 6-8 中，灰色部分即 Baseline 模式下将多占用的高度。

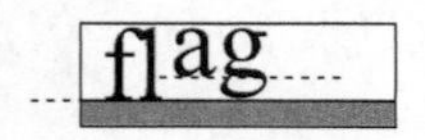

CrossAxisAlignment.start　　CrossAxisAlignment.baseline

图 6-8　CrossAxisAlignment 不同模式对比

至此，主轴和交叉轴的大小都确定了，每个子节点在主轴和交叉轴的大小信息也确定了，下面就要开始计算每个子节点的偏移值。由于 Flex 支持主轴上不同的对齐方式，因此在正式计算偏移值之前，需要根据对齐方式确定布局的起始位置和间距，如代码清单 6-13 所示。

代码清单 6-13　flutter/packages/flutter/lib/src/rendering/flex.dart

```
switch (_direction) { // 第 1 步，确定主轴和交叉轴的实际大小
  case Axis.horizontal: // 以下逻辑基于约束计算实际大小
    size = constraints.constrain(Size(actualSize, crossSize));  // 见代码清单 6-2
```

```
    actualSize = size.width; // 主轴实际大小
    crossSize = size.height; // 交叉轴实际大小
    break;
  case Axis.vertical: // SKIP
} // switch
final double actualSizeDelta = actualSize - allocatedSize; // 第 2 步，计算剩余空间的大小
_overflow = math.max(0.0, -actualSizeDelta); // 判断是否存在溢出，用于 Paint 阶段绘制提示信息
final double remainingSpace = math.max(0.0, actualSizeDelta); // 剩余空间，用于计算间距
late final double leadingSpace; // 第 1 个节点的前部间距
late final double betweenSpace; // 每个节点的间距
final bool flipMainAxis = // 第 3 步，根据各 direction 参数，判断是否翻转子节点排列方向
    !(_startIsTopLeft(direction, textDirection, verticalDirection) ?? true);
switch (_mainAxisAlignment) { // 根据主轴的对齐方式，计算间距等信息
  case MainAxisAlignment.start: // 每个子节点按序尽可能靠近主轴的起始点排列
    leadingSpace = 0.0;
    betweenSpace = 0.0; // 没有间距
    break;
  case MainAxisAlignment.end: // 每个子节点按序尽可能靠近主轴的结束点排列
    leadingSpace = remainingSpace; // 起始位置保证剩余空间填充满，即靠近结束点排列
    betweenSpace = 0.0; // 没有间距
    break;
  case MainAxisAlignment.center: // 每个子节点按序尽可能靠近主轴的中点排列
    leadingSpace = remainingSpace / 2.0;
    betweenSpace = 0.0;
    break;
  case MainAxisAlignment.spaceBetween: // 每个子节点等距排列，两端的子节点边距为 0
    leadingSpace = 0.0;
    betweenSpace = childCount > 1 ? remainingSpace / (childCount - 1) : 0.0;
    break;
  case MainAxisAlignment.spaceAround: // 每个子节点等距排列，两端的子节点边距为该距离的一半
    betweenSpace = childCount > 0 ? remainingSpace / childCount : 0.0;
    leadingSpace = betweenSpace / 2.0;
    break;
  case MainAxisAlignment.spaceEvenly://  每个子节点等距排列，两端的子节点边距也为该距离
    betweenSpace = childCount > 0 ? remainingSpace / (childCount + 1) : 0.0;
    leadingSpace = betweenSpace;
    break;
} // switch
```

以上逻辑主要分为 3 步。第 1 步，确定主轴和交叉轴的实际大小，constraints.constrain 的逻辑在代码清单 6-2 中已介绍过。第 2 步，计算剩余空间的大小，即 actualSizeDelta，如果为负数说明当前子元素在主轴的总大小已经超过了主轴的最大值，Paint 阶段会提示溢出。第 3 步，根据各 direction 参数，判断是否翻转子节点排列方向，计算子节点布局的起始位置和间距，具体值由主轴对齐方式而定，在代码中已经详细注明，实际效果如图 6-9 所示。

至此，已经确定了每个子节点在主轴的偏移值，下面开始确定在交叉轴的偏移值，具体如代码清单 6-14 所示。

代码清单 6-14　flutter/packages/flutter/lib/src/rendering/flex.dart

```
double childMainPosition = flipMainAxis ? actualSize - leadingSpace : leadingSpace;
                                                                            // 起点
```

```
RenderBox? child = firstChild;
while (child != null) { // 遍历每个子节点
  final FlexParentData childParentData = child.parentData! as FlexParentData;
                                                                // 确定偏移值
  final double childCrossPosition; // 第 1 步，计算交叉轴方向的偏移值
  switch (_crossAxisAlignment) {
    case CrossAxisAlignment.start:// 每个子节点紧贴交叉轴的起始点排列
    case CrossAxisAlignment.end:// 每个子节点紧贴交叉轴的结束点排列
      childCrossPosition = // 计算偏移距离
        _startIsTopLeft(flipAxis(direction), textDirection, verticalDirection)
            == (_crossAxisAlignment == CrossAxisAlignment.start)
               ? 0.0 : crossSize - _getCrossSize(child.size);
      break;
    case CrossAxisAlignment.center: // 每个子节点紧贴交叉轴的中线排列
      childCrossPosition = crossSize / 2.0 - _getCrossSize(child.size) / 2.0;
      break;
    case CrossAxisAlignment.stretch: // 每个子节点拉伸到和交叉轴大小一致
      childCrossPosition = 0.0;
      break;
    case CrossAxisAlignment.baseline: // 每个子节点的 Baseline 对齐
      if (_direction == Axis.horizontal) {
        final double? distance = // 计算子节点顶部到 Baseline 的距离
            child.getDistanceToBaseline(textBaseline!, onlyReal: true);
        if (distance != null) // 交叉轴 Baseline 上方空间减去该距离所得即交叉轴的偏移值
          childCrossPosition = maxBaselineDistance - distance;
        else
          childCrossPosition = 0.0;
      } else { // 如果交叉轴为水平轴，则默认为 0
        childCrossPosition = 0.0;
      } // if
      break;
  } // switch
  // 第 2 步，如果方向翻转，则布局的实际位置需要减去自身所占空间
  if (flipMainAxis)  childMainPosition -= _getMainSize(child.size);
  switch (_direction) { // 第 3 步，根据主轴方向更新子节点的偏移值
    case Axis.horizontal:
      childParentData.offset = Offset(childMainPosition, childCrossPosition);
      break;
    case Axis.vertical:
      childParentData.offset = Offset(childCrossPosition, childMainPosition);
      break;
  } // switch
  if (flipMainAxis) { // 第 4 步，更新主轴方向的偏移值
    childMainPosition -= betweenSpace; // 在第 2 步基础上减去间距
  } else { // 正常方向，累加当前节点大小和间距
    childMainPosition += _getMainSize(child.size) + betweenSpace;
  }
  child = childParentData.nextSibling; // 下一个子节点
}
```

以上逻辑分为 4 步，主要负责计算交叉轴方向的偏移值并存储在子节点的 parentData 字段的 offset 字段中。第 1 步，根据交叉轴对齐的类型确定交叉轴方向上的偏移值，相关逻辑在代码中已经注明。第 2 步，更新 childMainPosition 的值，flipMainAxis 表示是否翻转子节

点。正常来说，Row 是从左到右排列，Column 是从上到下排列，如果 Row 从右到左排列或者 Column 从下到上排列，则 flipMainAxis 为 true，此时布局的偏移值要减去自身大小，如图 6-10 所示。第 3 步，根据主轴方向更新子节点的偏移值。第 4 步，更新 childMainPosition，即主轴方向的偏移值，并遍历直到最后一个节点。

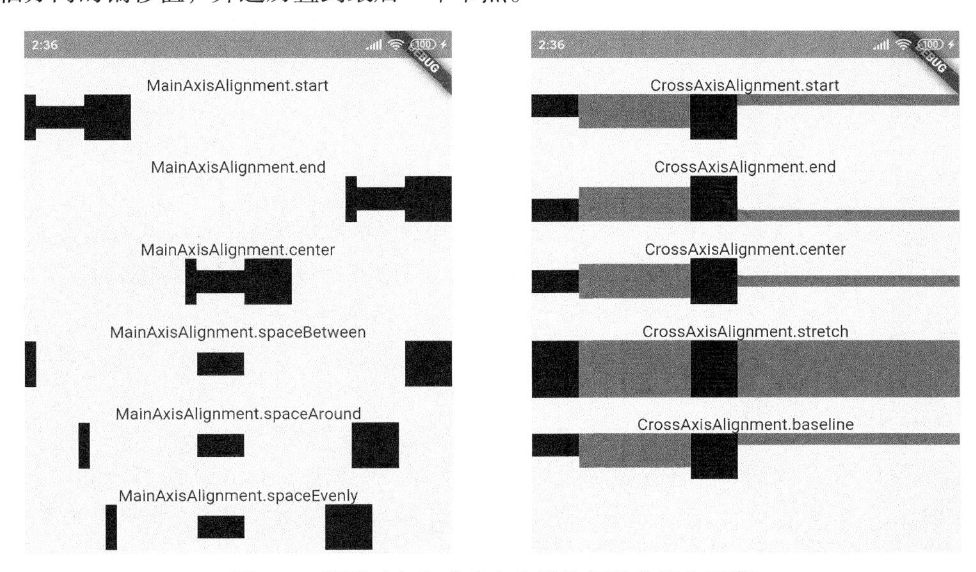

图 6-9　根据对齐方式确定布局的起始位置和间距

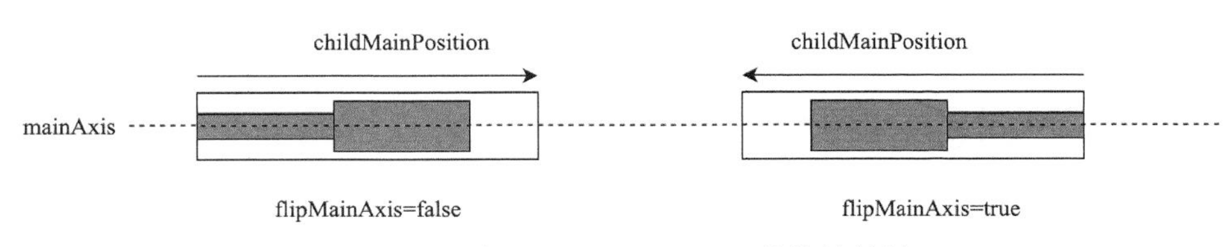

图 6-10　更新 childMainPosition 的值的效果

至此，Flex 的布局流程分析结束，由于存在水平 Felx 布局、垂直 Flex 布局，每种布局又存在正反两个方向，故代码稍显复杂，但其主流程还是十分简单清晰的。

6.4　本章小结

本章主要介绍了 Box 布局模型中最常见的两种布局——Align 和 Flex。虽然 Flutter 源码中提供的 Box 布局组件远不止这两种，但万变不离其宗，只要深刻理解了 BoxConstraints 的本质，相信其他布局也不在话下。

此外，借由本章的分析也可以进一步体会到 5.4 节中 Layout 流程的通用逻辑，即通过约束计算大小，通过大小确定偏移。

第 7 章　Sliver 布局模型

列表是移动设备上最重要的 UI 元素，因为移动设备的屏幕大小有限，大部分信息都要通过列表进行展示。Web 时代的跨平台方法最终没有流行的一大原因就是糟糕的列表渲染性能，Flutter 中的列表通过 Sliver 布局模型实现，本章将进行详细分析。

7.1　Sliver 布局概述

Flutter 中，列表的每个 Item 被称为 Sliver，形象地表现了 Flutter 列表高效、轻量化、解耦的特点。本节分析开发者常用的 ListView 等组件的底层结构。7.2 节将分析 Render Viewport（即列表的容器）进行 Layout 的完整流程，该流程是 Sliver 布局模型的核心，最后分析常见的 Sliver 实现。

Flutter 中常见的列表有 CustomScrollView、ListView、GridView 和 PageView，其关系如图 7-1 所示。

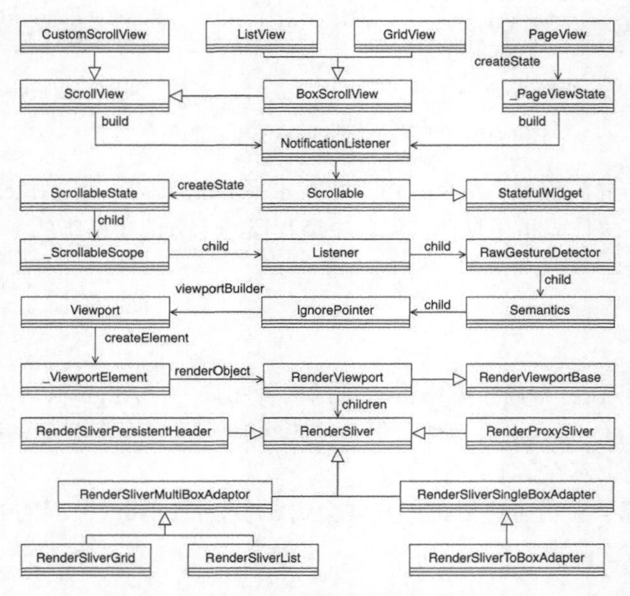

图 7-1　Flutter 常见的列表类及其关系

由图 7-1 可见，Flutter 常见的列表类最终都由 Scrollable 类实现，而该类内部包含 RawGestureDetector 等一系列负责处理手势、响应滑动的类，相关内容将在 8.5 节中详细分析，本节重点分析 Sliver 的静态布局模型。Viewport 是负责列表展示的 Widget，其对应的 RenderObject 为 RenderViewport，它将统筹驱动 Flutter 列表的 Layout 流程，下面开始详细分析。

7.2　RenderViewport 布局流程分析

RenderViewport 关键类及其关系如图 7-2 所示。RenderViewport 是一个可以展示无限内容的窗口，center 是子节点的入口，RenderViewport 可以通过 center 遍历每一个子节点，ViewportOffset 字段表示当前列表的滑动距离，用于计算当前显示的是列表中哪一部分的内容，在 8.5.4 节中将详细分析列表的滑动原理，本章节重点分析一帧的布局流程。

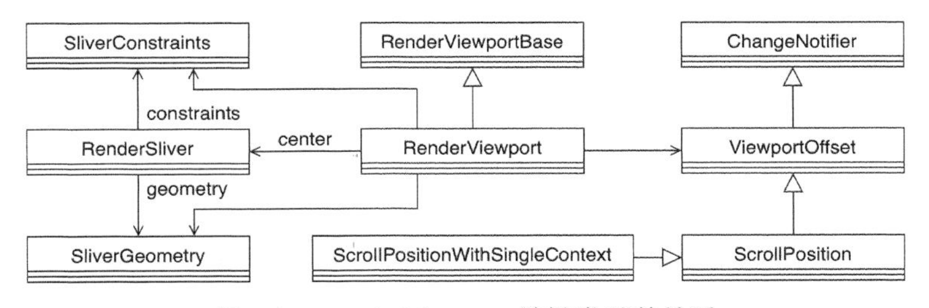

图 7-2　RenderViewport 关键类及其关系

下面以图 7-3 为例，分析 RenderViewport 的布局流程。图 7-3 中，Viewport 的大小（主

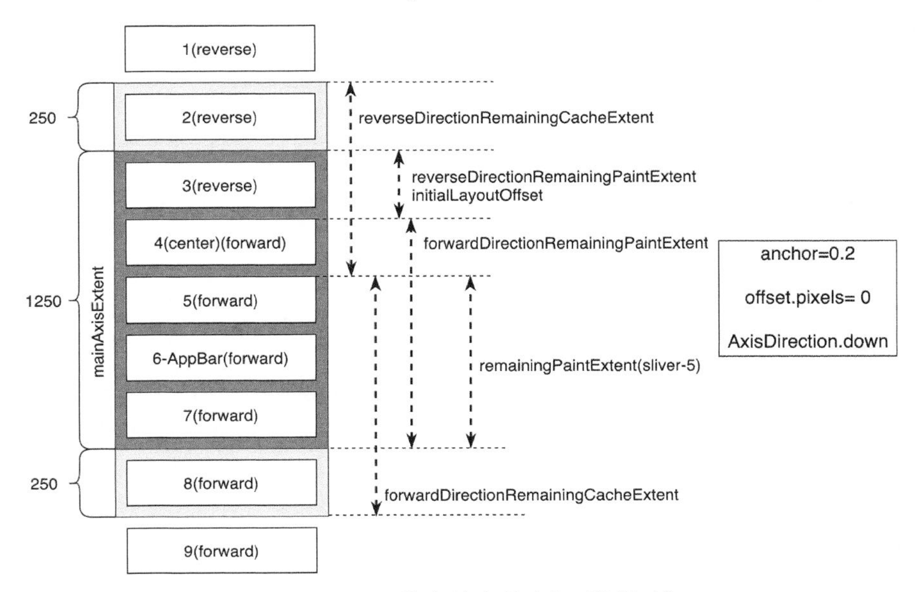

图 7-3　Flutter 的布局流程（未开始滑动）

轴方向，下同）为 1250（每个 Sliver 的大小为 250），即图中深灰色部分。Viewport 前后存在一定长度的缓存区，用于提升列表滑动的流畅性，即图中的浅灰色部分，大小各为 250。图 7-3 中，为了方便示意，每个子 Sliver 间留有一定空隙。其中，center 参数被设置为第 4 个子节点，但是因为 anchor 为 0.2，所以子节点会向下偏移 1/5 主轴长度的距离，因此图 7-3 中第 1 个显示的为 sliver-3。

下面开始分析 RenderViewport 的布局过程，如代码清单 7-1 所示。

代码清单 7-1　flutter/packages/flutter/lib/src/rendering/viewport.dart

```
@override // RenderViewport
void performLayout() {
  switch (axis) { // 第 1 步，记录 Viewport 在主轴方向的大小
    case Axis.vertical:
      offset.applyViewportDimension(size.height);
      break;
    case Axis.horizontal:
      offset.applyViewportDimension(size.width);
      break;
  }
  if (center == null) { // 第 2 步，判断 Viewport 中是否有列表内容
    _minScrollExtent = 0.0;
    _maxScrollExtent = 0.0;
    _hasVisualOverflow = false;
    offset.applyContentDimensions(0.0, 0.0);
    return;
  }
  final double mainAxisExtent;
  final double crossAxisExtent;
  switch (axis) { // 第 3 步，计算当前 Viewport 在主轴和交叉轴方向的大小
    case Axis.vertical:
      mainAxisExtent = size.height;
      crossAxisExtent = size.width;
      break;
    case Axis.horizontal:
      mainAxisExtent = size.width;
      crossAxisExtent = size.height;
      break;
  }
  // 第 4 步，见代码清单 7-2
}
```

以上逻辑主要分为 4 步。第 1 步，记录 Viewport 在主轴方向的大小。第 2 步，center 默认为第 1 个子节点，如果不存在，则说明该 Viewport 中没有列表内容。第 3 步，计算当前 Viewport 在主轴和交叉轴方向的大小，axis 字段表示列表当前是水平方向还是垂直方向。第 4 步，在解析完 Viewport 本身的信息之后，开始进行子节点的布局流程，如代码清单 7-2 所示。

代码清单 7-2　flutter/packages/flutter/lib/src/rendering/viewport.dart

```
final double centerOffsetAdjustment = center!.centerOffsetAdjustment;
double correction;
```

```
int count = 0;
do {
  correction = _attemptLayout(mainAxisExtent, // 真正的列表布局逻辑，见代码清单 7-3
      crossAxisExtent, offset.pixels + centerOffsetAdjustment);
  if (correction != 0.0) { // 需要校正，一般在 SliverList 等动态创建 Sliver 时进行
    offset.correctBy(correction);
  } else { // 无须校正
    if (offset.applyContentDimensions(
          math.min(0.0, _minScrollExtent + mainAxisExtent * anchor),
          math.max(0.0, _maxScrollExtent - mainAxisExtent * (1.0 - anchor)), ))
      break; // 直接退出 while 循环，结束布局流程
  }
  count += 1;
} while (count < _maxLayoutCycles); // 最大校正次数
```

以上逻辑中，_attemptLayout 方法负责子节点的 Layout，在完成子节点的 Layout 之后，Viewport 会根据 correction 的值判断是否需要重新进行布局，但最多不会超过 10 次，即 _maxLayoutCycles 字段的默认值。这个逻辑一般不会触发，这里只需要关注主流程即可。当 correction 为 0 时，说明本次子节点的 Layout 符合预期，此时会更新 offset 字段的相关值，第 1 个参数表示最小可滚动距离，一般为 0；第 2 个参数表示最大可滚动距离，一般为列表的长度减去 Viewport 的大小（即列表中已显示的长度）。注意，这里的 anchor 默认为 0。

下面具体分析子节点的布局流程，如代码清单 7-3 所示。

代码清单 7-3 flutter/packages/flutter/lib/src/rendering/viewport.dart

```
double _attemptLayout( ...... ) {
  _minScrollExtent = 0.0;
  _maxScrollExtent = 0.0;
  _hasVisualOverflow = false;
  final double centerOffset = mainAxisExtent * anchor - correctedOffset;
  final double reverseDirectionRemainingPaintExtent
              = centerOffset.clamp(0.0, mainAxisExtent);
  final double forwardDirectionRemainingPaintExtent
              = (mainAxisExtent - centerOffset).clamp(0.0, mainAxisExtent);
  switch (cacheExtentStyle) {
    case CacheExtentStyle.pixel: // 默认方式
      _calculatedCacheExtent = cacheExtent;
      break;
    case CacheExtentStyle.viewport:
      _calculatedCacheExtent = mainAxisExtent * _cacheExtent;
      break;
  }
  final double fullCacheExtent = mainAxisExtent + 2 * _calculatedCacheExtent!;
  final double centerCacheOffset = centerOffset + _calculatedCacheExtent!;
  final double reverseDirectionRemainingCacheExtent
      = centerCacheOffset.clamp(0.0, fullCacheExtent);
  final double forwardDirectionRemainingCacheExtent
      = (fullCacheExtent - centerCacheOffset).clamp(0.0, fullCacheExtent);
  // 见代码清单 7-4
}
```

以上逻辑主要是开始正式布局前进行相关字段计算。correctedOffset 通常就是用户的滑动距离 offset.pixels，centerOffset 是 center 相对 Viewport 顶部的偏移值，对图 7-3 而言为 250（即 sliver-3 的大小）。reverseDirectionRemainingPaintExtent 表示反（reverse）方向的剩余可绘制长度，forwardDirectionRemainingPaintExtent 表示正（forward）方向的剩余可绘制长度。cacheExtentStyle 一般为 pixel 风格，此时缓冲区长度为 cacheExtent，默认为 250。fullCacheExtent 表示可绘制区域与前后缓冲区的总和，对图 7-3 而言为 1750（Viewport 的高度 1250，加上前后缓冲区各 250）。centerCacheOffset 表示 center 相对于缓冲区顶部的偏移，reverseDirectionRemainingCacheExtent 和 forwardDirectionRemainingCacheExtent 的含义如图 7-3 所示。

接下来，Viewport 将基于以上信息组装 SliverConstraints 对象，作为对子节点的约束。子节点将根据约束信息完成自身的布局，并返回 SliverGeometry 作为父节点计算下一个子节点的 SliverConstraints 的依据。布局过程的入口如代码清单 7-4 所示。

代码清单 7-4　flutter/packages/flutter/lib/src/rendering/viewport.dart

```
final RenderSliver? leadingNegativeChild = childBefore(center!);
if (leadingNegativeChild != null) {
  final double result = layoutChildSequence( ...... ); // 布局反方向的子节点
  if (result != 0.0)
    return -result;
}
return layoutChildSequence( // 布局正方向的子节点
  child: center, scrollOffset: math.max(0.0, -centerOffset),
  overlap: leadingNegativeChild == null ? math.min(0.0, -centerOffset) : 0.0,
  layoutOffset: centerOffset >= mainAxisExtent ?
  centerOffset: reverseDirectionRemainingPaintExtent,
  remainingPaintExtent: forwardDirectionRemainingPaintExtent,
  mainAxisExtent: mainAxisExtent,
  crossAxisExtent: crossAxisExtent,
  growthDirection: GrowthDirection.forward,
  advance: childAfter,
  remainingCacheExtent: forwardDirectionRemainingCacheExtent,
  cacheOrigin: centerOffset.clamp(-_calculatedCacheExtent!, 0.0),
);
```

以上逻辑首先会布局 center 之前的 Sliver，即 leadingNegativeChild 的反方向的节点，其流程和正方向节点布局的过程类似，在此不再赘述，主要分析后者。

首先分析参数，child 表示当前的 Sliver 节点。scrollOffset 表示 center Sliver 划过 Viewport 顶部的距离，没有划过顶部的时候始终为 0。当 anchor 为 0，center 为第 1 个 Sliver 时，scrollOffset 即 offset.pixels。overlap 将在后面内容详细分析。layoutOffset 为 center Sliver 开始布局的偏移值，因为 Viewport 顶部为坐标系的起点，所以 reverseDirectionRemainingPaintExtent 即 center Sliver 布局的起始距离。advance 是获取下一个 Sliver 的方法，childAfter 的逻辑在前面内容已有类似分析，在此不再赘述。cacheOrigin 表示正方向的 Sliver 对于顶部缓冲区的使用量，图 7-4 中，center Sliver 位于 Viewport 内，当正方向的 Sliver 进入缓冲区后，cacheOrigin 值会增大，直到缓冲区最大值。

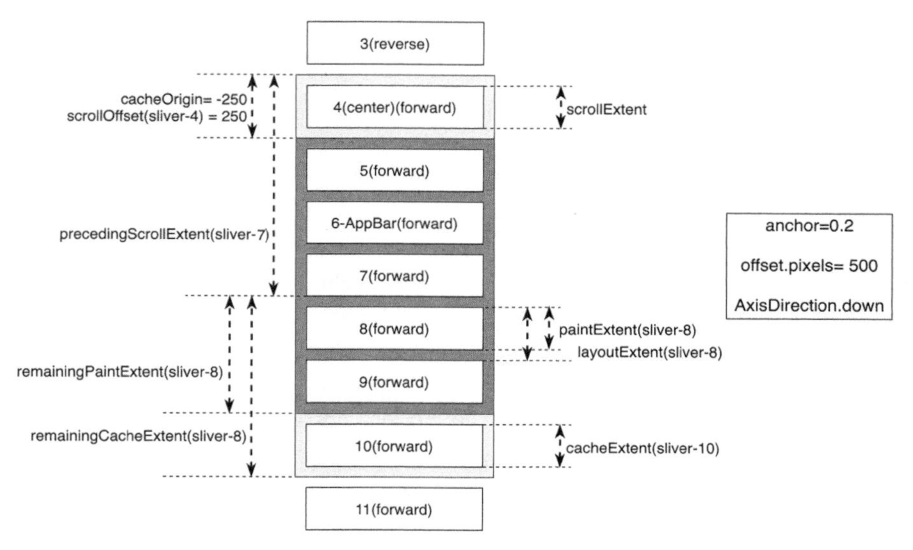

图 7-4 Flutter 列表（滑动 2 个 Sliver 的距离）

下面具体分析 layoutChildSequence 方法的逻辑，如代码清单 7-5 所示。

代码清单 7-5 flutter/packages/flutter/lib/src/rendering/viewport.dart

```
@protected // RenderViewportBase
double layoutChildSequence({ ..... }) {
  final double initialLayoutOffset = layoutOffset;
  final ScrollDirection adjustedUserScrollDirection =
     applyGrowthDirectionToScrollDirection(offset.userScrollDirection,
     growthDirection);
  assert(adjustedUserScrollDirection != null);
  double maxPaintOffset = layoutOffset + overlap;
  double precedingScrollExtent = 0.0;
  while (child != null) {
    final double sliverScrollOffset = scrollOffset <= 0.0 ? 0.0 : scrollOffset;
    final double correctedCacheOrigin = math.max(cacheOrigin, -sliverScrollOffset);
    final double cacheExtentCorrection = cacheOrigin - correctedCacheOrigin;
    child.layout(SliverConstraints( // 触发子节点的布局，见代码清单 7-6
      axisDirection: axisDirection,
      growthDirection: growthDirection,
      userScrollDirection: adjustedUserScrollDirection,
      scrollOffset: sliverScrollOffset,
      precedingScrollExtent: precedingScrollExtent,
      overlap: maxPaintOffset - layoutOffset,
      remainingPaintExtent:
          math.max(0.0, remainingPaintExtent - layoutOffset + initialLayoutOffset),
      crossAxisExtent: crossAxisExtent,
      crossAxisDirection: crossAxisDirection,
      viewportMainAxisExtent: mainAxisExtent,
      remainingCacheExtent:
          math.max(0.0, remainingCacheExtent + cacheExtentCorrection),
```

```
      cacheOrigin: correctedCacheOrigin,
    ), parentUsesSize: true);

    // 更新字段，用于计算下一个 Sliver 的 SliverConstraints，见代码清单 7-7
    updateOutOfBandData(growthDirection, childLayoutGeometry);
    child = advance(child);
  }
  return 0.0;
}
```

以上逻辑主要是计算 SliverConstraints 实例，并调用 child.layout 驱动子节点完成布局，7.3 节将以 RenderSliverToBoxAdapter 为例进行分析，在此不再赘述。接下来主要分析 SliverConstraints 的计算过程以及各个值的含义和作用。

SliverConstraints 的字段信息如代码清单 7-6 所示。

代码清单 7-6 flutter/packages/flutter/lib/src/rendering/sliver.dart

```
class SliverConstraints extends Constraints {
    final AxisDirection axisDirection;
    final GrowthDirection growthDirection;
    final ScrollDirection userScrollDirection;
    final double scrollOffset;
    final double precedingScrollExtent;
    final double overlap;
    final double remainingPaintExtent;
    final double crossAxisExtent;
    final AxisDirection crossAxisDirection;
    final double viewportMainAxisExtent;
    final double cacheOrigin;
    final double remainingCacheExtent;
}
```

以上字段中，axisDirection 表示列表中 forward Sliver 的增长方向，最常用的是 AxisDirection.down，即列表的正方向顺序向下递增，此时 scrollOffset 向上增加，remainingPaintExtent 向下增加。growthDirection 表示 Sliver 增长的方向，forward 表示与 axisDirection 方向相同，是 center Sliver 之后的节点；reverse 表示与 axisDirection 方向相反，是 center Sliver 之前的节点。userScrollDirection 表示用户滑动的方向。scrollOffset 表示 center Sliver 滑过 Viewport 的距离，以 AxisDirection.down 为例，滑过 Viewport 顶部的距离即 scrollOffset，如图 7-4 所示。precedingScrollExtent 表示当前 Sliver 之前的 Sliver 累计的滚动距离 scrollExtent。对 center Sliver 而言，该值为 0，图 7-4 中，sliver-7 的 precedingScrollExtent 为 750（前面两个 Sliver 加自身的大小）。overlap 表示上一个 Sliver 覆盖下一个 Sliver 的大小。remainingPaintExtent 表示对当前节点而言，剩余的绘制区大小。crossAxisExtent 表示交叉轴方向的大小，通常为 Viewport 的交叉轴大小，主要用于 SliverGrid 类型的布局。crossAxisDirection 表示交叉轴方向的布局顺序。viewportMainAxisExtent 表示主轴方向的大小，通常为 Viewport 主轴的大小。cacheOrigin 表示当前 Sliver 可使用的 Viewport 顶部缓冲区的大小，即起始位置。remainingCacheExtent 表示剩余缓冲区的大小。

在明确 SliverConstraints 每个字段的含义就可以分析代码清单 7-5 中，center Sliver 的

SliverConstraints 是如何计算的，以及为何要如此计算。center Sliver 的 SliverConstraints 是由 Viewport 计算的，相对比较容易理解，而其正方向的后续 Sliver 则依赖于之前 Sliver 的布局结果，具体如代码清单 7-7 所示。

代码清单 7-7　flutter/packages/flutter/lib/src/rendering/viewport.dart

```
    final SliverGeometry childLayoutGeometry = child.geometry!;
    if (childLayoutGeometry.scrollOffsetCorrection != null) // 如果需要校正，则直接返回
      return childLayoutGeometry.scrollOffsetCorrection!;
    final double effectiveLayoutOffset = layoutOffset + childLayoutGeometry.paintOrigin;
// 第 1 步，计算 effectiveLayoutOffset
    if (childLayoutGeometry.visible || scrollOffset > 0) { // 第 2 步，判断当前 Sliver 可
                                                          // 见或者在 Viewport 上前
      updateChildLayoutOffset(child, effectiveLayoutOffset, growthDirection);
    } else { // 第 3 步，通 scrollOffset 粗略估算 Sliver 大小
      updateChildLayoutOffset(child, -scrollOffset + initialLayoutOffset, growthDirection);
    }
    maxPaintOffset =  // 第 4 步，更新 maxPaintOffest
    math.max(effectiveLayoutOffset + childLayoutGeometry.paintExtent, maxPaintOffset);
    scrollOffset -= childLayoutGeometry.scrollExtent; // 第 5 步，更新 scrollOffset 的值
    precedingScrollExtent += childLayoutGeometry.scrollExtent; // 第 6 步，更新
                                                   // precedingScrollExtent 的值
    layoutOffset += childLayoutGeometry.layoutExtent; // 第 7 步，更新 layoutOffset 的值
    if (childLayoutGeometry.cacheExtent != 0.0) { // 第 8 步，更新当前 Sliver 占用后缓冲区
                                                 // 的剩余值
      remainingCacheExtent -= childLayoutGeometry.cacheExtent - cacheExtentCorrection;
      cacheOrigin = math.min(correctedCacheOrigin + childLayoutGeometry.cacheExtent, 0.0);
    }
```

以上逻辑在当前 Sliver 完成 Layout 之后，获取其 SliverGeometry，完成了几个重要字段的更新。首先分析 SliverGeometry 的各个字段，如代码清单 7-8 所示。

结合代码清单 7-5，可以分析首个 Sliver（center sliver）及后续 Sliver 的布局流程。initialLayoutOffset 表示 center Sliver 的布局偏移，如图 7-3 所示，它也将被用来计算 remaining-PaintExtent 的值。adjustedUserScrollDirection 表示当前的滚动方向，本章只考虑布局，故都认为是 ScrollDirection.idle 状态。maxPaintOffset 用于计算 overlap，overlap 的值即 maxPaintOffset-layoutOffset，对 center Sliver 而言，其值即传入的参数 overlap，由代码清单 7-5 中 maxPaintOffset 的初始值可知；对于后续 Sliver，其计算如代码清单 7-7 中第 4 步所示，这部分内容后面将介绍。precedingScrollExtent 表示当前 Sliver 之前的所有 Sliver 产生的滚动长度，将作为下一个 Sliver 的约束。

在以上逻辑中，完成当前 Sliver 的布局之后，便会开始下一个 Sliver 的约束的计算。共有 8 个关键步骤。第 1 步，effectiveLayoutOffset 表示当前 Sliver 相对于 Viewport 的绘制偏移值，SliverGeometry 如同 Box 布局中的 Size，只是说明了 Sliver 的大小信息，但是偏移量并没有说明，因此还需要计算，本质是当前 Sliver 的布局偏移 layoutOffset 加上自身相对布局起点的偏移 paintOrigin，如图 7-5 所示。第 2 步，首先判断一个条件：当前 Sliver 可见或者在 Viewport 上面，此时会计算其偏移值，虽然该方法名为 updateChildLayoutOffset，其实是用于绘制阶段的字段，具体逻辑如代码清单 7-9 所示。第 3 步，对于 Viewport 下面的

Sliver，通过 scrollOffset 粗略估算其所占大小即可，因为并不会进行真正绘制。第 4 步，更新 maxPaintOffset，表示当前 Sliver 的 Paint 将占用的最大空间，减去下一个 Sliver 的 layoutOffset 即 overlap 的约束值。以图 7-5 为例，sliver-6 虽然滑出了 Viewport，但是 paintExtent 为 150，而 sliver-6 的 layoutExtent 为 0（没错！Sliver 的 scrollExtent 已经指明了其大小，layoutExtent 只有在真正进行布局时才会使用，因此此时为 0），所以 sliver-7 的 overlap 为 150，表示 sliver-6 会有 overlap 大小的区域绘制在 sliver-7 之上。第 5 步，更新 scrollOffset 的值，该值大于 0 时表明 Sliver 位于 Viewport 上沿之上，该值 小于 0 时 sliverScrollOffset 会取 0 作为下一个 Sliver 的 scrollOffset 的约束值。第 6 步和第 7 步的 precedingScrollExtent 和 layoutOffset 的含义显而易见。第 8 步中，如果当前 Sliver 占用了缓冲区大小，则要更新对应缓冲区的剩余值。

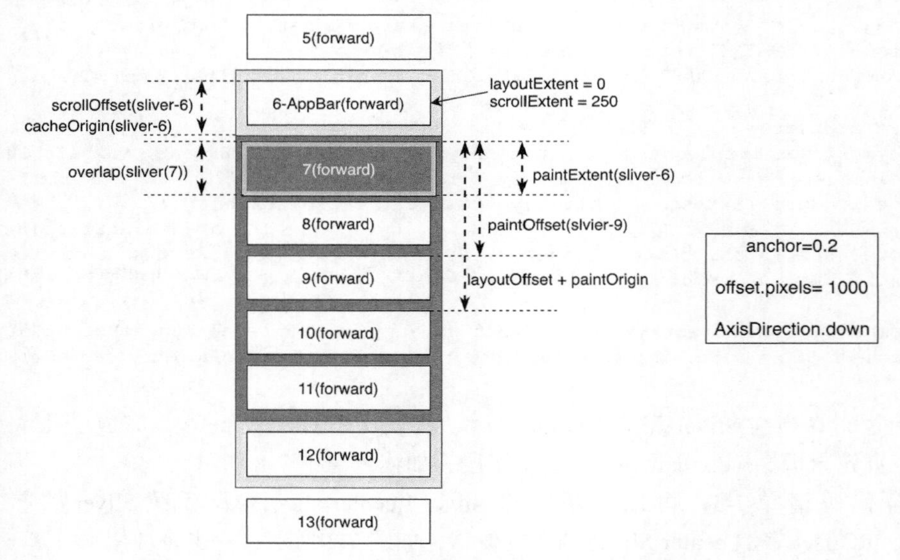

图 7-5 Flutter 列表（滑动 4 个 Sliver 的距离）

以上便是 Viewport 布局的核心流程，其核心和 Box 模型十分相似：确定每个子节点的大小和偏移值，下一个子节点基于此计算自己的大小和偏移值。只是列表的表现形式更加复杂，因而约束参数更多。

代码清单 7-8 flutter/packages/flutter/lib/src/rendering/sliver.dart

```
@immutable
class SliverGeometry with Diagnosticable {
  final double scrollExtent; // 当前 Sliver 在列表中的可滚动长度，一般就是 Sliver 本身的长度
  final double paintOrigin; // 当前 Sliver 开始绘制的起点，相对当前 Sliver 的布局起点而言
  final double paintExtent; // 当前 Sliver 需要绘制在可视区域 Viewport 中的长度
  final double layoutExtent; // 当前 Sliver 需要布局的长度，默认为 paintExtent
  final double maxPaintExtent; // 当前 sliver 的最大绘制长度
  final double maxScrollObstructionExtent;
                              // 当 Sliver 被固定在 Viewport 边缘时占据的最大长度
```

```
  final double hitTestExtent; // 响应点击的区域长度，默认为 paintExtent
  final bool visible; // 判断当前 Sliver 是否可见，若不可见则 paintExtent 为 0
  final bool hasVisualOverflow; // 当前 Sliver 是否溢出 Viewport，通常是在滑入、滑出时发生
  final double? scrollOffsetCorrection; // 校正值
  final double cacheExtent; // 当前 Sliver 消耗的缓冲区大小
}
```

下面分析 Sliver 的 ParentData 实例的更新，如代码清单 7-9 所示。对 AxisDirection.down 而言，paintOffset 即前面内容提及的 effectiveLayoutOffset。

代码清单 7-9　flutter/packages/flutter/lib/src/rendering/viewport.dart

```
@override // RenderViewport
void updateChildLayoutOffset( ...... ) {
  final SliverPhysicalParentData childParentData = child.parentData! as
      SliverPhysicalParentData;
  childParentData.paintOffset = computeAbsolutePaintOffset(child, layoutOffset,
      growthDirection);
}
@protected
Offset computeAbsolutePaintOffset( ...... ) {
  switch (applyGrowthDirectionToAxisDirection(axisDirection, growthDirection)) {
    case AxisDirection.up:
      return Offset(0.0, size.height - (layoutOffset + child.geometry!.paintExtent));
    case AxisDirection.right:
      return Offset(layoutOffset, 0.0);
    case AxisDirection.down:
      return Offset(0.0, layoutOffset);
    case AxisDirection.left:
      return Offset(size.width - (layoutOffset + child.geometry!.paintExtent), 0.0);
  }
}
```

以上逻辑主要计算不同布局方向下的子节点偏移。最后分析 updateOutOfBandData 方法，如代码清单 7-10 所示，主要是更新 _maxScrollExtent 和 _minScrollExtent 的值。在计算机术语中，out-of-band data 通常表示通过独立通道（即这两个字段）进行传输的数据。

代码清单 7-10　flutter/packages/flutter/lib/src/rendering/viewport.dart

```
@override // RenderViewport
void updateOutOfBandData(GrowthDirection growthDirection, SliverGeometry
    childLayoutGeometry) {
  switch (growthDirection) {
    case GrowthDirection.forward:
      _maxScrollExtent += childLayoutGeometry.scrollExtent;
      break;
    case GrowthDirection.reverse:
      _minScrollExtent -= childLayoutGeometry.scrollExtent;
      break;
  }
  if (childLayoutGeometry.hasVisualOverflow) _hasVisualOverflow = true;
}
```

以上逻辑主要根据子节点的布局方向更新可滚动距离。至此，Viewport 布局的核心布局

流程分析完毕，可以抽象成如图 7-6 所示的流程。

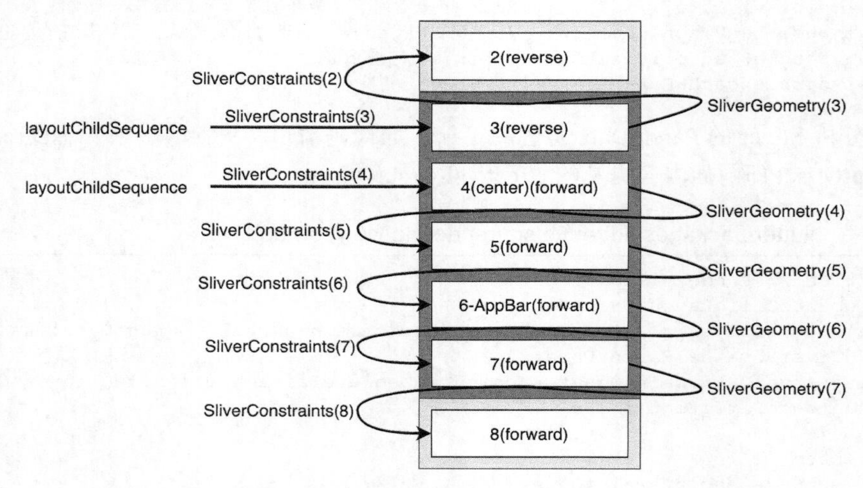

图 7-6　Viewport 的核心布局流程

7.3　RenderSliverToBoxAdapter 布局流程分析

7.2 节分析了 Viewport 的总体布局流程，本节将分析几种常见 Sliver 的内部布局。首先分析常见的 RenderSliver 类型。图 7-7 所示为 RenderSliver 的继承关系。

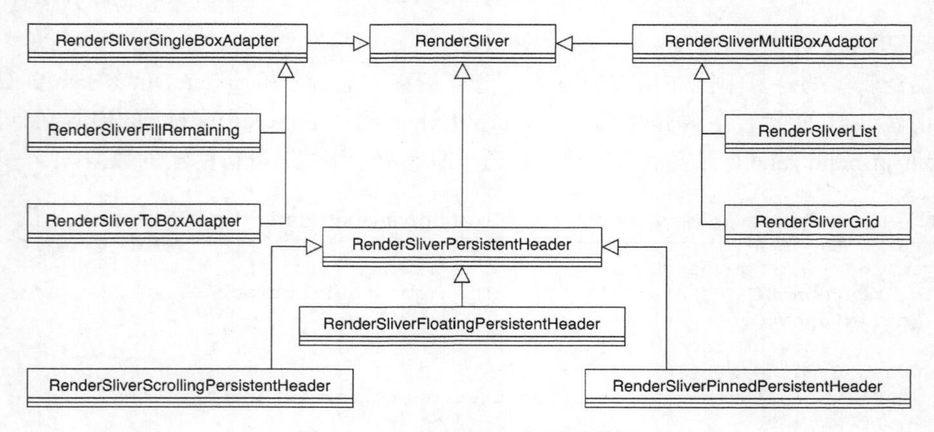

图 7-7　RenderSliver 的继承关系

RenderSliver 的子类中比较重要的有 3 类。第 1 类是 RenderSliverSingleBoxAdapter，它可以封装一个子节点；第 2 类是 RenderSliverMultiBoxAdaptor，它可以封装多个子节点，比如 SliverList、SliverGrid；第 3 类是 RenderSliverPersistentHeader，它是 SliverAppBar 的底层实现，是对 overlap 属性的典型应用。

下面以 RenderSliverToBoxAdapter 为例分析 RenderSliver 节点自身的布局，它可以将一个 Box 类型的 Widget 放在列表中使用，那么其中必然涉及 SliverConstraints 到 BoxConstraints 的转换，因为 Box 类型的 RenderObject 只接受 BoxConstraints 作为约束，此外 Box 类型的 RenderObject 返回的 Size 信息也需要转换为 SliverGeometry，否则 Viewport 无法解析。下面一起分析具体的代码逻辑。

RenderSliverToBoxAdapter 的布局逻辑如代码清单 7-11 所示。

代码清单 7-11 flutter/packages/flutter/lib/src/rendering/sliver.dart

```
@override // RenderSliverToBoxAdapter
void performLayout() {
  if (child == null) {
    geometry = SliverGeometry.zero;
    return;
  }
  final SliverConstraints constraints = this.constraints; // 第 1 步，将 SliverConstraints
                                                           // 转换成 BoxConstraints
  child!.layout(constraints.asBoxConstraints(), parentUsesSize: true);
  final double childExtent;
  switch (constraints.axis) { // 第 2 步，根据主轴方向确定子节点所占用的空间大小
    case Axis.horizontal:
      childExtent = child!.size.width;
      break;
    case Axis.vertical:
      childExtent = child!.size.height;
      break;
  }
  assert(childExtent != null); // 第 3 步，根据子节点在主轴占据的空间大小以及当前约束绘制
                               // 大小，见代码清单 7-13
  final double paintedChildSize = calculatePaintOffset(constraints, from: 0.0,
     to: childExtent);
  final double cacheExtent = calculateCacheOffset(constraints, from: 0.0,
     to: childExtent);
  assert(paintedChildSize.isFinite);
  assert(paintedChildSize >= 0.0);
  geometry = SliverGeometry( // 第 4 步，计算 SliverGeometry
    scrollExtent: childExtent,
    paintExtent: paintedChildSize,
    cacheExtent: cacheExtent,
    maxPaintExtent: childExtent,
    hitTestExtent: paintedChildSize,
    hasVisualOverflow: childExtent > constraints.remainingPaintExtent ||
                                    constraints.scrollOffset > 0.0,
  );
  setChildParentData(child!, constraints, geometry!); // 第 5 步，为子节点设置绘制偏移
}
```

以上逻辑主要分为 5 步。第 1 步将 SliverConstraints 转换为 BoxConstraints，具体逻辑如代码清单 7-12 所示，至于 child.layout 的逻辑（即一个 Box 类型的 RenderObject 的布局），在第 6 章已经详细分析，在此不再赘述。第 2 步，根据主轴方向确定子节点将占用的空间大小。

第 3 步是最核心的一步，将根据子节点在主轴占据的空间大小以及当前的约束确定绘制大小，具体逻辑见代码清单 7-13。第 4 步，根据第 3 步的计算结果完成 SliverGeometry 的计算，scrollExtent 和 maxPaintExtent 即 child 在主轴的大小，paintExtent 和 hitTestExtent 为第 3 步计算的子节点实际可以绘制的大小，hasVisualOverflow 表示当前 Sliver 是否超出 Viewport。第 5 步，给子节点设置绘制偏移，具体逻辑见代码清单 7-14。

首先，分析 SliverConstraints 转换为 BoxConstraints 的逻辑，如代码清单 7-12 所示。

代码清单 7-12 flutter/packages/flutter/lib/src/rendering/sliver.dart

```
BoxConstraints asBoxConstraints({
  double minExtent = 0.0,
  double maxExtent = double.infinity,
  double? crossAxisExtent,
}) {
  crossAxisExtent ??= this.crossAxisExtent;
  switch (axis) {
    case Axis.horizontal:
      return BoxConstraints(
        minHeight: crossAxisExtent, maxHeight: crossAxisExtent,
        minWidth: minExtent, maxWidth: maxExtent, );
    case Axis.vertical:
      return BoxConstraints(
        minWidth: crossAxisExtent,  maxWidth: crossAxisExtent,
        minHeight: minExtent, maxHeight: maxExtent,);
  }
}
```

以上逻辑其实十分清晰，以垂直滑动的列表为例，子节点的宽度强制约束为 SliverConstraints 的交叉轴大小，最小高度为默认值 0.0，最大高度为默认值 double.infinity，即当一个 Box 位于垂直列表中时，其主轴方向的大小是没有限制的，这样十分符合直觉，因为列表本来就是无限大小的。但是具体的子节点应该计算得出一个有限大小的高度，因为一个无限大小的 Box Widget 无论从交互性还是性能上来说都是不合理的。

其次，分析 RenderSliverToBoxAdapter 是如何根据子节点的大小信息和 Viewport 赋予的约束信息确定绘制大小和缓冲区的空间大小的，具体逻辑如代码清单 7-13 所示。

代码清单 7-13 flutter/packages/flutter/lib/src/rendering/sliver.dart

```
double calculatePaintOffset(SliverConstraints constraints,
        { required double from, required double to }) {
  assert(from <= to);
  final double a = constraints.scrollOffset;
  final double b = constraints.scrollOffset + constraints.remainingPaintExtent;
  return (to.clamp(a, b) - from.clamp(a, b)).clamp(0.0, constraints.
      remainingPaintExtent);
}
double calculateCacheOffset(SliverConstraints constraints,
         { required double from, required double to }) {
  assert(from <= to);
  final double a = constraints.scrollOffset + constraints.cacheOrigin;
```

```
  final double b = constraints.scrollOffset + constraints.remainingCacheExtent;
  return (to.clamp(a, b) - from.clamp(a, b)).clamp(0.0, constraints.
      remainingCacheExtent);
}
```

以上逻辑相对抽象，结合图 7-8 更容易理解。对 RenderSliverToBoxAdapter 的子节点而言，虽然其占有一定的空间大小，但其不一定需要进行绘制，例如图 7-8 中的 sliver-1、sliver-2 和 sliver-5，此外 Sliver 只有一部分的区域需要绘制，这个绘制大小就是前面内容的 paintedChildSize，那么 RenderSliverToBoxAdapter 如何计算呢？

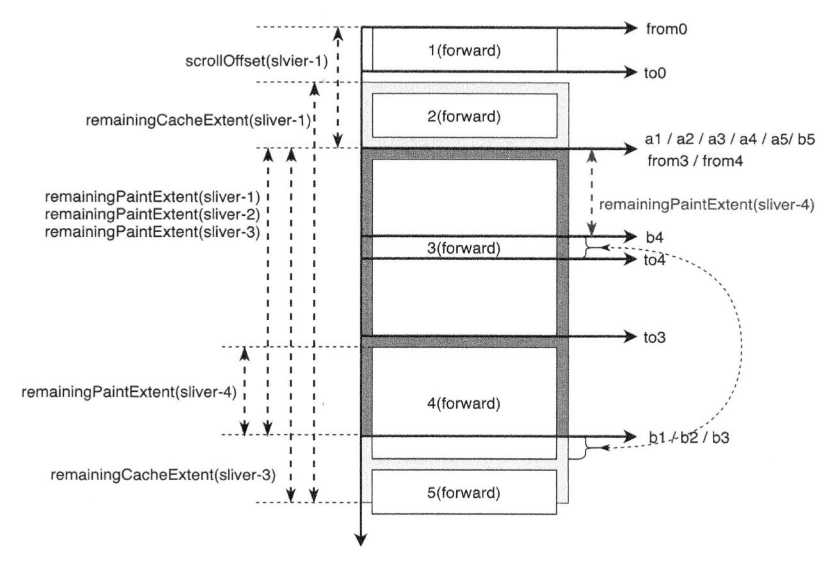

图 7-8 calculatePaintOffset 方法原理演示

对 calculatePaintOffset 方法而言，需要理解 a、b、from、to 这几个变量的含义。首先，以 sliver-1 为例，其 from 为 0，to 为自身高度，而 a、b 分别表示 Viewport 的位置，如图 7-8 中 a1/b1 所示，结合 clamp 的作用，可以判断 sliver-1 不在绘制区间内。其次，对 sliver-3 而言，其 a 为 0，和 from 相同，而 b 为 Viewport 的高度，所以其 paintedChildSize 即 from3 到 to3 的大小。最后，sliver-4 的 b 值为图中 b4，即 sliver-4 的 SliverConstraints 字段的 remainingPaintExtent 值，to4 是 sliver-4 的大小，略大于 b4，此时 Sliver 的 paintedChildSize 即 from4 到 b4 的大小。

结合以上分析可以总结：Viewport 外的 Sliver 的 paintedChildSize 为 0，因为（from, to）不会落在（a, b）区间；除此之外，Sliver 的 paintedChildSize 为子节点和 Viewport 的重叠部分。calculateCacheOffset 的计算过程类似，只是需要考虑上下缓冲区的大小，在此不再赘述。

最后，确定子节点的 paintOffset，如代码清单 7-14 所示。

代码清单 7-14 flutter/packages/flutter/lib/src/rendering/sliver.dart

```
@protected
void setChildParentData( ......) {
```

```
  final SliverPhysicalParentData childParentData =
      child.parentData! as SliverPhysicalParentData;
  switch (applyGrowthDirectionToAxisDirection(
      constraints.axisDirection, constraints.growthDirection)) {
    // SKIP AxisDirection.up / AxisDirection.left / AxisDirection.right
    case AxisDirection.down:
      childParentData.paintOffset = Offset(0.0, -constraints.scrollOffset);
      break;
  }
  assert(childParentData.paintOffset != null);
}
```

以上逻辑主要是为了解决一些特殊的边界情况，以 AxisDirection.down 为例，如图 7-9 所示，对完全处于 Viewport 内的 Sliver 而言，constraints.scrollOffset 为 0，子节点的 paintOffset 为 (0,0)。此时子节点从 Sliver 的左上角开始绘制，RenderSliverToBoxAdapter 本身的偏移值由代码清单 7-9 中的逻辑决定，即图 7-9 中下方 SliverToBoxAdapter2 的 paintOffset 的值。对正在滑过 Viewport 顶部的 Sliver（SliverToBoxAdapter1）而言，由代码清单 7-4 可知，其 layoutOffset 为 0，那么 Sliver 本身的 paintOffset 为 (0, 0)，而此时正是得益于子节点的 paintOffset 字段的作用，RenderSliverToBoxAdapter 才能正确完成绘制，如代码清单 7-15 所示。

代码清单 7-15　flutter/packages/flutter/lib/src/rendering/sliver.dart

```
@override // RenderSliverToBoxAdapter
void paint(PaintingContext context, Offset offset) {
  if (child != null && geometry!.visible) {
    final SliverPhysicalParentData childParentData =
        child!.parentData! as SliverPhysicalParentData;
    context.paintChild(child!, offset + childParentData.paintOffset);
  }
}
```

由以上逻辑可知，子节点的绘制偏移由其本身和 Sliver 容器共同决定。

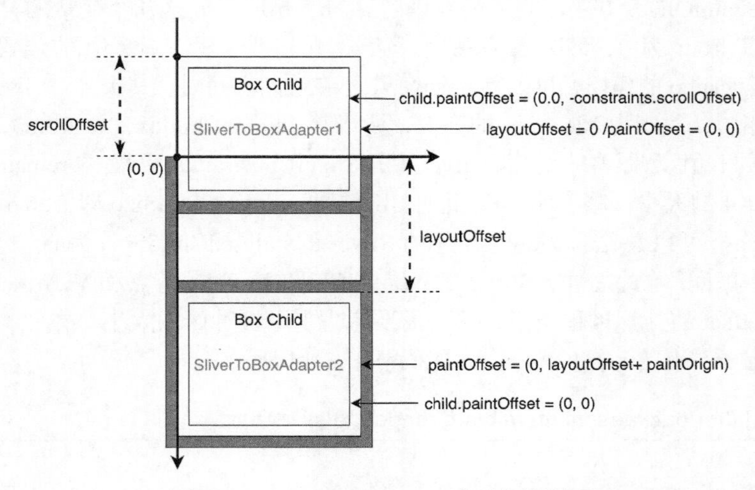

图 7-9　setChildParentData 方法原理演示

7.4　本章小结

本章主要介绍了 Flutter 列表的底层模型，着重介绍 Viewport 的布局流程，并以 RenderSliverToBoxAdapter 为例分析了 Sliver 是如何在 Viewport 中进行布局的。需要指明的是，Sliver 的复杂程度远不止于此，例如，SliverList 可以实现内部 Item 的懒加载与动态回收；SliverGrid 则可以在此基础上实现更复杂的网格布局；而在现实开发中，瀑布流布局等更加灵活的列表类型则需要开发者自行封装。总之，Flutter 的 Sliver 知识远不止本章所提及的这些，还需要在实践中多加探索。

第 8 章 Framework 探索

截止到本章，Flutter Framework 中与渲染相关的核心逻辑已经介绍完毕，但作为一个完备的 UI 框架，Flutter 提供的功能远不止于此。本章将选取 Flutter Framework 中前面内容或已提及但尚未深入分析的 7 个关键功能进行详细剖析。

8.1 StatefulWidget 生命周期分析

StatefulWidget 是开发者最常使用的 Widget，StatefulWidget 和 Android 中的 Fragment 非常类似，它们都是为了灵活地展示 UI，但都提供了必要的生命周期回调，方便开发者在合适的时机初始化资源，又在合适的时机释放资源。

对 StatefulWidget 来说，理解其生命周期对于写出高质量的代码十分有帮助。只有理解了生命周期，才知道何时初始化资源、何时响应依赖变化、何时更新 UI、何时释放资源。StatefulWidget 的生命周期如图 8-1 所示，可以看到，BuildOwner 通过 StatefulElement 间接驱动了 State 各个生命周期回调的触发。下面将从源码的角度分析每个回调的触发路径及其含义。

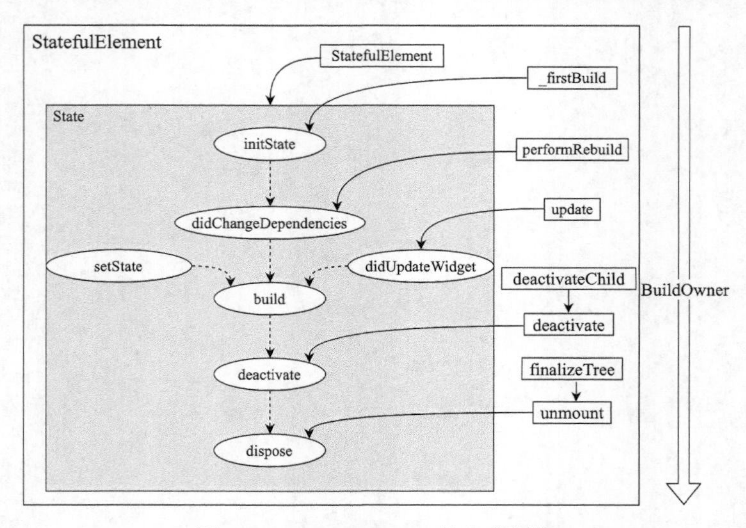

图 8-1 StatefulWidget 的生命周期

因为 StatefulWidget 的大部分逻辑都由 State 代理，所以首先介绍 State 的创建，如代码清单 8-1 所示。

代码清单 8-1 flutter/packages/flutter/lib/src/widgets/framework.dart

```
StatefulElement(StatefulWidget widget)
    : state = widget.createState(), // 触发 State 创建
      super(widget) {
  state._element = this; // State 持有 Element 和 Widget 的引用
  state._widget = widget;
  assert(state._debugLifecycleState == _StateLifecycle.created);
}
```

StatefulElement 在自身的构造函数中完成 State 的创建，并完成了两个关键字段的赋值。由第 5 章可知，此后会进行该 Element 节点的 Build 流程，具体逻辑如代码清单 8-2 所示。

代码清单 8-2 flutter/packages/flutter/lib/src/widgets/framework.dart

```
@override
void _firstBuild() {
  try { // 触发 initState 回调
    final dynamic debugCheckForReturnedFuture = state.initState() as dynamic;
  } finally { ...... }
  state.didChangeDependencies(); // 触发 didChangeDependencies 回调
  super._firstBuild();
}
```

因为以上逻辑触发了生命周期中的 initState 和 didChangeDependencies 方法，所以 initState 一般会作为 State 内部成员变量开始初始化的时间点。didChangeDependencies 虽然在首次构建时也会无条件触发，但是它在后续 Build 流程中依然会被触发，如代码清单 8-3 所示。

代码清单 8-3 flutter/packages/flutter/lib/src/widgets/framework.dart

```
@override // StatefulElement
void performRebuild() {
  if (_didChangeDependencies) { // 通常在代码清单 8-13 中设置为 true，详见 8.2 节
    state.didChangeDependencies(); // 当该字段为 true 时再次触发 didChangeDependencies
    _didChangeDependencies = false;
  }
  super.performRebuild();
}
```

_didChangeDependencies 标志该 Element 的依赖节点发生了改变，此时 didChangeDependencies 方法会被再次调用，所以该回调比较适合响应一些依赖的更新。performRebuild 最终还会触发 StatefulElement 的 build 方法，如代码清单 8-4 所示。

代码清单 8-4 flutter/packages/flutter/lib/src/widgets/framework.dart

```
@override
Widget build() => state.build(this);
```

以上逻辑符合使用 StatefulWidget 的直觉，即 build 方法是放在 State 中的，该回调主要

用于 UI 的更新。需要注意的是，如果当前 Element 节点标记为 dirty，则 build 方法一定会被调用，所以不宜进行耗时操作，以免影响 UI 的流畅度。

对于非首次 Build 的情况，由代码清单 5-47 可知，通常会触发 Element 的 update 方法，对 StatefulElement 来说，其逻辑如代码清单 8-5 所示。

代码清单 8-5　flutter/packages/flutter/lib/src/widgets/framework.dart

```
void update(StatefulWidget newWidget) {  // StatefulElement，见代码清单 5-47
  super.update(newWidget);
  assert(widget == newWidget);
  final StatefulWidget oldWidget = state._widget!;
  _dirty = true;
  state._widget = widget as StatefulWidget;
  try {
    _debugSetAllowIgnoredCallsToMarkNeedsBuild(true);
    final dynamic debugCheckForReturnedFuture = state.didUpdateWidget(oldWidget)
        as dynamic;
  } finally {
    _debugSetAllowIgnoredCallsToMarkNeedsBuild(false);
  }
  rebuild(); // 触发代码清单 8-4 中的逻辑
}
```

以上逻辑在通过 rebuild 触发 State 的 build 方法之前，会触发其 didUpdateWidget 方法。对于移除对 oldWidget 的一些引用和依赖，以及更新一些依赖 Widget 属性的资源，通过该方法进行操作是一个合适的时机。

由代码清单 5-50 可知，Element 节点在 detach 阶段会调用 _deactivateRecursively 方法，其具体逻辑如代码清单 8-6 所示。

代码清单 8-6　flutter/packages/flutter/lib/src/widgets/framework.dart

```
static void _deactivateRecursively(Element element) { // 见代码清单 5-50
  element.deactivate();
  assert(element._lifecycleState == _ElementLifecycle.inactive);
  element.visitChildren(_deactivateRecursively);
}
@override
void deactivate() { // StatefulElement
  state.deactivate(); // 触发 deactivate 回调
  super.deactivate(); // 见代码清单 8-7
}
```

以上逻辑会触发 State 的 deactivate 方法，并导致当前节点进入 inactive 阶段。该回调触发说明当前 Element 节点被移出 Element Tree，但仍有可用被再次加入，该时机适合释放一些和当前状态强相关的资源，而对于那些和状态无关的资源，考虑到该 Element 节点仍有可能进入 Element Tree，并不适合在此时释放（可以类比 Android 中 Activity 的 onPause 回调）。

而以上逻辑中 super 的 deactivate 方法是必须调用的，其逻辑如代码清单 8-7 所示。

代码清单 8-7 flutter/packages/flutter/lib/src/widgets/framework.dart

```
@mustCallSuper
void deactivate() { // Element
  if (_dependencies != null && _dependencies!.isNotEmpty) { // 依赖清理
    for (final InheritedElement dependency in _dependencies!)
      dependency._dependents.remove(this);
  }
  _inheritedWidgets = null;
  _lifecycleState = _ElementLifecycle.inactive; // 更新状态
}
```

以上逻辑主要用于移除对应的依赖，相关逻辑将在 8.2 节进行更深入分析。在 Build 流程结束后，由代码清单 5-52 可知，Element 的 unmount 方法将被调用，其逻辑如代码清单 8-8 所示。

代码清单 8-8 flutter/packages/flutter/lib/src/widgets/framework.dart

```
@override // StatefulElement，见代码清单 5-52
void unmount() {
  super.unmount();
  state.dispose(); // 触发 dispose 回调
  state._element = null;
}
@mustCallSuper
void unmount() { // Element
  final Key? key = _widget.key;
  if (key is GlobalKey) {
    key._unregister(this); // 取消注册
  }
  _lifecycleState = _ElementLifecycle.defunct;
}
```

以上逻辑中，StatefulElement 中主要会调用 State 的 dispose 方法。Element 中的通用逻辑负责销毁 GlobalKey 相关的注册，这部分内容将在 8.3 节详细分析。

8.2 InheritedWidget 原理分析

在稍具规模的 Flutter 项目中，状态管理都是避不开的话题，而 InheritedWidget 正是状态管理的基础，其作用可以简单描述为：为 Widget Tree 的子节点方便获取祖先节点的数据提供了入口，并在祖先节点数据更新时局部更新使用了该数据的节点。那么 InheritedWidget 底层是如何实现的呢？

一般来说，dependOnInheritedWidgetOfExactType 方法是子节点向祖先节点获取数据的入口，所以也是分析的切入点，其逻辑如代码清单 8-9 所示。

代码清单 8-9 flutter/packages/flutter/lib/src/widgets/framework.dart

```
@override // Element
```

```
T? dependOnInheritedWidgetOfExactType<T extends InheritedWidget>({Object? aspect}) {
  // 从 _inheritedWidgets 中获取指定 Widget 类型的 InheritedElement，生成逻辑见代码清单 8-14
final InheritedElement? ancestor =  _inheritedWidgets == null ? null :
  _inheritedWidgets![T];
  if (ancestor != null) {
    return dependOnInheritedElement(ancestor, aspect: aspect) as T;
  }
  _hadUnsatisfiedDependencies = true;
  return null;
}
@override
InheritedWidget dependOnInheritedElement(InheritedElement ancestor, { Object?
    aspect }) {
  assert(ancestor != null);
  _dependencies ??= HashSet<InheritedElement>(); // 记录自身所依赖的 InheritedElement
                                                 // 节点
  _dependencies!.add(ancestor); // 新增一个依赖
  ancestor.updateDependencies(this, aspect);
                              // 告知被依赖节点当前节点请求依赖，见代码清单 8-10
  return ancestor.widget; // 返回 T 类型的 Widget 节点
}
```

以上逻辑首先会通过 _inheritedWidgets 从 Element Tree 中获取距离最近的 T 类型的 InheritedElement 节点。至于为什么是最近，将在后面内容分析。得到的节点 ancestor 就是当前 Element 节点所要依赖的节点。dependOnInheritedElement 方法的主要逻辑是取出当前节点的 _dependencies 字段，其包含了自身所依赖的全部 InheritedElement 节点，此时将添加 ancestor 对象，然后调用 ancestor 的 updateDependencies 方法，如代码清单 8-10 所示。

代码清单 8-10 flutter/packages/flutter/lib/src/widgets/framework.dart

```
class InheritedElement extends ProxyElement {
  final Map<Element, Object?> _dependents = HashMap<Element, Object?>();
  @protected // dependent 即代码清单 8-9 中调用本方法的对象
  void updateDependencies(Element dependent, Object? aspect) {
    setDependencies(dependent, null);
  }
  @protected
  void setDependencies(Element dependent, Object? value) {
    _dependents[dependent] = value;
                         // 通过 _dependents 记录了所有依赖自身的 dependent 节点
  } // 以便自身数据更新时能通知到该节点，详见代码清单 8-12
}
```

因为以上逻辑主要是将当前节点加入 ancestor 的 _dependents 字段，所以依赖节点和被依赖节点都互相记录了对方，如图 8-2 所示。

那么，基于这种数据结构，ancestor 如何在自身数据改变时触发对应的回调呢？首先分析 InheritedElement 的 update 方法，它是因数据改变而开始更新自身的入口，如代码清单 8-11 所示。

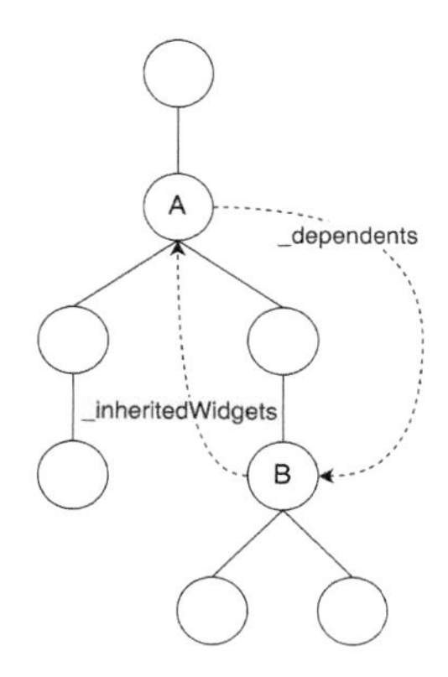

图 8-2　依赖节点和被依赖节点互相记录了对方

代码清单 8-11　flutter/packages/flutter/lib/src/widgets/framework.dart

```
abstract class ProxyElement extends ComponentElement {
  @override
  void update(ProxyWidget newWidget) { // 在 Build 流程中触发
    final ProxyWidget oldWidget = widget; // 记录旧的 Widget 配置
    super.update(newWidget);
    updated(oldWidget);
    _dirty = true; // 标记为需要重新进行 Build 流程
    rebuild(); // 代理类型的 Element 直接返回被代理的 Widget 即可
  }
  @protected
  void updated(covariant ProxyWidget oldWidget) {
    notifyClients(oldWidget); // 见代码清单 8-12
  }
  @override
  Widget build() => widget.child; // 即被代理的 Widget，该 Widget 在 InheritedWidget
                                  // 初始化时传入
} // ProxyElement
class InheritedElement extends ProxyElement {
  @override // updated 方法是 ProxyElement 特有的，注意与 update 方法区分
  void updated(InheritedWidget oldWidget) {
    // updateShouldNotify 是为 InheritedWidget 的子类提供一个控制依赖更新条件的入口
    if (widget.updateShouldNotify(oldWidget)) super.updated(oldWidget);
  }
} // InheritedElement
```

以上逻辑中，首先调用 updated 方法，该方法通过 notifyClients 触发 didChangeDependencies 方法，对应了图 8-1 所示的生命周期。rebuild 方法最终将调用自身的 build 方法，可以发现，和代码清单 8-4 不同的是，ProxyElement 直接返回了其子 Widget，因为它的角色本身就是代理，具体的 Build 流程逻辑在被代理的 Widget 中。此外，InheritedWidget 的构造函数由 const 修饰，由代码清单 5-47 可知，其对应的 Element Tree 的子树会在下一轮 Build 流程中直接保留。

那么真正受影响的子节点又是如何刷新的呢？首先分析 notifyClients 方法，如代码清单 8-12 所示。

代码清单 8-12 flutter/packages/flutter/lib/src/widgets/framework.dart

```
class InheritedElement extends ProxyElement {
  @override
  void notifyClients(InheritedWidget oldWidget) {
    for (final Element dependent in _dependents.keys) { // 注册逻辑见代码清单 8-10
      notifyDependent(oldWidget, dependent);
    }
  }
  @protected
  void notifyDependent(covariant InheritedWidget oldWidget, Element dependent) {
    dependent.didChangeDependencies(); // 触发依赖节点的回调，见代码清单 8-13
  }
}
```

以上逻辑主要是遍历 _dependents 字段的所有 key（见 8.3 节），即所有依赖当前节点的 Element 对象，并调用其 didChangeDependencies 方法，如代码清单 8-13 所示。

代码清单 8-13 flutter/packages/flutter/lib/src/widgets/framework.dart

```
class StatefulElement extends ComponentElement {
  @override
  void didChangeDependencies() {
    super.didChangeDependencies(); // 第 1 步，Element 的逻辑，触发 Build 流程
    _didChangeDependencies = true; // 标记当前节点依赖改变，对应代码清单 8-3 中的判断
  }
}
abstract class Element extends DiagnosticableTree implements BuildContext {
  @mustCallSuper
  void didChangeDependencies() {
    markNeedsBuild(); // 标记当前节点需要更新
  }
  void markNeedsBuild() {
    if (_lifecycleState != _ElementLifecycle.active) return; // 状态异常
    if (dirty) return; // 已经标记
    _dirty = true;
    owner!.scheduleBuildFor(this); // 见代码清单 5-45
  }
}
```

以上逻辑，第 1 步通过 Element 的 markNeedsBuild 方法将依赖的节点标记为 dirty，并请求一帧的更新。然后，将当前 Element 节点的 _didChangeDependencies 字段标记为 true，由代码清单 8-3 可知，对于 StatefulElement，将依次触发其 didChangeDependencies 和 build 方法回调。

以上便是 InheritedWidget 的巧妙之处，通过两个字段成功实现了 Element Tree 的**局部刷新**，以图 8-2 为例，Element A 数据改变时，其子树不会完全重新构建，只有 Element B 及其子树会重新构建。

最后，分析一下代码清单 8-9 中 _inheritedWidgets 是如何生成的。由代码清单 5-3 可知，Element Tree 新挂载一个节点时，将触发 _updateInheritance 方法，如代码清单 8-14 所示。

代码清单 8-14　flutter/packages/flutter/lib/src/widgets/framework.dart

```
class InheritedElement extends ProxyElement {
  @override
  void _updateInheritance() { // 见代码清单 5-3
    final Map<Type, InheritedElement>? incomingWidgets = _parent?._inheritedWidgets;
    if (incomingWidgets != null) // 继承父节点的可用依赖，即 InheritedWidget 的子类集合
      _inheritedWidgets = HashMap<Type, InheritedElement>.from(incomingWidgets);
    else // 新建一个空的集合
      _inheritedWidgets = HashMap<Type, InheritedElement>();
    _inheritedWidgets![widget.runtimeType] = this; // 记录当前节点，注意该操作会覆盖
                                                    // 类型相同的节点
  }
}
abstract class Element extends DiagnosticableTree implements BuildContext {
  void _updateInheritance() {  // InheritedElement 重写该方法并添加自身作为一个可用依赖
    _inheritedWidgets = _parent?._inheritedWidgets; // 默认逻辑，继承父类的可用依赖
  }
}
```

以上逻辑其实十分清晰：每个 InheritedElement 会以自身对应的 Widget 的类型为 Key，将自身加入 _inheritedWidgets 集合，而对于其他类型的 Element 则直接继承父节点的 _inheritedWidgets 信息。因此，仅当 B Widget 是 A Widget 的子节点时，才能通过 InheritedWidget 的方式完成局部刷新。

至于销毁，代码清单 8-7 已介绍了相关逻辑销毁将在 Element 节点被移除出 Element Tree 时触发。以上便是 InheritedWidget 的全部奥秘。

8.3　Key 原理分析

Key 在 Flutter 的源码中几乎无处不在，但在日常开发中鲜有涉及。用官方的话来说，Key 的使用场景是：你需要将一系列类型相同并持有不同状态（State）的 Widget 进行增加、移除和排序。

Key 主要分为 GlobalKey 和 LocalKey，关键类及其关系如图 8-3 所示。

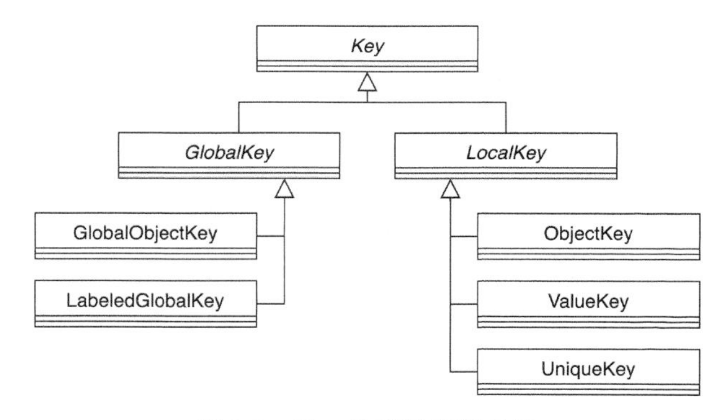

图 8-3　Key 关键类及其关系

接下来将从源码的角度一窥 Key 的作用及原理。

8.3.1 GlobalKey

GlobalKey 的注册见代码清单 5-3。_register 的逻辑如代码清单 8-15 所示，即当前 Element 会被加入一个全局字段 _registry 中。

代码清单 8-15 flutter/packages/flutter/lib/src/widgets/framework.dart

```
static final Map<GlobalKey, Element> _registry = <GlobalKey, Element>{}; // 全局注册表
Element? get _currentElement => _registry[this];
void _register(Element element) {
  _registry[this] = element; // this 即 GlobalKey 子类的实例
}
void _unregister(Element element) {
  if (_registry[this] == element) _registry.remove(this); // 移除注册
}
```

那么，GlobalKey 又是如何被使用的？在代码清单 5-8 中，当解析一个新的 Widget 并创建 Element 时会触发 GlobalKey 的逻辑，完整逻辑如代码清单 8-16 所示。

代码清单 8-16 flutter/packages/flutter/lib/src/widgets/framework.dart

```
Element inflateWidget(Widget newWidget, dynamic newSlot) { // 见代码清单 5-8
  assert(newWidget != null);
  final Key? key = newWidget.key;
  if (key is GlobalKey) { // 当前 Widget 含有配置 Key 信息
    final Element? newChild = _retakeInactiveElement(key, newWidget);
                                                          // 见代码清单 8-17
    if (newChild != null) { // 若能找到 Key 对应的 Element，则复用
      newChild._activateWithParent(this, newSlot); // 见代码清单 8-19
      // 得到目标 Element，基于它进行更新
      final Element? updatedChild = updateChild(newChild, newWidget, newSlot);
      assert(newChild == updatedChild); // 检查确实是同一个 Element 对象
      return updatedChild!;
    } // 如果找不到，仍会进入下面的逻辑，新建一个 Element 节点并挂载
  } // if
  final Element newChild = newWidget.createElement();
  newChild.mount(this, newSlot); // 见代码清单 5-9
  return newChild;
}
```

由以上逻辑可知，当新的 Widget 存在 GlobalKey 时，会尝试通过 _retakeInactiveElement 获取其对应的 Element 对象并复用；否则会创建一个新的 Element 实例并挂载到 Element Tree 中。

首先分析 Element 对象的取出逻辑，如代码清单 8-17 所示。

代码清单 8-17 flutter/packages/flutter/lib/src/widgets/framework.dart

```
Element? _retakeInactiveElement(GlobalKey key, Widget newWidget) {
  final Element? element = key._currentElement; // 即 key._registry[this]
  if (element == null) return null;
  if (!Widget.canUpdate(element.widget, newWidget)) // 见代码清单 5-48
```

```
    return null; // 正常情况下，Key 相同的 Widget，其类型应该相同
  final Element? parent = element._parent;
  if (parent != null) { // 从原来的位置卸载此 Element，即从 Element Tree 中移除
    parent.forgetChild(element); // 登记到 _forgottenChildren 字段
    parent.deactivateChild(element);
  }
  assert(element._parent == null);
  owner!._inactiveElements.remove(element); // 移除，避免被 finalizeTree 方法清理
  return element;
}
@override // MultiChildRenderObjectElement
void forgetChild(Element child) {
  _forgottenChildren.add(child); // 用于代码清单 8-21 的相关逻辑
  super.forgetChild(child);
}
```

以上逻辑首先取出当前 Key 对应的 Element 对象，然后将其从原来的节点卸载，一般是同一轮 Build 流程中被复用的节点尚未被遍历到，但 GlobalKey 的复用已经触发的结果，最后将其从 _inactiveElements 列表中移除，避免在清理阶段被回收。

每当一个节点从 Element Tree 中移除时，其就会被加入 _inactiveElements 列表，如代码清单 8-18 所示。

代码清单 8-18 flutter/packages/flutter/lib/src/widgets/framework.dart

```
@protected
void deactivateChild(Element child) {
  child._parent = null;
  child.detachRenderObject(); // 从 Render Tree 中移除对应节点
  owner!._inactiveElements.add(child);
                          // 登记该节点，如果在清理阶段该节点仍在本列表中，则清理释放
}
```

在代码清单 8-16 的 inflateWidget 方法中，当取出可复用的 Element 对象后，需要将其重新挂载到 Element Tree，该逻辑通过 _activateWithParent 方法实现，如代码清单 8-19 所示。

代码清单 8-19 flutter/packages/flutter/lib/src/widgets/framework.dart

```
void _activateWithParent(Element parent, dynamic newSlot) {
  assert(_lifecycleState == _ElementLifecycle.inactive);
                                  // 状态检查，只有 inactive 节点才会触发
  _parent = parent; // 更新相关成员字段
  _updateDepth(_parent!.depth);
  _activateRecursively(this); // 递归调用每个 Element 子节点的 activate 方法
  attachRenderObject(newSlot); // 更新 Render Tree
  assert(_lifecycleState == _ElementLifecycle.active); // 状态检查
}
static void _activateRecursively(Element element) {
  assert(element._lifecycleState == _ElementLifecycle.inactive);
  element.activate(); // 见代码清单 8-20，此时会触发 _lifecycleState 的更新
  assert(element._lifecycleState == _ElementLifecycle.active);
  element.visitChildren(_activateRecursively);
}
```

以上逻辑主要是初始化当前 Element 节点的相关字段，让其对应 Element Tree 中的新位置。最后递归调用每个子节点的 activate 方法，如代码清单 8-20 所示。

代码清单 8-20 flutter/packages/flutter/lib/src/widgets/framework.dart

```
@mustCallSuper
void activate() {
  final bool hadDependencies = // 是否存在依赖，详见 8.2 节
    (_dependencies != null && _dependencies!.isNotEmpty) || _hadUnsatisfied
    Dependencies;
  _lifecycleState = _ElementLifecycle.active; // 更新状态
  _dependencies?.clear(); // 清理原来的依赖
  _hadUnsatisfiedDependencies = false;
  _updateInheritance(); // 更新可用依赖集合，见代码清单 8-14
  if (_dirty) owner!.scheduleBuildFor(this); // 如有必要，请求刷新
  if (hadDependencies) didChangeDependencies(); // 通知依赖发生变化，见代码清单 8-13
}
```

_hadUnsatisfiedDependencies 字段首次出现在代码清单 8-9 中，表示当前依赖未被处理，因为找不到对应类型的 InheritedElement。当 Element 被重新挂载到 Element Tree 时，如果存在依赖的变化，则最终会调用 didChangeDependencies，对 StatefulElement 来说，会触发 State 的对应生命周期回调。

当 Element 节点被彻底卸载时，如代码清单 8-8 所示，会完成 GlobalKey 的清理工作。

8.3.2 LocalKey

相较于 GlobalKey，LocalKey 的生效范围只在同一个 Element 节点的子节点之间，因而其逻辑也更加隐晦。不会像 GlobalKey 那样“明目张胆”地存在于 Build 流程中。由于 LocalKey 作用的范围是节点下面的各个子节点，所以其逻辑必然和 MultiChildRenderObjectElement 这个 Element 的子类有关系，MultiChildRenderObjectElement 的子节点更新逻辑如代码清单 8-21 所示。

代码清单 8-21 flutter/packages/flutter/lib/src/widgets/framework.dart

```
@override // MultiChildRenderObjectElement
void update(MultiChildRenderObjectWidget newWidget) {
  super.update(newWidget); // 见代码清单 5-49
  assert(widget == newWidget);
_children = updateChildren(_children, widget.children, forgottenChildren:
    _forgottenChildren);
  _forgottenChildren.clear(); // 本次更新结束，重置
}
```

以上逻辑主要调用 RenderObjectElement 的 updateChildren 方法，如代码清单 8-22 所示。其中，_forgottenChildren 字段表示的是因为被 GlobalKey 使用而排除在 LocalKey 的复用之外的节点，而 _forgottenChildren 列表的注册逻辑在代码清单 8-17 的 forgetChild 方法中，由 MultiChildRenderObjectElement 实现。

updateChildren 方法将开始真正的子节点更新逻辑，如代码清单 8-22 所示。

代码清单 8-22 flutter/packages/flutter/lib/src/widgets/framework.dart

```
List<Element> updateChildren(List<Element> oldChildren,
    List<Widget> newWidgets, { Set<Element>? forgottenChildren }) {
  Element? replaceWithNullIfForgotten(Element child) {
                                                    // 被 GlobalKey 索引的节点返回 null
    return forgottenChildren != null && forgottenChildren.contains(child) ? null : child;
  } // GlobalKey 的优先级高于 LocalKey，所以这里返回 null，避免在两处复用
  int newChildrenTop = 0; // 新 Element 列表的头部索引
  int oldChildrenTop = 0; // 旧 Element 列表的头部索引
  int newChildrenBottom = newWidgets.length - 1;  // 新 Element 列表的尾部索引
  int oldChildrenBottom = oldChildren.length - 1;  // 旧 Element 列表的尾部索引
  final List<Element> newChildren = oldChildren.length == newWidgets.length ?
      oldChildren : List<Element>.filled(newWidgets.length, _NullElement.instance,
      growable: false);
  Element? previousChild;
  // 见代码清单 8-23 ~ 代码清单 8-27
  return newChildren;
}
```

updateChildren 的主要职责是根据旧的 Element 子节点列表 oldChildren 和新的 Widget 子节点列表 newWidgets 来更新当前 Element 节点的子树，即 newChildren。当新旧子节点的结束数目相同时会直接基于原来的列表更新，否则会新建一个列表。这里之所以只在长度相等时才复用原来的列表，主要是因为更新算法的机制不适合处理长度不等的情况，与其增加逻辑的复杂度，不如直接新建一个列表。下面以图 8-4 的过程为例详细分析，这里为了方便演示，虽然新旧列表长度相同，仍然分开表示。

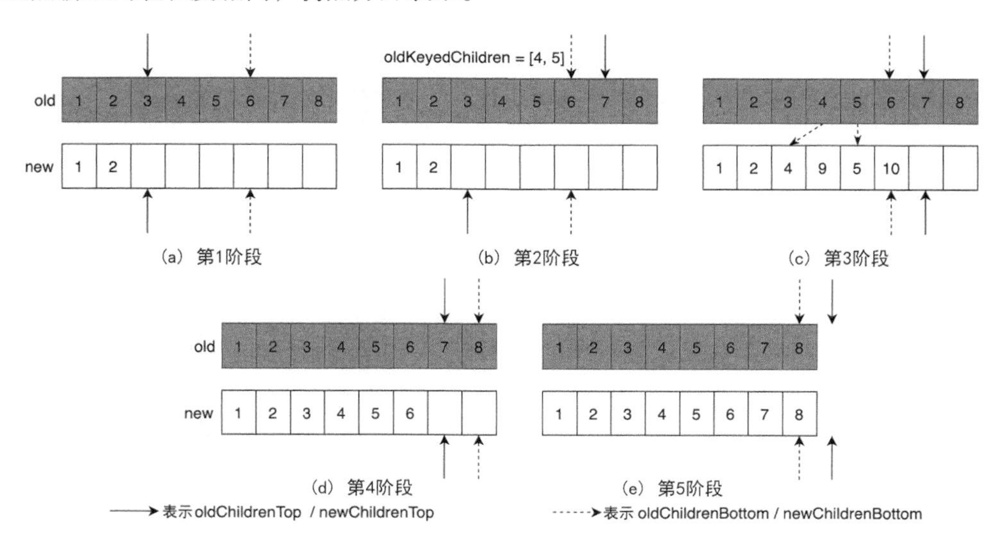

图 8-4 updateChildren 示意

下面正式分析 updateChildren 方法的更新逻辑，图 8-4 中第 1 阶段如代码清单 8-23 所示。

代码清单 8-23 flutter/packages/flutter/lib/src/widgets/framework.dart

```
// 更新两个列表的头部索引和尾部索引，分别定位到第 1 个不可复用的 Element 节点
while ((oldChildrenTop <= oldChildrenBottom) && (newChildrenTop <=
    newChildrenBottom)) {
  final Element? oldChild = replaceWithNullIfForgotten(oldChildren[oldChildrenTop]);
  final Widget newWidget = newWidgets[newChildrenTop];
  assert(oldChild == null || oldChild._lifecycleState == _ElementLifecycle.active);
  if (oldChild == null || !Widget.canUpdate(oldChild.widget, newWidget)) break;
                                                            // 见代码清单 5-48
  final Element newChild = // 完成 Element 节点的更新
    updateChild(oldChild, newWidget, IndexedSlot<Element?>(newChildrenTop,
    previousChild))!;
  assert(newChild._lifecycleState == _ElementLifecycle.active);
  newChildren[newChildrenTop] = newChild; // 加入 newChildren 列表
  previousChild = newChild;
  newChildrenTop += 1;
  oldChildrenTop += 1; // 处理下一个
}
// 更新尾部索引，但是不加入 newChildren 列表，逻辑大致同上
while ((oldChildrenTop <= oldChildrenBottom) && (newChildrenTop <=
    newChildrenBottom)) {
  final Element? oldChild = replaceWithNullIfForgotten(oldChildren
      [oldChildrenBottom]);
  final Widget newWidget = newWidgets[newChildrenBottom];
  assert(oldChild == null || oldChild._lifecycleState == _ElementLifecycle.active);
  if (oldChild == null || !Widget.canUpdate(oldChild.widget, newWidget)) break;
  oldChildrenBottom -= 1;
  newChildrenBottom -= 1; // 只更新索引
}
```

第 1 阶段，新旧列表的头部指针会同步扫描，可以直接基于 Widget 更新的节点完成更新；尾部索引同理进行扫描，但不会直接更新，而只是记录位置。这里之所以不直接更新是为了保证执行的顺序，否则在输出日志等场景下会变得非常不可控。

经过第 1 阶段之后，剩下未扫描的节点在顺序上已经无法对应。在图 8-4 所示的第 2 阶段中将扫描这些节点，并记录有 LocalKey 的节点，如代码清单 8-24 所示。

代码清单 8-24 flutter/packages/flutter/lib/src/widgets/framework.dart

```
// Scan the old children in the middle of the list.
final bool haveOldChildren = oldChildrenTop <= oldChildrenBottom;
Map<Key, Element>? oldKeyedChildren;
if (haveOldChildren) {
  oldKeyedChildren = <Key, Element>{};
  while (oldChildrenTop <= oldChildrenBottom) { // 开始扫描 oldChildren 的剩余节点
    final Element? oldChild = replaceWithNullIfForgotten(oldChildren[oldChildrenTop]);
    assert(oldChild == null || oldChild._lifecycleState == _ElementLifecycle.active);
    if (oldChild != null) { // 没有被 GlobalKey 使用
      if (oldChild.widget.key != null) // 存在 Key
        oldKeyedChildren[oldChild.widget.key!] = oldChild; // 记录，以备复用
      else
        deactivateChild(oldChild); // 直接移出 Element Tree
```

```
    }
    oldChildrenTop += 1;
  } // while
}
```

以上逻辑遍历 oldChildren 剩下的节点，如果 replaceWithNullIfForgotten 返回不为 null，说明没有被 GlobalKey 使用，那么 LocalKey 可以将其加入自己的临时索引 oldKeyedChildren。

在图 8-4 所示的第 3 阶段更新 newChildren 的剩余元素，如果自身的 Key 可以在 oldKeyedChildren 中找到对应的索引，则直接复用，如代码清单 8-25 所示。

代码清单 8-25　flutter/packages/flutter/lib/src/widgets/framework.dart

```
while (newChildrenTop <= newChildrenBottom) { // 还有 Widget 节点未处理
  Element? oldChild;
  final Widget newWidget = newWidgets[newChildrenTop];
  if (haveOldChildren) { // 存在可复用的 Element 节点
    final Key? key = newWidget.key;
    if (key != null) {
      oldChild = oldKeyedChildren![key];
      if (oldChild != null) {
        if (Widget.canUpdate(oldChild.widget, newWidget)) {
          oldKeyedChildren.remove(key);
        } else { // 无法基于新的 Widget 进行更新，放弃复用
          oldChild = null;
        }
      }
    } // if
  } // if
  assert(oldChild == null || Widget.canUpdate(oldChild.widget, newWidget));
  final Element newChild = // 计算新的 Element 节点，见代码清单 5-7 和代码清单 5-47
    updateChild(oldChild, newWidget, IndexedSlot<Element?>(newChildrenTop,
        previousChild))!;
  newChildren[newChildrenTop] = newChild;
  previousChild = newChild;
  newChildrenTop += 1;
} // while
```

以上逻辑主要是 newChildren 中间部分 Element 节点的更新，这些节点会优先通过 LocalKey 复用。

在图 8-4 所示的第 4 阶段和第 5 阶段重置尾部索引的位置，并完成剩余节点的更新，如代码清单 8-26 所示。

代码清单 8-26　flutter/packages/flutter/lib/src/widgets/framework.dart

```
assert(oldChildrenTop == oldChildrenBottom + 1); // 检查索引位置
assert(newChildrenTop == newChildrenBottom + 1);
assert(newWidgets.length - newChildrenTop == oldChildren.length - oldChildrenTop);
newChildrenBottom = newWidgets.length - 1; // 重置尾部索引，以便更新
oldChildrenBottom = oldChildren.length - 1;
// 开始更新 newChildren 的尾部，代码清单 8-23 中已经确认过可复用
while ((oldChildrenTop <= oldChildrenBottom) && (newChildrenTop <=
    newChildrenBottom)) {
```

```
    final Element oldChild = oldChildren[oldChildrenTop];
    final Widget newWidget = newWidgets[newChildrenTop];
    final Element newChild = // 更新 Element 节点
      updateChild(oldChild, newWidget, IndexedSlot<Element?>(newChildrenTop,
          previousChild))!;
    newChildren[newChildrenTop] = newChild;
    previousChild = newChild;
    newChildrenTop += 1;
    oldChildrenTop += 1;
  }
```

至此，新的 Element 子树已经生成，但是 oldKeyedChildren 中可能还存有未命中 Key 的元素，需要释放，如代码清单 8-27 所示。

代码清单 8-27　flutter/packages/flutter/lib/src/widgets/framework.dart

```
  if (haveOldChildren && oldKeyedChildren!.isNotEmpty) { // oldKeyedChildren 有未被
                                                          // 复用的节点
    for (final Element oldChild in oldKeyedChildren.values) {
      if (forgottenChildren == null || !forgottenChildren.contains(oldChild))
        deactivateChild(oldChild); // 彻底移除 Element Tree
    }
  }
```

以上就是 LocalKey 的作用过程，它不像 GlobalKey 那样在代码中有明显的痕迹，却在无形中提高了 Element Tree 更新的效率。

8.4 Animation 原理分析

第 5 章曾简单提到动画，本节将进行具体分析。Animation 的关键类及其关系如图 8-5 所示。

图 8-5 中，Animation 是动画的关键类，它继承自 Listenable，Animation 持有一个动画值（value）和一个动画状态（status）提供给外部进行监听，外部使用者将根据这些监听回调进行 UI 的更新等操作。AnimationController 是 Animation 最常见的实现，它持有两个关键字段——Ticker 和 Simulation，前者由 TickerProvider 接口提供，用于提供驱动动画更新的“心跳”，主要用于补间动画；后者提供动画值的更新规则，由具体子类实现。Simulation 的默认实现为 _InterpolationSimulation，它将基于 Curve 的具体子类进行值的计算。此外，Simulation 还提供了各种物理效果的模拟能力，例如 SpringSimulation 提供了弹簧效果的模拟。一般来说，AnimationController 的 value 字段并不会直接被使用，_AnimatedEvaluation 会持有一个 Animation 对象（通常是 AnimationController 的实例）和一个 Animatable 对象，前者提供动画的原始值，后者以前者的动画值（value）为参数进行“补间”（Tween），最终的值将通过 _AnimatedEvaluation 实例的 value 字段对外暴露。

下面从源码的角度进行更具体的分析。

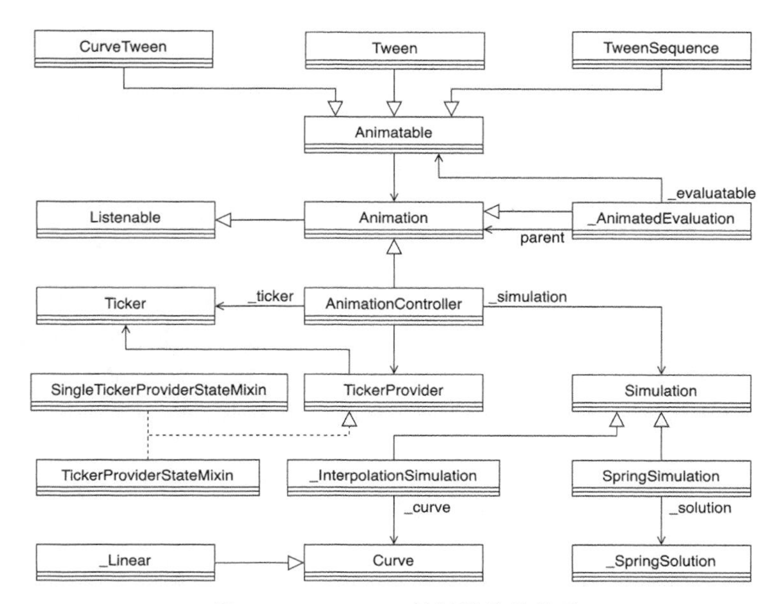

图 8-5 Animation 关键类及其关系

8.4.1 补间动画

补间（Tween）动画只在指定的时间范围内按照某一规则进行插值，其使用流程通常如代码清单 8-28 所示。

代码清单 8-28 补间动画示例

```
AnimationController animationController = // 见代码清单 8-29
        AnimationController(vsync: this, duration: Duration(milliseconds: 1000));
Animation animation =  // 见代码清单 8-30
        Tween(begin: 0.0,end: 10.0).animate(animationController);
animationController.addListener(() { // 通知发生，见代码清单 8-40
 setState(() { newValue = animation.value });
});
animationController.forward(); // 见代码清单 8-32
```

以上逻辑中，AnimationController 是驱动者，Tween 提供补间动画的插值模型，Animation 作为最终的调用出口。下面通过代码深入分析。

首先分析 AnimationController 的初始化逻辑，如代码清单 8-29 所示。

代码清单 8-29 flutter/packages/flutter/lib/src/animation/animation_controller.dart

```
AnimationController({  ......, required TickerProvider vsync,
    }) : _direction = _AnimationDirection.forward {
  _ticker = vsync.createTicker(_tick); // _tick 将在 " 心跳 " 时触发，见代码清单 8-38
  _internalSetValue(value ?? lowerBound); // 更新当前动画的状态
}
```

```
void _internalSetValue(double newValue) {
  _value = newValue.clamp(lowerBound, upperBound);
  if (_value == lowerBound) {
    _status = AnimationStatus.dismissed; // 动画尚未开始
  } else if (_value == upperBound) {
    _status = AnimationStatus.completed; // 已经结束
  } else {
    _status = (_direction == _AnimationDirection.forward) ? // 动画进行中
          AnimationStatus.forward : AnimationStatus.reverse;
  }
}
```

AnimationController 的初始化逻辑中，首先创建一个 Ticker 对象，它是补间动画的核心驱动者，这部分内容后面将详细分析。_internalSetValue 负责更新当前动画的状态，在此不再赘述。

代码清单 8-28 中，每一帧动画更新时都会通过 animation.value 获取当前的值，其计算过程如代码清单 8-30 所示。

代码清单 8-30　flutter/packages/flutter/lib/src/animation/tween.dart

```
abstract class Animatable<T> {
  T transform(double t); // 见代码清单 8-31
  T evaluate(Animation<double> animation) => transform(animation.value);
  Animation<T> animate(Animation<double> parent) {
    return _AnimatedEvaluation<T>(parent, this);
  }
} // Animatable
class _AnimatedEvaluation<T> extends Animation<T>
             with AnimationWithParentMixin<double> {
  _AnimatedEvaluation(this.parent, this._evaluatable);
  @override
  final Animation<double> parent; // 通常为 AnimationController
  final Animatable<T> _evaluatable; // 见代码清单 8-31
  @override  // 代码清单 8-28 中获取的值
  T get value => _evaluatable.evaluate(parent);  // 见前面内容
}
```

Tween 是 Animatable 的子类，其 animate 方法由父类实现，主要返回 _AnimatedEvaluation 对象，所以调用 animation.value 时，本质是调用具体插值模型，即 Animatable 的具体子类（如 Tween）的 evaluate 方法，而 evaluate 其实又调用了 transform 方法，以 Tween 为例，其逻辑如代码清单 8-31 所示。

代码清单 8-31　flutter/packages/flutter/lib/src/animation/tween.dart

```
class Tween<T extends dynamic> extends Animatable<T> {
  Tween({this.begin, this.end,});
  @protected
  T lerp(double t) { // Linear Interpolation
    return begin + (end - begin) * t as T;
  }
  @override
  T transform(double t) { // t 即 AnimationController 的值，在代码清单 8-33 中进行定义
```

```
    if (t == 0.0) return begin as T;
    if (t == 1.0) return end as T;
    return lerp(t); // 线性差值的逻辑
  }
}
```

以上逻辑是一个典型的线性插值过程，其参数为 AnimationController.value，该值在每一帧都会更新，而 Tween 则会基于这个值完成线性插值，其结果就是 _AnimatedEvaluation 对象的值。

下面分析 AnimationController.value 更新的驱动机制，也就是 forward 方法，如代码清单 8-32 所示。

代码清单 8-32　flutter/packages/flutter/lib/src/animation/animation_controller.dart

```
TickerFuture forward({ double? from }) { // AnimationController
  _direction = _AnimationDirection.forward;
  if (from != null) value = from;
  return _animateToInternal(upperBound);
}
TickerFuture _animateToInternal(double target, // 即 upperBound
    { Duration? duration, Curve curve = Curves.linear }) {
  double scale = 1.0;
  if (SemanticsBinding.instance!.disableAnimations) { ...... } // SKIP 禁用动画的逻辑
  Duration? simulationDuration = duration; // 第 1 步，计算动画的执行时长
  if (simulationDuration == null) { // 没有指定动画时长
    final double range = upperBound - lowerBound; // 根据当前进度，以 1s 为基准计算
    final double remainingFraction = range.isFinite ? (target - _value).abs() /
        range : 1.0;
    final Duration directionDuration = // 根据动画是顺序还是逆序来计算最终的执行时长
      (_direction == _AnimationDirection.reverse && reverseDuration != null)
      ? reverseDuration! : this.duration!;
    simulationDuration = directionDuration * remainingFraction;
  } else if (target == value) { // 动画已完成，对应第 2 步
    simulationDuration = Duration.zero;
  }
  stop(); // 见代码清单 8-41
  if (simulationDuration == Duration.zero) { // 第 2 步，动画结束，完成字段更新，并通知
    if (value != target) {
      _value = target.clamp(lowerBound, upperBound); // 修正值到合法的目标值
      notifyListeners(); // 通知值变化，见代码清单 8-40
    }
    _status = (_direction == _AnimationDirection.forward) ?
          AnimationStatus.completed : AnimationStatus.dismissed;
    _checkStatusChanged(); // 更新动画状态，见代码清单 8-40
    return TickerFuture.complete();
  } // if
  return _startSimulation(_InterpolationSimulation( // 第 3 步，开始动画
        _value, target, simulationDuration, curve, scale));
}
```

以上逻辑主要分为 3 步。第 1 步是 simulationDuration 的计算，将根据剩余值与总值的比例进行计算，stop 的逻辑后面将会介绍。第 2 步主要是处理 simulationDuration 为 0 的情

况，即动画已经结束，此时进行字段的赋值和状态的通知。第 3 步，真正开始动画，注意此处 Simulation 的具体实现类是 _InterpolationSimulation，它是一个线性插值模拟器，这部分内容后面将具体分析。首先分析 _startSimulation 的逻辑，如代码清单 8-33 所示。

代码清单 8-33　flutter/packages/flutter/lib/src/animation/animation_controller.dart

```
@override
double get value => _value;
TickerFuture _startSimulation(Simulation simulation) { // AnimationController
  _simulation = simulation;
  _lastElapsedDuration = Duration.zero; // 截止到上一帧动画，已消耗的时间
  _value = simulation.x(0.0).clamp(lowerBound, upperBound);
                                                  // 起始值，x 方法见代码清单 8-39
  final TickerFuture result = _ticker!.start(); // 开始请求 "心跳"，驱动动画
  _status = (_direction == _AnimationDirection.forward) ?
            AnimationStatus.forward : AnimationStatus.reverse;
  _checkStatusChanged();
  return result;
}
```

以上逻辑通过 _ticker!.start 方法启动动画，同时更新 _status 的状态，start 方法的逻辑如代码清单 8-34 所示。

代码清单 8-34　flutter/packages/flutter/lib/src/scheduler/ticker.dart

```
TickerFuture start() {
  _future = TickerFuture._(); // 表示一个待完成的动画
  if (shouldScheduleTick) { scheduleTick(); } // 请求 "心跳"
  if (SchedulerBinding.instance!.schedulerPhase.index
        > SchedulerPhase.idle.index
     && SchedulerBinding.instance!.schedulerPhase.index
        < SchedulerPhase.postFrameCallbacks.index) // 在这个阶段内应修正动画开始时间
    _startTime = SchedulerBinding.instance!.currentFrameTimeStamp;
  return _future!;
}
```

以上逻辑主要是通过 scheduleTick 方法发起一次“心跳”，其中有一个细节需要注意：如果当前正在处理一帧，那么 _startTime 会从当前一帧的 Vsync 信号的到达时间开始算起，这是一个小小的校正，即如果开始动画时已经有一帧在渲染，那么下一帧的动画状态应该相当于经过两帧的时间后的动画状态。scheduleTick 方法的逻辑如代码清单 8-35 所示。

代码清单 8-35　flutter/packages/flutter/lib/src/scheduler/ticker.dart

```
bool get muted => _muted; // 是否为静默状态
bool _muted = false;
bool get isActive => _future != null; // 存在动画
@protected
bool get scheduled => _animationId != null; // 已经在等待 "心跳"
@protected // 调用逻辑见代码清单 8-37，用于判断是否需要 "心跳"
bool get shouldScheduleTick => !muted && isActive && !scheduled;
@protected
void scheduleTick({ bool rescheduling = false }) {
```

```
  _animationId = SchedulerBinding.instance!.scheduleFrameCallback(
                    _tick, rescheduling: rescheduling); // 见代码清单 8-36
}
```

以上逻辑中，几个关键属性字段均已注明作用，scheduleFrameCallback 方法会将 _tick 函数注册到下一个 Vsync 信号到达时的回调列表中，如代码清单 8-36 所示。

代码清单 8-36　flutter/packages/flutter/lib/src/scheduler/ticker.dart

```
int scheduleFrameCallback(FrameCallback callback, { bool rescheduling = false }) {
  scheduleFrame(); // 见代码清单 5-20
  _nextFrameCallbackId += 1;
  _transientCallbacks[_nextFrameCallbackId] // 处理逻辑见代码清单 5-36
      = _FrameCallbackEntry(callback, rescheduling: rescheduling);
  return _nextFrameCallbackId;
}
```

scheduleFrame 在第 5 章已经详细分析过，_transientCallbacks 将在 Vsync 信号到达后处理其回调 callback，即 _tick 方法，如代码清单 8-37 所示。

代码清单 8-37　flutter/packages/flutter/lib/src/scheduler/ticker.dart

```
void _tick(Duration timeStamp) { // Ticker
  _animationId = null;
  _startTime ??= timeStamp; // 首次 " 心跳 " 的时间戳，timeStamp 是当次 " 心跳 " 的时间戳
  // 注意这里的 ??= 语法表明只会记录首次 " 心跳 " 发生时的时间戳
  _onTick(timeStamp - _startTime!); // 见代码清单 8-38，参数为动画已经执行的时间
  if (shouldScheduleTick) scheduleTick(rescheduling: true);
                                                  // 如有必要，等待下一次 " 心跳 "
}
```

至此，可以肯定地说，所谓的“心跳”（tick）其实就是 Vsync 信号，_startTime 只会赋值一次，表示动画开始的时间戳，接着以时间差为参数调用 _onTick 方法（即前面内容的参数——_tick 函数），如果逻辑完成后 shouldScheduleTick 为 true，则会继续注册 Vsync 信号，用以驱动下一个“心跳”的产生。下面分析 _tick 方法的逻辑，如代码清单 8-38 所示。

代码清单 8-38　flutter/packages/flutter/lib/src/animation/animation_controller.dart

```
// 该方法的注册逻辑位于代码清单 8-29 的 createTicker 方法中
void _tick(Duration elapsed) { // AnimationController
  _lastElapsedDuration = elapsed; // 动画已经执行的时间
  final double elapsedInSeconds = // 毫秒转秒
    elapsed.inMicroseconds.toDouble() / Duration.microsecondsPerSecond;
  assert(elapsedInSeconds >= 0.0);
  _value = _simulation!.x(elapsedInSeconds).clamp(lowerBound, upperBound); // 插值
  if (_simulation!.isDone(elapsedInSeconds)) { // 判断是否完成，见代码清单 8-39
    _status = (_direction == _AnimationDirection.forward) ? // 完成则更新状态
            AnimationStatus.completed :AnimationStatus.dismissed;
    stop(canceled: false); // 停止动画，见代码清单 8-41
  } // 否则，代码清单 8-37 中的 shouldScheduleTick 为 true，将继续等待 " 心跳 "（请求 Vsync）
  notifyListeners(); // 见代码清单 8-40
  _checkStatusChanged();
}
```

以上逻辑首先以秒为单位计算动画已经执行的时长，其次调用 _simulation 的 x 方法计算当前的值，最后判断动画是否完成，同时广播自身的 _value 字段的变更。

首先分析 x 方法，Tween 动画默认为 _InterpolationSimulation，如代码清单 8-39 所示。

代码清单 8-39 flutter/packages/flutter/lib/src/animation/animation_controller.dart

```
@override // _InterpolationSimulation
double x(double timeInSeconds) {
  final double t = (timeInSeconds / _durationInSeconds).clamp(0.0, 1.0);
  if (t == 0.0) return _begin;
  else if (t == 1.0) return _end;
  else return _begin + (_end - _begin) * _curve.transform(t);
}
@override // 是否完成完全取决于动画执行的时间，注意与代码清单 8-44 中介绍的物理动画进行区分
bool isDone(double timeInSeconds) => timeInSeconds > _durationInSeconds;
```

以上逻辑中，_curve 默认为 Curves.linear，即返回 t 本身，所以返回值即 t 的线性函数，系数为 (_end - _begin)。

其次分析 _value 计算完成后的通知逻辑，如代码清单 8-40 所示。

代码清单 8-40 flutter/packages/flutter/lib/src/animation/animation_controller.dart

```
void notifyListeners() {
  final List<VoidCallback> localListeners = List<VoidCallback>.from(_listeners);
  for (final VoidCallback listener in localListeners) {
    InformationCollector? collector;
    try {
      if (_listeners.contains(listener)) listener(); // 通知监听器
    } catch (exception, stack) { ...... }
  }
}
void _checkStatusChanged() {
  final AnimationStatus newStatus = status;
  if (_lastReportedStatus != newStatus) { // 状态发生改变才需要通知
    _lastReportedStatus = newStatus;
    notifyStatusListeners(newStatus);
  }
}
```

以上逻辑中，notifyListeners 方法负责通知 _value 的变化，基本每帧都会调用；notifyStatusListeners 负责通知状态的变化，只有动画状态改变时才会触发。

最后分析 isDone 的逻辑。对 _InterpolationSimulation 来说，其逻辑如代码清单 8-39 所示，即执行时间超过目标时间后停止。这也是补间动画的特点，即时间是动画“心跳”的决定因素，使用者只能定制具体的插值规则。

下面继续分析 stop 方法是如何停止动画的，如代码清单 8-41 所示。

代码清单 8-41 flutter/packages/flutter/lib/src/animation/animation_controller.dart

```
void stop({ bool canceled = false }) {
  if (!isActive) return;
```

```
  final TickerFuture localFuture = _future!;
  _future = null;
  _startTime = null;
  unscheduleTick(); // 停止等待"心跳"
  if (canceled) {
    localFuture._cancel(this);
  } else {
    localFuture._complete();
  }
}
```

以上逻辑主要是重置动画相关的字段，在此不再赘述。

总的来说，开发者也可以在 build 方法中通过 Future+setState 的方法驱动下一帧的执行，进而达到动画的效果，但是 Animation 提供了一套灵活、可拓展、资源易管理的框架，为开发者节省了大量精力。

8.4.2　物理动画

补间动画虽然灵活，但其时间往往是固定的，对某些场景并不适用。以图 8-6 为例，当用户拖曳方块离开中心点时，如果希望方块以一个弹簧拖曳的动画效果回到原位置，那么补间动画很难实现，因为动画的完成时间取决于用户滑动的速度以及弹簧的各种属性。此时需要用到物理（Physics）动画。

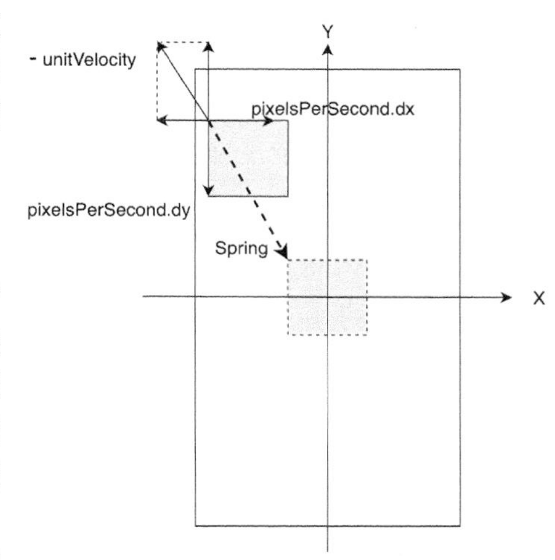

图 8-6　一个典型的物理动画

代码清单 8-42 是对图 8-6 动画效果的关键实现代码。

代码清单 8-42　物理动画示例

```
void _runAnimation(Offset pixelsPerSecond,  Size size) {
  // pixelsPerSecond 表示拖曳手势结束、动画开始时
  // 方块由于拖曳手势而在 X、Y 方向上因物理惯性而产生的移动速度
  _animation = _controller.drive( // 触发 AlignmentTween 的 animate 方法
    AlignmentTween(begin: _dragAlignment, end: Alignment.center,));
  // 由 6.2 节可知，由于 Alignment 的坐标系是 [0,1] 形式的，因此需要除以屏幕大小，转为比例
  final unitsPerSecondX = pixelsPerSecond.dx / size.width;
  final unitsPerSecondY = pixelsPerSecond.dy / size.height;
  final unitsPerSecond = Offset(unitsPerSecondX, unitsPerSecondY);
  final unitVelocity = unitsPerSecond.distance;
  const spring = SpringDescription(mass: 30, stiffness: 1, damping: 1,);
                                                              // 弹簧的各种属性
  final simulation = SpringSimulation(spring, 0, 1, -unitVelocity);
                                                          // 构造一个弹簧物理模型
  _controller.animateWith(simulation);
}
@override
void initState() {
```

```
    super.initState();
    _controller = AnimationController(vsync: this);
    _controller.addListener(() {
      setState(() { _dragAlignment = _animation.value;});
    });
  }
```

以上逻辑中，pixelsPerSecond 是一个拖曳手势的回调所携带的参数，表示当前用户滑动的速度，即该方块被拉出去的速度。_dragAlignment 表示方块的实时位置，因此，当 _runAnimation 方法开始执行时，其值正好是动画的真实位置。至此，我们知道了方块的起点和终点，以及拖曳手势结束时的速度。接下来是滑动过程的物理模型的构造，主要是计算 SpringSimulation 的参数，unitVelocity 即弹簧在直线方向上的滑动速度，与弹簧的方向相反。

下面直接分析 animateWith 方法，如代码清单 8-43 所示。

代码清单 8-43 flutter/packages/flutter/lib/src/animation/animation_controller.dart

```
TickerFuture animateWith(Simulation simulation) {
  stop(); // 见代码清单 8-41
  _direction = _AnimationDirection.forward;
  return _startSimulation(simulation); // 见代码清单 8-33
}
```

由于 _startSimulation 的逻辑前面内容已经分析过，因此可以直接分析该 Simulation 的 x、isDone 方法，如代码清单 8-44 所示。

代码清单 8-44 flutter/packages/flutter/lib/src/physics/spring_simulation.dart

```
class SpringSimulation extends Simulation {
  final _SpringSolution _solution; // 弹簧物理模型的抽象表示
  @override
  double x(double time) => _endPosition + _solution.x(time);
  @override
  double dx(double time) => _solution.dx(time);
  @override
  bool isDone(double time) {
    return nearZero(_solution.x(time), tolerance.distance) &&
           nearZero(_solution.dx(time), tolerance.velocity);
  }
}
```

由以上逻辑可知，SpringSimulation 的主要逻辑交给了 _solution 字段，其由代码清单 8-42 中的 SpringDescription 创建，在此不对弹簧的物理模型做具体分析。SpringSimulation 的 isDone 方法也比较容易理解，即判断当前位置是否到达目标位置。这也是补间动画和物理动画的一个关键区别——isDone 方法的实现：根据物理位置是否满足条件而非时间因素来判断是否结束。

8.5 Gesture 原理分析

作为一个 UI 系统，手势处理是 Flutter 绕不开的话题。更具体地说，Flutter 需要解决的问题有两个：一是如何确定处理手势的 Widget（准确来说是 RenderObject）；二是确定响应何种手势，最典型的就是单击和双击的区分。

与 Flutter 手势处理相关的关键类及其关系如图 8-7 所示。

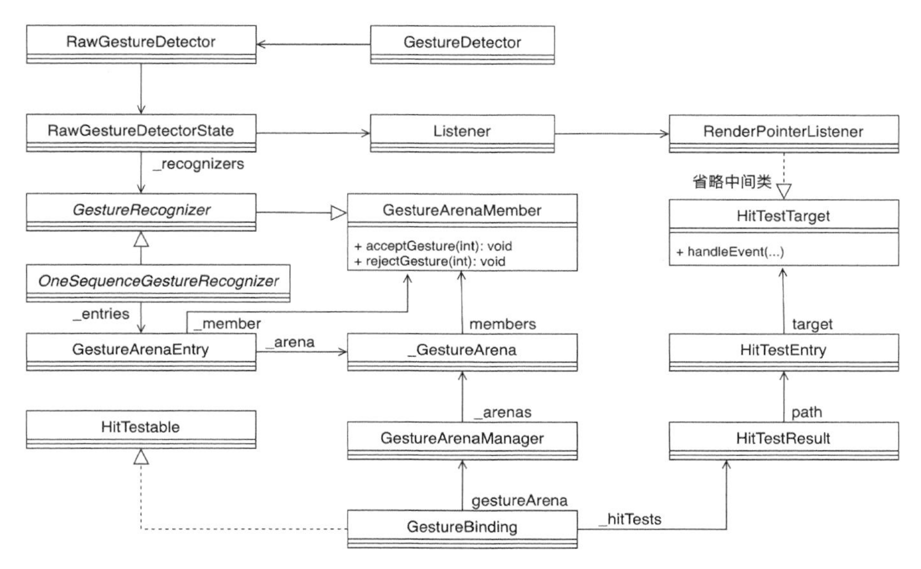

图 8-7 与 Flutter 手势处理相关的关键类及其关系

在图 8-7 中，GestureDetector 是开发者响应手势事件的入口，该 Widget 对应的底层绘制节点（RenderObject）为 RenderPointerListener，此类间接实现了 HitTestTarget 接口，即该类是一个可以进行单击测试的目标。通过实现 HitTestTarget 的 handleEvent 方法，RenderPointerListener 将参与手势竞技场（_GestureArena）内的手势竞争。具体来说，在创建 RenderPointerListener 的过程中，RawGestureDetectorState 会根据开发者提供的回调参数创建对应的 GestureRecognizer 实例，而 GestureRecognizer 又继承自 GestureArenaMember，该类被 _GestureArena 持有，是手势竞争的统一抽象表示。GestureRecognizer 的子类众多，详见图 8-8。其中，OneSequenceGestureRecognizer 是开发者最常接触的 GestureRecognizer。_GestureArena 负责管理一个手势竞技场内的各个成员（GestureArenaMember），GestureArenaManager 负责管理所有的手势竞技场。因此，GestureArenaManager 的实例全局只需要一个，由 GestureBinding 持有。GestureBinding 同时也是处理 Engine 发送的手势事件的入口，它通过 _hitTests 字段持有一次手势事件的单击测试结果（HitTestResult），每个单击测试结果其实是一个 HitTestEntry 对象的列表，HitTestEntry 和 HitTestTarget 一一对应，而后者正式前面提到的 RenderPointerListener。如此便完成了 UI 元素（GestureDetector）到手势竞争模型（GestureArenaMember 等类）的闭环。

GestureRecognizer 是所有手势处理器的基类，由图 8-7 可知，GestureRecognizer 继承自 GestureArenaMember，将作为手势竞争的基本单位。GestureRecognizer 的子类众多，各

子类负责实现对应事件的识别。OneSequenceGestureRecognizer 表示一次性手势，比如单击（TapGestureRecognizer）、长按（LongPressGestureRecognizer）、拖曳（DragGestureRecognizer）等；双击（DoubleTapGestureRecognizer）是一个非常特殊的手势事件，8.5.3 节将详细分析；MultiDragGestureRecognizer 则表示更复杂的手势事件（如双指缩放），本书将不做深入分析。

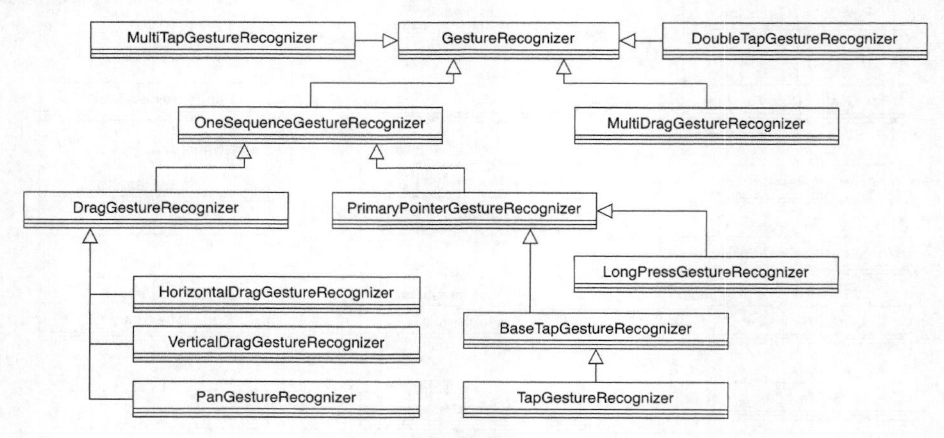

图 8-8　手势识别关键类及其关系

手势处理主要分为两个阶段：第 1 阶段是目标（HitTestTarget）的收集；第 2 阶段是手势的竞争。本节将依次进行分析。

8.5.1　目标收集

单击事件由 Embedder 生成，通过 Engine 的转换变成统一的数据交给 Flutter 处理，其在 Framework 中的处理入口为 _handlePointerEventImmediately，如代码清单 8-45 所示。

代码清单 8-45　flutter/packages/flutter/lib/src/gestures/binding.dart

```
void _handlePointerEventImmediately(PointerEvent event) { // GestureBinding
  HitTestResult? hitTestResult;
  if (event is PointerDownEvent || event is PointerSignalEvent || event is
      PointerHoverEvent) {
    hitTestResult = HitTestResult(); // 第 1 类事件，开始形成一个手势的事件类型
    hitTest(hitTestResult, event.position); // 单击测试，即收集那些可以响应本次单击的实例
    if (event is PointerDownEvent) { // PointerDown 类型的事件，通常是一个手势的开始
      _hitTests[event.pointer] = hitTestResult; // 存储单击测试结果，以备后续使用
    }
  } else if (event is PointerUpEvent || event is PointerCancelEvent) {
      // 第 2 类事件，根据 event pointer 取得第 1 类事件获得的 Hit TestResult，并将其移除
    hitTestResult = _hitTests.remove(event.pointer);
                                              // 接收到手势结束的事件，移除本次结果
  } else if (event.down) { // 第 3 类事件，其他处于 down 类型的事件，如滑动、鼠标拖曳等
    hitTestResult = _hitTests[event.pointer]; // 取出形成手势时存储的单击测试结果
  }
  if (hitTestResult != null || event is PointerAddedEvent || event is Pointer
```

```
  RemovedEvent) {
      dispatchEvent(event, hitTestResult); // 向可响应手势的集合分发本次事件，见代码清单 8-47
    }
  }
```

以上逻辑对不同事件采取不同的策略。对于第 1 类事件，会尝试收集一个单击测试的结果列表（HitTestResult 的 path 字段），记录当前哪些对象响应了本次单击。对于第 2 类事件，将直接根据 event.pointer 取出第 1 种事件所获得的 HitTestResult，并将其移除。对于第 3 类事件，则认为是前两类的中间状态，直接取出单击测试结果并使用（即 8.5.2 节将分析的手势竞争）即可。

对于 hitTestResult 不为 null 的情况，会尝试分发事件，将在 8.5.2 节详细介绍。在此，首先分析 hitTest 方法的逻辑。其中，GestureBinding、RendererBinding、RenderView 和 RenderBox 的实现尤为关键，如代码清单 8-46 所示。

代码清单 8-46　flutter/packages/flutter/lib/src/gestures/binding.dart

```
@override // GestureBinding
void hitTest(HitTestResult result, Offset position) {
  result.add(HitTestEntry(this));
}
@override // RendererBinding
void hitTest(HitTestResult result, Offset position) {
  renderView.hitTest(result, position: position); // 触发 Render Tree 的根节点
  super.hitTest(result, position); // 将导致执行 GestureBinding 的 hitTest 方法
}
bool hitTest(HitTestResult result, { required Offset position }) { // RenderView
  if (child != null) // Render Tree 的根节点将触发子节点的 hitTest 方法
    child!.hitTest(BoxHitTestResult.wrap(result), position: position);
  result.add(HitTestEntry(this)); // 最后将自身加入单击测试结果
  return true;
}
bool hitTest(BoxHitTestResult result, { required Offset position }) { // RenderBox
  if (_size!.contains(position)) { // 单击位置是否在当前 Layout 的范围内，这是必要条件
    if (hitTestChildren(result, position: position) || // 子节点通过了单击测试
      hitTestSelf(position)) { // 自身通过了单击测试，这是充分条件
      result.add(BoxHitTestEntry(this, position)); // 生成一个单击测试入口，加入结果
      return true;
    }
  }
  return false;
}
```

考虑到继承关系，RendererBinding 的 hitTest 首先会执行，其逻辑主要是执行 renderView 的 hitTest 方法，而 renderView 作为 Render Tree 的根节点，会遍历每个节点进行单击测试，RenderBox 的 hitTest 方法最为典型，它将递归地对每个子节点和自身进行单击测试，然后依次加入队列。注意，GestureBinding 始终都会作为最后一个元素加入队列，这对后面的手势竞争非常关键。

注意，以上逻辑中，单击位置在 RenderBox 的 Layout 范围内并非可以加入单击测试结果

的充分条件，通常还需要自身的 hitTestSelf 方法返回 true，这为 RenderBox 的子类提供了一个自由决定是否参与后续手势竞争的入口。

8.5.2 手势竞争

在获取所有可以响应单击的对象（存储于 HitTestResult）后，GestureBinding 会触发 dispatchEvent 方法，完成本次事件的分发，其逻辑如代码清单 8-47 所示。

代码清单 8-47 flutter/packages/flutter/lib/src/gestures/binding.dart

```
@override // GestureBinding
void dispatchEvent(PointerEvent event, HitTestResult? hitTestResult) {
  if (hitTestResult == null) { // 说明是 PointerHoverEvent、PointerAddedEvent
    try { // 或者 PointerRemovedEvent，在此统一路由分发，其他情况通过 handleEvent 方法处理
      pointerRouter.route(event);
    } catch (exception, stack) { ...... }
    return;
  }
  for (final HitTestEntry entry in hitTestResult.path) {
    try {
      entry.target.handleEvent(event.transformed(entry.transform), entry);
    } catch (exception, stack) { ...... }
  }
}
```

对于 hitTestResult 不为 null 的情况，会依次调用每个 HitTestTarget 对象的 handleEvent 方法，需要处理手势的 HitTestTarget 子类通过实现该方法就能够参与手势竞争，并在赢得竞争后处理手势。

日常开发中常用的 GestureDetector 内部使用了 RenderPointerListener，该类实现了 handleEvent 方法，并承担了手势的分发。此外 GestureBinding 作为手势的核心调度类和最后一个 HitTestTarget，也实现了该类，如代码清单 8-48 所示。

代码清单 8-48 flutter/packages/flutter/lib/src/rendering/proxy_box.dart

```
@override // from RenderPointerListener
void handleEvent(PointerEvent event, HitTestEntry entry) {
  assert(debugHandleEvent(event, entry));
  if (event is PointerDownEvent)
    return onPointerDown?.call(event); // 最终在代码清单 8-49 中进行调用
  if (event is PointerMoveEvent)
  return onPointerMove?.call(event);
  // SKIP PointerUpEvent、PointerCancelEvent 等事件
}
@override // from GestureBinding
void handleEvent(PointerEvent event, HitTestEntry entry) {
  pointerRouter.route(event); // 无条件路由给已注册成员，注册逻辑见代码清单 8-54
  if (event is PointerDownEvent) {
    gestureArena.close(event.pointer); // 关闭
  } else if (event is PointerUpEvent) {
    gestureArena.sweep(event.pointer); // 清理
```

```
  } else if (event is PointerSignalEvent) {
    pointerSignalResolver.resolve(event); // 解析
  }
}
```

GestureBinding 包含一个重要的成员——gestureArena，它负责管理所有的手势竞争，称为手势竞技场。RenderPointerListener 会在自身的 handleEvent 过程中完成手势竞技场成员（GestureArenaMember）的生成与注册，接下来以普通单击事件为例进行分析。

以上逻辑中，onPointerDown 在创建 Listener 对象时引入，其本质是 RawGestureDetector-State 的一个方法，如代码清单 8-49 所示。

代码清单 8-49　flutter/packages/flutter/lib/src/widgets/gesture_detector.dart

```
void _handlePointerDown(PointerDownEvent event) { // RawGestureDetectorState
  for (final GestureRecognizer recognizer in _recognizers!.values)
    recognizer.addPointer(event); // 成功将事件从 HitTestTarget 传递到 GestureRecognizer
}
void addPointer(PointerDownEvent event) { // GestureRecognizer
  _pointerToKind[event.pointer] = event.kind;
  if (isPointerAllowed(event)) { // 通常为 true
    addAllowedPointer(event);
  } else {
    handleNonAllowedPointer(event);
  }
}
@protected
void addAllowedPointer(PointerDownEvent event) { } // 子类实现
```

GestureDetector 提供了 onTap、onDoubleTap 等各种参数，其内部会转换为 GestureRecognizer 的各种子类，并加入 _recognizers 字段中。

一次单击（onTap）事件可以拆分为一次 PointerDownEvent 和一次 PointerUpEvent，PointerDownEvent 将触发以上逻辑，onTap 对应的手势识别类为 TapGestureRecognizer，其 addAllowedPointer 最终将通过 startTrackingPointer 调用 _addPointerToArena 方法，如代码清单 8-50 所示。

代码清单 8-50　flutter/packages/flutter/lib/src/gestures/recognizer.dart

```
GestureArenaEntry _addPointerToArena(int pointer) { // OneSequenceGestureRecognizer
  if (_team != null) // 当前 recognizer 隶属于某一 GestureArenaTeam 对象
    return _team!.add(pointer, this); // 暂不考虑这种情况
  return GestureBinding.instance!.gestureArena.add(pointer, this); // 加入手势竞技场
}
```

以上逻辑最终调用了 GestureBinding 的 gestureArena 成员的 add 方法，gestureArena 全局只有一个，其具体逻辑如代码清单 8-51 所示。

代码清单 8-51　flutter/packages/flutter/lib/src/gestures/arena.dart

```
GestureArenaEntry add(int pointer, GestureArenaMember member) { // GestureArenaManager
  final _GestureArena state = _arenas.putIfAbsent(pointer, () {
```

```
    return _GestureArena(); // 产生一个手势竞技场
  });
  state.add(member); // 加入当前手势竞技场
  return GestureArenaEntry._(this, pointer, member);
}
```

_GestureArena 实例表示一个具体的竞技场，如果当前不存在则会新建一个，然后将当前 GestureArenaMember 加入。如果嵌套使用多个 GestureDetector，那么会依次加入多个 GestureRecognizer。

无论前面的逻辑如何，最后都会调用 GestureBinding 的 handleEvent 逻辑，因为它是最后一个加入单击测试结果（HitTestResult）列表的，如代码清单 8-48 所示。如果是 PointerDownEvent 事件，则会关闭竞技场，因为前面的 HitTestTarget 已经完成 GestureArenaMember 的添加工作；如果是 PointerUpEvent 事件，则清理竞技场，因为手势此时已经结束了（后面将分析双击事件这种特殊情况）。

这个阶段需要解决一个关键问题——当存在多个 GestureArenaMember（通常是 TapGestureRecognizer）时，由谁来响应。

首先分析竞技场的关闭，如代码清单 8-52 所示。

代码清单 8-52　flutter/packages/flutter/lib/src/gestures/arena.dart

```
void close(int pointer) { // GestureArenaManager，关闭 pointer 对应的手势竞技场
  final _GestureArena? state = _arenas[pointer];
  if (state == null) return;
  state.isOpen = false; // 标记关闭
  _tryToResolveArena(pointer, state); // 决出竞技场内的胜者
}
void _tryToResolveArena(int pointer, _GestureArena state) {
  if (state.members.length == 1) { // 只有一个成员，直接决出胜者
    scheduleMicrotask(() => _resolveByDefault(pointer, state));
  } else if (state.members.isEmpty) { // 没有成员，移除当前手势竞技场
    _arenas.remove(pointer);
  } else if (state.eagerWinner != null) { // 存在 eagerWinner，定为胜者
    _resolveInFavorOf(pointer, state, state.eagerWinner!);
  }
}
void _resolveByDefault(int pointer, _GestureArena state) {
  if (!_arenas.containsKey(pointer)) return; // 已被移除
  final List<GestureArenaMember> members = state.members;
  state.members.first.acceptGesture(pointer); // 直接取第 1 个成员作为胜者
}
```

以上逻辑主要是手势竞技场的关闭，在关闭阶段将尝试决出手势竞技场的胜者。以图 8-9 中的 Case1 为例，A 在竞技场关闭阶段作为胜者响应单击事件。至于 Case2 和 Case3，后面将详细分析。

在关闭竞技场，PointerUp 事件到来时，将会开始清理手势竞技场，如代码清单 8-53 所示。

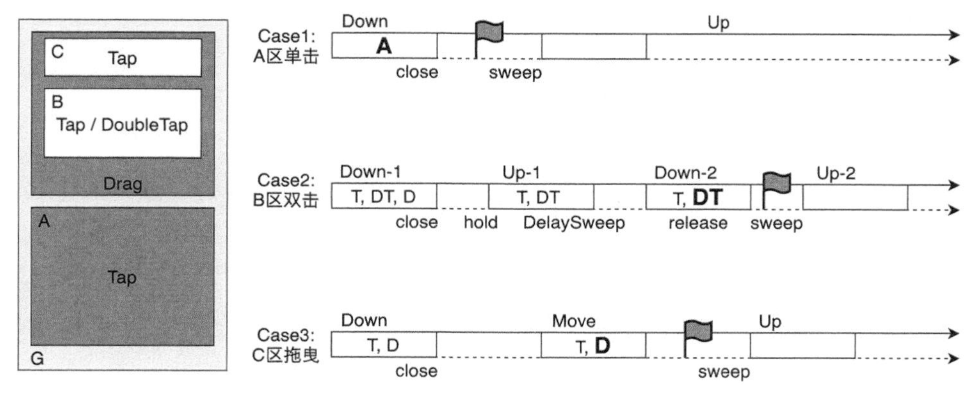

图 8-9 手势竞技场实例

代码清单 8-53 flutter/packages/flutter/lib/src/gestures/arena.dart

```
void sweep(int pointer) { // GestureArenaManager，清理 pointer 对应的手势竞技场
  final _GestureArena? state = _arenas[pointer];
  if (state == null) return; // 已移除，避免重复处理
  if (state.isHeld) { // 被挂起，直接返回
    state.hasPendingSweep = true;
    return;
  }
  _arenas.remove(pointer); // 移除 pointer 对应的手势竞技场
  if (state.members.isNotEmpty) {
    state.members.first.acceptGesture(pointer); // 取第 1 个成员作为胜者，与 _resolve
                                                // ByDefault 一致
    for (int i = 1; i < state.members.length; i++)
      state.members[i].rejectGesture(pointer); // 触发败者的 rejectGesture 方法
  }
}
```

以上逻辑主要是清理手势竞技场，如果被挂起，则直接返回。对于未被挂起的情况，由代码清单 8-46 的分析可知，将取第 1 个元素，也就是 RenderBox 中最里面的元素，这符合我们的开发经验。

对于只有一个成员的情况，手势竞技场将在 close 阶段直接决出胜者，而如果存在多个成员，手势竞技场将在 sweep 阶段（如果未被挂起）取第一个成员作为胜者。

8.5.3 双击事件

分析至此，可以发现对于普通的单击事件，以上逻辑是完全能够处理的，但对于双击事件呢？按照以上逻辑，第 2 次单击开始前，第 1 次单击就被当作一个单独的单击事件处理掉了。解决的玄机正是在 isHeld 字段中，下面开始详细分析。

由代码清单 8-49 可知，双击事件将会触发 DoubleTapGestureRecognizer 的 addAllowed-Pointer 方法，该方法会调用 _trackTap 方法，如代码清单 8-54 所示。

代码清单 8-54 flutter/packages/flutter/lib/src/gestures/multitap.dart

```
@override // DoubleTapGestureRecognizer
void addAllowedPointer(PointerDownEvent event) {
  if (_firstTap != null) { // 已经记录了一次单击，即当前为第 2 次单击，接下来进入以下逻辑
    if (!_firstTap!.isWithinGlobalTolerance(event, kDoubleTapSlop)) {
      return; // 超时，不认为是双击
    } else if (!_firstTap!.hasElapsedMinTime() || !_firstTap!.hasSameButton(event)) {
      _reset(); // 在短时间（kDoubleTapMinTime）内单击相同位置认为是单击，重置
      return _trackTap(event); // 重新追踪
    } else if (onDoubleTapDown != null) { // 认为是双击，触发对应回调 onDoubleTapDown
      final TapDownDetails details = TapDownDetails( ...... ); // 注意区别于 onDoubleTap
      invokeCallback<void>('onDoubleTapDown', () => onDoubleTapDown!(details));
    }
  } // if
  _trackTap(event); // 对于首次单击，直接开始追踪，主要逻辑是挂起竞技场
}
void _trackTap(PointerDownEvent event) { // DoubleTapGestureRecognizer
  _stopDoubleTapTimer(); // 见代码清单 8-57
  final _TapTracker tracker = _TapTracker( // 开始追踪单击事件
    event: event, // 触发本次单击事件的 PointerDown 事件
    // 加入竞技场，封装一个 GestureArenaEntry 对象并返回
    entry: GestureBinding.instance!.gestureArena.add(event.pointer, this),
    doubleTapMinTime: kDoubleTapMinTime, // 双击的最小时间间隔，默认为 40ms
  );
  _trackers[event.pointer] = tracker;
  tracker.startTrackingPointer(_handleEvent, event.transform);
                                                    // 开始追踪，见代码清单 8-56
}
```

以上逻辑将当前手势加入竞技场，并为当前事件添加路由 _handleEvent。由代码清单 8-48 可知，GestureBinding 在手势竞技场的关闭、清理等逻辑之前，会通过 pointerRouter 路由当前事件，触发 _handleEvent。具体逻辑如代码清单 8-55 所示。

以上逻辑对于实现双击至关重要：首次单击事件结束时，在 sweep 阶段之前优先触发 _handleEvent 的逻辑以挂起竞技场，避免立即决出胜者。

代码清单 8-55 flutter/packages/flutter/lib/src/gestures/multitap.dart

```
void _handleEvent(PointerEvent event) { // DoubleTapGestureRecognizer
  final _TapTracker tracker = _trackers[event.pointer]!;
                                        // 找到代码清单 8-54 中的 _TapTracker 对象
  if (event is PointerUpEvent) {
    if (_firstTap == null) // 首次单击抬起时触发
      _registerFirstTap(tracker); // 见代码清单 8-56
    else // 第 2 次单击抬起时触发
      _registerSecondTap(tracker); // 见代码清单 8-56
  } else if (event is PointerMoveEvent) { // 移除 PointerMove 事件
    if (!tracker.isWithinGlobalTolerance(event, kDoubleTapTouchSlop))
      _reject(tracker); // 如果移动一段距离则不再认为是单击事件，这符合用户体验
  } else if (event is PointerCancelEvent) {
    _reject(tracker);
  }
}
```

由以上代码可知，因为首次单击时 _firstTap 为 null，所以首次单击结束和第 2 次单击结束时将分别触发 _registerFirstTap 和 _registerSecondTap 的逻辑，如代码清单 8-56 所示。

代码清单 8-56 flutter/packages/flutter/lib/src/gestures/multitap.dart

```
void _registerFirstTap(_TapTracker tracker) { // 首次点击，触发 DoubleTapGestureRecognizer
  _startDoubleTapTimer(); // 启动一个定时器，在一定时间后重置，见代码清单 8-57
  GestureBinding.instance!.gestureArena.hold(tracker.pointer); // 挂起当前竞技场
  _freezeTracker(tracker); // 目标任务已触发，注销当前路由
  _trackers.remove(tracker.pointer); // 移除 tracker
  _clearTrackers(); // 触发 _trackers 内其他 tracker 的 _reject 方法
  _firstTap = tracker; // 标记首次单击事件产生，作用于代码清单 8-54
}
void _registerSecondTap(_TapTracker tracker) { // 第 2 次单击
  _firstTap!.entry.resolve(GestureDisposition.accepted); // 第 1 次单击的 tracker,
                                                          // 见代码清单 8-58
  tracker.entry.resolve(GestureDisposition.accepted); // 第 2 次单击的 tracker
  _freezeTracker(tracker); // 清理掉第 2 次单击所注册的路由
  _trackers.remove(tracker.pointer); // 移除
  _checkUp(tracker.initialButtons); // 触发双击事件对应的回调
  _reset(); // 重置，将释放之前挂起的竞技场，见代码清单 8-57
}
void _freezeTracker(_TapTracker tracker) {
  tracker.stopTrackingPointer(_handleEvent);
}
void _clearTrackers() {
  _trackers.values.toList().forEach(_reject);
}
void _checkUp(int buttons) { // 和前面介绍的 onDoubleTapDown 不同，此时胜者已经决出
  if (onDoubleTap != null) invokeCallback<void>('onDoubleTap', onDoubleTap!);
}
void startTrackingPointer(PointerRoute route, Matrix4? transform) { // _TapTracker
  if (!_isTrackingPointer) { // 避免重复注册
    _isTrackingPointer = true;
    GestureBinding.instance!.pointerRouter.addRoute(pointer, route, transform);
                                                                    // 注册路由
  } // 由代码清单 8-48 中 GestureBinding 的 handleEvent 方法可知
}   // 第 2 次单击将首先触发 route 参数，即 _handleEvent 方法
void stopTrackingPointer(PointerRoute route) { // _TapTracker
  if (_isTrackingPointer) {
    _isTrackingPointer = false;
    GestureBinding.instance!.pointerRouter.removeRoute(pointer, route); // 注销路由
  }
}
```

以上逻辑会在首个单击事件发生时启动一个定时器，用于在一定时间后触发重置（_reset 方法）逻辑。这是因为如果连续两次单击超过一定时间间隔则不算作双击，如代码清单 8-57 所示。

_registerFirstTap 中还有一些其他逻辑，主要是挂起当前手势所在的竞技场，因为还未决出是否为双击事件，此外还会通过 _freezeTracker 完成路由的注销，因为当前路由的职责（挂起竞技场）已经完成。一般来说，路由注销的逻辑在路由注册所触发的逻辑中，这样可以保

证注册和注销是成对出现的。

_registerSecondTap 将在第 2 次单击中通过路由触发，并触发竞技场的决胜逻辑，这部分内容后面将详细分析。

首先分析启动计时器的逻辑，如代码清单 8-57 所示。

代码清单 8-57　flutter/packages/flutter/lib/src/gestures/multitap.dart

```
void _startDoubleTapTimer() { // DoubleTapGestureRecognizer
  _doubleTapTimer ??= Timer(kDoubleTapTimeout, _reset); // 双击最大间隔时间，默认为 300ms
} // 超过这一时间后将触发 _reset
void _reset() {
  _stopDoubleTapTimer(); // 重置定时器
  if (_firstTap != null) {
    if (_trackers.isNotEmpty) _checkCancel();
    final _TapTracker tracker = _firstTap!;
    _firstTap = null;
    _reject(tracker);
    GestureBinding.instance!.gestureArena.release(tracker.pointer);
                                                    // 释放首次单击所在的竞技场
  }
  _clearTrackers();
}
void _stopDoubleTapTimer() {
  if (_doubleTapTimer != null) {
    _doubleTapTimer!.cancel();
    _doubleTapTimer = null;
  }
}
```

以上逻辑十分清晰，主要是超时后通过 _reset 方法完成相关成员的清理和重置。接下来分析手势竞技场的决胜逻辑，由 _registerSecondTap 触发，如代码清单 8-58 所示。

代码清单 8-58　flutter/packages/flutter/lib/src/gestures/arena.dart

```
void resolve(GestureDisposition disposition) { // GestureArenaEntry
  _arena._resolve(_pointer, _member, disposition);
}
void _resolve(int pointer, GestureArenaMember member, GestureDisposition
    disposition) {
  final _GestureArena? state = _arenas[pointer];
  if (state == null) return; // 目标竞技场已被移除，说明已经完成决胜
  if (disposition == GestureDisposition.rejected) {
    state.members.remove(member);
    member.rejectGesture(pointer);
    if (!state.isOpen) _tryToResolveArena(pointer, state);
  } else {
    if (state.isOpen) { // 竞技场还处在开放状态，没有关闭，则设置 eagerWinner
      state.eagerWinner ??= member; // 竞技场关闭时处理，见代码清单 8-52
    } else { // 直接决出胜者
      _resolveInFavorOf(pointer, state, member); // 见代码清单 8-59
    }
  } // if
}
```

通常来说，此时竞技场已经关闭但尚未清理，因此会进入 _resolveInFavorOf 的逻辑，如代码清单 8-59 所示。

代码清单 8-59 flutter/packages/flutter/lib/src/gestures/arena.dart

```
void _resolveInFavorOf(int pointer, _GestureArena state, GestureArenaMember
    member) {
  _arenas.remove(pointer); // InFavorOf，即支持传入的参数 member 成为竞技场的胜者
  for (final GestureArenaMember rejectedMember in state.members) {
    if (rejectedMember != member) rejectedMember.rejectGesture(pointer);
  }
  member.acceptGesture(pointer); // 触发胜者处理响应手势的逻辑
} // acceptGesture 方法由具体子类实现
```

以上逻辑主要是触发竞技场内胜利者的 acceptGesture 方法，对 DoubleTapGestureRecognizer 来说，其 acceptGesture 方法为空，因为响应双击事件的逻辑已经通过代码清单 8-56 的 _checkUp 方法触发了。

双击事件由于自身逻辑的特殊性，从代码上分析比较晦涩，下面以图 8-9 中的 Case2 为例进行分析。对于图 8-9 中 B 区域，第 1 次单击事件发生时，Tap、DoubleTap 和 Darg 的 GestureRecognizer 实例将加入竞技场，但是由于代码清单 8-56 中挂起了竞技场，因此手指抬起、单击结束时竞技场不会被清理。此时 Drag 事件已经可以确认失败了，第 2 次单击发生时将释放竞技场，同时 DoubleTap 判断自身是否满足条件（不超过指定时间），如果满足则触发对应回调；如果不满足首次单击则将以 Tap 的形式触发。

可以看出，双击事件的核心在于竞技场短暂挂起。至此，双击事件分析完成。

8.5.4 拖曳事件与列表滑动

相较于双击事件，拖曳（Drag）事件更加常见，它也是第 7 章介绍的列表滑动的基础。首先要解决的第 1 个问题是拖曳事件如何在和单击事件的竞争中胜出，可以通过分析 TapGestureRecognizer 的 handleEvent 方法来解决，该方法在其父类 PrimaryPointerGestureRecognizer 中，如代码清单 8-60 所示。

代码清单 8-60 flutter/packages/flutter/lib/src/gestures/recognizer.dart

```
@override // PrimaryPointerGestureRecognizer
void handleEvent(PointerEvent event) {
  if (state == GestureRecognizerState.possible && event.pointer == primaryPointer) {
    final bool isPreAcceptSlopPastTolerance =
        !_gestureAccepted && // 当前 Recognizer 尚在竞争手势
        preAcceptSlopTolerance != null && // 判断为非单击的阈值，默认为 18 像素，下同
        _getGlobalDistance(event) > preAcceptSlopTolerance!;
    final bool isPostAcceptSlopPastTolerance =
        _gestureAccepted &&  // 当前 Recognizer 已经成为胜者，例如只有一个竞技场成员时
        postAcceptSlopTolerance != null && // 此时如果发现单击变滑动，则仍要拒绝
        _getGlobalDistance(event) > postAcceptSlopTolerance!;
    if (event is PointerMoveEvent &&
          (isPreAcceptSlopPastTolerance || isPostAcceptSlopPastTolerance)) {
```

```
      resolve(GestureDisposition.rejected); // 如果一次单击中滑动距离超过阈值则拒绝
      stopTrackingPointer(primaryPointer!);
    } else {
      handlePrimaryPointer(event);
    }
  } // if
  stopTrackingIfPointerNoLongerDown(event);
}
```

由以上逻辑可知，如果发生了滑动（Move）事件，并且移动了一定距离，那么 Tap 会拒绝处理。因此，如果单击之后没有立即抬起，而是滑动一定距离，单击事件也不会发生（即使没有设置响应拖曳事件的逻辑）。

通过以上逻辑已经保证了单击事件的 Recognizer 不会竞争拖曳事件，那么拖曳事件又是如何识别并响应真正的拖曳手势呢？接下来开始分析，如代码清单 8-61 所示。

代码清单 8-61 flutter/packages/flutter/lib/src/gestures/recognizer.dart

```
@override // DragGestureRecognizer
void handleEvent(PointerEvent event) {
  // SKIP 与速度相关的计算
  if (event is PointerMoveEvent) {
    if (event.buttons != _initialButtons) {
      _giveUpPointer(event.pointer);
      return;
    }
    if (_state == _DragState.accepted) { // 分支 1：已经胜出
      _checkUpdate( // 直接更新拖曳信息
        sourceTimeStamp: event.timeStamp,
        delta: _getDeltaForDetails(event.localDelta),
        primaryDelta: _getPrimaryValueFromOffset(event.localDelta),
        globalPosition: event.position,
        localPosition: event.localPosition,
      );
    } else { // 分支 2：未胜出，正常情况下会先触发本分支
      _pendingDragOffset += OffsetPair(local: event.localDelta, global: event.
          delta);
      _lastPendingEventTimestamp = event.timeStamp;
      _lastTransform = event.transform;
      final Offset movedLocally = _getDeltaForDetails(event.localDelta);
      final Matrix4? localToGlobalTransform =
          event.transform == null ? null : Matrix4.tryInvert(event.transform!);
      _globalDistanceMoved += PointerEvent.transformDeltaViaPositions(
        transform: localToGlobalTransform,
        untransformedDelta: movedLocally,
        untransformedEndPosition: event.localPosition,
      ).distance * (_getPrimaryValueFromOffset(movedLocally) ?? 1).sign;
                                                                  // 累计移动距离
      if (_hasSufficientGlobalDistanceToAccept(event.kind)) // 达到阈值
        resolve(GestureDisposition.accepted); // 接受当前 GestureRecognizer
    }
  }
  // SKIP PointerUpEvent / PointerCancelEvent 处理：调用 _giveUpPointer
```

```
}
void _checkUpdate({ ...... }) {
  assert(_initialButtons == kPrimaryButton);
  final DragUpdateDetails details = DragUpdateDetails( ...... );
  if (onUpdate != null) // 赋值，见代码清单 8-62
    invokeCallback<void>('onUpdate', () => onUpdate!(details)); // 见代码清单 8-63
}
```

以上逻辑中，当手指按下并且首次滑动时，拖曳手势并未胜出，因而会进入分支 2，通过计算 globalDistanceMoved 的大小，即当前已滑动的距离，然后判断是否超过一定阈值，若超过则在手势竞争中胜出。

决出胜者之后，_checkUpdate 会触发 onUpdate 回调，将 PointerMove 的细节封装成一个 DragUpdateDetails 对象并调用该函数。

列表的滚动正是基于该机制，其关键类及其关系如图 8-10 所示。

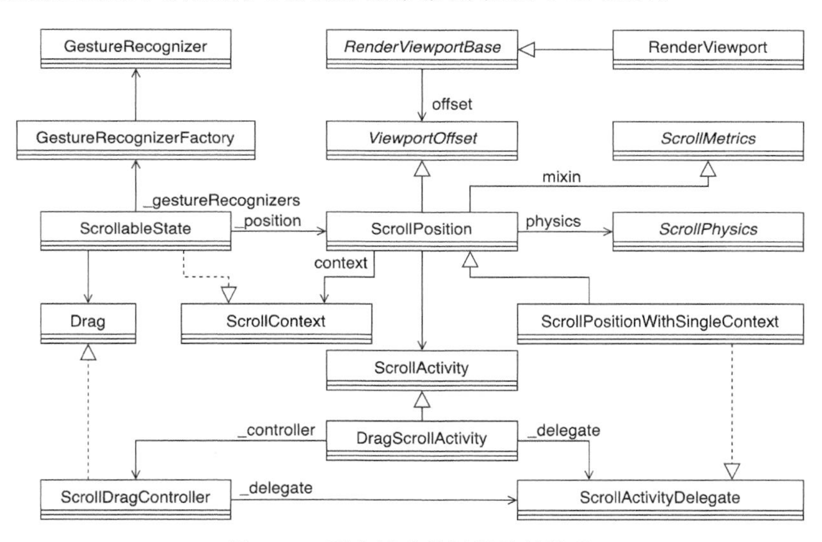

图 8-10 列表滚动关键类及其关系

图 8-10 中，ScrollableState 是 Viewport 在 Widget Tree 中的一个祖先节点，如其名字所昭示的，它也是提供列表滑动能力的关键所在。具体来说，ScrollableState 通过 _gestureRecognizers 字段持有一个 GestureRecognizerFactory 实例，它将根据滑动方向生成对应的 GestureRecognizer，一般来说是 DragGestureRecognizer 的子类。由第 7 章可知，RenderViewportBase 通过 offset 字段确定自身当前的滚动距离，进而对每个子节点进行布局，那么核心问题就变成 ScrollableState 如何将 GestureRecognizer 提供的拖曳信息转换为列表在滑动方向的距离（ViewportOffset）并触发布局更新。回答这个问题，需要理解图 8-10 中的一个传递关系，即 ScrollableState → ScrollDragController（Drag 的子类）→ ScrollPositionWithSingleContext（ScrollActivityDelegate 的实现类），而 ScrollPositionWithSingleContext 又是 ViewportOffset 的子类。如此，滚动信息便可以转换为 RenderViewportBase 的偏

移值。此外，ViewportOffset 继承自 ChangeNotifier，它可以向 RenderViewportBase 通知自身的滚动距离发生了变化。如此，手势事件便驱动了列表的滑动更新。

图 8-10 中，ScrollPhysics 和 ScrollActivity 的子类负责实现各种滑动边界效果，比如 Android 平台的 Clamping、iOS 平台的 Bouncing 等。ScrollableState 和 ScrollPosition 通过 _position 字段和 context 字段互相持有对方的引用，它们也是拖曳事件的生产者和最终的消费者进行交互的一条路径，但没有 ScrollDragController 所连接的路径那样职责专一。ScrollContext 表示滑动上下文，即真正产生滑动效果的那个类。

在图 7-1 中，列表是嵌套在 ScrollableState 中的，而该对象会生成一个 RawGesture-Detector，其 _gestureRecognizers 成员会根据当前主轴方向生成对应的手势处理器，如代码清单 8-62 所示。

代码清单 8-62　flutter/packages/flutter/lib/src/widgets/scrollable.dart

```
void setCanDrag(bool canDrag) { // ScrollableState
  if (canDrag == _lastCanDrag && (!canDrag || widget.axis == _lastAxisDirection))
    return;
  if (!canDrag) {
    _gestureRecognizers = const <Type, GestureRecognizerFactory>{};
    _handleDragCancel();
  } else {
    switch (widget.axis) {
      case Axis.vertical:
        _gestureRecognizers = <Type, GestureRecognizerFactory>{
          VerticalDragGestureRecognizer:
              GestureRecognizerFactoryWithHandlers<VerticalDragGestureRecognizer>(
            () => VerticalDragGestureRecognizer(),
            (VerticalDragGestureRecognizer instance) {
              instance
                ..onDown = _handleDragDown
                ..onStart = _handleDragStart
                ..onUpdate = _handleDragUpdate
                // SKIP 其他回调注册
            },
          ),
        };
        break;
      case Axis.horizontal: // SKIP, HorizontalDragGestureRecognizer 的注册
    } // switch
  } // if
  _lastCanDrag = canDrag;
  _lastAxisDirection = widget.axis;
  if (_gestureDetectorKey.currentState != null)
    _gestureDetectorKey.currentState!.replaceGestureRecognizers(_gestureRecognizers);
}
```

以上逻辑由代码清单 7-2 中的 applyContentDimensions 方法触发。由代码清单 8-61 可知，当有新的 PointerMove 事件到来时，_handleDragUpdate 将响应移动事件，该方法将调用 Drag 对象的 update 方法，具体逻辑在 ScrollDragController 类中，如代码清单 8-63 所示。

代码清单 8-63　flutter/packages/flutter/lib/src/widgets/scroll_activity.dart

```
@override // ScrollDragController
void update(DragUpdateDetails details) { // 见代码清单 8-61 的 _checkUpdate 方法
  _lastDetails = details;
  double offset = details.primaryDelta!; // 本次在主轴方向滑动的距离
  if (offset != 0.0) {
    _lastNonStationaryTimestamp = details.sourceTimeStamp;
  }
  _maybeLoseMomentum(offset, details.sourceTimeStamp);
  offset = _adjustForScrollStartThreshold(offset, details.sourceTimeStamp);
  if (offset == 0.0) { return; }
  if (_reversed) offset = -offset; // 逆向滑动
  delegate.applyUserOffset(offset); // 见代码清单 8-64
}
```

delegate 的具体实现为 ScrollPositionWithSingleContext，其 applyUserOffset 逻辑如代码清单 8-64 所示。

代码清单 8-64　flutter/packages/flutter/lib/src/widgets/scroll_position_with_single_context.dart

```
@override // ScrollPositionWithSingleContext
void applyUserOffset(double delta) { // 更新滚动方向
  updateUserScrollDirection(delta > 0.0 ? ScrollDirection.forward : ScrollDirection.
      reverse);
  setPixels(pixels - physics.applyPhysicsToUserOffset(this, delta));
                                                    // 父类 ScrollPosition 实现
} // pixels 是 ViewportOffset 的成员，表示当前拖曳事件在主轴方向导致的总偏移，即滑动距离
double setPixels(double newPixels) { //（ScrollPosition）更新滑动距离
  if (newPixels != pixels) {
    final double overscroll = applyBoundaryConditions(newPixels); // 计算滑动边缘距离
    final double oldPixels = pixels;
    _pixels = newPixels - overscroll;
                                      // 注意，这里的 _pixels 不是直接根据 newPixels 进行更新
    if (_pixels != oldPixels) {
      notifyListeners(); // 通知列表更新，触发 markNeedsLayout 方法，见代码清单 7-11
      didUpdateScrollPositionBy(pixels - oldPixels);
    }
    if (overscroll != 0.0) {
      didOverscrollBy(overscroll);
      return overscroll;
    }
  }
  return 0.0;
}
@protected // ScrollPhysics 的子类通过实现本方法达到不同的边缘滑动效果
double applyBoundaryConditions(double value) {
  final double result = physics.applyBoundaryConditions(this, value);
  return result;
}
```

以上逻辑将更新 ViewportOffset 的 _pixels 字段，而 RenderViewportBase 在赋值自身的 offset 字段时，已经将 markNeedsLayout 添加为 ViewportOffset 的监听者。由以上逻辑可知，notifyListeners 将触发代码清单 7-11 的 performLayout 方法，驱动列表布局的更新。

接下来以图 8-9 中的 Case3 为例进行分析。当手指按下时，单击事件和 Drag 拖曳事件将加入竞技场，在此期间如果移动超过一定阈值，拖曳事件将胜出（见代码清单 8-61），单击事件将被拒绝（见代码清单 8-60）。

至此，已经完成拖曳事件及列表滑动机制的分析。

8.6 Image 原理分析

图片是除文字外最常用到的 UI 元素。提供高效、易用的图片组件是 UI 框架的重要任务之一。本节将详细分析 Flutter 中的 Image 组件及其内部原理。

Image 关键类及其关系如图 8-11 所示。

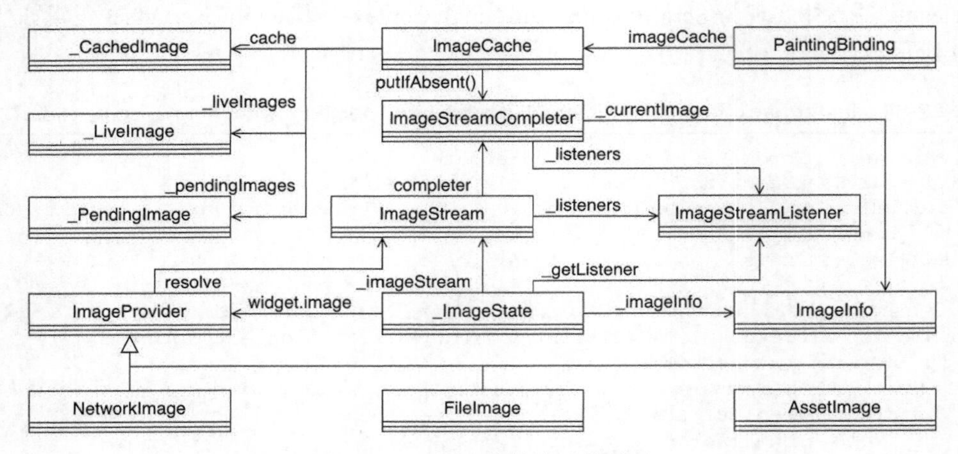

图 8-11　Image 关键类及其关系

图 8-11 中，_ImageState 是 Image 所对应的 State，也是图片加载的驱动者，它将通过 ImageProvider 的 resolve 方法获得一个 ImageStream 对象。顾名思义，ImageStream 负责提供图片信息的数据流，其对应的监听器由 _ImageState 的 _getListener 方法提供。而 ImageStream 的主要工作将委托给 ImageStreamCompleter，因此其持有的 ImageStreamListener 也将传递给 ImageStreamCompleter。图片信息真正的加载由 ImageProvider 的子类实现，例如 NetworkImage 将从网络加载图片，加载并解码后的图片信息 ImageInfo 交由 ImageStreamCompleter 进行通知，而接收通知的 ImageStreamListener 本质是由 _ImageState 提供的，因此，UI 能够响应图片的加载完成事件。此外，PaintingBinding 将持有一个 ImageCache 实例，用于全局图片缓存的管理，ImageCache 中共有 3 种缓存，8.6.3 节将详细分析。

8.6.1 框架分析

开发者通常通过 Image 组件展示图片，其对应的 _ImageState 会在 didChangeDependencies 回调中发起图片的解析，其核心逻辑在 _resolveImage 方法中，如代码清单 8-65 所示。

代码清单 8-65 flutter/packages/flutter/lib/src/widgets/image.dart

```
void _resolveImage() { // _ImageState
  final ScrollAwareImageProvider provider = ScrollAwareImageProvider<Object>(
    context: _scrollAwareContext,
    imageProvider: widget.image, // 真正加载图片的 ImageProvider
  );
  final ImageStream newStream = provider.resolve( // 见代码清单 8-66
    createLocalImageConfiguration(context, // 创建图片的配置信息
      size: widget.width != null && widget.height != null
          ? Size(widget.width!, widget.height!) : null,));
  _updateSourceStream(newStream);
}
void _updateSourceStream(ImageStream newStream) {
  if (_imageStream?.key == newStream.key) return;
  if (_isListeningToStream) _imageStream!.removeListener(_getListener());
  // 新图片加载期间是否维持旧的图片信息
  if (!widget.gaplessPlayback) setState(() { _replaceImage(info: null); });
  setState(() { // 重置相关字段
    _loadingProgress = null;
    _frameNumber = null;
    _wasSynchronouslyLoaded = false;
  });
  _imageStream = newStream; // 增加监听，响应逻辑见代码清单 8-73
  if (_isListeningToStream) _imageStream!.addListener(_getListener());
}
```

_updateSourceStream 负责响应图片数据，这部分内容后面详细分析。以上逻辑的核心是图片数据如何产生，ScrollAwareImageProvider 对于列表的快速滚动做了优化，但本质还是要委托给 widget.image 进行数据源解析，如代码清单 8-66 所示。

代码清单 8-66 flutter/packages/flutter/lib/src/painting/image_provider.dart

```
@nonVirtual // ImageProvider
ImageStream resolve(ImageConfiguration configuration) {
  final ImageStream stream = createStream(configuration);
  _createErrorHandlerAndKey( // 见代码清单 8-67
  configuration,
    (T key, ImageErrorListener errorHandler) {
      resolveStreamForKey(configuration, stream, key, errorHandler); // 见代码清单 8-68
    },
    (T? key, Object exception, StackTrace? stack) async { ...... },
  );
  return stream;
}
@protected
ImageStream createStream(ImageConfiguration configuration) {
  return ImageStream();
}
```

以上逻辑的核心在于通过 createErrorHandlerAndKey 解析当前 ImageConfiguration 所对应的 Key，并基于该 Key 进行图片的加载，Flutter 中的 Image 正是通过 Key 唯一标识一张图片，并用于后续缓存等逻辑。创建 Key 的具体逻辑如代码清单 8-67 所示。

代码清单 8-67 flutter/packages/flutter/lib/src/painting/image_provider.dart

```
void _createErrorHandlerAndKey(
  ImageConfiguration configuration,
  _KeyAndErrorHandlerCallback<T> successCallback,
  _AsyncKeyErrorHandler<T?> errorCallback,
) {
  T? obtainedKey;
  bool didError = false;
  Future<void> handleError(Object exception, StackTrace? stack) async { ...... }
  final Zone dangerZone = Zone.current.fork( ...... ); // 新建一个 Zone
  dangerZone.runGuarded(() {
    Future<T> key;
    try {
      key = obtainKey(configuration); // 获取图片的 Key
    } catch (error, stackTrace) {
      handleError(error, stackTrace);
      return;
    }
    key.then<void>((T key) {
      obtainedKey = key;
      try { // 成功获取 Key 后，基于此信息开始加载图片
        successCallback(key, handleError); // 见代码清单 8-68
      } catch (error, stackTrace) {
        handleError(error, stackTrace);
      }
    }).catchError(handleError);
  });
}
Future<T> obtainKey(ImageConfiguration configuration); // 由子类实现
```

由于图片加载的环境（可能来自内存、本地、网络）相对来说异常不稳定，因此上述逻辑主要是通过 Zone 提供一个独立的异步运行环境，并保证正确处理错误。obtainKey 由具体子类实现，后面将以网络图片为例进行分析。

成功解析 Key 后，将通过 successCallback，即前面的 resolveStreamForKey 方法，开始正式加载图片，如代码清单 8-68 所示。

代码清单 8-68 flutter/packages/flutter/lib/src/painting/image_provider.dart

```
@protected // ImageProvider
void resolveStreamForKey(
    ImageConfiguration configuration, // 图片信息
    ImageStream stream, // 监听图片加载结果的 Stream
    T key, ImageErrorListener handleError) {
  if (stream.completer != null) { ...... } // SKIP 特殊情况
  final ImageStreamCompleter? completer =
   PaintingBinding.instance!.imageCache!.putIfAbsent( // 见代码清单 8-76
      key, // 通过 Key 从缓存中依次加载，没有缓存则执行 load 方法
      () => load(key, PaintingBinding.instance!.instantiateImageCodec),
      onError: handleError,
    );
  if (completer != null) {
    stream.setCompleter(completer); // 见代码清单 8-69
```

```
    }
  }
  @protected
  ImageStreamCompleter load(T key, DecoderCallback decode);
```

以上逻辑将从缓存中尝试获取一个 ImageStreamCompleter 对象，若无法正确获取，将通过 load 方法生成一个新的实例，负责图片数据的实际加载。

首先分析 setCompleter 中的逻辑，如代码清单 8-69 所示。

代码清单 8-69 flutter/packages/flutter/lib/src/painting/image_stream.dart

```
void setCompleter(ImageStreamCompleter value) { // ImageStream
  _completer = value;
  if (_listeners != null) {
    final List<ImageStreamListener> initialListeners = _listeners!;
    _listeners = null;
    initialListeners.forEach(_completer!.addListener);
  }
}
```

以上逻辑主要是将 ImageStream 中的监听器全部注册到 ImageStreamCompleter 中，这样，_ImageState 传给 ImageStream 的监听，最后其实是给了 ImageStreamCompleter，那么 ImageStreamCompleter 是如何完成图片加载并通知监听者（Listener）的呢？

下面以 dart:io 库下 NetworkImage 的 load 实现为例进行分析，如代码清单 8-70 所示。

代码清单 8-70 flutter/packages/flutter/lib/src/painting/_network_image_io.dart

```
@override // NetworkImage
ImageStreamCompleter load(
  image_provider.NetworkImage key, // 图片 Key
  image_provider.DecoderCallback decode // 图片解码器
) {
  final StreamController<ImageChunkEvent> chunkEvents = StreamController
      <ImageChunkEvent>();
  return MultiFrameImageStreamCompleter( // 见代码清单 8-71
    codec: _loadAsync(key as NetworkImage, chunkEvents, decode), // 见代码清单 8-74
    chunkEvents: chunkEvents.stream, // 当前加载进度监听
    scale: key.scale,
    debugLabel: key.url, // 调试信息
    informationCollector: () { return <DiagnosticsNode>[ ...... ]; },
  );
}
```

以上逻辑主要是创建 MultiFrameImageStreamCompleter 对象，codec 参数负责图片原始信息的加载，返回的数据为 ui.Codec 格式，它通过 decode 参数解码目标数据格式，在此不再赘述。下面深入 MultiFrameImageStreamCompleter 的代码，分析图片加载成功后的处理逻辑，如代码清单 8-71 所示。

代码清单 8-71 flutter/packages/flutter/lib/src/painting/image_stream.dart

```
MultiFrameImageStreamCompleter({required Future<ui.Codec> codec,
                                                    // codec 即具体的加载逻辑
```

```
...... }) : assert(codec != null), // 例如代码清单 8-75 中的 _loadAsync 方法
      _informationCollector = informationCollector,
      _scale = scale {
  this.debugLabel = debugLabel;
  codec.then<void>( // 阻塞住，等待 codec 方法执行完毕
_handleCodecReady, // 见代码清单 8-72，处理加载好的数据
    onError: (Object error, StackTrace stack) {......});
  if (chunkEvents != null) {
    chunkEvents.listen(
reportImageChunkEvent, // 报告加载进度
      onError: (Object error, StackTrace stack) { ...... },
    );
  } // if
}
```

以上逻辑中，codec 由 load 方法提供，而 load 方法由不同的 ImageProvider 具体实现，后面将以网络图片加载为例具体分析。codec 方法返回值的本质就是图片的原始信息，获取后将由 _handleCodecReady 方法进行处理，如代码清单 8-72 所示。

代码清单 8-72　flutter/packages/flutter/lib/src/painting/image_stream.dart

```
void _handleCodecReady(ui.Codec codec) { // MultiFrameImageStreamCompleter
  _codec = codec;
  if (hasListeners) {
    _decodeNextFrameAndSchedule();
  } // 没有 Listener 则不处理，因为处理了也没有意义
}
Future<void> _decodeNextFrameAndSchedule() async {
  _nextFrame?.image.dispose(); // 释放目标帧当前持有的 Image 实例的资源
  _nextFrame = null;
  try {
    _nextFrame = await _codec!.getNextFrame(); // 获取一帧
  } catch (exception, stack) { ...... }
  if (_codec!.frameCount == 1) { // 图仅有一帧，如 PNG、JPG 格式
    if (!hasListeners) {  return; } // 再次检查
    _emitFrame(ImageInfo( // 见代码清单 8-73
      image: _nextFrame!.image.clone(),
      scale: _scale, debugLabel: debugLabel,));
    _nextFrame!.image.dispose(); // 已经完成复制，自身的资源可以释放了
    _nextFrame = null;
    return; // 注意，单帧和多帧的逻辑是互斥的
  } // if
  _scheduleAppFrame(); // 图片存在多帧
}
```

以上逻辑会尝试从 _codec 中获取下一帧，如果图片只有一帧，则会进入 _emitFrame 方法的逻辑；如果有多帧（比如 GIF 格式图片）则进入 _scheduleAppFrame 方法的逻辑，其流程类似动画的“心跳”机制，在此不再赘述。这里以只有一帧的情况进行分析，如代码清单 8-73 所示。

代码清单 8-73　flutter/packages/flutter/lib/src/painting/image_stream.dart

```
void _emitFrame(ImageInfo imageInfo) { // MultiFrameImageStreamCompleter
  setImage(imageInfo);
```

```
    _framesEmitted += 1; // 计数加 1
  }
  @protected
  void setImage(ImageInfo image) {
    _checkDisposed();
    _currentImage?.dispose(); // 释放当前持有的资源
    _currentImage = image; // 新的图片信息
    if (_listeners.isEmpty) return; // 没有监听，直接返回
    final List<ImageStreamListener> localListeners = List<ImageStreamListener>.from
(_listeners);
    for (final ImageStreamListener listener in localListeners) {
      try {
        listener.onImage(image.clone(), false); // 通知图片更新
      } catch (exception, stack) { ...... }
    }
  }
```

以上逻辑的核心在于调用 onImage 方法通知所有的监听者，为了图片组件能够刷新，监听者必然包括 _ImageState 的实例。那么 _ImageState 又是在何时注册监听器的呢？主要是在代码清单 8-65 的 _updateSourceStream 方法的 _getListener 参数中，如代码清单 8-74 所示。

代码清单 8-74　flutter/packages/flutter/lib/src/widgets/image.dart

```
  ImageStreamListener _getListener({bool recreateListener = false}) {
    if(_imageStreamListener == null || recreateListener) {
      _lastException = null;
      _lastStack = null;
      _imageStreamListener = ImageStreamListener(
        _handleImageFrame, // 更新 UI
        onChunk: widget.loadingBuilder == null ? null : _handleImageChunk, // 更新进度
        onError: ......
      );
    } // if
    return _imageStreamListener!;
  }
  void _handleImageFrame(ImageInfo imageInfo, bool synchronousCall) {
    setState(() { // 标记脏节点，请求渲染一帧
      _replaceImage(info: imageInfo); // 替换图片信息
      _loadingProgress = null;
      _lastException = null;
      _lastStack = null;
      _frameNumber = _frameNumber == null ? 0 : _frameNumber! + 1;
      _wasSynchronouslyLoaded = _wasSynchronouslyLoaded | synchronousCall;
    });
  }
```

以上逻辑比较清晰，核心是在图片加载完成后触发 _handleImageFrame 方法，其主要作用是更新 UI 相关的字段，并通过 setState 请求刷新。

至此，图片加载的总体流程分析完毕。下面以网络图片的加载流程为例具体分析。

8.6.2 网络图片加载

前面内容提到，NetworkImage 的 load 方法会返回一个 MultiFrameImageStreamCompleter，而且主要逻辑在 _loadAsync 方法中，如代码清单 8-75 所示。

代码清单 8-75 flutter/packages/flutter/lib/src/painting/_network_image_io.dart

```
@override // NetworkImage
Future<NetworkImage> obtainKey(image_provider.ImageConfiguration configuration) {
  return SynchronousFuture<NetworkImage>(this);
}
Future<ui.Codec> _loadAsync( // NetworkImage
NetworkImage key,
  StreamController<ImageChunkEvent> chunkEvents,
  image_provider.DecoderCallback decode,
) async { // NetworkImage
  try {
    assert(key == this);
    final Uri resolved = Uri.base.resolve(key.url); // 解析图片资源地址
    final HttpClientRequest request = await _httpClient.getUrl(resolved); // 构造请求
    headers?.forEach((String name, String value) {
      request.headers.add(name, value); // 添加请求头
    });
    final HttpClientResponse response = await request.close(); // 发起请求
    if (response.statusCode != HttpStatus.ok) { ...... } // 处理异常请求结果
    final Uint8List bytes = await consolidateHttpClientResponseBytes( // 下载数据
      response, // 根据回应开始下载
      onBytesReceived: (int cumulative, int? total) { // 当前下载进度
        chunkEvents.add(ImageChunkEvent( // 对外通知下载进度
          cumulativeBytesLoaded: cumulative,
          expectedTotalBytes: total,
        ));
      },
    ); //
    if (bytes.lengthInBytes == 0) throw Exception('......'); // 没有数据
    return decode(bytes); // 从二进制流解析出图片信息并返回
  } catch (e) { ...... } finally {
    chunkEvents.close();
  }
}
```

以上逻辑的作用在代码中已基本注明，主要通过 HTTP 下载接口进行原始数据的下载，并通过 decode 方法完成原始数据的解析。完成以上逻辑后，由代码清单 8-71 可知，将通过 _handleCodecReady 方法处理框架层。

8.6.3 缓存管理

缓存对于提升性能至关重要，代码清单 8-68 中曾提及加载图片时会优先使用缓存，其具体逻辑如代码清单 8-76 所示。

代码清单 8-76　flutter/packages/flutter/lib/src/painting/image_cache.dart

```
    ImageStreamCompleter? putIfAbsent(Object key, ImageStreamCompleter loader(),
{ ...... }) {
      ImageStreamCompleter? result = _pendingImages[key]?.completer;
      if (result != null) { return result; } // 优先级 1，当前正在加载，直接返回
      final _CachedImage? image = _cache.remove(key); // 优先级 2，直接使用缓存
      if (image != null) {
        _trackLiveImage(key, image.completer, image.sizeBytes,); // 见代码清单 8-78
        _cache[key] = image; // 注册新的 Key，可能覆盖旧的
        return image.completer;
      }
      final _LiveImage? liveImage = _liveImages[key];
      if (liveImage != null) { // 优先级 3，使用 _liveImages 的缓存，和 _cache 类似，但是有监听器
        _touch( // 见代码清单 8-78
        key, _CachedImage(liveImage.completer,sizeBytes: liveImage.sizeBytes,),
          timelineTask,);
        return liveImage.completer;
      }
      try { // 优先级 4，没有缓存，开始加载
        result = loader(); // 见代码清单 8-70
        _trackLiveImage(key, result, null);
      } catch (error, stackTrace) { ...... }
      bool listenedOnce = false;
      _PendingImage? untrackedPendingImage;
      // 定义监听者，见代码清单 8-77
      final ImageStreamListener streamListener = ImageStreamListener(listener);
      if (maximumSize > 0 && maximumSizeBytes > 0) {
        _pendingImages[key] = _PendingImage(result, streamListener);
      } else {
        untrackedPendingImage = _PendingImage(result, streamListener);
      }
      result.addListener(streamListener); // 监听加载结果
      return result;
    }
```

以上逻辑主要是依次尝试各级缓存，相关解释均在代码中已注明。对于不存在缓存的情况，则会进行加载，监听加载结果的逻辑如代码清单 8-77 所示。

代码清单 8-77　flutter/packages/flutter/lib/src/painting/image_cache.dart

```
    void listener(ImageInfo? info, bool syncCall) {
      int? sizeBytes; // 图片大小
      if (info != null) {
        sizeBytes = info.image.height * info.image.width * 4; // A、R、G、B 4 个通道
        info.dispose();
      }
      final _CachedImage image = _CachedImage(result!, sizeBytes: sizeBytes,);
                                                                    // 构造缓存
      _trackLiveImage(key, result, sizeBytes); // 见代码清单 8-78
      if (untrackedPendingImage == null) {
        _touch(key, image, listenerTask);
      } else {
        image.dispose();
```

```
    } // if
    final _PendingImage? pendingImage =
        untrackedPendingImage ?? _pendingImages.remove(key);
    if (pendingImage != null) {
      pendingImage.removeListener();
    }
    listenedOnce = true;
  }
```

以上逻辑主要是缓存信息的登记与更新，其中 _trackLiveImage 和 _touch 方法被多次调用，它们的逻辑及作用如代码清单 8-78 所示。

代码清单 8-78　flutter/packages/flutter/lib/src/painting/image_cache.dart

```
void _trackLiveImage(Object key, ImageStreamCompleter completer, int? sizeBytes) {
  _liveImages.putIfAbsent(key, () {
    return _LiveImage(completer, () { _liveImages.remove(key);},);
  }).sizeBytes ??= sizeBytes; // 加入 _liveImages 缓存队列
}
void _touch(Object key, _CachedImage image, TimelineTask? timelineTask) {
  if (image.sizeBytes != null &&
        image.sizeBytes! <= maximumSizeBytes && maximumSize > 0) {
    _currentSizeBytes += image.sizeBytes!; // 已缓存图片的大小
    _cache[key] = image; // 添加缓存
    _checkCacheSize(timelineTask); // 见代码清单 8-79
  } else { // 图片过大
    image.dispose(); // 释放图片资源
  }
}
```

以上逻辑主要是缓存的更新，其中 _checkCacheSize 方法将清理缓存，如代码清单 8-79 所示。

代码清单 8-79　flutter/packages/flutter/lib/src/painting/image_cache.dart

```
void _checkCacheSize(TimelineTask? timelineTask) {
  final Map<String, dynamic> finishArgs = <String, dynamic>{};
  TimelineTask? checkCacheTask;
  while (_currentSizeBytes > _maximumSizeBytes || _cache.length > _maximumSize) {
    final Object key = _cache.keys.first; // 取出最先加入缓存的图片，即最老的缓存数据
    final _CachedImage image = _cache[key]!; // 准备释放缓存
    _currentSizeBytes -= image.sizeBytes!; // 更新大小
    image.dispose(); // 释放资源
    _cache.remove(key); // 移除缓存注册信息
  } // while: 清理缓存，直到缓存的大小和图片数目低于阈值
}
```

以上逻辑其实隐晦地使用了 LRU（最近最少使用）规则。_cache 字段的类型是 Map，其 Key 的排序取决于注册的顺序，在代码清单 8-76 中，通过优先级 2 使用缓存时是通过 remove 方法获取的，这导致了 Key 的注销，并在代码清单 8-78 的 _touch 方法中重新完成了 Key 的注册。这样，当命中缓存时，将会提升 Key 的顺序。因此，在代码清单 8-79 中，_cache.keys.

first 属性获取的其实是最老的缓存数据。至此，_touch 方法的作用也更加清晰：更新缓存顺序并触发清理逻辑。

由以上逻辑可知，Flutter 自身提供的图片缓存还是比较简单的，具体表现为两点：一是清理策略比较单一；二是没有提供本地缓存，这导致 Flutter 应用每次启动时都要重新构建缓存，对网络图片的加载来说，这种体验非常差。

8.7 Navigation 原理分析

第 5 章详尽分析了 Flutter 的 3 棵树模型，那么对于存在多个页面的 Flutter 应用，又该如何进行组织呢？

实际上，Flutter 的所有的页面都由 3 棵树负责管理，更具体地说，是由 Navigator 及其内部的路由机制管理。Flutter 的路由管理机制在后面的内容中统称为 Navigation，其关键类及关系如图 8-12 所示。

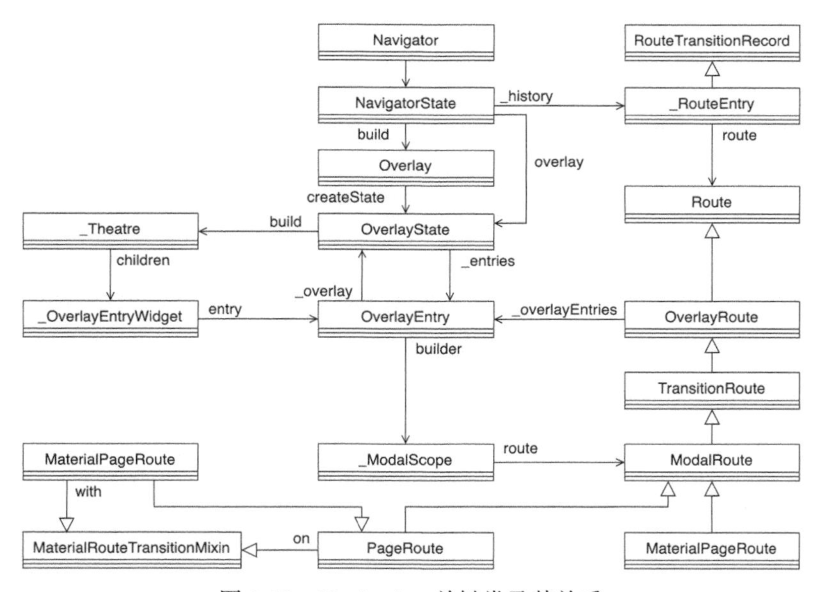

图 8-12 Navigation 关键类及其关系

图 8-12 中，Navigator 通常会作为所有 Flutter 页面的祖先节点，而每个页面将通过 Route 进行抽象表示。以代码清单 8-85 为例，目标页面即以一个 builder 函数的方式由 MaterialPageRoute 进行封装表示。由图 8-12 中继承关系可知，MaterialPageRoute 是 Route 的子类，_RouteEntry 是对 Route 的进一步封装，而 NavigatorState 会通过 _history 字段持有所有 _RouteEntry 的实例。以上关系的本质是 Navigator 持有所有页面的生成器（即 builder 函数，主要是为了懒加载）。_OverlayEntryWidget 是 _RouteEntry 的 UI 表示，OverlayState 将在创建 _Theatre 时将 _entries 字段（即 OverlayEntry 对象的列表，由 OverlayRoute 在 install 方法执行

期间生成，详见后面内容）中可见的页面通过 _Theatre 显示。具体地说，_OverlayEntryWidget 将通过 OverlayEntry 的 builder 字段完成诸多功能性 Widget 的构建，其中最里层的是 _ModalScope，而该 Widget 又会调用 ModalRoute 的 buildPage 方法，MaterialPageRoute 作为子类实现了该方法，并触发了代码清单 8-85 中 builder 函数的执行。

Navigation 的诸多操作中，最典型的就是页面跳转，其由 NavigatorState 的 push 方法触发，如代码清单 8-80 所示。

代码清单 8-80 flutter/packages/flutter/lib/src/widgets/navigator.dart

```
Future<T?> push<T extends Object?>(Route<T> route) { // NavigatorState
  _pushEntry(_RouteEntry(route, initialState: _RouteLifecycle.push));
  return route.popped; // 异步操作，当前路由出栈（pop）后 Future 完成
}
void _pushEntry(_RouteEntry entry) {
  _history.add(entry); // 记录当前已经入栈（push）的路由
  _flushHistoryUpdates();
  _afterNavigation(entry.route);
}
```

以上逻辑中，route 参数是对页面跳转行为的抽象封装，详见后面的分析。Navigation 通过 Route 组织管理每个页面。目标路由入栈后，将调用 _flushHistoryUpdates 方法完成路由信息的更新。

_flushHistoryUpdates 方法本身处理包括 push、add、pop 等在内的诸多路由事件，这里仅分析一个页面的跳转，即 push 事件，其对应的逻辑如代码清单 8-81 所示。

代码清单 8-81 flutter/packages/flutter/lib/src/widgets/navigator.dart

```
void handlePush({ ...... }) {
  final _RouteLifecycle previousState = currentState;
  route._navigator = navigator;
  route.install(); // 见代码清单 8-82
  // SKIP 状态处理
}
```

以上逻辑的核心在于 install 方法，如代码清单 8-82 所示。

代码清单 8-82 flutter/packages/flutter/lib/src/widgets/routes.dart

```
@override // OverlayRoute
void install() {
  _overlayEntries.addAll(createOverlayEntries()); // 见代码清单 8-83
  super.install();
}
@override // TransitionRoute
void install() {
  _controller = createAnimationController(); // 路由过程中的动画
  _animation = createAnimation()..addStatusListener(_handleStatusChanged);
  super.install(); // OverlayRoute
  if (_animation!.isCompleted && overlayEntries.isNotEmpty) {
    overlayEntries.first.opaque = opaque;
  }
```

```
}
@override // ModalRoute，模态路由，即路由期间 UI 处于不可交互状态
void install() {
  super.install(); // TransitionRoute
  _animationProxy = ProxyAnimation(super.animation);
  _secondaryAnimationProxy = ProxyAnimation(super.secondaryAnimation);
}
```

Route 的子类众多，以上逻辑中核心是 OverlayRoute 的 install 方法，它将通过 createOverlay-Entries 来生成新的 OverlayEntry，具体逻辑如代码清单 8-83 所示。

代码清单 8-83 flutter/packages/flutter/lib/src/widgets/routes.dart

```
@override // ModalRoute
Iterable<OverlayEntry> createOverlayEntries() sync* {
  yield _modalBarrier = OverlayEntry(builder: _buildModalBarrier);
                                                              // 遮罩层，如对话框等
  yield _modalScope = // 将构建真正的目标页面
           OverlayEntry(builder: _buildModalScope, maintainState: maintainState);
}
Widget _buildModalScope(BuildContext context) {
  return _modalScopeCache ??= Semantics(
    sortKey: const OrdinalSortKey(0.0),
    child: _ModalScope<T>(key: _scopeKey, route: this,) // 见代码清单 8-84
  );
}
```

以上逻辑中，_buildModalScope 所创建的 _ModalScope 将作为目标页面的容器，其 build 方法内部嵌套了各种功能型的 Widget，在此不再赘述，仅分析其核心方法，如代码清单 8-84 所示。

代码清单 8-84 flutter/packages/flutter/lib/src/widgets/routes.dart

```
// 构造 _ModalScopeState#build 方法的最里层 Widget
child: _page ??= RepaintBoundary( // 提供独立绘制的 Layer
  key: widget.route._subtreeKey, // immutable
  child: Builder(
    builder: (BuildContext context) {
      return widget.route.buildPage( // buildContent，即 builder 参数，见代码清单 8-85
        context, widget.route.animation!,  widget.route.secondaryAnimation!,);
    },
  ), // Builder
),
```

以上逻辑中，buildPage 最终会对应到 MaterialRouteTransitionMixin 的 buildContent 方法，而对常用的 MaterialPageRoute 而言，该方法将调用传入的 builder 参数，如代码清单 8-85 所示。

代码清单 8-85 Flutter 路由跳转示例

```
Navigator.push(
  context,
  MaterialPageRoute(builder: (context) => SecondPage()),
);
```

以上逻辑中，builder 参数正是 _ModalScopeState 所构造的 Widget Tree 中最里层的 Builder 节点。至此，可以发现，在 Flutter 中，Frame work 在处于路由管理下的页面的外层包裹诸多功能性的 Widget（如 RepaintBoundary）以提高页面的性能，同时方便管理。

现在我们知道了内部的构造细节，再来看看 OverlayState 作为 NavigatorState 的子节点是如何构造 UI 的，如代码清单 8-86 所示。

代码清单 8-86　flutter/packages/flutter/lib/src/widgets/overlay.dart

```
@override // OverlayState
Widget build(BuildContext context) {
  final List<Widget> children = <Widget>[];
  bool onstage = true;
  int onstageCount = 0;
  for (int i = _entries.length - 1; i >= 0; i -= 1) {
    final OverlayEntry entry = _entries[i];
    if (onstage) { // 处于用户可见范围
      onstageCount += 1;
      children.add(_OverlayEntryWidget( key: entry._key, entry: entry, ));
      if (entry.opaque) onstage = false; // 出现一个不透明的页面，那么之后的页面必然不可见
    } else if (entry.maintainState) { // 虽然页面不可见，但是需要保持状态，避免被销毁
      children.add(_OverlayEntryWidget(
        key: entry._key,
        entry: entry, tickerEnabled: false, ));
    }
  }
  return _Theatre( // _Theatre，顾名思义，像剧场一样组织好所有可见的 _OverlayEntryWidget
    skipCount: children.length - onstageCount, // 不可见、无须渲染的子节点
    children: children.reversed.toList(growable: false),
    clipBehavior: widget.clipBehavior,
  );
}
```

以上逻辑将基于前面内容计算的 OverlayEntry 的列表，开始依次完成每个 OverlayEntry 的构建。_Theatre 如其名字所昭示的，将只展示可见的 OverlayEntry，如图 8-13 所示。

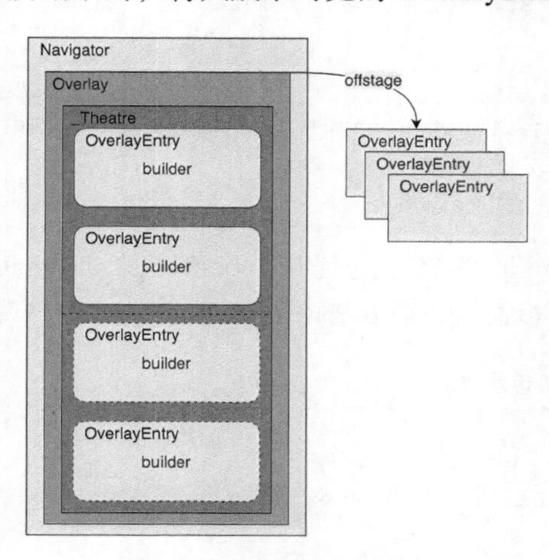

图 8-13　Flutter 路由示意

以上就是 push 事件的流程，pop 事件以及其他路由事件均是基于这套管理机制运行的，读者可自行探索，在此不再赘述。

8.8 本章小结

本章主要介绍了 Framework 中的基础能力及其底层流程，这些基础能力构筑在渲染管道之上，让 Flutter 作为一个 UI 框架，为开发者和用户提供了更完备的体验。

第 9 章　Embedder 探索

虽然 Flutter 的愿景是彻底跨平台，但其自身仍然是一个 UI 工具包，还有很多能力不是自身能够提供的，例如获取电量等设备信息。此外，一些复杂的 UI 组件如地图、WebView 在 Flutter 上没有等价的实现。那么 Flutter 是如何解决这些问题的呢？本章将详细剖析 Flutter（Framework）和 Platform（Embedder）进行交互的底层原理。

本章中，Flutter 一般是指 Framework，Platform 一般是指 Embedder。

9.1　Platform Channel 原理分析

Platform Channel 旨在解决 Flutter 和 Platform 的通信问题，Dart 和 Java 并没有互相调用的能力，因此，位于两者中间的 Engine 便充当了桥接者的角色。也就是说，Dart 和 C++ 进行交互，C++ 再和 Java 进行交互，反之亦然，但对使用者来说，就像是 Dart 和 Java 在直接进行交互。

9.1.1　Platform Channel 架构分析

Platform Channel 涉及 Framework 和 Embedder，它们的架构大体类似，这里以 Embedder 的架构为例进行分析。Embedder in Platform Channel 关键类及其关系如图 9-1 所示。

在图 9-1 中，BasicMessageChannel、MethodChannel、EventChannel 是开发者和 Flutter Framework 进行通信的接口，它们的底层通信都是通过 messenger 字段所持有的 Binary Messenger 接口来实现的。DefaultBinaryMessenger 是该接口的默认实现类，该类其实将所有工作都委托给 DartMessenger，DartMessenger 通过 flutterJNI 字段持有 FlutterJNI 的实例，可以与 Flutter Engine 进行通信。DartMessenger 有两个关键字段：pendingReplies 字段记录了一个 BinaryReply 接口的列表，用于分发 Framework 的返回数据；messageHandlers 记录了一个 BinaryMessageHandler 接口的列表，用于处理 Framework 发送过来的请求，该接口的实现

类分别持有 MessageHandler、MethodCallHandler 和 StreamHandler，这 3 个接口也是开发者经常需要重写的接口，它们将执行 Embedder 侧真正的处理逻辑。除了数据通信，以上 3 个 Channel 类还通过 codec 字段持有对应的编解码接口，即 MessageCodec 和 MethodCodec，具体细节将在后面内容分析。

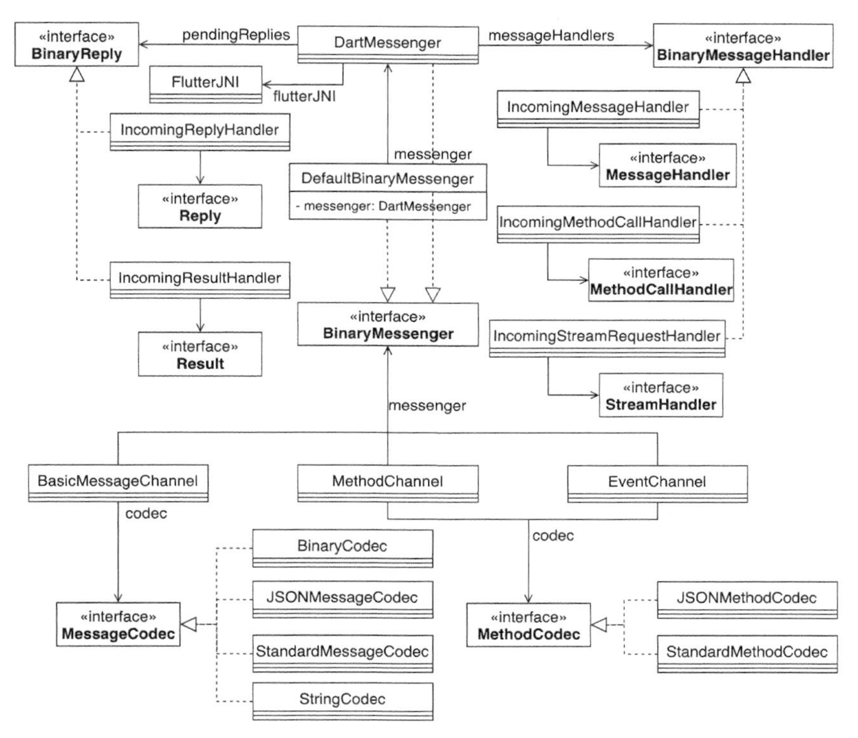

图 9-1　Embedder 的 Platform Channel 关键类及其关系

9.1.2　BasicMessageChannel 流程详解

Flutter 通过 Platform Channel 和宿主 Platform 进行通信，具体来说有 BasicMessageChannel、MethodChannel 和 EventChannel 3 种，它们底层都是通过 BinaryMessenger 的具体实现进行通信的，本节首先分析 BasicMessageChannel 的完整实现，然后介绍另外两种的封装实现。

以 Flutter 向 Platform 发送消息为例，Flutter 会调用 BasicMessageChannel 的 send 方法并获得其返回值，如代码清单 9-1 所示。

代码清单 9-1　flutter/packages/flutter/lib/src/services/platform_channel.dart

```
Future<T> send(T message) async { // BasicMessageChannel
  return codec.decodeMessage(
      await binaryMessenger.send(name, codec.encodeMessage(message)));
}
```

由于 Dart、C++、Java 的对象不能直接转换，因此需要先通过 codec 对象完成 message 参数的序列化，具体细节不再赘述。完成序列化后，将通过 binaryMessenger 完成消息的发送，如代码清单 9-2 所示。

代码清单 9-2 flutter/packages/flutter/lib/src/services/binding.dart

```
@override // _DefaultBinaryMessenger
Future<ByteData?>? send(String channel, ByteData? message) {
  final MessageHandler? handler = _mockHandlers[channel]; // 方便测试
  if (handler != null) return handler(message);
  return _sendPlatformMessage(channel, message);
}
Future<ByteData?> _sendPlatformMessage(String channel, ByteData? message) {
  final Completer<ByteData?> completer = Completer<ByteData?>();
  ui.PlatformDispatcher.instance.sendPlatformMessage(channel, message,
                                                        // 见代码清单 9-3
    (ByteData? reply) { // 将在代码清单 9-13 中被触发
      try {
        completer.complete(reply); // Completer 在此实现类似 callback 的效果
      } catch (exception, stack) { ...... }
    }
  );
  return completer.future;
}
```

以上逻辑的本质是调用 Engine 的 SendPlatformMessage 方法，如代码清单 9-3 所示。

代码清单 9-3 engine/lib/ui/window/platform_configuration.cc

```
Dart_Handle SendPlatformMessage(Dart_Handle window, const std::string& name,
    Dart_Handle callback, Dart_Handle data_handle) {
  UIDartState* dart_state = UIDartState::Current();
  if (!dart_state->platform_configuration()) { ...... } // 该字段为空，说明不是 Main
                                                        // Isolate，产生异常
  fml::RefPtr<PlatformMessageResponse> response;
  if (!Dart_IsNull(callback)) { // 若 callback 有了定义，则将其封装成 response，具体
                                // 调用过程见代码清单 9-12
    response = fml::MakeRefCounted<PlatformMessageResponseDart>(
        tonic::DartPersistentValue(dart_state, callback),
        dart_state->GetTaskRunners().GetUITaskRunner()); // 触发 callback 的线程
  }
  if (Dart_IsNull(data_handle)) { // 没有携带任何数据，即代码清单 9-2 中 message 为空
    dart_state->platform_configuration()->client()->HandlePlatformMessage(
        fml::MakeRefCounted<PlatformMessage>(name, response));
  } else {
    tonic::DartByteData data(data_handle); // Dart 引用转成 C++ 引用
    const uint8_t* buffer = static_cast<const uint8_t*>(data.data());
    dart_state->platform_configuration()->client()->HandlePlatformMessage(
        fml::MakeRefCounted<PlatformMessage>( // 3 个参数：channel 名称、数据、回调
            name, std::vector<uint8_t>(buffer, buffer + data.length_in_bytes()),
            response));
  }
  return Dart_Null();
}
```

以上逻辑主要完成了 Dart 侧数据的封装，并最终调用 Engine 的处理逻辑，如代码清单 9-4 所示。

代码清单 9-4 engine/shell/common/engine.cc

```
void Engine::HandlePlatformMessage(fml::RefPtr<PlatformMessage> message) {
  if (message->channel() == kAssetChannel) { // Asset 资源获取，特殊处理
    HandleAssetPlatformMessage(std::move(message));
  } else {
    delegate_.OnEngineHandlePlatformMessage(std::move(message)); // Shell
  }
}
```

以上逻辑会触发一个特殊的 Channel：读取 Assets 资源的 Channel。开发者自定义的 Platform Channel 将进入 Shell 的处理逻辑，如代码清单 9-5 所示。

代码清单 9-5 engine/shell/common/shell.cc

```
void Shell::OnEngineHandlePlatformMessage(fml::RefPtr<PlatformMessage> message) {
  if (message->channel() == kSkiaChannel) {
    HandleEngineSkiaMessage(std::move(message));
    return;
  }
  task_runners_.GetPlatformTaskRunner()->PostTask( // UI 线程→ Platform 线程
      [view = platform_view_->GetWeakPtr(), message = std::move(message)]() {
        if (view) {
          view->HandlePlatformMessage(std::move(message)); // 见代码清单 9-6
        }
      });
}
```

注意，这里又处理了一个特殊 Channel，对于正常情况，Shell 将在此处将请求信息转发到 Platform 线程。对于 Android 平台，view 的具体实现为 PlatformViewAndroid，其逻辑如代码清单 9-6 所示。

代码清单 9-6 shell/platform/android/platform_view_android.cc

```
void PlatformViewAndroid::HandlePlatformMessage(
    fml::RefPtr<flutter::PlatformMessage> message) {
  int response_id = 0;
  if (auto response = message->response()) {
    response_id = next_response_id_++; // 本次请求的唯一 id，用于返回阶段触发 response
    pending_responses_[response_id] = response; // 存储以备调用，详见代码清单 9-12
  } // 通过 JNI 在 Embedder 中调用，见代码清单 9-7
  jni_facade_->FlutterViewHandlePlatformMessage(message, response_id);
  message = nullptr; // 使用完毕，释放 PlatformMessage 实例
}
```

以上逻辑将生成一个唯一的 id，并跟随 message 信息一起进入后续逻辑，该 id 将在 Embedder 返回时用以索引对应的 response。

最终，PlatformViewAndroid 将通过 jni_facade_ 向 Embedder 发起请求，如代码清单 9-7 所示。

代码清单 9-7 flutter/shell/platform/android/platform_view_android_jni_impl.cc

```
void PlatformViewAndroidJNIImpl::FlutterViewHandlePlatformMessage(
    fml::RefPtr<flutter::PlatformMessage> message, int responseId) {
  JNIEnv* env = fml::jni::AttachCurrentThread();
  auto java_object = java_object_.get(env); // FlutterJNI 对象
  if (java_object.is_null()) { return; }
  fml::jni::ScopedJavaLocalRef<jstring> java_channel =
      fml::jni::StringToJavaString(env, message->channel()); // 获取 Channel 名
  if (message->hasData()) { // 携带参数
    fml::jni::ScopedJavaLocalRef<jbyteArray> message_array(
        env, env->NewByteArray(message->data().size())); // 参数转成 Java 可用的格式
    env->SetByteArrayRegion(message_array.obj(), 0, message->data().size(),
        reinterpret_cast<const jbyte*>(message->data().data()));
    env->CallVoidMethod(java_object.obj(), g_handle_platform_message_method,
              java_channel.obj(), message_array.obj(), responseId);
                                                              // 见代码清单 9-8
  } else { // 未携带参数
    env->CallVoidMethod(java_object.obj(), g_handle_platform_message_method,
                        java_channel.obj(), nullptr, responseId);
  }
}
```

以上逻辑主要是 C++ 对象到 Java 对象的封装，g_handle_platform_message_method 对应的 Embedder 逻辑为 FlutterJNI 的 handlePlatformMessage 方法，该方法最终将触发 DartMessenger 的 handleMessageFromDart 方法，如代码清单 9-8 所示。

代码清单 9-8 engine/shell/platform/android/io/flutter/embedding/engine/dart/DartMessenger.java

```
@Override // DartMessenger
public void handleMessageFromDart(@NonNull final String channel,
    @Nullable byte[] message, final int replyId) {
  BinaryMessenger.BinaryMessageHandler handler = messageHandlers.get(channel);
  if (handler != null) { // 说明 Embedder 侧的 Platform Channel 没有设置对应的 handler
    try {
      final ByteBuffer buffer = (message == null ? null : ByteBuffer.wrap(message));
      handler.onMessage( // 由具体的 handler 响应
        buffer,
        new Reply(flutterJNI, replyId)
      ); // 这里的 Reply 是 BinaryMessenger.BinaryReply 的实现类，区别于下面的 Reply 接口
    } catch (Exception ex) { ...... } catch (Error err) { ...... }
                                                            // 执行过程中的异常
  } else { // 告知异常
    flutterJNI.invokePlatformMessageEmptyResponseCallback(replyId);
  }
}
@Override // 每个 Platform Channel 创建后调用自身的 setMessageHandler 触发
public void setMessageHandler( @NonNull String channel,
    @Nullable BinaryMessenger.BinaryMessageHandler handler) {
  if (handler == null) {
    messageHandlers.remove(channel);
```

```
    } else {
      messageHandlers.put(channel, handler);
    }
  }
```

BasicMessageChannel 对应的 BinaryMessageHandler 为 IncomingMessageHandler，如代码清单 9-9 所示。

代码清单 9-9 shell/platform/android/io/flutter/plugin/common/BasicMessageChannel.java

```
@Override // IncomingMessageHandler
public void onMessage(@Nullable ByteBuffer message, @NonNull final BinaryReply
    callback) {
  try {
    handler.onMessage( // 由 MessageHandler 接口的实现者执行，见代码清单 9-8
      codec.decodeMessage(message), // 第 1 个参数，完成解码的消息
      new Reply<T>() { // 第 2 个参数，实现了 Reply 接口的匿名实例
          @Override
          public void reply(T reply) { // 调用 reply 方法，返回数据
            callback.reply(codec.encodeMessage(reply));
                                        // 参数在此经过编码后成为二进制信息
          } //
      });
  } catch (RuntimeException e) { callback.reply(null); }
}
```

handler 的类型为 MessageHandler，用户通过实现该接口，并在 onMessage 中完成逻辑的处理，最后通过 reply 的方法完成数据的返回，如代码清单 9-10 所示。

代码清单 9-10 shell/platform/android/io/flutter/plugin/common/BasicMessageChannel.java

```
public interface MessageHandler<T> { // BasicMessageChannel 的内部接口
  void onMessage(@Nullable T message, @NonNull Reply<T> reply);
}
public interface Reply<T> {
  void reply(@Nullable T reply);
}
```

当调用 reply 方法时，由代码清单 9-9 可知，将触发 BinaryReply 的 callback 方法，其一般由 DartMessenger 的静态内部类实现，如代码清单 9-11 所示。

代码清单 9-11 engine/shell/platform/android/io/flutter/embedding/engine/dart/DartMessenger.java

```
static class Reply implements BinaryMessenger.BinaryReply {
  @Override
  public void reply(@Nullable ByteBuffer reply) {
    if (done.getAndSet(true)) {
      throw new IllegalStateException("Reply already submitted");
    }
    if (reply == null) { // 返回信息为空
      flutterJNI.invokePlatformMessageEmptyResponseCallback(replyId);
    } else {
      flutterJNI.invokePlatformMessageResponseCallback(replyId,
```

```
            reply, reply.position()); // 见代码清单 9-12
        }
    }
}
```

以上逻辑最终将触发 PlatformViewAndroid 的 InvokePlatformMessageResponseCallback 方法，如代码清单 9-12 所示。

代码清单 9-12 engine/shell/platform/android/platform_view_android.cc

```
void PlatformViewAndroid::InvokePlatformMessageResponseCallback(
    JNIEnv* env, jint response_id, // 调用 Platform 方法时携带的 id，见代码清单 9-6
    jobject java_response_data, // 数据的引用（起始位置）
    jint java_response_position) { // 数据的结束位置
  if (!response_id) return; // 没有 id 信息，直接返回，因为不会触发任何有意义的逻辑
  auto it = pending_responses_.find(response_id); // 找到前面内容存储的 response
  if (it == pending_responses_.end()) return;
  uint8_t* response_data = // Java 侧数据的引用
      static_cast<uint8_t*>(env->GetDirectBufferAddress(java_response_data));
  std::vector<uint8_t> response = std::vector<uint8_t>( // 完整的数据信息
      response_data, response_data + java_response_position);
  auto message_response = std::move(it->second); // 取出 callback
  pending_responses_.erase(it);
  message_response->Complete( // 触发回调
      std::make_unique<fml::DataMapping>(std::move(response)));
}
```

以上逻辑主要是处理 Embedder 返回的数据，并调用之前注册的 response，由代码清单 9-3 可知，Complete 的逻辑如代码清单 9-13 所示。

代码清单 9-13 engine/lib/ui/window/platform_message_response_dart.cc

```
void PlatformMessageResponseDart::Complete(std::unique_ptr<fml::Mapping> data) {
  if (callback_.is_empty()) { return; }
  is_complete_ = true;
  ui_task_runner_->PostTask(fml::MakeCopyable( // Platform 线程→UI 线程
      [callback = std::move(callback_), data = std::move(data)]() mutable {
        std::shared_ptr<tonic::DartState> dart_state = callback.dart_state().lock();
        if (!dart_state) {  return;  }
        tonic::DartState::Scope scope(dart_state);
        Dart_Handle byte_buffer = // 将数据转换为 Dart 可处理的形式
            tonic::DartByteData::Create(data->GetMapping(), data->GetSize());
        tonic::DartInvoke(callback.Release(), {byte_buffer}); // 调用 Dart 中的回调
      }));
}
```

以上逻辑主要是切换到 UI 线程，并触发对应的 callback，由代码清单 9-2 可知，其触发的 Framework 的逻辑是返回 Engine 提供的数据。

以上便是 BasicMessageChannel 的主要逻辑，其流程如图 9-2 所示，主要逻辑是数据在不同语言间的传递与编解码。

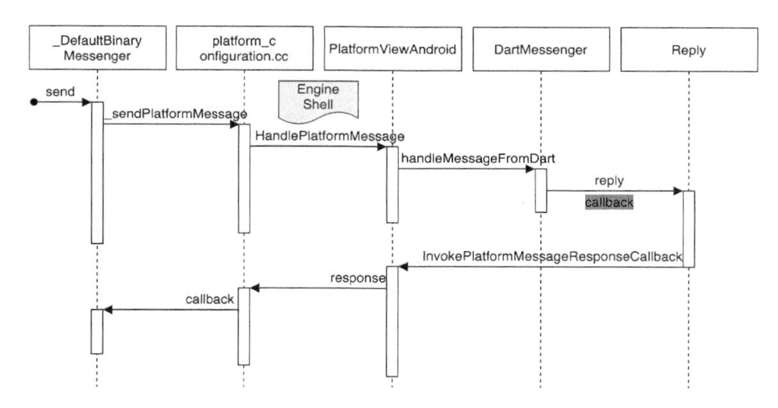

图 9-2　BasicMessageChannel 流程

9.1.3　MethodChannel 流程分析

MethodChannel 是对 BasicMessageChannel 的进一步封装，通过对外暴露 method 参数，为方法调用提供了语义化的接口，但其核心流程和 BasicMessageChannel 几乎一致，下面开始详细分析。

Flutter 通过 MethodChannel 调用 Platform 中的方法，入口是 invokeMethod 方法，如代码清单 9-14 所示。

代码清单 9-14　flutter/packages/flutter/lib/src/services/platform_channel.dart

```
@optionalTypeArgs // MethodChannel
Future<T?> invokeMethod<T>(String method, [ dynamic arguments ]) {
  return _invokeMethod<T>(method, missingOk: false, arguments: arguments);
}
@optionalTypeArgs
Future<T?> _invokeMethod<T>(String method, {
    required bool missingOk, dynamic arguments }) async {
  final ByteData? result = await binaryMessenger.send( // 见代码清单 9-2
    name,
    codec.encodeMethodCall(MethodCall(method, arguments)),); // 见代码清单 9-16
  if (result == null) {
    if (missingOk) { return null; } // 允许不返回任何数据
    throw MissingPluginException('No implementation found ....3.'); // 异常情况处理
  }
  return codec.decodeEnvelope(result) as T?;
}
```

以上逻辑调用的接口和 BasicMessageChannel 是一致的，故 Engine 中的逻辑和前面内容的分析一致。但在 Framework 和 Embedder 中各有一处不同：一是 codec 对象的类型是 MethodCodec 的子类，其编码逻辑稍有差异，后面将详细分析；二是代码清单 9-8 中响应的 handler 对象则将变成 IncomingMethodCallHandler 类型，其 onMessage 方法的逻辑如代码清单 9-15 所示。

代码清单 9-15 engine/shell/platform/android/io/flutter/plugin/common/MethodChannel.java

```
// IncomingMethodCallHandler，在代码清单 9-8 中触发
public void onMessage(ByteBuffer message, final BinaryReply reply) {
  final MethodCall call = codec.decodeMethodCall(message); // 解码，见代码清单 9-17
  try {
    handler.onMethodCall( // handler 是实现了 MethodCallHandler 接口的实例
        call, // MethodCodec 完成解码后的数据
        new Result() {
          @Override // 告知 Flutter Framework 方法执行成功，并返回结果
          public void success(Object result) {
            reply.reply(codec.encodeSuccessEnvelope(result));
          }
          @Override // 告知 Flutter Framework 方法执行错误
          public void error(String errorCode,
            String errorMessage, Object errorDetails) {
            reply.reply(codec.encodeErrorEnvelope(
                errorCode, errorMessage, errorDetails));
          }
          @Override // 无对应实现
          public void notImplemented() {
            reply.reply(null);
          }
        }); // Result
  } catch (RuntimeException e) { ...... }
}
```

以上逻辑和代码清单 9-9 大体一致，在此不再赘述。MethodChannel 和 BasicMessageChannel 的根本差异在于其编码策略，以代码清单 9-14 中 encodeMethodCall 方法为例，Framework 侧的逻辑如代码清单 9-16 所示。

代码清单 9-16 flutter/packages/flutter/lib/src/services/message_codecs.dart

```
@override // StandardMethodCodec
ByteData encodeMethodCall(MethodCall call) {
  final WriteBuffer buffer = WriteBuffer();
  messageCodec.writeValue(buffer, call.method); // 方法名作为第 1 个数据进行编码
  messageCodec.writeValue(buffer, call.arguments); // 后续参数
  return buffer.done();
}
```

而代码清单 9-15 中 Embedder 的解码逻辑如代码清单 9-17 所示。

代码清单 9-17 engine/shell/platform/android/io/flutter/plugin/common/StandardMethodCodec.java

```
@Override // StandardMethodCodec
public MethodCall decodeMethodCall(ByteBuffer methodCall) {
  methodCall.order(ByteOrder.nativeOrder());
  final Object method = messageCodec.readValue(methodCall); // 第 1 个数据是方法名
  final Object arguments = messageCodec.readValue(methodCall);
  if (method instanceof String && !methodCall.hasRemaining()) {
    return new MethodCall((String) method, arguments);
  }
  throw new IllegalArgumentException("Method call corrupted");
}
```

这里的 messageCodec 对象其实就是 StandardMessageCodec 的一个实例，MethodCodec 的底层还是通过 MessageCodec 进行编解码的，并默认以第 1 个数据作为方法名，所以，可以认为 MethodChannel 是 BasicMessageChannel 的一个特例，因为它把方法名语义化了。

9.1.4 EventChannel 原理分析

EventChannel 是对 MethodChannel 的语义化封装，Flutter Framework 通过 EventChannel 获得一个 Stream，而该 Stream 的数据正是来自 Embedder 中 MethodChannel 的调用。首先分析 Flutter 中 EventChannel 的注册逻辑，如代码清单 9-18 所示。

代码清单 9-18 flutter/packages/flutter/lib/src/services/platform_channel.dart

```
Stream<dynamic> receiveBroadcastStream([ dynamic arguments ]) { // EventChannel
  final MethodChannel methodChannel = MethodChannel(name, codec);
  late StreamController<dynamic> controller;
  controller = StreamController<dynamic>.broadcast(onListen: () async {
    binaryMessenger.setMessageHandler(name, (ByteData? reply) async {
                                                        // 见代码清单 9-21
      if (reply == null) {
        controller.close();
      } else {
        try {
          controller.add(codec.decodeEnvelope(reply)); // 向 Stream 提供数据
        } on PlatformException catch (e) {
          controller.addError(e);
        }
      }
      return null;
    }); // setMessageHandler
     try {
      await methodChannel.invokeMethod<void>('listen', arguments); // 见代码清单 9-20
    } catch (exception, stack) { ...... }
  }, onCancel: () async { // 取消对 Stream 监听所触发的逻辑
     binaryMessenger.setMessageHandler(name, null);
    try {
      await methodChannel.invokeMethod<void>('cancel', arguments);
    } catch (exception, stack) { ...... }
  }); // controller
  return controller.stream;
}
```

当 Framework 通过 receiveBroadcastStream 方法获取 Stream 实例并开始监听时，将触发以上逻辑的 onListen 回调。onListen 的逻辑主要是设置 Framework 侧的 MessageHandler，用以处理 Embedder 后续将发送的数据。

Embedder 中，EventChannel 对应的 handler 实例为 IncomingStreamRequestHandler 类型，其 onMessage 方法如代码清单 9-19 所示。

代码清单 9-19 flutter/shell/platform/android/io/flutter/plugin/common/EventChannel.java

```
@Override // IncomingStreamRequestHandler
public void onMessage(ByteBuffer message, final BinaryReply reply) {
```

```
    final MethodCall call = codec.decodeMethodCall(message);
    if (call.method.equals("listen")) { // 开始监听
      onListen(call.arguments, reply); // 见代码清单 9-20
    } else if (call.method.equals("cancel")) { // 取消监听
      onCancel(call.arguments, reply);
    } else {
      reply.reply(null);
    }
  }
```

以上逻辑说明 EventChannel 其实就是 MethodChannel 的一个更抽象的封装。接下来以 onListen 方法为例分析，如代码清单 9-20 所示。

代码清单 9-20　flutter/shell/platform/android/io/flutter/plugin/common/EventChannel.java

```
private void onListen(Object arguments, BinaryReply callback) {
  final EventSink eventSink = new EventSinkImplementation();
  final EventSink oldSink = activeSink.getAndSet(eventSink);
  if (oldSink != null) {
    try {
      handler.onCancel(null); // 取消原来的监听
    } catch (RuntimeException e) { ...... }
  }
  try {
    handler.onListen(arguments, eventSink);  // 实现了 StreamHandler 接口的实例
    callback.reply(codec.encodeSuccessEnvelope(null));
  } catch (RuntimeException e) { ...... }
}
```

以上逻辑中，onListen 将调用 StreamHandler 的 onListen 接口，具体实现取决于开发者。onListen 的第 2 个参数是 EventSinkImplementation 的实例，开发者可以通过其 success 方法向 Flutter Framework 发送数据（即该方法成为 Framework 中 Stream 的数据源），其逻辑如代码清单 9-21 所示。

代码清单 9-21　flutter/shell/platform/android/io/flutter/plugin/common/EventChannel.java

```
public void success(Object event) { // EventSinkImplementation
  if (hasEnded.get() || activeSink.get() != this) {
    return;
  } // 由于 EventSinkImplementation 是 EventChannel 的内部类，因此这里可以直接获取当前对象
  EventChannel.this.messenger.send(name, codec.encodeSuccessEnvelope(event));
}
```

以上逻辑中，event 参数为开发者自定义的数据，codec 为 MethodCodec 的实例。success 通过 send 方法向 Framework 发送数据，而响应的逻辑则在代码清单 9-18 中，主要是将二进制数据解码成 dynamic 类型的对象，并通知给 Stream。

至此，Platform Channel 的底层源码分析完毕。可以看到，主要是不同语言间的调用转发和数据的编解码，以及通过对数据做语义化封装，进而提供更为抽象的 MethodChannel 和 EventChannel。

具体的 Platform Channel 选择应该取决于真实场景，例如获取电量信息，可以通过 Basic-

MessageChannel 或者 MethodChannel；如果要通过 Flutter 控制一个原生的视频播放组件，则最好通过 MethodChannel；如果要视频播放期间获取播放进度改变、当前网速变化等信息，则最好通过 EventChannel。

9.2 Platform View 原理分析

Platform Channel 解决了 Flutter 复用 Platform 逻辑的问题，Platform View 要解决的是 Flutter 复用 Platform 的 UI 的问题，这也暗合了 1.1.3 节提出的跨平台需要解决的两个基本问题。Flutter 以彻底的跨平台为目标，但有些场景仍不得不复用 Platform 的组件，最典型的就是地图、WebView 这种用 Flutter 重新实现将产生巨大工作量的 UI 组件，所以 Flutter 也需要提供原生 UI 的复用能力。

具体来说，Flutter 提供了两种 Platform View 实现，本节将依次分析，并对比总结。

9.2.1 Platform View 架构

Platform View 关键类及其关系如图 9-3 所示。

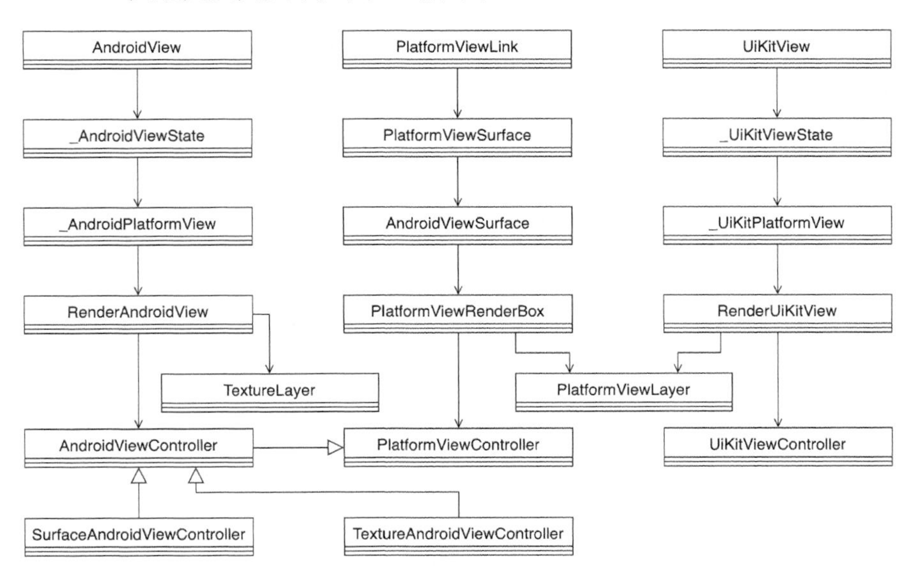

图 9-3 Platform View 关键类及其关系

在图 9-3 中，AndroidView、PlatformViewLink 和 UiKitView 是开发者使用的用于表示 Platform View 的 Widget 接口，它们底层对应的 RenderObject 分别为 RenderAndroidView、PlatformViewRenderBox 和 RenderUiKitView，前者将基于 TextureLayer 进行真正的绘制，而后两者将基于 PlatformViewLayer 进行真正的绘制。使用 TextureLayer 展示 Platform View 的方式被称为 Virtual Display，仅 Android 平台支持，将在 9.2.2 节分析；使用 PlatformViewLayer

展示 Platform View 的方式被称为 Hybrid Composition，Android 平台和 iOS 平台都支持，将在 9.2.3 节以 Android 平台为例进行分析。PlatformViewController 和 UiKitViewController 是对 Platform View 中使用的 Platform Channel 的抽象封装，用于控制 Platform View 在 Embedder 中的各种属性和表现。

9.2.2 Virtual Display 原理分析

AndroidView 的典型使用流程如代码清单 9-22 所示。

代码清单 9-22 AndroidView 的典型使用流程

```
Widget build(BuildContext context) {
  final String viewType = 'hybrid-view-type'; // 类型 id
  final Map<String, dynamic> creationParams = <String, dynamic>{};
  return AndroidView(
    viewType: viewType, // 用于 Embedder 侧查找对应的 Platform View
    layoutDirection: TextDirection.ltr,
    creationParams: creationParams, // Platform View 的初始化参数
    creationParamsCodec: const StandardMessageCodec(), // 编解码规则
  );
}
```

对底层渲染来说，AndroidView 对应的 RenderObject 为 RenderAndroidView，其 paint 方法如代码清单 9-23 所示。

代码清单 9-23 flutter/packages/flutter/lib/src/rendering/platform_view.dart

```
@override // RenderAndroidView
void paint(PaintingContext context, Offset offset) {
  if (_viewController.textureId == null) return; // 必须要有对应的纹理 id
  if ((size.width < _currentAndroidViewSize.width ||
                                        // 提供的大小小于 Platform View 的大小
      size.height < _currentAndroidViewSize.height) && clipBehavior != Clip.none) {
    _clipRectLayer = context.pushClipRect(true, offset, offset & size, // 裁剪
      _paintTexture, clipBehavior: clipBehavior, oldLayer: _clipRectLayer);
    return;
  }
  _clipRectLayer = null;
  _paintTexture(context, offset); // 真正的绘制过程
}
ClipRectLayer? _clipRectLayer;
void _paintTexture(PaintingContext context, Offset offset) {
  context.addLayer(TextureLayer( // 本质是添加一个独立图层——TextureLayer
    rect: offset & _currentAndroidViewSize, // 绘制逻辑见代码清单 9-34
    textureId: _viewController.textureId!,
    freeze: _state == _PlatformViewState.resizing,
  ));
}
```

由以上逻辑可知，Virtual Display 模式下，一个 Platform View 将对应一个 TextureLayer，其关键参数是 textureId，标志着当前 TextureLayer 所需要渲染的纹理。

下面分析 textureId 的生成。由于 RenderAndroidView 的 sizedByParent 字段为 true，因此会触发 performResize 方法，如代码清单 9-24 所示。

代码清单 9-24　flutter/packages/flutter/lib/src/rendering/platform_view.dart

```
@override
void performResize() {
  super.performResize();
  _sizePlatformView();
}
Future<void> _sizePlatformView() async {
  if (_state == _PlatformViewState.resizing || size.isEmpty) { return; }
  _state = _PlatformViewState.resizing; // 更新状态
  markNeedsPaint();
  Size targetSize;
  do {
    targetSize = size;
    await _viewController.setSize(targetSize); // 通知 Platform View 调整大小,
                                               // 见代码清单 9-25
    _currentAndroidViewSize = targetSize; // 更新当前 RenderObject 大小，在 Paint 阶段使用
  } while (size != targetSize); // 持续校正
  _state = _PlatformViewState.ready; // 更新状态
  markNeedsPaint();
} // _sizePlatformView()
```

以上逻辑将不断调节 Platform View 的大小，直至预期的大小。注意，由于 sizedByParent 字段为 true，因此 RenderAndroidView 的大小完全由父节点决定。

继续分析 setSize 方法的逻辑，如代码清单 9-25 所示。

代码清单 9-25　flutter/packages/flutter/lib/src/services/platform_views.dart

```
@override // TextureAndroidViewController
Future<void> setSize(Size size) async {
  if (_state == _AndroidViewState.waitingForSize) { // 首次调用，见代码清单 9-26
    _size = size;
    return create(); // 见代码清单 9-26
  }
  await SystemChannels.platform_views.invokeMethod<void>('resize',
      <String, dynamic>{'id': viewId,'width': size.width, 'height': size.
          height, });
}
```

在创建 TextureAndroidViewController 的实例时，在初始化列表中 _state 被默认初始化为 waitingForSize 状态，因此首次会进入 create 方法，如代码清单 9-26 所示。

代码清单 9-26　flutter/packages/flutter/lib/src/services/platform_views.dart

```
Future<void> create() async {
  await _sendCreateMessage();
  _state = _AndroidViewState.created; // 更新状态为已创建
  for (final PlatformViewCreatedCallback callback in _platformViewCreatedCallbacks) {
    callback(viewId); // 对外通知 Platform View 完成创建
```

```
    }
  }
  @override
  Future<void> _sendCreateMessage() async { // 对应 Embedder 的逻辑，见代码清单 9-27
    final Map<String, dynamic> args = <String, dynamic>{
      'id': viewId, // 计数 id，对于 Virtual Display 模式无作用
      'viewType': _viewType, // 类型 id
      'width': _size.width, 'height': _size.height, // 大小信息
      'direction': AndroidViewController._getAndroidDirection(_layoutDirection),
    };
    if (_creationParams != null) {
      final ByteData paramsByteData = _creationParamsCodec!.encodeMessage
          (_creationParams)!;
      args['params'] = Uint8List.view(paramsByteData.buffer, 0, paramsByteData.
          lengthInBytes,);
    }
    _textureId = await SystemChannels.platform_views.invokeMethod<int>('create', args);
  }
```

以上逻辑最终将调用 Embedder 中 PlatformViewsChannel 内部的 create 方法，如代码清单 9-27 所示。

代码清单 9-27 engine/shell/platform/android/io/flutter/embedding/engine/systemchannels/PlatformViewsChannel.java

```
private void create(@NonNull MethodCall call, @NonNull MethodChannel.Result result) {
  Map<String, Object> createArgs = call.arguments();
  boolean usesHybridComposition = // 在 Hybrid Composition 模式下基于 SurfaceView 实
                                  // 现，无须宽和高
      createArgs.containsKey("hybrid") && (boolean) createArgs.get("hybrid");
  double width = (usesHybridComposition) ? 0 : (double) createArgs.get("width");
  double height = (usesHybridComposition) ? 0 : (double) createArgs.get("height");
  PlatformViewCreationRequest request = // 解析 Platform View 的创建参数
    new PlatformViewCreationRequest(
      (int) createArgs.get("id"), // Framework 对于 Platform View 的计数 id
      (String) createArgs.get("viewType"), //  // Platform View 的类型 id
      width, height, (int) createArgs.get("direction"),
      createArgs.containsKey("params") // 其他参数，用于配置 Platform View
          ? ByteBuffer.wrap((byte[]) createArgs.get("params")) : null);
  try {
    if (usesHybridComposition) { // 见代码清单 9-49
      handler.createAndroidViewForPlatformView(request);
      result.success(null);
    } else { // 见代码清单 9-28
      long textureId = handler.createVirtualDisplayForPlatformView(request);
      result.success(textureId); // 返回纹理 id，给 TextureLayer 使用
    }
  } catch (IllegalStateException exception) { ...... }
}
```

以上逻辑同时处理了 Virtual Display 和 Hybrid Composition，这里先分析前者，即 createVirtualDisplayForPlatformView 方法的逻辑，如代码清单 9-28 所示。

代码清单 9-28　engine/shell/platform/android/io/flutter/embedding/engine/systemchannels/PlatformViewsChannel.java

```
public long createVirtualDisplayForPlatformView(
    @NonNull PlatformViewsChannel.PlatformViewCreationRequest request) {
  ensureValidAndroidVersion(Build.VERSION_CODES.KITKAT_WATCH);
  if (!validateDirection(request.direction)) { ...... }
  if (vdControllers.containsKey(request.viewId)) { ...... }
  PlatformViewFactory viewFactory = registry.getFactory(request.viewType);
  if (viewFactory == null) { ...... } // 通过 viewType 获取对应的 PlatformViewFactory
  Object createParams = null;
  if (request.params != null) { // 参数解析
    createParams = viewFactory.getCreateArgsCodec().decodeMessage(request.params);
  }
  int physicalWidth = toPhysicalPixels(request.logicalWidth);
  int physicalHeight = toPhysicalPixels(request.logicalHeight);
  validateVirtualDisplayDimensions(physicalWidth, physicalHeight); // 设置宽和高
  TextureRegistry.SurfaceTextureEntry textureEntry = textureRegistry.createSurface
      Texture();
  VirtualDisplayController vdController =
    VirtualDisplayController.create( // 见代码清单 9-30
        context, accessibilityEventsDelegate,
        viewFactory, textureEntry, // 创建 View 的 factory 实例和纹理
        physicalWidth, physicalHeight, // View 的宽高
        request.viewId, createParams, // id、创建参数等信息
        (view, hasFocus) -> {  ......  });
  if (vdController == null) { ...... }
  if (flutterView != null) { // 与 FlutterView 绑定
    vdController.onFlutterViewAttached(flutterView);
  }
  vdControllers.put(request.viewId, vdController);
  View platformView = vdController.getView();
  platformView.setLayoutDirection(request.direction);
  contextToPlatformView.put(platformView.getContext(), platformView);
  return textureEntry.id();
}
private int toPhysicalPixels(double logicalPixels) {
                                    // 转换为原始大小，这是因为 Virtual Display 的 API 需要
  return (int) Math.round(logicalPixels * getDisplayDensity());
}
private float getDisplayDensity() { // 屏幕密度
  return context.getResources().getDisplayMetrics().density;
}
```

以上逻辑中，首先通过 createSurfaceTexture 方法创建纹理并注册到 Engine 中，其纹理 id 最终会通过 return 语句返回给 Framework，这样在代码清单 9-34 中渲染时，就能通过这个 id 寻找对应的纹理，createSurfaceTexture 的逻辑如代码清单 9-29 所示。

代码清单 9-29　engine/shell/platform/android/io/flutter/embedding/engine/renderer/FlutterRenderer.java

```
@Override
public SurfaceTextureEntry createSurfaceTexture() {
  final SurfaceTexture surfaceTexture = new SurfaceTexture(0);
                                              // 用于 Platform View 的渲染
```

```
    surfaceTexture.detachFromGLContext();
    final SurfaceTextureRegistryEntry entry =
        new SurfaceTextureRegistryEntry(nextTextureId.getAndIncrement(),
            surfaceTexture);
    registerTexture(entry.id(), entry.textureWrapper());
    return entry;
  }
  private void registerTexture(long textureId, @NonNull SurfaceTextureWrapper
      textureWrapper) {
    flutterJNI.registerTexture(textureId, textureWrapper);
                                          // 注册到 Engine 中，见代码清单 9-33
  }
```

以上逻辑完成了纹理的注册，但是在分析真正的渲染之前，我们还需要更清晰地知道 Embedder 是如何生成纹理的，即 PlatfromView 是如何创建并显示的。

首先分析 Virtual Display 关键类及其关系，如图 9-4 所示。

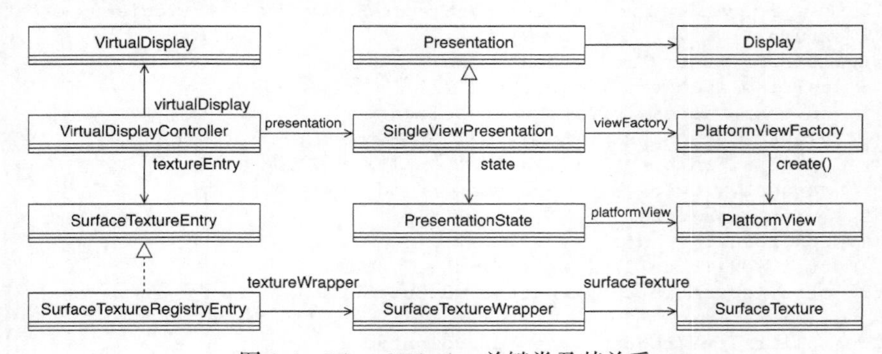

图 9-4 Virtual Display 关键类及其关系

图 9-4 中，VirtualDisplayController 顾名思义就是 Virtual Display 流程的控制者，它持有一个 VirtualDisplay（系统类）实例，该实例通过 DisplayManager 的 createVirtualDisplay 方法（系统 API）进行创建，该实例表示一个虚拟屏幕，可以配置宽高、分辨率等信息。VirtualDisplayController 通过 presentation 字段持有 SingleViewPresentation 的实例，该实例是 Platform View 的渲染数据的生产者。具体来说，SingleViewPresentation 的父类 Presentation 持有一个 Display 实例（VirtualDisplay 提供），Presentation 可以像 Activity 渲染在屏幕一样，渲染在 Display 中。PlatformView 正是在 SingleViewPresentation 的生命周期回调 onCreate 中通过 PlatformViewFactory 完成创建的，并由 PresentationState 管理。至此，渲染数据的生产已完成，VirtualDisplayController 同时还持有渲染数据的消费者，即 SurfaceTextureEntry。具体来说，SurfaceTextureEntry 的实现类 SurfaceTextureRegistryEntry 间接持有 SurfaceTexture 的实例，Presentation 基于 Display（提供宽高、分辨率等信息）的渲染数据将作为 SurfaceTexture 的输入，并由 Flutter Engine 的 Rasterizer 完成最终的渲染。总的来说，VirtualDisplayController 连接了 PlatformView 和 SurfaceTexture（即 Flutter Framework 的 TextureLayer）。

继续沿着代码清单 9-27 中 VirtualDisplayController 的 create 方法分析，如代码清单 9-30 所示。

代码清单 9-30 engine/shell/platform/android/io/flutter/plugin/platform/VirtualDisplayController.java

```
public static VirtualDisplayController create( ...... ) {
  textureEntry.surfaceTexture().setDefaultBufferSize(width, height);
  Surface surface = new Surface(textureEntry.surfaceTexture());
  DisplayManager displayManager = // 以下主要是调用系统 API
      (DisplayManager) context.getSystemService(Context.DISPLAY_SERVICE);
  int densityDpi = context.getResources().getDisplayMetrics().densityDpi;
  VirtualDisplay virtualDisplay = displayManager.createVirtualDisplay(
      "flutter-vd", width, height, densityDpi, surface, 0);
  if (virtualDisplay == null) { return null; }
  return new VirtualDisplayController(
      context, accessibilityEventsDelegate,
      virtualDisplay,
      viewFactory,
      surface, textureEntry,
      focusChangeListener, viewId, createParams);
}
private VirtualDisplayController( ...... ) {
  // SKIP 成员变量赋值
  presentation = new SingleViewPresentation( ...... );
  presentation.show(); // 见代码清单 9-31
}
```

VirtualDisplayController 的构造函数内部将创建一个 SingleViewPresentation 的实例，并调用其 show 方法，该方法将触发 onCreate 回调（Presentation 可以理解为一个不可见的 Activity，它也有自己的生命周期回调），如代码清单 9-31 所示。

代码清单 9-31 engine/shell/platform/android/io/flutter/plugin/platform/SingleViewPresentation.java

```
@Override // SingleViewPresentation
protected void onCreate(Bundle savedInstanceState) {
  super.onCreate(savedInstanceState); // 配置 Window 信息
  getWindow().setBackgroundDrawable(new ColorDrawable(android.graphics.Color.
      TRANSPARENT));
  if (state.fakeWindowViewGroup == null) { // 用于接管 WindowManager，详见正文分析
    state.fakeWindowViewGroup = new FakeWindowViewGroup(getContext());
  }
  if (state.windowManagerHandler == null) {
    WindowManager windowManagerDelegate =
        (WindowManager) getContext().getSystemService(WINDOW_SERVICE);
    state.windowManagerHandler =
        new WindowManagerHandler(windowManagerDelegate, state.fakeWindowViewGroup);
  }
  container = new FrameLayout(getContext()); // 存放 Platform View 的容器
  Context context = // 当前 Presentation 的上下文
      new PresentationContext(getContext(), state.windowManagerHandler, outerContext);
  if (state.platformView == null) { // 真正创建 Platform View 的地方
    state.platformView = viewFactory.create(context, viewId, createParams);
  }
  View embeddedView = state.platformView.getView(); // 获取目标 View
  container.addView(embeddedView); // 开始配置 View Tree
  rootView = new AccessibilityDelegatingFrameLayout(
```

```
            getContext(), accessibilityEventsDelegate, embeddedView);
    rootView.addView(container);
    rootView.addView(state.fakeWindowViewGroup);
    embeddedView.setOnFocusChangeListener(focusChangeListener);
    rootView.setFocusableInTouchMode(true); // 焦点设置
    if (startFocused) {
      embeddedView.requestFocus();
    } else {
      rootView.requestFocus();
    }
    setContentView(rootView); // 类似 Activity 的 setContentView 方法
  }
```

以上逻辑中的 create 方法和 getView 方法是开发者在实现 Platform View 时必须重写的，它们的使用时机（即目标 Platform View 真正的创建时机）正是在此时。

此外，需要特别注意的是，以上逻辑使用的是自定义的 WindowManager，它将接管 Virtual Display 内部的 addView、removeView、updateViewLayout 等操作，如果不处理，这些操作默认委托给全局的 WindowManager 实例。这是为了处理一些特殊情况，比如在某个 Platform View 的子 View 下方弹出一个 PopupWindow，具体处理细节在此不再赘述。

至此完成 Embedder 侧逻辑的分析。下面开始分析 TextureLayer 的渲染逻辑，如代码清单 9-32 所示。

代码清单 9-32　engine/flow/layers/texture_layer.cc

```
void TextureLayer::Paint(PaintContext& context) const {
  TRACE_EVENT0("flutter", "TextureLayer::Paint");
  std::shared_ptr<Texture> texture = context.texture_registry.GetTexture(texture_
      id_);
  if (!texture) { return; } // 没有对应的纹理
  texture->Paint(*context.leaf_nodes_canvas, paint_bounds(), freeze_,
                 context.gr_context, filter_quality_); // 见代码清单 9-34
}
```

以上逻辑十分清晰，主要是根据纹理 id 拿到对应的纹理，然后调用其 Paint 方法。这里首先分析纹理的注册逻辑，它由代码清单代码 9-29 所触发，对应的 Engine 逻辑如代码清单 9-33 所示。

代码清单 9-33　engine/shell/common/shell.cc

```
void Shell::OnPlatformViewRegisterTexture(std::shared_ptr<flutter::Texture> texture) {
  task_runners_.GetRasterTaskRunner()->PostTask( // Raster 线程
    [rasterizer = rasterizer_->GetWeakPtr(), texture] {
      if (rasterizer) {
        if (auto* registry = rasterizer->GetTextureRegistry()) {
          registry->RegisterTexture(texture); // 纹理注册
        } // if
      } // if
    }); // PostTask
}
```

以上逻辑在 Raster 线程中将目标 Texture 注册到 TextureRegistry 对象的 mapping_ 字段中，并在需要绘制时取出。在 Android 平台中 Texture 的具体实现是 AndroidExternalTextureGL，其绘制逻辑如代码清单 9-34 所示。

代码清单 9-34 engine/shell/platform/android/android_external_texture_gl.cc

```
void AndroidExternalTextureGL::Paint( ...... ) {
  if (state_ == AttachmentState::detached) { return; }
  if (state_ == AttachmentState::uninitialized) { // 首次使用，进行初始化
    glGenTextures(1, &texture_name_);
    Attach(static_cast<jint>(texture_name_));
    state_ = AttachmentState::attached;
  }
  if (!freeze && new_frame_ready_) {
    Update();
    new_frame_ready_ = false;
  }
  GrGLTextureInfo textureInfo = {
     GL_TEXTURE_EXTERNAL_OES, texture_name_, GL_RGBA8_OES};
  GrBackendTexture backendTexture(1, 1, GrMipMapped::kNo, textureInfo);
  sk_sp<SkImage> image = SkImage::MakeFromTexture( // 从纹理生成 SkImage 实例
    context, backendTexture, kTopLeft_GrSurfaceOrigin,
    kRGBA_8888_SkColorType, kPremul_SkAlphaType, nullptr);
  if (image) {
    SkAutoCanvasRestore autoRestore(&canvas, true);
    canvas.translate(bounds.x(), bounds.y());
    canvas.scale(bounds.width(), bounds.height());
    if (!transform.isIdentity()) { ...... }
    SkPaint paint;
    paint.setFilterQuality(filter_quality);
    canvas.drawImage(image, 0, 0, &paint); // 绘制到 Canvas
  }
}
```

以上逻辑即纹理最后的绘制，可以看出底层还是通过 Skia 的 API 进行绘制的，具体细节在此不再赘述。

由以上分析可知，用 Virtual Display 的方式集成 Platform View 对于 Flutter 的侵入性比较小，Flutter 甚至感知不到 Platform View 的存在，开发者只是提供了一个 TextureLayer，至于纹理的提供者是 Platform View 还是视频流等其他来源，对 Flutter 来说是透明的。

Virtual Display 方案是比较符合跨平台思想的，即抹除了 Platform 自身 UI 体系的概念，但也带来了一些奇怪的问题，比如无法响应复杂的手势。对 Android 端原生的 EditText、WebView 组件而言，它们本身对手势的处理就极其复杂，并且与 Android 的 UI 体系强绑定，当被转成一帧一帧的纹理之后，响应这些手势变得几乎不可能，因而出现了第 2 种方案——Hybrid Composition。

9.2.3 Hybrid Composition 原理分析

Hybrid Composition 类型的 Platform View 在 Flutter 中的使用示例如代码清单 9-35 所示。

代码清单 9-35 PlatformViewLink 使用示例

```
Widget build(BuildContext context) {
  final String viewType = '<platform-view-type>'; // Platform View 的类型 id
  final Map<String, dynamic> creationParams = <String, dynamic>{};
                                                        // Platform View 的参数
  return PlatformViewLink(viewType: viewType,
    surfaceFactory: (BuildContext context, PlatformViewController controller) {
      return AndroidViewSurface(
        controller: controller,
        gestureRecognizers: const <Factory<OneSequenceGestureRecognizer>>{},
                                                                    // 手势处理
        hitTestBehavior: PlatformViewHitTestBehavior.opaque, // 单击测试的响应方式
      );
    },
    onCreatePlatformView: (PlatformViewCreationParams params) {
      return PlatformViewsService.initSurfaceAndroidView(
        id: params.id, // 当前 Platform View 的计数 id
        viewType: viewType,
        layoutDirection: TextDirection.ltr,
        creationParams: creationParams,
        creationParamsCodec: StandardMessageCodec(),
      )..addOnPlatformViewCreatedListener(params.onPlatformViewCreated)
       ..create(); // create 方法的相关逻辑前面内容已详细分析过，在此不再赘述
    },
  );
}
```

以上逻辑中，PlatformViewLink 对应的 RenderObject 为 PlatformViewRenderBox，其绘制逻辑如代码清单 9-36 所示。

代码清单 9-36 flutter/packages/flutter/lib/src/rendering/platform_view.dart

```
@override // PlatformViewRenderBox
void paint(PaintingContext context, Offset offset) {
  assert(_controller.viewId != null);
  context.addLayer(PlatformViewLayer(
    rect: offset & size,
    viewId: _controller.viewId,
  ));
}
```

以上逻辑主要是添加一个 Layer 图层，对 PlatformViewLayer 来说，计数 id 是必不可少的，这是因为最后 PlatformViewRenderBox 对应的绘制内容其实就是原生的 View，需要一个 id 一一对应。

下面分析 viewId 的生成。由代码清单 9-35 可知，该 id 由 onCreatePlatformView 决定，因此首先分析该函数的调用点，即 _PlatformViewLinkState 的 _initialize 方法，如代码清单 9-37 所示。

代码清单 9-37 flutter/packages/flutter/lib/src/widgets/platform_view.dart

```
void _initialize() { // _PlatformViewLinkState
  _id = platformViewsRegistry.getNextPlatformViewId(); // 计数加 1
```

```
    _controller = widget._onCreatePlatformView( // 开始真正创建 Platform View
      PlatformViewCreationParams._(
        id: _id!, // 计数 id
        viewType: widget.viewType, // 类型 id
        onPlatformViewCreated: _onPlatformViewCreated,
        onFocusChanged: _handlePlatformFocusChanged,
      ),
    ); // _onCreatePlatformView
  }
  void _onPlatformViewCreated(int id) {
    setState(() { _platformViewCreated = true; });
  }
```

Hybrid Composition 的流程和 Virtual Display 相差很大，下面从 Engine 和 Embedder 两个阶段进行分析。

1. Engine 处理阶段

首先分析 PlatformLayer 在 Engine 中的绘制逻辑。第 5 章详细分析了 Flutter 的渲染管道，但仍有几个细节并未展开，如下所示。

- DrawToSurface 方法中触发的 BeginFrame 方法（见代码清单 5-101）。
- Raster 方法中触发的 Preroll 方法（见代码清单 5-103）。
- Raster 方法中触发的 PostPrerollAction 方法（见代码清单 5-103）。
- Raster 方法中触发的 Paint 方法（见代码清单 5-103）。
- DrawToSurface 方法中触发的 SubmitFrame 方法（见代码清单 5-101）。

在 Hybrid Composition 模式下，以上几个逻辑关系到 Platform View 的最终渲染，下面依次分析。

第 1 步，分析 BeginFrame 方法的逻辑，如代码清单 9-38 所示。

代码清单 9-38　engine/shell/platform/android/external_view_embedder/external_view_embedder.cc

```
void AndroidExternalViewEmbedder::BeginFrame( ...... ) { // 开始渲染一帧
  Reset();
  if (frame_size_ != frame_size && raster_thread_merger->IsOnPlatformThread()) {
    surface_pool_->DestroyLayers(jni_facade_);
  }
  surface_pool_->SetFrameSize(frame_size);
  if (raster_thread_merger->IsOnPlatformThread()) {
    jni_facade_->FlutterViewBeginFrame(); // 见代码清单 9-39
  }
  frame_size_ = frame_size;
  device_pixel_ratio_ = device_pixel_ratio;
}
void AndroidExternalViewEmbedder::Reset() {
  previous_frame_view_count_ = composition_order_.size();
  composition_order_.clear();
  picture_recorders_.clear();
}
```

以上逻辑主要是在开始一帧的渲染前清理字段，并通知 Embedder，如代码清单 9-39 所示。

代码清单 9-39 engine/shell/platform/android/io/flutter/plugin/platform/PlatformViewsController.java

```
public void onBeginFrame() {
  currentFrameUsedOverlayLayerIds.clear(); // 存储覆盖在 Platform View 之上的 Flutter UI
  currentFrameUsedPlatformViewIds.clear(); // 存储当前帧的 Platform View
}
```

Embedder 中的 onBeginFrame 方法也用于清理字段，在此不再赘述。

第 2 步，分析 PlatformViewLayer 的 Preroll 方法，如代码清单 9-40 所示。

代码清单 9-40 engine/flow/layers/platform_view_layer.cc

```
void PlatformViewLayer::Preroll(PrerollContext* context, const SkMatrix& matrix) {
// SKIP LEGACY_FUCHSIA_EMBEDDER 相关逻辑
  set_paint_bounds(SkRect::MakeXYWH(offset_.x(), offset_.y(), size_.width(),
      size_.height()));
  if (context->view_embedder == nullptr) { return; }
  context->has_platform_view = true; // 标记当前一帧存在 Platform View
  std::unique_ptr<EmbeddedViewParams> params =
      std::make_unique<EmbeddedViewParams>(matrix, size_, context->mutators_stack);
  context->view_embedder->PrerollCompositeEmbeddedView(view_id_, std::move(params));
}
```

以上逻辑最终将调用 AndroidExternalViewEmbedder 的 PrerollCompositeEmbeddedView 方法，如代码清单 9-41 所示。

代码清单 9-41 engine/shell/platform/android/external_view_embedder/external_view_embedder.cc

```
void AndroidExternalViewEmbedder::PrerollCompositeEmbeddedView(
    int view_id, std::unique_ptr<EmbeddedViewParams> params) {
  auto rtree_factory = RTreeFactory();
  view_rtrees_.insert_or_assign(view_id, rtree_factory.getInstance());
                                                              // 新建一个 RTree
  auto picture_recorder = std::make_unique<SkPictureRecorder>();
  picture_recorder->beginRecording(SkRect::Make(frame_size_), &rtree_factory);
  picture_recorders_.insert_or_assign(view_id, std::move(picture_recorder));
  composition_order_.push_back(view_id);
  if (view_params_.count(view_id) == 1 && view_params_.at(view_id) == *params.
      get()) {
    return;
  }
  view_params_.insert_or_assign(view_id, EmbeddedViewParams(*params.get()));
}
```

以上逻辑仍是开始绘制前的相关变量的准备工作，最终目的是更新 view_params_，该字段包含 Platform View 的大小、位置、图层操作等信息。

第 3 步，分析 PostPrerollAction 的逻辑，如代码清单 9-42 所示。

代码清单 9-42 engine/shell/platform/android/external_view_embedder/external_view_embedder.cc

```
PostPrerollResult AndroidExternalViewEmbedder::PostPrerollAction(
    fml::RefPtr<fml::RasterThreadMerger> raster_thread_merger) {
```

```
  if (!FrameHasPlatformLayers()) { // 没有 Platform View 则不需要进行处理
    return PostPrerollResult::kSuccess;
  }
  if (!raster_thread_merger->IsMerged()) { // 线程尚未合并，详见 10.2 节
    raster_thread_merger->MergeWithLease(kDefaultMergedLeaseDuration);
                                                         // 见代码清单 10-19
    CancelFrame(); // 取消绘制当前帧
    return PostPrerollResult::kSkipAndRetryFrame; // 合并完成后重新绘制
  } // 如果当前帧有 Platform View，则延长线程合并的时间
  raster_thread_merger->ExtendLeaseTo(kDefaultMergedLeaseDuration);
                                                         // 见代码清单 10-23
  if (previous_frame_view_count_ == 0) {
    return PostPrerollResult::kResubmitFrame;
  }
  return PostPrerollResult::kSuccess;
}
```

以上逻辑主要是线程合并相关的工作，相关细节将在 10.2 节详细分析，这里仅介绍其必要性：Flutter 的 UI 最终绘制于 Raster 线程，而 Hybrid Composition 模式下的 Platform View 是原生 View，需要绘制于 Platform 线程，由于两者需要同帧绘制，因此 Flutter 会做出牺牲，将自身 UI 也通过 Platform 线程进行绘制。10.2 节将从源码的角度分析实现以上能力的动态线程合并技术，在此不再赘述。

第 4 步，分析 PlatformViewLayer 的 Paint 方法，如代码清单 9-43 所示。

代码清单 9-43　engine/flow/layers/platform_view_layer.cc

```
void PlatformViewLayer::Paint(PaintContext& context) const {
  if (context.view_embedder == nullptr) { return; }
  SkCanvas* canvas = context.view_embedder->CompositeEmbeddedView(view_id_);
  context.leaf_nodes_canvas = canvas; // 记录 PlatformViewLayer 需要使用的 Canvas
}
```

以上逻辑最终将调用 AndroidExternalViewEmbedder 的 CompositeEmbeddedView 方法，如代码清单 9-44 所示。

代码清单 9-44　engine/shell/platform/android/external_view_embedder/external_view_embedder.cc

```
SkCanvas* AndroidExternalViewEmbedder::CompositeEmbeddedView(int view_id) {
  if (picture_recorders_.count(view_id) == 1) {
    return picture_recorders_.at(view_id)->getRecordingCanvas();
  }
  return nullptr;
}
```

以上逻辑将从 picture_recorders_ 中取出当前 view_id 对应的 SkCanvas，而其创建逻辑在代码清单 9-41 中。

第 5 步，如果当前帧包含 Platform View，则将触发 AndroidExternalViewEmbedder 的 SubmitFrame 方法，如代码清单 9-45 所示。

代码清单 9-45 shell/platform/android/external_view_embedder/external_view_embedder.cc

```
void AndroidExternalViewEmbedder::SubmitFrame(
    GrDirectContext* context, std::unique_ptr<SurfaceFrame> frame,
    const std::shared_ptr<fml::SyncSwitch>& gpu_disable_sync_switch) {
  if (!FrameHasPlatformLayers()) {
    frame->Submit(); // 没有 Platform View，使用 SurfaceFrame 的 Submit 方法
    return;
  }
  std::unordered_map<int64_t, std::list<SkRect>> overlay_layers;
  std::unordered_map<int64_t, sk_sp<SkPicture>> pictures;
  SkCanvas* background_canvas = frame->SkiaCanvas();
  auto current_frame_view_count = composition_order_.size(); // 在代码清单 9-41 中注册
  SkAutoCanvasRestore save(background_canvas, /*doSave=*/true);
  for (size_t i = 0; i < current_frame_view_count; i++) {
    int64_t view_id = composition_order_[i]; // 遍历每个 Platform View
    sk_sp<SkPicture> picture = picture_recorders_.at(view_id)->
        finishRecordingAsPicture();
    pictures.insert({view_id, picture});
    overlay_layers.insert({view_id, {}});
    sk_sp<RTree> rtree = view_rtrees_.at(view_id);
    // 查找 Flutter Widget 和 Platform View 有交集的元素，见代码清单 9-46
    background_canvas->drawPicture(pictures.at(view_id));
  }
  // 见代码清单 9-47
}
```

以上逻辑主要是遍历当前帧的所有 PlatformViewLayer 图层，并将其绘制在 background_canvas 上，对于与 Platform View 有交集的 Flutter UI 元素，将进行合并，如代码清单 9-46 所示。

代码清单 9-46 shell/platform/android/external_view_embedder/external_view_embedder.cc

```
for (ssize_t j = i; j >= 0; j--) {
  int64_t current_view_id = composition_order_[j];
  SkRect current_view_rect = GetViewRect(current_view_id);
  std::list<SkRect> intersection_rects = // 通过 RTree 寻找有交集的 UI 元素
      rtree->searchNonOverlappingDrawnRects(current_view_rect);
  auto allocation_size = intersection_rects.size();
  if (allocation_size > kMaxLayerAllocations) { // 合并以减少覆盖原生 View 导致的独立图层
    SkRect joined_rect;
    for (const SkRect& rect : intersection_rects) {
      joined_rect.join(rect);
    }
    intersection_rects.clear();
    intersection_rects.push_back(joined_rect); // 合并 Flutter UI 元素
  } // if
  for (SkRect& intersection_rect : intersection_rects) {
    intersection_rect.set(intersection_rect.roundOut());
    overlay_layers.at(view_id).push_back(intersection_rect);
                                              // 记录在 overlay_layers 中
    background_canvas->clipRect(intersection_rect, SkClipOp::kDifference);
  } // for，同步对 background_canvas 的影响
} // for
```

以上逻辑主要是找到 Flutter 和 Platform View 中 UI 元素有交集的绘制节点，并将这

些节点转换为独立的原生 View 进行绘制，之所以这么做是为了避免以下情况：Flutter 中的 Platform View 上下都有 Flutter UI 元素，此时如果简单地分为一个 Flutter UI 图层和一个 Platform View 图层，那么最终渲染的效果将改变，这就是混合渲染中常见的 z-order 问题，后面内容将以图 9-5 为例具体分析。

此外，以上逻辑将通过 kMaxLayerAllocations 控制图层数量，即如果有多个 Flutter UI 位于 Platform View 之上，它们将共用一个原生 View 作为图层，这样可以避免资源的浪费。

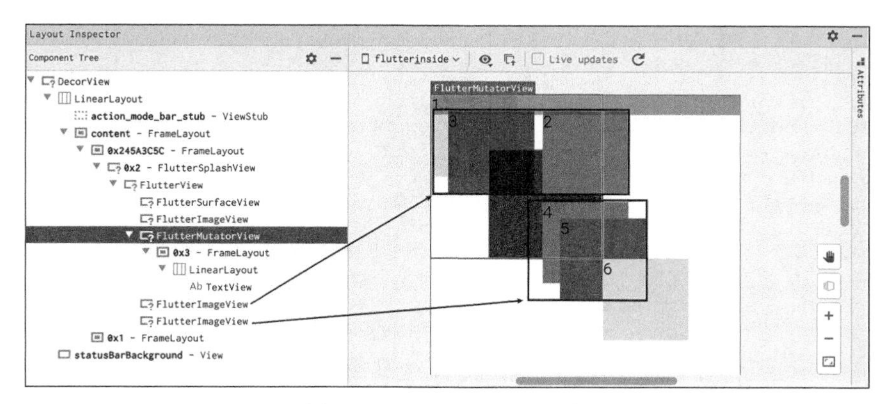

图 9-5　Platform View 示意

由于在 Hybrid Composition 模式下，大部分 Flutter UI 都将转换为对应的原生 View，因此通过 Layout Inspector 工具进行观察是一种非常合适的方法。在图 9-5 中，存在一个 Platform View，即图 9-5 中左上角区域，其大小为 200 × 200。该 Platform View 由一个 LinearLayout 和一个 TextView（图 9-5 中底部的黑色方块，大小为 130 × 130）组成。其余 6 个方块大小均为 100，位置如图 9-5 所示。对方块 1 而言，虽然和 Platform View 有交集，但是从 z 轴看仍然可以视为全局 Flutter UI 的一部分，故将处于 background 类型的 FlutterImageView（即图 9-5 左边 Component Tree 的第一个 FlutterImageView 中）。对方块 2、方块 3（半透明）而言，它们与 Platform View 有交集，且从 z 轴上看会覆盖在 Platform View 上方，故会被渲染在一个 overlay 类型的 FlutterImageView 上。对方块 4、方块 5 而言，它们也将被放置到一个独立的 FlutterImageView 中。而对于方块 6，它虽然位于方块 5 的上方，但是本身与 Platform View 没有任何交集，因此会和方块 1 一起位于 background 类型的 FlutterImageView 中。

此外，图 9-5 还涉及 3 个细节。一是整个 Component Tree 的结构暗合了第 4 章的分析，即 FlutterSplashView、FlutterView、FlutterSurfaceView 依次组织嵌套。二是证实了 Platform View 确实位于 FlutterMutatorView 之内，后面将详细剖析。三是方块 5 和方块 6 的覆盖问题：在 Flutter UI 中，方块 5 和方块 6 对应的 Widget 依次放在 Stack 中，故方块 6 应该覆盖在方块 5 之上（图 9-5 中方块 6 上的黑色方框是后期标注的），实际渲染结果也确实如此。但是，考虑前面内容分析可知，方块 5 所在的 FlutterImageView 是位于方块 6 所在的 FlutterImageView 之上的，因为它们的容器 FlutterView 是 FrameLayout 的子类。但是，方块 6 却正确覆盖了方框 5，这说明 Flutter Engine 在绘制期间做了处理，没有绘制这块区域（由代码清单 9-48 也可窥见一二）。由此可以想象，Hybrid Composition 模式下的 Platform View 是非常复杂和消耗性能的，因为要做很多额外的计算。

下面分析 Flutter Engine 中最后的渲染逻辑，如代码清单 9-47 所示。

代码清单 9-47 shell/platform/android/external_view_embedder/external_view_embedder.cc

```
auto should_submit_current_frame = previous_frame_view_count_ > 0;
if (should_submit_current_frame) { // 最后再检查一次
  frame->Submit();
}
for (int64_t view_id : composition_order_) { // 处理每个 PlatformViewLayer
  SkRect view_rect = GetViewRect(view_id);
  const EmbeddedViewParams& params = view_params_.at(view_id);
  jni_facade_->FlutterViewOnDisplayPlatformView( // 见代码清单 9-50
      view_id, // 计数 id
      view_rect.x(), view_rect.y(), // 位置
      view_rect.width(), view_rect.height(), // 大小
      params.sizePoints().width() * device_pixel_ratio_,
      params.sizePoints().height() * device_pixel_ratio_,
      params.mutatorsStack()); // 各种 Layer 操作，比如 Embedder 将在 Draw 阶段进行裁剪
  for (const SkRect& overlay_rect : overlay_layers.at(view_id)) {
    std::unique_ptr<SurfaceFrame> frame = CreateSurfaceIfNeeded( // 见代码清单 9-48
            context, view_id, pictures.at(view_id), overlay_rect);
    if (should_submit_current_frame) { frame->Submit(); }
  }
}
```

以上逻辑主要是调用 Embedder 的方法并携带必要的参数进行真正的渲染。其中，CreateSurfaceIfNeeded 方法的具体逻辑如代码清单 9-48 所示。

代码清单 9-48 shell/platform/android/external_view_embedder/external_view_embedder.cc

```
std::unique_ptr<SurfaceFrame> AndroidExternalViewEmbedder::CreateSurfaceIfNeeded(
   GrDirectContext* context, int64_t view_id, sk_sp<SkPicture> picture, const
       SkRect& rect) {
  std::shared_ptr<OverlayLayer> layer = // 见代码清单 9-57 的 createOverlaySurface
       surface_pool_->GetLayer(context, android_context_, jni_facade_,
surface_factory_);
  std::unique_ptr<SurfaceFrame> frame = layer->surface->AcquireFrame(frame_size_);
  jni_facade_->FlutterViewDisplayOverlaySurface(
                                        // 见代码清单 9-57 的 onDisplayOverlaySurface
         layer->id, rect.x(), rect.y(), rect.width(), rect.height());
                                                      // 计数 id、位置、宽高等信息
  SkCanvas* overlay_canvas = frame->SkiaCanvas();
  overlay_canvas->clear(SK_ColorTRANSPARENT); // 默认背景是透明的
  overlay_canvas->translate(-rect.x(), -rect.y()); // 从目标位置开始绘制
  overlay_canvas->drawPicture(picture); // 在 Flutter Engine 中绘制将通过原始组件显示
  return frame;
}
```

2. Embedder 处理阶段

在继续前面内容的分析之前，首先分析 Platform View 的创建逻辑，由代码清单 9-27 可

知，对应的创建逻辑为 createAndroidViewForPlatformView 方法，如代码清单 9-49 所示。

代码清单 9-49　engine/shell/platform/android/io/flutter/plugin/platform/PlatformViewsController.java

```
@Override
public void createAndroidViewForPlatformView(
    @NonNull PlatformViewsChannel.PlatformViewCreationRequest request) {
  ensureValidAndroidVersion(Build.VERSION_CODES.KITKAT);
  if (!validateDirection(request.direction)) { ...... }
  final PlatformViewFactory factory = registry.getFactory(request.viewType);
  if (factory == null) { ...... }
  Object createParams = null;
  if (request.params != null) {
    createParams = factory.getCreateArgsCodec().decodeMessage(request.params);
  } // 创建 Platform View
  final PlatformView platformView = factory.create(context, request.viewId,
     createParams);
  platformViews.put(request.viewId, platformView); // 以计数 id 作为索引存储
}
```

以上逻辑直接完成 Platform View 的创建，并保存在 platformViews 字段中。接下来分析 onDisplayPlatformView 方法，如代码清单 9-50 所示。

代码清单 9-50　engine/shell/platform/android/io/flutter/plugin/platform/PlatformViewsController.java

```
public void onDisplayPlatformView( ...... ) {
  initializeRootImageViewIfNeeded(); // 第 1 步，见代码清单 9-51
  initializePlatformViewIfNeeded(viewId); // 第 2 步，见代码清单 9-55
  final FlutterMutatorView parentView = platformViewParent.get(viewId);
  parentView.readyToDisplay(mutatorsStack, x, y, width, height);
                                                         // 第 3 步，见代码清单 9-56
  parentView.setVisibility(View.VISIBLE);
  parentView.bringToFront();
  final FrameLayout.LayoutParams layoutParams =
         new FrameLayout.LayoutParams(viewWidth, viewHeight);
  final View view = platformViews.get(viewId).getView();
  if (view != null) { // 设置大小信息
    view.setLayoutParams(layoutParams);
    view.bringToFront();
  }
  currentFrameUsedPlatformViewIds.add(viewId);
}
```

以上逻辑主要分为 3 步，后面依次分析。第 1 步，将当前用于渲染 Flutter UI 的 FlutterSurfaceView 转换为 FlutterImageView，Hybrid Composition 模式下将使用后者渲染 Flutter UI。具体初始化逻辑如代码清单 9-51 所示。

代码清单 9-51　engine/shell/platform/android/io/flutter/plugin/platform/PlatformViewsController.java

```
private void initializeRootImageViewIfNeeded() {
  if (!flutterViewConvertedToImageView) {
    ((FlutterView) flutterView).convertToImageView();
    flutterViewConvertedToImageView = true;
```

```
    }
}
```

在继续解读源码之前，首先分析为什么要转换为 ImageView，主要是因为 SurfaceView 不能作为 Android 中 View Tree 的一个节点，它无法和其他 Platform View 混合，而 TextureView 有自己的职责，不太适合同时承担 Platform View 的这部分逻辑，需要独立出一个 FlutterImage-View，专门用于此类场景的渲染。具体逻辑如代码清单 9-52 所示。

代码清单 9-52　engine/shell/platform/android/io/flutter/embedding/android/FlutterView.java

```
public void convertToImageView() {
  renderSurface.pause();
  if (flutterImageView == null) { // 创建
    flutterImageView = createImageView();
    addView(flutterImageView);
  } else {
    flutterImageView.resizeIfNeeded(getWidth(), getHeight());
  }
  previousRenderSurface = renderSurface; // 用于恢复正常渲染模式
  renderSurface = flutterImageView;
  if (flutterEngine != null) { // 见代码清单 9-53
    renderSurface.attachToRenderer(flutterEngine.getRenderer());
  }
}
public FlutterImageView createImageView() {
  return new FlutterImageView(getContext(),
    getWidth(), getHeight(), FlutterImageView.SurfaceKind.background);
}
```

以上逻辑首先创建一个 FlutterImageView 实例并加入当前 View Tree，其次通过 attachTo-Renderer 方法告知 Engine 侧 FlutterRenderer 发生了改变，具体逻辑如代码清单 9-53 所示。

代码清单 9-53　engine/shell/platform/android/io/flutter/embedding/android/FlutterImageView.java

```
@Override // FlutterImageView
public void attachToRenderer(@NonNull FlutterRenderer flutterRenderer) {
  if (isAttachedToFlutterRenderer) { return; }
  switch (kind) {
    case background:
      flutterRenderer.swapSurface(imageReader.getSurface()); // 见代码清单 9-54
      break;
    case overlay: // 将由 FlutterJNI 的 createOverlaySurface 方法处理
      break;
  }
  setAlpha(1.0f);
  this.flutterRenderer = flutterRenderer;
  isAttachedToFlutterRenderer = true;
}
```

以上逻辑最终将调用 Engine 侧的 NotifySurfaceWindowChanged 方法，如代码清单 9-54 所示。

代码清单 9-54 engine/shell/platform/android/platform_view_android.cc

```
void PlatformViewAndroid::NotifySurfaceWindowChanged(
        fml::RefPtr<AndroidNativeWindow> native_window) { // 新的渲染输出
  if (android_surface_) {
    fml::AutoResetWaitableEvent latch;
    fml::TaskRunner::RunNowOrPostTask(
        task_runners_.GetRasterTaskRunner(), // Raster 线程
        [&latch, surface = android_surface_.get(),
         native_window = std::move(native_window)]() {
          surface->TeardownOnScreenContext();
          surface->SetNativeWindow(native_window); // 设置新的渲染输出
          latch.Signal();
        });
    latch.Wait();
  }
}
```

至此，Flutter 渲染的 Surface 将由代码清单 9-53 中的 imageReader 接管。接下来分析代码清单 9-50 中的第 2 步，如代码清单 9-55 所示。

代码清单 9-55 engine/shell/platform/android/io/flutter/plugin/platform/PlatformViewsController.java

```
void initializePlatformViewIfNeeded(int viewId) {
  final PlatformView platformView = platformViews.get(viewId);
  if (platformView == null) { ...... }
  if (platformViewParent.get(viewId) != null) {return; }
  if (platformView.getView() == null) { ...... }
  if (platformView.getView().getParent() != null) { ...... } // 各种异常情况的检查
  final FlutterMutatorView parentView = new FlutterMutatorView(context,
       context.getResources().getDisplayMetrics().density, androidTouchProcessor);
  platformViewParent.put(viewId, parentView);
  parentView.addView(platformView.getView()); // 包装 Platform View
  ((FlutterView) flutterView).addView(parentView);
                                          // 加入 FlutterView，层级在 Flutter UI 之上
}
```

以上逻辑主要是将 Platform View 放入 FlutterMutatorView 中，后者统一在 Draw 阶段执行 Flutter 对 PlatformViewLink 这个 Widget 的裁剪等操作，具体逻辑见代码清单 9-63。最后，将 FlutterMutatorView 加入 FlutterView 中。

继续代码清单 9-50 中第 3 步的分析，如代码清单 9-56 所示。

代码清单 9-56 engine/shell/platform/android/io/flutter/embedding/engine/mutatorsstack/FlutterMutatorView.java

```
public void readyToDisplay(  // FlutterMutatorView
    @NonNull FlutterMutatorsStack mutatorsStack, int left, int top, int width,
        int height) {
  this.mutatorsStack = mutatorsStack;
  this.left = left;
  this.top = top;
  FrameLayout.LayoutParams layoutParams = new FrameLayout.LayoutParams(width,
```

```
        height);
    layoutParams.leftMargin = left;
    layoutParams.topMargin = top;
    setLayoutParams(layoutParams);
    setWillNotDraw(false);
}
```

以上逻辑进一步初始化代码清单 9-55 中创建的 FlutterMutatorView，完成位置信息、大小的赋值，以备后续渲染。

至此，代码清单 9-47 中的 FlutterViewOnDisplayPlatformView 方法所引发的逻辑全部完成。

如果 Flutter UI 和 Platform View 有覆盖重叠部分，将触发 CreateSurfaceIfNeeded 方法对应的 Embedder 逻辑，如代码清单 9-57 所示。

代码清单 9-57 engine/shell/platform/android/io/flutter/plugin/platform/PlatformViewsController.java

```
@TargetApi(19) // PlatformViewsController，见代码清单 9-48
public FlutterOverlaySurface createOverlaySurface() {
    return createOverlaySurface(
        new FlutterImageView(
            flutterView.getContext()
                        // Overlay Surface 的大小默认与背景 FlutterView 的大小一致
            flutterView.getWidth(), flutterView.getHeight(),
            FlutterImageView.SurfaceKind.overlay));
} // 封装并存储在 overlayLayerViews 字段，在渲染阶段取出
public FlutterOverlaySurface createOverlaySurface(@NonNull FlutterImageView
    imageView) {
    final int id = nextOverlayLayerId++;
    overlayLayerViews.put(id, imageView);
    return new FlutterOverlaySurface(id, imageView.getSurface());
}
public void onDisplayOverlaySurface(int id, int x, int y, int width, int height)
    { // 真正显示
    initializeRootImageViewIfNeeded(); // 见代码清单 9-51
    final FlutterImageView overlayView = overlayLayerViews.get(id);
    if (overlayView.getParent() == null) { ((FlutterView) flutterView).addView
        (overlayView); }
    FrameLayout.LayoutParams layoutParams = // 真实的大小，如图 9-5 所示
        new FrameLayout.LayoutParams((int) width, (int) height);
    layoutParams.leftMargin = (int) x; // 位置信息
    layoutParams.topMargin = (int) y;
    overlayView.setLayoutParams(layoutParams);
    overlayView.setVisibility(View.VISIBLE);
    overlayView.bringToFront();
    currentFrameUsedOverlayLayerIds.add(id);
}
```

以上逻辑主要是创建一个 FlutterImageView，用于与 Platform View 发生重叠的 Flutter UI 的渲染，它们将在后面内容的渲染阶段通过 overlayLayerViews 字段进行最终的上屏操作。

由代码清单 5-99 可知，在 Rasterizer::Draw 方法的最后阶段将调用 EndFrame，其对应的 Embedder 逻辑如代码清单 9-58 所示。

代码清单 9-58 engine/shell/platform/android/io/flutter/plugin/platform/PlatformViewsController.java

```
public void onEndFrame() { // PlatformViewsController
  final FlutterView view = (FlutterView) flutterView;
  if (flutterViewConvertedToImageView && currentFrameUsedPlatformViewIds.isEmpty()) {
    flutterViewConvertedToImageView = false; //  如果没有 Platform View，则复原
    view.revertImageView( () -> { finishFrame(false); }); // 见代码清单 9-59
    return;
  }
  final boolean isFrameRenderedUsingImageReaders =
      flutterViewConvertedToImageView && view.acquireLatestImageViewFrame();
                                                              // 见代码清单 9-60
  finishFrame(isFrameRenderedUsingImageReaders);
}
public boolean acquireLatestImageViewFrame() {
  if (flutterImageView != null) {
    return flutterImageView.acquireLatestImage();
  }
  return false;
}
```

以上逻辑中，首先判断当前是否使用 ImageReader 进行 Flutter UI 的渲染，无论结果如何，最终都将通过 finishFrame 方法完成渲染，如代码清单 9-59 所示。

代码清单 9-59 engine/shell/platform/android/io/flutter/plugin/platform/PlatformViewsController.java

```
private void finishFrame(boolean isFrameRenderedUsingImageReaders) {
  for (int i = 0; i < overlayLayerViews.size(); i++) {
                                    // 处理与 Platform View 有交集的 Flutter UI
    final int overlayId = overlayLayerViews.keyAt(i);
    final FlutterImageView overlayView = overlayLayerViews.valueAt(i);
    if (currentFrameUsedOverlayLayerIds.contains(overlayId)) { // 需要在当前帧渲染
      ((FlutterView) flutterView).attachOverlaySurfaceToRender(overlayView);
                                                                    // 绑定
      final boolean didAcquireOverlaySurfaceImage = // 可以从 Surface 中取得数据
                       overlayView.acquireLatestImage(); // 见代码清单 9-60
      isFrameRenderedUsingImageReaders &= didAcquireOverlaySurfaceImage; // 更新
    } else {
      if (!flutterViewConvertedToImageView) {
        overlayView.detachFromRenderer();
      }
      overlayView.setVisibility(View.GONE);
    } // if
  } // for
  for (int i = 0; i < platformViewParent.size(); i++) {
    final int viewId = platformViewParent.keyAt(i);
    final View parentView = platformViewParent.get(viewId);
    if (isFrameRenderedUsingImageReaders &&
            currentFrameUsedPlatformViewIds.contains(viewId)) {
      parentView.setVisibility(View.VISIBLE);
    } else {
      parentView.setVisibility(View.GONE);
    }
  }
}
```

以上逻辑主要是更新 FlutterImageView 和 FlutterMutatorView 的可见性，其核心逻辑在于通过调用 acquireLatestImage 方法进行判断，如代码清单 9-60 所示。

代码清单 9-60　engine/shell/platform/android/io/flutter/embedding/android/FlutterImageView.java

```
public boolean acquireLatestImage() {
  if (!isAttachedToFlutterRenderer) { return false; }
  int imageOpenedCount = imageQueue.size();
  if (currentImage != null) { imageOpenedCount++; }
  if (imageOpenedCount < imageReader.getMaxImages()) {
    final Image image = imageReader.acquireLatestImage();
    if (image != null) { imageQueue.add(image); } // 从 imageReader 中获取最新的 Image
  }
  invalidate(); // 触发 View 刷新，见代码清单 9-61 和代码清单 9-63
  return !imageQueue.isEmpty(); // 获取成功
}
```

以上逻辑主要通过调用系统 API 判断 Flutter UI 的渲染输出 imageReader 是否有最新的 Image 数据可用于渲染，底层细节不再赘述。invalidate 方法将触发页面的刷新。

代码清单 9-61　engine/shell/platform/android/io/flutter/embedding/android/FlutterImageView.java

```
@Override // FlutterImageView
protected void onDraw(Canvas canvas) {
  super.onDraw(canvas);
  if (!imageQueue.isEmpty()) {
    if (currentImage != null) { currentImage.close(); }
    currentImage = imageQueue.poll();
    updateCurrentBitmap(); // 见代码清单 9-62
  }
  if (currentBitmap != null) {
    canvas.drawBitmap(currentBitmap, 0, 0, null); // 绘制 Bitmap
  }
}
```

以上逻辑的核心在 updateCurrentBitmap 中，如代码清单 9-62 所示。

代码清单 9-62　engine/shell/platform/android/io/flutter/embedding/android/FlutterImageView.java

```
private void updateCurrentBitmap() {
  if (android.os.Build.VERSION.SDK_INT >= 29) {
    final HardwareBuffer buffer = currentImage.getHardwareBuffer();
    currentBitmap = Bitmap.wrapHardwareBuffer( // HardwareBuffer
        buffer, ColorSpace.get(ColorSpace.Named.SRGB));
    buffer.close();
  } else { // Android 10 以下版本的系统中，内存拷贝
    final Plane[] imagePlanes = currentImage.getPlanes();
    if (imagePlanes.length != 1) { return; }
    final Plane imagePlane = imagePlanes[0];
    final int desiredWidth = imagePlane.getRowStride() / imagePlane.getPixelStride();
    final int desiredHeight = currentImage.getHeight();
    if (currentBitmap == null || currentBitmap.getWidth() != desiredWidth
        || currentBitmap.getHeight() != desiredHeight) {
```

```
      currentBitmap = Bitmap.createBitmap( // 创建 Bitmap，将占用对应大小的内存空间
        desiredWidth, desiredHeight, android.graphics.Bitmap.Config.ARGB_8888);
    }
    currentBitmap.copyPixelsFromBuffer(imagePlane.getBuffer()); // 内存拷贝
  }
}
```

以上逻辑主要是更新 currentBitmap 字段，它将在 Draw 阶段绘制于 Canvas 上，对于 Android 10 以上版本的系统中，将通过硬件加速将 Flutter UI 数据更新到 currentBitmap 中；对于 Android 10 以下版本的系统中，将通过内存拷贝完成。

FlutterMutatorView 的 draw 方法如代码清单 9-63 所示。

代码清单 9-63　engine/shell/platform/android/io/flutter/embedding/engine/mutatorsstack/FlutterMutatorView.java

```
@Override
public void draw(Canvas canvas) {
  canvas.save();
  for (Path path : mutatorsStack.getFinalClippingPaths()) {
    Path pathCopy = new Path(path);
    pathCopy.offset(-left, -top);
    canvas.clipPath(pathCopy);
  }
  super.draw(canvas);
  canvas.restore();
}
```

以上逻辑主要是在 Platform View 开始绘制前执行 Flutter 通过 Widget 属性等方式对 Platform View 所施加的裁剪操作等行为。

至此完成 Hybrid Composition 的分析。相较于 Virtual Display，Hybrid Composition 由于使用了原生 View，EditText、WebView 这类组件的手势交互将变得不再困难，但由以上分析也可以推测，由于 Draw 阶段的 Bitmap 拷贝，Hybrid Composition 模式下的渲染性能将大大降低，特别是 Android 10 以下版本的系统中。

基于以上分析，开发者应该在使用 Platform View 时审慎、合理地选用恰当的方案。

9.3　Plugin 原理分析

Platform Channel 和 Platform View 基本解决了 Flutter 复用原生平台逻辑和 UI 的问题，但是，考虑到 Flutter Engine 及其所依赖的宿主（Activity 或者 Fragment）都有自己独立的生命周期，Platform Channel 和 Platform View 往往需要在合适的时机（可粗略地认为是创建后，销毁前，即 onCreate 和 onDestroy 两个回调中间）进行，如果由开发者自行管理，不仅工作量巨大，质量也可能良莠不齐。因此，Plugin 的一大功能就是提供响应各种组件生命周期的回调入口。此外，Plugin 也是 flutter tool 所支持的复用 Flutter 和 Embedder 混合代码的方式，Flutter 的官方仓库提供了 flutter_webview 等 Plugin，其本质就是对 WebView 等原生能力的封

装，为逻辑和 UI 的复用提供了可行的方案。

Plugin 的注册入口是 GeneratedPluginRegister 的 registerGeneratedPlugins 方法，如代码清单 9-64 所示。

代码清单 9-64　engine/shell/platform/android/io/flutter/embedding/engine/plugins/util/GeneratedPluginRegister.java

```
public static void registerGeneratedPlugins(@NonNull FlutterEngine flutterEngine) {
  try {
    Class<?> generatedPluginRegistrant =
          Class.forName("io.flutter.plugins.GeneratedPluginRegistrant");
    Method registrationMethod =
          generatedPluginRegistrant.getDeclaredMethod("registerWith",
              FlutterEngine.class);
    registrationMethod.invoke(null, flutterEngine); // 反射调用 flutter tool 生产的类
  } catch (Exception e) { ...... }
}
```

以上逻辑将通过反射的方式调用 GeneratedPluginRegistrant 的 registerWith 方法，该类由 flutter tool 生成，如代码清单 9-65 所示。

代码清单 9-65　flutter tool 为插件类生成的注册逻辑

```
@Keep // 避免混淆
public final class GeneratedPluginRegistrant {
    public GeneratedPluginRegistrant() {}
    public static void registerWith(@NonNull FlutterEngine flutterEngine) {
        flutterEngine.getPlugins().add(new AndroidPlatformImagesPlugin());
    }
}
```

由以上逻辑可知，插件注册的本质是调用 PluginRegistry 接口的 add 方法，该接口的实现类为 FlutterEngineConnectionRegistry，其 add 方法如代码清单 9-66 所示。

代码清单 9-66　engine/shell/platform/android/io/flutter/embedding/engine/FlutterEngineConnectionRegistry.java

```
@Override // FlutterEngineConnectionRegistry
public void add(@NonNull FlutterPlugin plugin) {
  if (has(plugin.getClass())) { return; } // 如果已经注册过，则直接返回
  plugins.put(plugin.getClass(), plugin);
  plugin.onAttachedToEngine(pluginBinding);
                                   // 通过本回调向插件提供 Embedder 和 Engine 的资源
  if (plugin instanceof ActivityAware) {
                                 // 插件实现了该接口，能够响应 Activity 的生命周期回调
    ActivityAware activityAware = (ActivityAware) plugin;
    activityAwarePlugins.put(plugin.getClass(), activityAware);
    if (isAttachedToActivity()) {
      activityAware.onAttachedToActivity(activityPluginBinding);
                                                    // 通过本回调提供 Activity 资源
    }
  }
```

```
    // SKIP ServiceAware、BroadcastReceiverAware、ContentProviderAware 的绑定，逻辑同上
}
```

以上逻辑中首先通过 plugins 字段存储要注册的 FlutterPlugin 实例，然后判断 Flutter-Plugin 对象是否实现 ActivityAware 等接口，并存储到对应字段中。顾名思义，ActivityAware 接口提供了当前插件所依赖的 Activity 的各种生命周期回调，ServiceAware 等接口的功能与此类似，在此不再赘述。

以 ActivityAware 接口为例，当宿主 FlutterActivity 的 onDestroy 回调触发时通过 Delegate 调用 FlutterEngineConnectionRegistry 对象的 detachFromActivity 方法，如代码清单 9-67 所示。

代码清单 9-67 engine/shell/platform/android/io/flutter/embedding/engine/FlutterEngineConnectionRegistry.java

```
@Override
public void detachFromActivity() { // FlutterEngineConnectionRegistry
  if (isAttachedToActivity()) { // 遍历实现了 ActivityAware 接口的插件
    for (ActivityAware activityAware : activityAwarePlugins.values()) {
      activityAware.onDetachedFromActivity(); // 调用对应的回调
    }
    detachFromActivityInternal();
  } else { ...... } // 无须处理
}
private void detachFromActivityInternal() { // 插件自身的清理工作
  flutterEngine.getPlatformViewsController().detach();
  exclusiveActivity = null;
  activity = null;
  activityPluginBinding = null;
}
```

以上逻辑主要是通知实现了 ActivityAware 接口的插件，并进行全局清理。

至此，Plugin 的逻辑分析完毕，Plugin 本身没有什么特殊目的，可以认为是谷歌公司的工程师为 Flutter 和 Embedder 混合开发提供的一套脚手架，其特点是定义了明确的接口规范和可复用的工程组织方式。

9.4 本章小结

本章主要分析了 Platform Channel 和 Platform View 的底层机制以及 Plugin 的作用原理。虽然 Flutter 鼓励和倡导尽可能少地依赖平台的原生能力，但在实际的业务改造过程中，其往往是渐进式的。很多原生能力在无法用 Flutter 重写的情况下，就需要借助 Platform Channel 和 Platform View 进行复用，深入理解本章对于写出高质量的代码至关重要。

第 10 章　Engine 探索

与 Flutter Engine 相关的逻辑在前面各章均有涉及：第 4 章中讨论了 Engine 关键类以及 Surface、Dart Runtime 等核心功能的初始化；第 5 章中讨论了 Engine 的 Layer Tree、Rasterizer 等与渲染相关的逻辑；第 9 章中讨论了 Engine 对于 Hybrid Composition 模式的支持。Engine 作为 Framework 和 Embedder 的中转调度层，其内容分散在各章也是合理的，但是 Engine 中仍有两个逻辑值得深入剖析：一是消息循环（MessageLoop）的底层机制，即前面内容多次出现的 PostTask 方法的本质；二是动态线程合并技术，该概念也在前面内容中多次出现。接下来依次分析。

10.1　消息循环原理分析

消息循环是所有 UI 框架的基石，类似 Android 的 Looper 机制，Flutter 的底层也是基于消息循环驱动的，下面开始详细分析。

首先分析 Flutter 中消息循环的关键类及其关系，如图 10-1 所示。

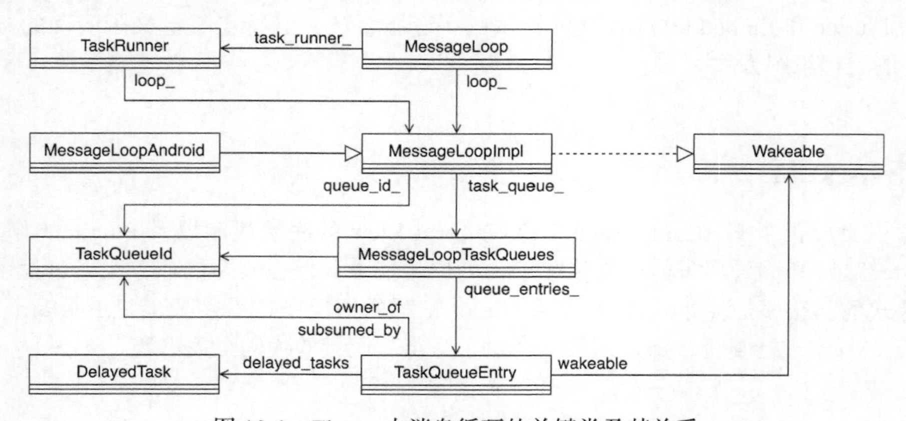

图 10-1　Flutter 中消息循环的关键类及其关系

在图 10-1 中，MessageLoop 类是 Flutter 创建消息循环能力的入口，而 TaskRunner 则是 Flutter 使用消息循环能力的入口，大部分线程任务的注册都是通过 TaskRunner 的

PostTask 方法实现的。MessageLoopImpl 实现了消息循环的通用逻辑以及持有并管理消息队列（通过 MessageLoopTaskQueues）。对 Android 平台而言，MessageLoopAndroid 继承了 MessageLoopImpl，并提供消息循环的底层实现：ALooper 和 timerfd_create 所创建的文件描述符。MessageLoopTaskQueues 将管理所有线程的消息队列（也称任务队列），特别是 10.2 节分析的动态线程合并技术，该类承担核心角色。每个线程的消息循环（MessageLoopImpl 对象）都将持有一个 TaskQueueId 实例，用于向 MessageLoopTaskQueues 的 queue_entries_ 字段查询当前消息循环所对应的消息队列——TaskQueueEntry。TaskQueueEntry 的 delayed_tasks 字段持有一个 DelayedTaskQueue 的实例，DelayedTaskQueue 是一个优先队列（std::priority_queue），将根据时间和优先级对等待执行的消息进行排序。此外 TaskQueueEntry 还会通过 Wakeable 接口持有消息循环（MessageLoopImpl）的引用，用以执行 DelayedTaskQueue 中的任务。

以上便是消息循环的总体架构，核心在于 TaskRunner 到 TaskQueueEntry 的调用路径，这部分内容后面将从源码的角度深入剖析。

10.1.1 消息循环启动

在代码清单 4-27 中，Flutter 通过系统 API 完成了新线程的创建，并基于该线程启动了消息循环，接下来基于 EnsureInitializedForCurrentThread 方法的逻辑继续分析消息循环的启动，如代码清单 10-1 所示。

代码清单 10-1 engine/fml/message_loop.cc

```
FML_THREAD_LOCAL ThreadLocalUniquePtr<MessageLoop> tls_message_loop; // 线程独有
void MessageLoop::EnsureInitializedForCurrentThread() {
  if (tls_message_loop.get() != nullptr) { return; } // 已经完成初始化
  tls_message_loop.reset(new MessageLoop()); // 初始化
} // 由于每个线程持有自己的 MessageLoop，因此无须加锁
MessageLoop::MessageLoop()
    : loop_(MessageLoopImpl::Create()), // 创建消息循环实例，见代码清单 10-2
      task_runner_(fml::MakeRefCounted<fml::TaskRunner>(loop_)) { } // 创建 TaskRunner
MessageLoop& MessageLoop::GetCurrent() {
  auto* loop = tls_message_loop.get();
  return *loop;
}
```

以上逻辑将触发 MessageLoop 的构造函数，完成 loop_、task_runner_ 字段的初始化。首先分析 MessageLoopImpl::Create 方法的逻辑，如代码清单 10-2 所示。

代码清单 10-2 engine/fml/message_loop_impl.cc

```
fml::RefPtr<MessageLoopImpl> MessageLoopImpl::Create() {
#if OS_MACOSX // 在编译期确定
  return fml::MakeRefCounted<MessageLoopDarwin>();
#elif OS_ANDROID
  return fml::MakeRefCounted<MessageLoopAndroid>();
// SKIP OS_FUCHSIA / OS_LINUX / OS_WIN
```

```
#else
  return nullptr;
#endif
}
```

以上逻辑将触发 MessageLoopAndroid 的构造函数，其逻辑将在代码清单 10-8 中详细分析。首先分析 MessageLoopAndroid 的父类 MessageLoopImpl 的构造函数（注意 C++ 中父类的构造函数是隐式触发的），如代码清单 10-3 所示。

代码清单 10-3　engine/fml/message_loop_impl.cc

```
MessageLoopImpl::MessageLoopImpl()
    : task_queue_(MessageLoopTaskQueues::GetInstance()), // 见代码清单 10-4
      queue_id_(task_queue_->CreateTaskQueue()), // 见代码清单 10-5
      terminated_(false) { // 当前消息循环是否停止
  task_queue_->SetWakeable(queue_id_, this); // 见代码清单 10-5
}
```

以上逻辑仍然是类成员字段的初始化。首先分析 task_queue_ 字段的初始化，如代码清单 10-4 所示。

代码清单 10-4　engine/fml/message_loop_task_queues.cc

```
fml::RefPtr<MessageLoopTaskQueues> MessageLoopTaskQueues::instance_;
fml::RefPtr<MessageLoopTaskQueues> MessageLoopTaskQueues::GetInstance() {
  std::scoped_lock creation(creation_mutex_);
  if (!instance_) {
    instance_ = fml::MakeRefCounted<MessageLoopTaskQueues>();
  }
  return instance_;
}
```

以上逻辑是一个典型的单例实现。接下来分析 queue_id_ 字段的初始化，如代码清单 10-5 所示。

代码清单 10-5　engine/fml/message_loop_task_queues.cc

```
TaskQueueId MessageLoopTaskQueues::CreateTaskQueue() {
  std::lock_guard guard(queue_mutex_);
  TaskQueueId loop_id = TaskQueueId(task_queue_id_counter_);
  ++task_queue_id_counter_; // TaskQueue 的计数 id
  queue_entries_[loop_id] = std::make_unique<TaskQueueEntry>();
  return loop_id;
}
void MessageLoopTaskQueues::SetWakeable(TaskQueueId queue_id,
                fml::Wakeable* wakeable) {
  std::lock_guard guard(queue_mutex_);
  queue_entries_.at(queue_id)->wakeable = wakeable;
}
```

以上逻辑中，考虑到 queue_entries_ 将存储不同线程创建的 TaskQueueId，因此每次使用都需要加锁。SetWakeable 使得 task_queue_ 反向持有 MessageLoopImpl 实例的引用，其将在后续逻辑中用到。

以上逻辑中，TaskQueueId 和 TaskQueueEntry 一一对应，而 TaskQueueEntry 又会通过 wakeable 持有当前消息循环实例的引用（在代码清单 10-3 中设置）。接下来继续分析 TaskQueueEntry 的构造函数，如代码清单 10-6 所示。

代码清单 10-6　engine/fml/message_loop_task_queues.cc

```
const size_t TaskQueueId::kUnmerged = ULONG_MAX;
TaskQueueEntry::TaskQueueEntry()
    : owner_of(_kUnmerged), subsumed_by(_kUnmerged) {
  wakeable = NULL; // 消息循环的引用
  task_observers = TaskObservers();
  delayed_tasks = DelayedTaskQueue(); // 等待中的任务队列，详见 10.1.2 节
}
```

以上逻辑主要是 TaskQueueEntry 的相关字段的初始化，owner_of 和 subsumed_by 字段将用于后面内容介绍的动态线程合并，它们在正常情况下为常量 _kUnmerged，表示当前任务队列不被其他任务队列持有，也不持有其他任务队列。

下面，继续分析 TaskQueueEntry（Value）所对应的 Key，即 TaskQueueId 类，如代码清单 10-7 所示。

代码清单 10-7　engine/fml/message_loop_task_queues.h

```
class TaskQueueId {
 public:
  static const size_t kUnmerged; // ULONG_MAX
  explicit TaskQueueId(size_t value) : value_(value) {}
  operator int() const { return value_; }
 private:
  size_t value_ = kUnmerged; // 默认值
};
```

TaskQueueId 顾名思义是一个任务队列的 id，由以上逻辑可知，其本质就是一个 int 类型的整数（value_）。

以上便是 MessageLoopImpl 的构造函数所引发的逻辑，是 Flutter 中消息循环相关的通用逻辑的初始化。接下来，不同平台将基于各自的系统 API 开始消息循环中与平台相关的初始化逻辑，接下来以 Android 为例进行介绍，如代码清单 10-8 所示。

代码清单 10-8　engine/fml/platform/android/message_loop_android.cc

```
MessageLoopAndroid::MessageLoopAndroid()
    : looper_(AcquireLooperForThread()), // 见代码清单 10-9
      // timerfd_create 函数创建一个定时器对象，同时返回一个与之关联的文件描述符
      timer_fd_(::timerfd_create(kClockType, TFD_NONBLOCK | TFD_CLOEXEC)),
                                                          // 第 1 步，创建定时器对象
      running_(false) { // 判断当前消息循环是否正在运行，初始化时为 false
  static const int kWakeEvents = ALOOPER_EVENT_INPUT; // 第 2 步，构造响应回调
  ALooper_callbackFunc read_event_fd = [](int, int events, void* data) -> int {
    if (events & kWakeEvents) { // 轮询到数据，触发本回调
      reinterpret_cast<MessageLoopAndroid*>(data)->OnEventFired(); // 见代码清单 10-16
    }
```

```
    return 1;  // continue receiving callbacks
  }; // 第3步，为Looper添加一个用于轮询的文件描述符
  int add_result = ::ALooper_addFd(looper_.get(), // 目标Looper
            timer_fd_.get(), // 添加提供给Looper轮询的文件描述符
            ALOOPER_POLL_CALLBACK, // 表明轮询到数据时将触发回调
            kWakeEvents, // 用于唤醒Looper的事件类型
            read_event_fd, // 将被触发的回调
            this); // 回调的持有者的引用
  FML_CHECK(add_result == 1);
}
```

以上逻辑主要分为3步，相关细节在代码中均已注明。其中，第1步的timerfd_create方法是一个Linux系统API，将产生一个文件描述符用于后续Looper的轮询。timerfd_create方法的第1个参数clockid的值为kClockType，本质是CLOCK_MONOTONIC，表示从系统启动这一刻开始计时，不受系统时间被用户改变的影响；第2个参数flags包括TFD_NONBLOCK和TFD_CLOEXEC，均是为了保证当前面内容件描述符的正常使用。具体来说，TFD_NONBLOCK表明当前是非阻塞模式，TFD_CLOEXEC表示当程序执行exec函数时，当前文件描述符将被系统自动关闭而不继续传递。第2步，构造一个回调，当目标文件描述符存在数据时Looper将触发这个回调，详见代码清单10-16。第3步，通过ALooper_addFd这个系统调用完成Looper和文件描述符timer_fd_的绑定。

以上逻辑中，Looper的初始化逻辑在AcquireLooperForThread方法中，如代码清单10-9所示。

代码清单 10-9　engine/fml/platform/android/message_loop_android.cc

```
static ALooper* AcquireLooperForThread() {
  ALooper* looper = ALooper_forThread(); // 返回与调用线程相关联的Looper
  if (looper == nullptr) { // 当前线程没有关联Looper
    looper = ALooper_prepare(0); // 初始化并返回一个与当前线程相关联的Looper
  }
  ALooper_acquire(looper);
  return looper;
}
```

对Platform线程（主线程）来说，ALooper_forThread即可获得Looper（即Android主线程的消息循环），而UI线程、Raster线程和I/O线程则需要通过ALooper_prepare新建一个Looper。

完成以上逻辑后，可以正式启动Looper了，如代码清单10-10所示。

代码清单 10-10　engine/fml/platform/android/message_loop_android.cc

```
void MessageLoopAndroid::Run() {
  FML_DCHECK(looper_.get() == ALooper_forThread()); // 确保Looper一致
  running_ = true;
  while (running_) {
    int result = ::ALooper_pollOnce(-1, // 超时时间，-1表示无限轮询
                    nullptr, nullptr, nullptr);
    if (result == ALOOPER_POLL_TIMEOUT || // 异常情况
            result == ALOOPER_POLL_ERROR) {
```

```
      running_ = false;
    }
  } // while
}
```

以上逻辑中，ALooper_pollOnce 涉及 Linux 的 pipe/epoll 机制，即调用该方法后便会释放 CPU 资源并等待 Looper 轮询的文件描述符传来的数据，既不会像常规的同步方法那样阻塞，也不会像常规的异步方法那样直接进入 while 的无限循环。

接下来分析如何向消息循环注册或提交任务。

10.1.2　任务注册

在前面的章节曾多次出现 PostTask 方法，其逻辑如代码清单 10-11 所示。

代码清单 10-11　engine/fml/task_runner.cc

```
void TaskRunner::PostTask(const fml::closure& task) {
  loop_->PostTask(task, fml::TimePoint::Now()); // 立即执行
}
void TaskRunner::PostTaskForTime(const fml::closure& task, fml::TimePoint target_time)
{
  loop_->PostTask(task, target_time); // 指定目标时间
}
void TaskRunner::PostDelayedTask(const fml::closure& task, fml::TimeDelta delay) {
  loop_->PostTask(task, fml::TimePoint::Now() + delay); // 指定时间间隔
}
```

以上逻辑中，无论何种方式，最终都将调用 loop_ 字段的 PostTask 方法，如代码清单 10-12 所示。

代码清单 10-12　engine/fml/message_loop_impl.cc

```
void MessageLoopImpl::PostTask(const fml::closure& task, // 目标任务
            fml::TimePoint target_time) { // 目标执行时间
  if (terminated_) { return; } // 消息循环已经停止
  task_queue_->RegisterTask(queue_id_, task, target_time); // 见代码清单 10-13
}
```

以上逻辑主要是通过 RegisterTask 方法向当前线程的消息循环所对应的任务队列注册任务并设置唤醒时间，如代码清单 10-13 所示。

代码清单 10-13　engine/fml/message_loop_task_queues.cc

```
void MessageLoopTaskQueues::RegisterTask(TaskQueueId queue_id, // 目标任务队列
    const fml::closure& task, fml::TimePoint target_time) { // 任务和触发时间
  std::lock_guard guard(queue_mutex_);
  size_t order = order_++;
  const auto& queue_entry = queue_entries_.at(queue_id);
  queue_entry->delayed_tasks.push({order, task, target_time}); // 加入任务队列
  TaskQueueId loop_to_wake = queue_id;
  if (queue_entry->subsumed_by != _kUnmerged) { // 详见 10.2 节
    loop_to_wake = queue_entry->subsumed_by;
```

```
    }
    WakeUpUnlocked(loop_to_wake, GetNextWakeTimeUnlocked(loop_to_wake));
  }
  void MessageLoopTaskQueues::WakeUpUnlocked(TaskQueueId queue_id,
      fml::TimePoint time) const {
    if (queue_entries_.at(queue_id)->wakeable) { // 存在对应的消息循环实现
      queue_entries_.at(queue_id)->wakeable->WakeUp(time); // 设置唤醒时间
    }
  }
```

以上逻辑首先通过 delayed_tasks 字段完成任务的注册，然后通过 WakeUp 方法告知消息循环在指定时间触发任务执行，如代码清单 10-14 所示。

代码清单 10-14　engine/fml/platform/android/message_loop_android.cc

```
void MessageLoopAndroid::WakeUp(fml::TimePoint time_point) {
  bool result = TimerRearm(timer_fd_.get(), time_point); // 见代码清单 10-15
}
```

以上逻辑将通过代码清单 10-8 中创建的文件描述符来实现硬件层的定时器逻辑，如代码清单 10-15 所示。

代码清单 10-15　engine/fml/platform/linux/timerfd.cc

```
bool TimerRearm(int fd, fml::TimePoint time_point) {
  uint64_t nano_secs = time_point.ToEpochDelta().ToNanoseconds(); // 转换为纳秒
  if (nano_secs < 1) { nano_secs = 1; }
  struct itimerspec spec = {};
                          // it_value 是首次超时时间，it_interval 是后续周期性超时时间
  spec.it_value.tv_sec = (time_t)(nano_secs / NSEC_PER_SEC); // 超过的部分转换为秒
  spec.it_value.tv_nsec = nano_secs % NSEC_PER_SEC; // 小于 1s 的部分仍用纳秒表示
  spec.it_interval = spec.it_value;
  int result = ::timerfd_settime(              // 系统调用
                         fd,                   // 目标文件描述符，即代码清单 10-8 中
                                               // 的 timer_fd_
                         TFD_TIMER_ABSTIME,    // 绝对定时器
                         &spec,                // 超时时间设置
                         nullptr);
  return result == 0;
}
```

以上逻辑主要借助系统调用 timerfd_settime 方法完成定时器的设置，在此不再赘述。

10.1.3　任务执行

当到达指定时间时，timer_fd_ 将触发完成一次轮询以及代码清单 10-8 中的回调，OnEventFired 的逻辑如代码清单 10-16 所示。

代码清单 10-16　engine/fml/platform/android/message_loop_android.cc

```
void MessageLoopAndroid::OnEventFired() {
  if (TimerDrain(timer_fd_.get())) { // 见代码清单 10-17
    RunExpiredTasksNow(); // 父类 MessageLoopImpl 的方法
```

```
    }
}
// engine/fml/message_loop_impl.cc
void MessageLoopImpl::RunExpiredTasksNow() {
  FlushTasks(FlushType::kAll); // 见代码清单 10-18
}
```

以上逻辑首先调用 TimerDrain 方法进行检查，如代码清单 10-17 所示。

代码清单 10-17　engine/fml/platform/linux/timerfd.cc

```
bool TimerDrain(int fd) {
  uint64_t fire_count = 0;
  ssize_t size = FML_HANDLE_EINTR(::read(fd, &fire_count, sizeof(uint64_t)));
  if (size != sizeof(uint64_t)) {
    return false;
  }
  return fire_count > 0;
}
```

检查通过后将触发 FlushTasks 方法，处理代码清单 10-13 中注册的任务，具体逻辑如代码清单 10-18 所示。

代码清单 10-18　engine/fml/message_loop_impl.cc

```
void MessageLoopImpl::FlushTasks(FlushType type) {
  TRACE_EVENT0("fml", "MessageLoop::FlushTasks");
  const auto now = fml::TimePoint::Now();
  fml::closure invocation;
  do {
    invocation = task_queue_->GetNextTaskToRun(queue_id_, now); // 见代码清单 10-28
    if (!invocation) { break; } // 如果是非法任务，直接退出
    invocation(); // 执行任务，即代码清单 10-11 中传入的 task 参数
    std::vector<fml::closure> observers = task_queue_->GetObserversToNotify(queue_id_);
    for (const auto& observer : observers) {
      observer(); // 通知已注册当前任务队列监听的观察者
    }
    if (type == FlushType::kSingle) { break; } // 只执行一个任务
  } while (invocation);
}
```

以上逻辑主要是从当前消息循环所持有的任务队列 task_queue_ 字段中取出一个任务并执行，并通知已注册的观察者，GetNextTaskToRun 方法的逻辑将在 10.2 节详细介绍。

至此，Flutter Engine 的消息循环及其底层机制分析完毕。

10.2　动态线程合并技术

本节介绍 Flutter Engine 中的动态线程合并技术，它和 5.2.5 节提及的 Continuation 类似：虽然本身是一套独立的逻辑，但是却分散在其他诸多逻辑中，如果不单独加以分析，那么在阅读其他代码时会因这个奇怪而突兀的逻辑而难以理解透彻。比如代码清单 10-18 中的

GetNextTaskToRun 方法，如果没有动态线程合并，那么可以简单地处理为取出当前消息循环所持有的 task_queue_ 字段的最高优先级任务，但是由于存在动态线程合并，其逻辑将复杂好几倍，这部分内容后面将详细分析。

在 9.2 节曾提及，动态线程合并主要是为了 Flutter UI 能与原生 View 同帧渲染（因为 Platform 线程中的 FlutterImageView 的 Canvas 变成 Flutter UI 的渲染输出），结合 10.1 节所介绍的消息循环机制，可以猜测：所谓动态线程合并，并不是将 Platform 线程和 Raster 线程在系统层面做了合并，而是让 Platform 线程的消息循环可以接管并处理原 Raster 线程的消息循环所持有的任务队列。

此外，动态线程合并还涉及一些现实问题，比如何时启动线程合并、何时关闭线程合并，因为 Platform View 消失之后，自然不需要动态线程合并，此时为了提高性能，应该恢复原来正常的处理关系。

10.2.1 合并、维持与消解

首先分析线程（更准确地说是消息循环，下同）的合并逻辑，它们是后续分析的基础。在代码清单 9-42 中，由于 Platform View 的存在，会触发 MergeWithLease 方法，其逻辑如代码清单 10-19 所示。

代码清单 10-19 engine/fml/raster_thread_merger.cc

```
void RasterThreadMerger::MergeWithLease(size_t lease_term) { // 合并处于维持状态的帧数
  std::scoped_lock lock(lease_term_mutex_);
  if (TaskQueuesAreSame()) { return; } // 见代码清单 10-20
  if (!IsEnabledUnSafe()) { return; } // 见代码清单 10-20
  FML_DCHECK(lease_term > 0) << "lease_term should be positive.";
  if (IsMergedUnSafe()) { // 见代码清单 10-20
    merged_condition_.notify_one();
    return;
  } // 检查工作完成，开始合并，见代码清单 10-21
  bool success = task_queues_->Merge(platform_queue_id_, gpu_queue_id_);
  if (success && merge_unmerge_callback_ != nullptr) {
    merge_unmerge_callback_(); // 通知
  }
  FML_CHECK(success) << "Unable to merge the raster and platform threads.";
  lease_term_ = lease_term; // 线程合并处于维持状态的帧数，默认为 10 帧
  // 唤醒某个等待（Wait）的线程，如果当前没有等待线程，则该函数什么也不做
  merged_condition_.notify_one(); // For WaitUntilMerged 方法
}
```

以上逻辑首先检查是否有必要开始动态线程合并，相关逻辑如代码清单 10-20 所示。检查完成后将正式开始合并，并更新 lease_term_ 字段，该字段用于判断当前是否有必要维持线程合并状态，具体作用将在后面内容分析。

代码清单 10-20 engine/fml/raster_thread_merger.cc

```
bool RasterThreadMerger::IsEnabledUnSafe() const {
  return enabled_; // 检查是否允许动态线程合并
```

```
}
bool RasterThreadMerger::IsMergedUnSafe() const {
  return lease_term_ > 0 || TaskQueuesAreSame(); // 检查是否已处于合并状态
}
bool RasterThreadMerger::TaskQueuesAreSame() const {
  return platform_queue_id_ == gpu_queue_id_; // 检查两个任务队列本身是否相同
}
```

下面分析动态线程合并的具体逻辑，如代码清单 10-21 所示。

代码清单 10-21　engine/fml/message_loop_task_queues.cc

```
// owner: 合并后任务队列的所有者通常为 Platform 线程
// subsumed: 被合并的任务队列通常为 Raster 线程
bool MessageLoopTaskQueues::Merge(TaskQueueId owner, TaskQueueId subsumed) {
  if (owner == subsumed) { return true; } // 合并自身，异常参数
  std::lock_guard guard(queue_mutex_);
  auto& owner_entry = queue_entries_.at(owner); // 合并方的任务队列入口
  auto& subsumed_entry = queue_entries_.at(subsumed); // 被合并方的任务队列入口
  if (owner_entry->owner_of == subsumed) {
    return true; // 合并方的任务队列已经是被合并方的持有者（owner_of）
  } // 下面开始真正合并
  std::vector<TaskQueueId> owner_subsumed_keys = {
      // 检查合并方当前是否持有任务队列或被其他任务队列持有
      owner_entry->owner_of, owner_entry->subsumed_by,
      // 检查被合并方当前是否持有任务队列或被其他任务队列持有
      subsumed_entry->owner_of,subsumed_entry->subsumed_by};
  for (auto key : owner_subsumed_keys) {
    if (key != _kUnmerged) { return false; } // 通过检查以上 4 个关键字段是否为 _kUnmerged
  } // 判断 owner 和 subsumed 对应的任务队列当前是否处于动态线程合并状态，若已处于则返回
  owner_entry->owner_of = subsumed; // 标记 owner_entry 持有被合并方（subsumed）
  subsumed_entry->subsumed_by = owner; // 标记被合并方被 owner 持有
  if (HasPendingTasksUnlocked(owner)) { // 如果有未处理的任务，则见代码清单 10-22
    WakeUpUnlocked(owner, GetNextWakeTimeUnlocked(owner)); // 见代码清单 10-13
  }
  return true;
}
```

由于 Android 中原生 UI 必须主线程渲染，因此以上逻辑中 owner 为 Platform 线程的任务队列，subsumed 为 Raster 线程的任务队列。以上逻辑主要是将 owner 任务队列的 owner_of 字段设置为 Raster 线程的任务队列，将 subsumed 任务队列的 subsumed_by 字段设置为 Platform 线程的任务队列。这样，处理 owner 任务队列时就会一并处理调用 owner_of 所对应的任务队列，而如果一个任务队列的 subsumed_by 字段不为 _kUnmerged，则说明它将由其他任务队列连带处理，因此直接退出即可，这部分内容后面将详细分析。

以上逻辑将在合并完成后通过 HasPendingTasksUnlocked 方法检查是否有未处理的任务，如代码清单 10-22 所示。

代码清单 10-22　engine/fml/message_loop_task_queues.cc

```
bool MessageLoopTaskQueues::HasPendingTasksUnlocked(TaskQueueId queue_id) const {
  const auto& entry = queue_entries_.at(queue_id);
```

```
  bool is_subsumed = entry->subsumed_by != _kUnmerged;
  if (is_subsumed) {
    return false; // 当前任务队列已被合并进其他任务队列，无须在此处理
  }
  if (!entry->delayed_tasks.empty()) {
    return true; // 当前任务队列存在待处理任务
  } // 当前任务队列不存在待处理任务，开始检查是否有被当前消息循环合并的任务队列
  const TaskQueueId subsumed = entry->owner_of;
  if (subsumed == _kUnmerged) {
    return false; // 如果不存在被合并的任务队列，则认为确实不存在排队任务
  } else { // 根据被合并的任务队列是否有排队任务返回结果
    return !queue_entries_.at(subsumed)->delayed_tasks.empty();
  }
}
```

在理解 owner 和 subsumed 的含义后，以上逻辑变得十分清晰。接下来分析动态线程合并状态的维持。在代码清单 9-42 中，如果已经处于线程合并状态，而当前又正好在绘制包含 Platform View 的帧，则会调用 ExtendLeaseTo 方法以延长动态线程合并维持的时间，如代码清单 10-23 所示。

代码清单 10-23 engine/fml/raster_thread_merger.cc

```
void RasterThreadMerger::ExtendLeaseTo(size_t lease_term) { // 动态线程合并维持的帧数
  if (TaskQueuesAreSame()) { return; }
  std::scoped_lock lock(lease_term_mutex_);
  FML_DCHECK(IsMergedUnSafe()) << "lease_term should be positive.";
  if (lease_term_ != kLeaseNotSet && // 不要延长一个未设置的值
     static_cast<int>(lease_term) > lease_term_) { // 最大不超过原来的值
    lease_term_ = lease_term;
  }
}
```

以上逻辑中，ExtendLeaseTo 方法的传入参数 lease_term 的值一般是 10，由 if 逻辑可知，如果 Platform View 一直在渲染，lease_term_ 会被始终更新成 10，而不是每次累加 10，即每次调用该方法，都将让动态线程合并状态继续维持 lease_term 帧。动态线程合并状态的维持，本质是 lease_term_ 字段的更新。接下来分析动态线程合并状态的消解，以及在此过程中 lease_term_ 字段所产生的作用。

在代码清单 5-100 中，完成一帧的渲染后，会触发 DecrementLease 方法，如代码清单 10-24 所示。

代码清单 10-24 engine/fml/raster_thread_merger.cc

```
RasterThreadStatus RasterThreadMerger::DecrementLease() {
  if (TaskQueuesAreSame()) { // 见代码清单 10-20
    return RasterThreadStatus::kRemainsMerged;
  }
  std::unique_lock<std::mutex> lock(lease_term_mutex_);
  if (!IsMergedUnSafe()) { // 已经解除合并
    return RasterThreadStatus::kRemainsUnmerged;
  }
  if (!IsEnabledUnSafe()) { // 不允许执行相关操作
```

```
      return RasterThreadStatus::kRemainsMerged;
    } // 调用本方法时 lease_term_ 必须大于 0，即线程处于合并状态
    FML_DCHECK(lease_term_ > 0)
        << "lease_term should always be positive when merged.";
    lease_term_--; // -1，为 0 时表示动态线程合并状态结束
    if (lease_term_ == 0) {
      lock.unlock();
      UnMergeNow(); // 开始消解两个任务队列的关系，见代码清单 10-25
      return RasterThreadStatus::kUnmergedNow;
    }
    return RasterThreadStatus::kRemainsMerged;
}
```

以上逻辑的主要工作是在条件允许时将 lease_term_ 字段的计数减 1。当 lease_term_ 字段的值为 0 时，即可开始动态线程合并的消解，解绑任务队列，如代码清单 10-25 所示。

代码清单 10-25 engine/fml/raster_thread_merger.cc

```
void RasterThreadMerger::UnMergeNow() {
  std::scoped_lock lock(lease_term_mutex_);
  if (TaskQueuesAreSame()) { return; }
  if (!IsEnabledUnSafe()) { return; }
  lease_term_ = 0; // 重置
  bool success = task_queues_->Unmerge(platform_queue_id_); // 见代码清单 10-26
  if (success && merge_unmerge_callback_ != nullptr) {
    merge_unmerge_callback_(); // 告知监听者
  }
}
```

以上逻辑主要是调用 task_queues_ 对象的 Unmerge 方法，并触发解除绑定的回调。Unmerge 方法的逻辑如代码清单 10-26 所示。

代码清单 10-26 engine/fml/message_loop_task_queues.cc

```
bool MessageLoopTaskQueues::Unmerge(TaskQueueId owner) {
  std::lock_guard guard(queue_mutex_);
  const auto& owner_entry = queue_entries_.at(owner);
  const TaskQueueId subsumed = owner_entry->owner_of;
  if (subsumed == _kUnmerged) { return false; } // 无须解除绑定
  queue_entries_.at(subsumed)->subsumed_by = _kUnmerged;
  owner_entry->owner_of = _kUnmerged; // 重置相关字段
  if (HasPendingTasksUnlocked(owner)) { // 见代码清单 10-22
    WakeUpUnlocked(owner, GetNextWakeTimeUnlocked(owner)); // 见代码清单 10-13
  } // 分别检查两个任务队列是否有排队任务，不同于代码清单 10-21，此时需要分别处理
  if (HasPendingTasksUnlocked(subsumed)) { // 因为 subsumed 已经从 owener 中释放
    WakeUpUnlocked(subsumed, GetNextWakeTimeUnlocked(subsumed));
  }
  return true; // 消解成功
}
```

以上逻辑已在代码中注明，在此不再赘述。此外，DecrementLease 方法并非 UnMergeNow 方法的唯一触发点，当 Embedder 中调用 nativeSurfaceDestroyed 方法时，将会触发 Shell 的 OnPlatformViewDestroyed 方法，该方法又将触发 Rasterizer 的 Teardown 方法，如代码清单 10-27 所示。

代码清单 10-27 engine/shell/common/rasterizer.cc

```
void Rasterizer::Teardown() { // 渲染相关资源的清理、重置
  compositor_context_->OnGrContextDestroyed();
  surface_.reset();
  last_layer_tree_.reset();
  if (raster_thread_merger_.get() != nullptr && raster_thread_merger_.get()->
      IsMerged()) {
    FML_DCHECK(raster_thread_merger_->IsEnabled());
    raster_thread_merger_->UnMergeNow(); // 见代码清单 10-25
    raster_thread_merger_->SetMergeUnmergeCallback(nullptr);
  }
}
```

以上逻辑中，如有必要，也会触发已经动态合并线程的消解（即任务队列绑定的解除）。到目前为止，只介绍了 owner_of、subsumed_by、lease_term_ 等几个字段的赋值与重置，这些字段产生的影响尚未触及，下面开始分析。

10.2.2 合并状态下的任务执行

代码清单 10-18 中，GetNextTaskToRun 方法用于获取下一个被执行的任务，如代码清单 10-28 所示。

代码清单 10-28 engine/fml/message_loop_task_queues.cc

```
fml::closure MessageLoopTaskQueues::GetNextTaskToRun( TaskQueueId queue_id,
    fml::TimePoint from_time) {
  std::lock_guard guard(queue_mutex_);
  if (!HasPendingTasksUnlocked(queue_id)) { // 见代码清单 10-22
    return nullptr; // 如果没有排队任务，则直接返回
  }
  TaskQueueId top_queue = _kUnmerged;
  const auto& top = PeekNextTaskUnlocked(queue_id, top_queue); // 见代码清单 10-29
  if (!HasPendingTasksUnlocked(queue_id)) {
    WakeUpUnlocked(queue_id, fml::TimePoint::Max());
  } else { // 存在排队任务，在下一个任务的预期执行时间触发
    WakeUpUnlocked(queue_id, GetNextWakeTimeUnlocked(queue_id));
  } // 如果尚未到任务的预期执行时间，则直接返回
  if (top.GetTargetTime() > from_time) { return nullptr; }
  fml::closure invocation = top.GetTask(); // 读取任务，并移出队列
  queue_entries_.at(top_queue)->delayed_tasks.pop(); // 确定 invocation 满足条件后再移除
  return invocation;
}
```

以上逻辑的核心在于通过 PeekNextTaskUnlocked 获取优先级最高的队列，具体逻辑如代码清单 10-29 所示。

代码清单 10-29 engine/fml/message_loop_task_queues.cc

```
const DelayedTask& MessageLoopTaskQueues::PeekNextTaskUnlocked(
    TaskQueueId owner, // 目标任务队列 id
    TaskQueueId& top_queue_id) const { // 一般将 _kUnmerged 作为默认值
```

```
  FML_DCHECK(HasPendingTasksUnlocked(owner));
  const auto& entry = queue_entries_.at(owner); // 目标任务队列
  const TaskQueueId subsumed = entry->owner_of; // 被合并的任务队列 id
  if (subsumed == _kUnmerged) { // 自身没有合并其他任务队列
    top_queue_id = owner;
    return entry->delayed_tasks.top(); // 取任务队列第 1 个任务
  } // 以下是存在被合并任务队列的情况
  const auto& owner_tasks = entry->delayed_tasks;
  const auto& subsumed_tasks = queue_entries_.at(subsumed)->delayed_tasks;
  const bool subsumed_has_task = !subsumed_tasks.empty();
  const bool owner_has_task = !owner_tasks.empty();
  if (owner_has_task && subsumed_has_task) { // 两个队列均有任务
    const auto owner_task = owner_tasks.top();
    const auto subsumed_task = subsumed_tasks.top();
    if (owner_task > subsumed_task) { // 取优先级较高者，见代码清单 10-30
      top_queue_id = subsumed;
    } else {
      top_queue_id = owner;
    }
  } else if (owner_has_task) { // 仅 owner 任务队列有任务
    top_queue_id = owner;
  } else { // 仅 subsumed 任务队列有任务
    top_queue_id = subsumed;
  }
  return queue_entries_.at(top_queue_id)->delayed_tasks.top(); // 取第 1 个任务
}
```

以上逻辑的解释均已在代码中注明，其中 owner_task 的大小比较规则如代码清单 10-30 所示，需要注意的是，DelayedTask 是递增排列的，其取值越小，排序越靠前，优先级越高。

代码清单 10-30 engine/fml/delayed_task.cc

```
bool DelayedTask::operator>(const DelayedTask& other) const {
  if (target_time_ == other.target_time_) { // 预期执行时间相同
    return order_ > other.order_; // order_ 值越小，优先级越高
  }
  return target_time_ > other.target_time_; // 预期执行时间越小，优先级越高
}
```

至此，我们已经完成动态线程合并技术的分析。可以看出，动态线程合并技术的本质是在 Platform 线程执行 Raster 线程所持有的任务队列，这和本节开始介绍的预期原理是一致的。

10.3 本章小结

本章深入剖析了两个贯穿前面多个章节的内容——消息循环和动态线程合并技术。它们是 Flutter UI 框架的重要支撑部分，在 Engine 代码中影响广泛，建立正确而完整的认知后，对理解 Flutter Engine 中的其他逻辑大有裨益。

第 11 章　优化实践

书至本章，Framework、Embedder 和 Engine 中的主要源码已经一一剖析过，但正所谓“学而不思则罔，思而不学则殆”，如果只是一味地囿于源码的各种流程细节，而不能在日常中学以致用，也不能算是真正掌握了源码。

本章将提出一些实际开发中会遇到的问题，并给出可能的解决方案。本章之所以作为最后一章，正是因为这些方案并非凭空产生的，而是基于对 Flutter 源码深刻的理解而提出的。

11.1　平台资源复用

对将 Flutter 集成到已有的 Android 业务而言，当需要使用图片资源（例如 Icon）时，Flutter 官方提供的方案是通过 Assets 资源集成，然后通过 AssetImage 这个 Widget 进行使用。以上做法对于存量业务的改造存在一个问题：因为很多图片资源可能是放在 drawable 或者 assets 自定义目录的，而 Flutter 的图片资源则存放在 assets/flutter_assets 目录下，所以，除非移动原有的图片资源，否则需要在新的目录存放相同的图片资源。那么，是否存在一种方案，让我们能够自由地引用 Android 中的各种 drawable 和 assets 目录下的图片资源呢？

第 8 章分析了 Image 的源码，我们发现可以通过 ImageProvider 完成图片数据源的提供，例如 NetworkImage 的数据源可以通过 HTTP 连接提供，那么是否可以像请求网络图片那样请求 Android apk 安装包中的图片资源呢？第 9 章分析了 Platform Channel 可以在 Flutter 和 Platform 之间传输数据，那么图片资源自然应该也是可以的。所以，我们可以通过 ImageProvider 提供一个新的数据通道，数据通道的数据源则由 Platform Channel 提供。

首先实现 Flutter 侧的逻辑，如代码清单 11-1 所示。

代码清单 11-1　Flutter 侧插件封装（一）

```
enum AndroidPlatformImageType { drawable, assets, }
class AndroidPlatformImage extends ImageProvider<AndroidPlatformImage> {
  const AndroidPlatformImage( // 对外暴露的接口和参数
      this.id, {
        this.scale = 1.0,
        this.quality = 100,
        this.type = AndroidPlatformImageType.drawable
```

```
    });
  static const MethodChannel _channel = // 用于传输图片数据，见代码清单 11-4
      MethodChannel('plugins.flutter.io/android_platform_images');
  final String id;
  final int quality;
  final double scale;
  final AndroidPlatformImageType type;
  @override
  ImageStreamCompleter load(AndroidPlatformImage key,DecoderCallback decode) {
    return MultiFrameImageStreamCompleter(
      codec: _loadAsync(key, decode), // 见代码清单 11-2
      scale: key.scale,
      debugLabel: key.id,
      informationCollector: () sync* {
        yield ErrorDescription('Resource: $id');
      },
    );
  }
  // 见代码清单 11-2
}
```

以上是继承 ImageProvider 的常规逻辑，其核心在于 _loadAsync 方法如何提供数据源，如代码清单 11-2 所示。

代码清单 11-2　Flutter 侧插件封装（二）

```
class AndroidPlatformImage extends ImageProvider<AndroidPlatformImage> {
  // 见代码清单 11-1
@override // 定义 Key 规则
  Future<AndroidPlatformImage> obtainKey(ImageConfiguration configuration) {
    return Future<AndroidPlatformImage>.value(this);
  }
  Future<ui.Codec> _loadAsync( // 异步请求图片数据
      AndroidPlatformImage key, DecoderCallback decode) async {
    assert(key == this);
    final Uint8List? bytes = await _channel.invokeMethod<Uint8List>(
                                                    // Platform Channel 调用
        describeEnum(type), // 资源类型
        <String, dynamic>{
          'id' : id, // 图片的唯一 id
          'quality': quality, // 图片编码的质量
        }
    );
    if (bytes == null) {
      throw StateError('$id does not exist and cannot be loaded as an image.');
    }
    return decode(bytes);
  }
}
```

以上逻辑通过 MethodChannel 向 Embedder 请求图片的二进制信息，相关参数的解释已在代码中注明。下面分析 Embedder 侧的逻辑。为了保证可复用性和架构的清晰明确，考虑首先实现一个插件，如代码清单 11-3 所示。

代码清单 11-3 Android 侧插件封装（一）

```
    public class AndroidPlatformImagesPlugin implements FlutterPlugin, MethodCallHa
ndler {
      static final String TAG = "AndroidPlatformImages"; // 各种字段的定义
      private static final String CHANNEL_NAME = "plugins.flutter.io/android_
platform_images";
      private static final String DRAWABLE = "drawable";
      private static final String ASSETS = "assets";
      public static final HashMap<String, Integer> resourceMap = new HashMap<>();
      DrawableImageLoader drawableImageLoader;
      AssetsImageLoader assetsImageLoader;
      private MethodChannel channel;
      private ExecutorService fixedThreadPool;
      private Handler mainHandler;
      private static final String ARG_ID = "id"; // 对应 Framework 中定义的参数
      private static final String ARG_QUALITY = "quality";
      @Override // 绑定 FlutterEngine
      public void onAttachedToEngine(@NonNull FlutterPluginBinding flutterPluginBinding)
{
        channel = new MethodChannel(flutterPluginBinding.getBinaryMessenger(), CHANNEL_
            NAME);
        channel.setMethodCallHandler(this);
        drawableImageLoader =
    new DrawableImageLoader(flutterPluginBinding.getApplicationContext());
        assetsImageLoader = new AssetsImageLoader
            (flutterPluginBinding.getApplicationContext());
        mainHandler = new Handler(flutterPluginBinding.getApplicationContext().
            getMainLooper());
        int THREAD_POOL_SIZE = 5; // 用于解码图片的线程池数目
        fixedThreadPool = Executors.newFixedThreadPool(THREAD_POOL_SIZE);
      }
      @Override // 响应代码清单 11-2 中的数据请求
      public void onMethodCall(@NonNull MethodCall call, @NonNull Result result) {
        final MethodCall methodCall = call;
        final Result finalResult = result;
        fixedThreadPool.submit(new Runnable() {
          @Override // 异步加载，避免主线程阻塞
          public void run() {
            asyncLoadImage(methodCall, finalResult); // 开始异步加载图片数据
          }
        });
      }
      @Override
      public void onDetachedFromEngine(@NonNull FlutterPluginBinding binding) {
        channel.setMethodCallHandler(null); // FlutterEngine 销毁，相关资源销毁
        drawableImageLoader.dispose();
        assetsImageLoader.dispose();
        fixedThreadPool.shutdown();
        fixedThreadPool = null;
        mainHandler = null;
      }
      // 真正的图片资源加载逻辑，见代码清单 11-4
    }
```

以上逻辑并未涉及图片加载的具体细节，而是演示了一个 FlutterPlugin 的典型程序结构，主要是在 onAttachedToEngine 中完成相关字段的初始化，并在 onDetachedFromEngine 中完成资源的释放，这对编写高质量的代码至关重要。

此外，以上逻辑在图片加载过程中使用了线程池，主要是为了实现异步并发加载，这样可以提升使用体验，尤其是 UI 中存在多个 AndroidPlatformImage 类型的 Image 时。最终的图片加载逻辑如代码清单 11-4 所示。

代码清单 11-4　Android 侧插件封装（二）

```
public class AndroidPlatformImagesPlugin implements FlutterPlugin,
    MethodCallHandler {
  // 见代码清单 11-3
  private void asyncLoadImage(final MethodCall call, final Result result) {
    String id = call.argument(ARG_ID); // 参数解析
    int quality = call.argument(ARG_QUALITY);
    byte[] ret = null;
    long start = 0L;
    if (DRAWABLE.equals(call.method) && drawableImageLoader != null) {
      ret = drawableImageLoader.loadBitmapDrawable(id, quality);
                                                    // 加载 drawable 资源
    } else if (ASSETS.equals(call.method) && assetsImageLoader != null) {
      ret = assetsImageLoader.loadImage(id); // 加载 assets 资源
    }
    if (ret == null) { return; } // 加载失败
    final byte[] finalRet = ret;
    mainHandler.post(new Runnable() {
      @Override
      public void run() { // 在主线程中返回数据
        result.success(finalRet);
      }
    });
  }
}
```

以上逻辑根据加载的图片资源类型分配给对应的 ImageLoader，其基类如代码清单 11-5 所示。需要注意的是，由于以上逻辑中 Platform Channel 必须在主线程执行，因此，虽然图片的加载是异步的，但数据的返回必须仍然位于主线程。

代码清单 11-5　Android 侧插件封装（三）

```
abstract class ImageLoader {
  protected Context appContext;
  public void dispose() {
    appContext = null;
  }
}
```

接下来分析图片的加载逻辑。首先分析 drawable 类型的图片加载，如代码清单 11-6 所示。

代码清单 11-6 drawable 类型的图片编解码逻辑

```
class DrawableImageLoader extends ImageLoader {
  DrawableImageLoader(Context context) {
    this.appContext = context;
  }
  public byte[] loadBitmapDrawable(String name, int quality) {
    byte[] buffer = null;
    Drawable drawable = null;
    try { // 用户是在Embedder中通过resourceMap注册的
      Integer id = AndroidPlatformImagesPlugin.resourceMap.get(name);
                                          // 第1步，通过resourceMap获取资源id
      if (id == null) {
        String type = "drawable"; // 第2步，通过系统API接口进行查询
        id = appContext.getResources().getIdentifier( // 系统API查询
            name, type, appContext.getPackageName());
      }
      if (id <= 0) {  return buffer; } // 找不到有效的资源id
      drawable = ContextCompat.getDrawable(appContext, id);
    } catch (Exception ignore) {}
    if (drawable instanceof BitmapDrawable) {
      Bitmap bitmap = ((BitmapDrawable) drawable).getBitmap(); // 转换为Bitmap
      if (bitmap != null) { // 第3步，通过继承的手段重写buffer方法
        ExposedByteArrayOutputStream stream = new ExposedByteArrayOutputStream();
        bitmap.compress(Bitmap.CompressFormat.PNG, quality, stream); // 序列化
        buffer = stream.buffer();
      }
    }
    return buffer;
  }
  static final class ExposedByteArrayOutputStream extends ByteArrayOutputStream {
    byte[] buffer() { return buf; }
  }
}
```

以上逻辑涉及的细节仍然不少，共有3处。第1步，优先通过resourceMap获取资源id，由于res/drawble目录可能会被混淆压缩，因此开发者可以在此自定义名称到资源id的索引。第2步，通过系统API接口getIdentifier进行查询时，如果失败则直接返回。第3步，由于ByteArrayOutputStream的buffer方法会执行一次深拷贝，因此这里直接通过继承的手段重写了该方法，从而避免了一次深拷贝，这也是Embedder的源码中使用过的技巧。

最后，分析assets类型的图片资源加载，如代码清单11-7所示。

代码清单 11-7 assets 类型的图片编解码逻辑

```
class AssetsImageLoader extends ImageLoader {
  AssetsImageLoader(Context context) {
    this.appContext = context;
  }
  public byte[] loadImage(String path) {
    byte[] buffer = null;
    AssetManager assetManager = appContext.getAssets();
    InputStream inputStream;
```

```
    try {
      inputStream = assetManager.open(path);
      buffer = new byte[inputStream.available()];
      inputStream.read(buffer);
    } catch (IOException ignored){ }
    return buffer;
  }
}
```

以上逻辑比较简单，主要是调用 AssetManager 的相关 API，在此不再赘述。

本节所演示的案例虽然简单，即在 Flutter UI 中复用 Android 原有的图片资源，但是其涉及的细节众多，包括 FlutterPlugin 的代码组织、通过线程池实现高效的图片加载、通过 resourceMap 规避混淆、通过继承 ByteArrayOutputStream 避免深拷贝等诸多技巧，读者需要在实践中加深体会。

11.2 Flex 布局实战

本节案例来源于作者曾经帮助他人解决的一个问题，虽然最终的实现代码非常简单，但其中却蕴含了对第 6 章内容的深刻理解。

在日常使用中，常常会遇到这样的 UI：前面是一个标题，后面是若干标签，无论标题多长，标签都应该完整展示，标题根据剩余空间截断。具体来说，应该满足图 11-1 所展示的几种典型情况。

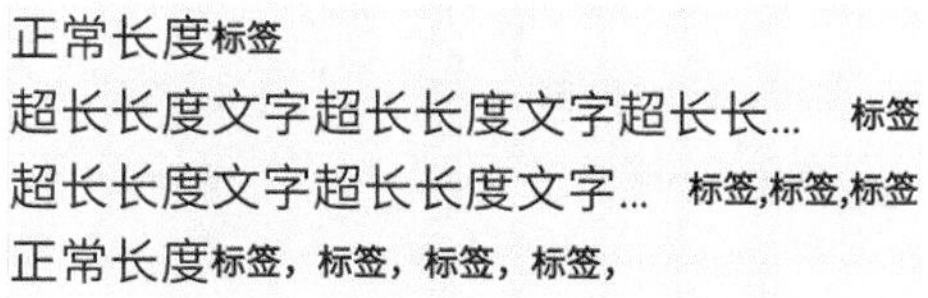

正常长度标签
超长长度文字超长长度文字超长长... 标签
超长长度文字超长长度文字... 标签,标签,标签
正常长度标签，标签，标签，标签，

图 11-1 目标 UI 样式的几种典型布局

图 11-1 展示了目标 UI 样式的几种典型布局：当标题和标签都可以完全显示时，两者依次显示，如图 11-1 中第 1 行所示；当标题过长时，标签完整显示，标题自行截断，如图 11-1 中第 2 行和第 3 行所示；标签最大长度不能超过屏幕一半，如图 11-1 中第 4 行所示。

需要注意的是，以上 UI 是无法通过多个 Flexible 组件来实现的，具体原因读者可自行思考。从以上描述中可以发现，标签部分必须先布局，并限制最大宽度为屏幕的一半；而标题部分必须后布局，并且最大宽度是标签布局结束后留下的空间。结合第 6 章的分析，应该将标签设置成一个非 Flex 节点，而将标题设置成 Flex 节点，这样就可以实现上述的预期布局顺序，具体实现如代码清单 11-8 所示。

代码清单 11-8 图 11-1 的实现代码

```
class Tile extends StatelessWidget {
  final String title;
```

```
  final String tag;
  const Tile({Key key, this.title, this.tag}) : super(key: key);
  @override
  Widget build(BuildContext context) {
    return Row(
      children: [
        Flexible( // 填充剩余宽度
          child: Text(title,
            maxLines: 1, overflow: TextOverflow.ellipsis,
            style: TextStyle(fontSize: 20, color: Colors.black87),
          ),
        ), // Flexible
        ConstrainedBox( // 约束最大宽度
          constraints: BoxConstraints(maxWidth: MediaQuery.of(context).size.width/2),
          child: Text(tag, maxLines: 1,
            style: TextStyle(fontSize: 14, fontWeight: FontWeight.bold),
          ),
        ), // ConstrainedBox
      ],
    ); // Row
  }
} // StatelessWidget
```

以上实现中，首先通过 ConstrainedBox 约束了标签部分的最大宽度，然后借助 Flexible 组件让标题能够充分填充剩余空间。

11.3 本章小结

本章通过两个简单的案例展示了如何基于对 Flutter 源码的深刻理解，解决实际开发中遇到的问题。大多数时候，问题虽小，但小中见大，只有系统地掌握了底层的原理，才能在各种需求和问题中游刃有余。

本书的内容至此结束，但 Flutter 的星辰大海才刚刚开始。